高原峡谷区喀斯特水库渗漏勘察理论与实践

主 编 赵永川 王 静

副主编 谭志华 何付明 田 辉 蒋 超

中国水利水电出版社

www.waterpub.com.cn

·北京·

内 容 提 要

本书总结了云南省喀斯特水库渗漏勘察方面的成果，是一部全面、系统的喀斯特水库渗漏勘察专著。全书共 9 章，内容包括绪论、喀斯特作用和发育机理、喀斯特水文地质、喀斯特及水文地质勘察、德厚水库地质条件、德厚水库喀斯特发育规律、德厚水库喀斯特水文地质、德厚水库喀斯特渗漏分析、德厚水库防渗处理建议。

本书可供从事喀斯特水库渗漏勘察、设计的技术人员阅读参考。

图书在版编目（ＣＩＰ）数据

高原峡谷区喀斯特水库渗漏勘察理论与实践 ／ 赵永川，王静主编. -- 北京 ： 中国水利水电出版社，2023.12
  ISBN 978-7-5226-2094-7

  Ⅰ. ①高… Ⅱ. ①赵… ②王… Ⅲ. ①喀斯特地区－大型水库－水库渗漏－研究 Ⅳ. ①TV698.2

中国国家版本馆CIP数据核字(2024)第015030号

书　　名	高原峡谷区喀斯特水库渗漏勘察理论与实践 GAOYUAN XIAGUQU KASITE SHUIKU SHENLOU KANCHA LILUN YU SHIJIAN
作　　者	主 编　赵永川　王　静 副主编　谭志华　何付明　田　辉　蒋　超
出版发行	中国水利水电出版社 （北京市海淀区玉渊潭南路1号D座　100038） 网址：www.waterpub.com.cn E-mail：sales@mwr.gov.cn 电话：（010）68545888（营销中心）
经　　售	北京科水图书销售有限公司 电话：（010）68545874、63202643 全国各地新华书店和相关出版物销售网点
排　　版	中国水利水电出版社微机排版中心
印　　刷	北京印匠彩色印刷有限公司
规　　格	184mm×260mm　16开本　19印张　462千字
版　　次	2023年12月第1版　2023年12月第1次印刷
印　　数	001—600册
定　　价	**98.00元**

《高原峡谷区喀斯特水库渗漏勘察理论与实践》
编撰人员名单

主　　编	赵永川	王　静			
副 主 编	谭志华	何付明	田　辉	蒋　超	
编写人员	田　毅	张　磊	陈　卓	沈　晓	沐红元
	陈光祥	王建林	林　红	杨　鹏	舟海林
	吴志波	张冰泉	潘忠华	胡云军	王双龙
	魏启杨	时惠黎	李　彬	李　靖	苏东院
	米　健	李少飞	李光亮	柳晓宁	符　锋
	杨　平	夏　军	张定彪	谢　安	吕晓东
	付杨伦	闫洪振	楚建伟	李德春	吴正昆
	陈　强	马敏艳	吴　昊	杨　洋	

喀斯特在全球分布普遍，全球喀斯特地区的面积约为 2000 万 km^2，约占陆地面积的 12%。中国是一个喀斯特分布的大国，全国喀斯特分布面积约 344.3 万 km^2，约占陆地国土面积的 35.9%；喀斯特裸露面积约为 90.7 万 km^2，占陆地国土面积的 9.5%。云南省国土面积 39.4 万 km^2，喀斯特裸露面积约为 9.7 万 km^2，占云南省国土面积的 24.6%，是西藏自治区之后的全国第二大喀斯特裸露省（自治区），占全国裸露喀斯特的 10.7%。

云南东部、广西西部及北部、贵州、湖南西部、湖北西部、重庆东部及南部为我国连片集中的裸露喀斯特区域，是喀斯特最集中、最发育的地区，是典型的南方喀斯特区。我国在南方喀斯特区及北方喀斯特区兴建了大量的水利水电工程，很多工程是成功的，也有许多水库都不同程度地遇到与喀斯特相关的工程地质、水文地质问题，水库渗漏问题尤为突出。例如，贵州窄巷口水电站、云南水槽子水库、云南湾子水库、云南大雪山水库、云南坝塘水库、云南羊过水水库、广西拔贡水电站、陕西桃曲坡水库等分别遇到因喀斯特引起向邻谷渗漏、近坝库岸渗漏、坝址渗漏、库底渗漏等工程地质问题，渗漏形式多为喀斯特管道型，渗漏严重至极严重，影响水库效益的发挥，部分水库甚至完全失去蓄水功能，不能发挥效益。

据不完全统计，云南 16 个州（市）中有 13 个州（市）在喀斯特地区兴建水库（含部分水电站的水库）139 座，正常运行和基本正常运行的水库 116 座，占 83.5%；运行不正常和不能运行的水库 23 座，占 16.5%。

云南是青藏高原的南延部分，地形上一般以红河谷地和云岭山脉南段的宽谷为界；东部为滇中、滇东高原，是云贵高原的组成部分，地形波状起伏，平均海拔为 2000.00m，表现为起伏和缓的低山和丘陵；西部为横断山脉的纵谷区，高山深谷相间，相对高差较大，地势险峻，其中南区高程一般为

1500.00～2200.00m，北区高程为 3000.00～4000.00m，西南区高程一般为 800.00～1000.00m，局部高程约为 500.00m。

云南省水利水电勘测设计研究院长期从事省内水利水电工程的勘察设计，在高原峡谷区喀斯特水库的渗漏勘察等方面积累了丰富的经验。例如，曲靖市花山水库，主坝坝高 33m，总库容 8181 万 m^3，碳酸盐岩面积占库区总面积的 85%，为补给型喀斯特水动力类型，虽有低邻谷，但水库区没有渗漏，仅在坝址区有渗漏。又如，云南省牛栏江—滇池补水工程之德泽水库，坝高 142m，总库容 44100 万 m^3，坝址区为砂泥岩，碳酸盐岩面积占库区总面积的 90%，为补给型喀斯特水动力类型，虽有低邻谷，但水库区没有渗漏。再如，文山市暮底河水库，坝高 67.1m，总库容 5851 万 m^3，坝址区为砂泥岩，碳酸盐岩面积占库区总面积的 85%，为补给型喀斯特水动力类型，虽有低邻谷，但水库区没有渗漏。

文山壮族苗族自治州（以下简称"文山州"）德厚水库工程，最大坝高 73.9m，总库容 1.135 亿 m^3，是解决盘龙河中上流域资源性缺水和工程性缺水的水利工程。水库径流区高程一般在 1450.00～1700.00m 之间，相对高差一般为 100～300m，最高峰为薄竹山主峰高程 2991.00m，是云贵高原的南延部分；德厚河及其支流咪哩河纵贯整个库区，在坝址及库区河谷深切，形成典型的喀斯特深切峡谷，谷底高程为 1300.00～1340.00m，最低处为位于水库坝址东南的盘龙河河谷，高程为 1295.00m。德厚水库是典型的高原峡谷区喀斯特水库，水库库盆区正常蓄水位以下除咪哩河有少量玄武岩和碎屑岩外，碳酸盐岩出露面积约占库区总面积的 79%，库区碳酸盐岩连通至库外的盘龙河、稼依河、马过河，工程区喀斯特及水文地质条件复杂，可能存在库区渗漏、近坝库岸渗漏、坝基及绕坝渗漏等工程地质问题，水库渗漏是工程能否兴建及安全运行的最主要工程地质问题。

德厚水库从前期工作到工程施工全过程进行勘察，坚持"钻、探、灌"相结合的勘察原则。前期勘察中，在可行性研究阶段就进行了灌浆试验，查明了渗漏区的喀斯特及水文地质条件、灌浆底界，掌握了灌浆孔排距、灌浆材料、灌浆工艺及参数等内容，为灌浆设计、投资概算、施工等提供基础资料。在施工阶段继续进行勘察尤为重要，德厚水库在施工期主要利用渗漏区灌浆廊道施工进行勘察和灌浆先导孔施工进行勘察，还采用物探、钻探、地下水长期观测等勘察手段，揭示了喀斯特形态及空间分布、充填性状、充填物质、岩体透水率等内容；完成灌浆廊道、导流洞、输水隧洞、灌溉隧洞开挖编录 31806m^2，完成坝基编录 171000m^2，完成先导孔编录 18125m，完成补勘钻孔 444.62m，完成压水试验 3678 段，完成高密度电法、探地雷达、地震勘探、天然源面波、三维声呐成像 8.6km，完成电磁波 CT 测试 55021 射线对，完成 30 余个钻孔地下水长期观测约 7 年。

本书将系统理论引入喀斯特水系统的研究，重点引入喀斯特岩组渗透性质分析法、水动力学分析法、水化学分析法、水同位素分析法、水温度分析法等现代喀斯特学基本方法，研究德厚水库喀斯特水系统中的结构场、动力场、化学场、同位素场、温度场。

本书以区域喀斯特规律性的认知为首要目标，选择重点地段（近坝库岸、坝址区、库区）进行关键问题的研究：①以喀斯特流域为单位，开展综合分析与研究；②利用多种物探手段探测地下喀斯特，特别是运用天然源面波（微动）探测深度 300m 级的喀斯特，是国内首次采用的物探探测技术；③国内首次对红河流域支流盘龙河的喀斯特进行时空分期；④研究与水库渗漏密切相关的第四纪喀斯特发育带空间分布及垂直分带规律，划分了表层喀斯特带、浅部喀斯特带、深部喀斯特带，并对深部喀斯特又划分了上带、中带、下带，也是国内首次对盘龙河的深部喀斯特进行分带，作为确定防渗底界的主要依据；⑤研究喀斯特水系统，分析喀斯特水动力条件和类型，特别是喀斯特水循环、喀斯特发育深度、喀斯特地下水位及其动态变化、喀斯特岩体的渗透性等，也是作为确定防渗底界的主要依据；⑥分析和评价水库渗漏范围、渗漏途径、渗漏方向、渗漏形式等内容，为防渗处理方案选择提供基础资料，提出防渗处理边界和底界。

本书在编写过程中，得到了云南省各州（市）水利设计院的支持和帮助，特别是曲靖市、文山州、红河哈尼族彝族自治州（以下简称"红河州"）、昆明市、保山市等水利设计院提供了较为详细的喀斯特及水文地质资料、水库运行资料，对为本书提供指导和帮助的各位领导、专家、工程技术人员，表示衷心的感谢！

本书的作者均为生产一线的勘察人员，由于认识的局限性，加之水平有限，错漏之处，敬请读者批评指正。

作者

2023 年 7 月

目录

第6章 德厚水库喀斯特发育规律

第7章 德厚水库喀斯特水文地质

第8章 德厚水库喀斯特渗漏分析

第9章 德厚水库防渗处理建议

第1章 绪 论

1.1 喀斯特分布

喀斯特在全球分布普遍，据统计，全球喀斯特地区的面积约 2000 万 km²，约占陆地面积的 12％。我国是一个喀斯特分布大国，全国喀斯特分布面积约 344.3 万 km²，约占陆地国土面积的 35.9％，有裸露、覆盖、埋藏 3 个类型；其中喀斯特裸露面积约 90.7 万 km²，占陆地国土面积的 9.5％。云南省国土面积 39.4 万 km²，其中喀斯特裸露面积约 9.7 万 km²，占云南省国土面积的 24.6％，为西藏自治区之后全国第二大喀斯特裸露省，占全国裸露喀斯特的约 10.7％。全国喀斯特分布、裸露面积见表 1.1-1。根据大地构造特征、喀斯特发育特征、气候等因素，将国内喀斯特地区分为西部喀斯特区、北方喀斯特区、南方喀斯特区。

表 1.1-1　我国各省（自治区、直辖市，不含港澳台）喀斯特分布、裸露面积　单位：万 km²

省（自治区、直辖市）	喀斯特分布面积	喀斯特裸露面积	省（自治区、直辖市）	喀斯特分布面积	喀斯特裸露面积
辽宁	2.6	0.9	湖北	7.8	4.1
吉林	1.0	0.3	湖南	11.3	5.8
黑龙江	1.2	0.2	广东（含海南）	2.9	1.4
内蒙古	10.9	1.3	广西	13.9	7.9
河北（含北京、天津）	13.5	2.2	四川（含重庆）	36.0	8.2
山西	10.2	3.3	贵州	15.6	8.9
山东	8.7	1.0	云南	24.1	9.7
江苏（含上海）	4.5	0.2	西藏	86.5	11.5
安徽	6.0	1.2	陕西	5.1	2.1
浙江	2.2	0.4	宁夏	0.9	0.1
福建	0.2	0.1	甘肃	9.0	2.7
江西	2.5	0.9	青海	19.0	6.1
台湾	0.1	0.1	新疆	38.2	9.0
河南	10.4	1.1	合计	344.3	90.7

（1）西部喀斯特区。六盘山（宁夏、甘肃）—雅砻江（四川）—木里（四川）—丽江（云南）—剑川（云南）—线以西、剑川（云南）—兰坪（云南）—泸水（云南）—贡山（云南）—线以北的青藏高原，为寒冷干燥气候及亚湿润气候，分布在西藏、青海、新疆、内蒙古、宁夏、甘肃、四川、云南等地区；以各种冻蚀形态为主要特征，例如，小石峰、天生桥、石墙、灰岩质岩锥、喀斯特泉、钙华等形态；著名的有四川九寨沟和黄龙、云南白水台等风景区。

（2）北方喀斯特区。六盘山（宁夏、甘肃）—雅砻江（四川）—木里（四川）—丽江（云南）—剑川（云南）—线以东，秦岭—淮河一线以北，中温、暖温带干旱、半干旱气候，分布在内蒙古、辽宁、吉林、黑龙江、山西、陕西、甘肃、宁夏、河南、安徽、山东等地区；以常态山、干谷、微小喀斯特痕、喀斯特裂隙、灰岩质岩锥、喀斯特大泉等为主要特征，有少量的洞穴及洞内沉积。

（3）南方喀斯特区。六盘山（宁夏、甘肃）—雅砻江（四川）—木里（四川）—丽江（云南）—剑川（云南）—线以东，剑川（云南）—兰坪（云南）—泸水（云南）—贡山（云南）—线以南，秦岭—淮河一线以南，亚热带、热带湿润气候，分布在四川、重庆、贵州、云南、广西、广东、湖南、湖北、江西、江苏、浙江、福建、陕西等地区；其中云南东部、广西西部及北部、贵州、湖南西部、湖北西部、重庆东部及南部为连片集中的裸露喀斯特区，是我国喀斯特最集中、最发育的地区。以峰林地貌、洼地、宽大喀斯特裂隙、喀斯特洞和管道及竖井、地下暗河、洞内的流水喀斯特形态和次生碳酸钙、红黏土、喀斯特痕、洞外钙华等为主要特征。

按照上述分区原则云南省喀斯特主要为南方喀斯特区，云南省西北部地区为西部喀斯特区；连片集中的喀斯特分布于昆明市、曲靖市、文山州、红河州、玉溪市，其余州（市）也有零星分布。地质年代中，昆阳群、震旦系、寒武系、奥陶系、志留系、石炭系、二叠系、三叠系等地层发育喀斯特。

1.2 研究背景

云南东部、广西西部及北部、贵州、湖南西部、湖北西部、重庆东部及南部为我国连片集中的裸露喀斯特区，是喀斯特最集中、最发育的地区，是典型的南方喀斯特区。在南方喀斯特区及北方喀斯特区兴建了大量的水利水电工程，例如，官厅、乌江渡、隔河岩、岩滩、鲁布革、观音阁、万家寨、天生桥一级、天生桥二级、东风、江垭、江口、构皮滩、彭水、洪家渡、水布垭、平寨、渔洞、德泽、暮底河、清华洞、八宝、花山、洞上、响水河、五里冲、白水塘、车木河、八家村、红岩、明子山、忙回、腊姑河、文海、白龙河、己衣、庙林、蒿枝坝、油房沟等水利水电工程是成功的范例。也有许多水库都不同程度地遇到与喀斯特相关的工程地质、水文地质问题，例如，贵州窄巷口水电站、云南水槽子水库、云南湾子水库、云南大雪山水库、云南坝塘水库、云南羊过水水库、广西拔贡水电站、陕西桃曲坡水库等分别遇到因喀斯特引起向邻谷渗漏、近坝库岸渗漏、坝址渗漏、库底渗漏的问题，渗漏形式多为喀斯特管道型，渗漏严重至极严重，影响水库效益的发挥，部分水库甚至完全失去蓄水功能，不能发挥效益。

1.2.1 国内水库渗漏情况及案例

大型水利水电工程因重视勘察和设计工作，经过防渗处理后一般喀斯特渗漏问题不再突出。但中小型水利水电工程，特别是 20 世纪 50—60 年代兴建的工程，由于勘察工作深度有限，防渗方案、边界、底界等不合理，发生严重漏水和失败的工程不乏实例。据不完全统计，广西在喀斯特地区已建成中小型水库 1252 座，严重渗漏和极严重渗漏的水库约644 座，约占 51.4%。据不完全统计，贵州在喀斯特地区已建成库容大于 10 万 m^3 的水库 2000 余座，存在严重渗漏和极严重渗漏的水库约占 5%。

（1）贵州窄巷口水电站（坝基及绕坝渗漏、近坝库岸渗漏）。其位于贵州猫跳河上，是猫跳河上第四级水电站，为小型水电站，拱坝，坝高 54.7m，水库正常蓄水位为

1092.00m，库区碳酸盐岩出露面积约占 86%，砂页岩约占 14%；背斜、向斜及断裂发育，构造线以北北东向为主；喀斯特形态为喀斯特洼地、漏斗、落水洞、洞穴、地下河等；左岸近坝库岸河水补给地下水，地下水水力比降为 2.2%～2.6%，为排泄型喀斯特地下水动力类型，存在近坝库岸渗漏，渗漏形式以喀斯特裂隙管道型为主；右岸近坝库岸的地下水低于河水，远端地下水位升高，具有"倒虹吸"特点，地下水水力比降约为 3.8%，为补给型喀斯特地下水动力类型，存在绕坝渗漏，渗漏形式以喀斯特管道型为主。水电站于 1970 年建成发电，水库蓄水后，虽然进行了帷幕灌浆处理，渗漏量仍达 20m³/s，占该河段平均流量的 45%，严重影响了电站的正常运行。为解决水库的喀斯特渗漏问题，于 1972 年、1980 年进行了两次补强灌浆处理，处理后渗漏量仍达 17m³/s，仅减少了约 15%，灌浆效果不好，没有根本解决水库渗漏问题。21 世纪初进行了补充勘察工作，计算水库渗漏量约 14.26m³/s，占实际渗漏量的 83.88%，与实际渗漏量（17m³/s）相比，有一定误差，主要原因可能是裂隙型渗漏计算中的渗透系数误差所致，采用压水试验进行换算渗透系数一般偏小；其中右岸渗漏量约为 1.2m³/s（管道渗漏量为 0.94m³/s），坝基渗漏量约为 0.53m³/s，左岸渗漏量约为 12.53m³/s（管道渗漏量为 11.79m³/s），左岸渗漏量大的主要原因是左岸为排泄型喀斯特水动力类型，右岸渗漏量小的主要原因是右岸为补给型喀斯特水动力类型；管道渗漏量约为 12.73m³/s，占已查明渗漏量的 89.27%，喀斯特管道是主要的渗漏通道。因此，水库渗漏形式以喀斯特管道型为主，查明引起渗漏的喀斯特管道（洞）是勘察的重点工作。产生水库渗漏的主要原因：①对喀斯特发育规律认识不足；②缺乏有效的勘探手段；③灌浆处理边界不合理；④灌浆处理底界未到弱喀斯特带岩体，为悬挂式灌浆；⑤部分喀斯特管道（洞）未能封闭隔断；⑥灌浆施工质量差，例如，孔排距偏大，灌浆压力偏小等问题。2009—2012 年，在补充勘察和设计的基础上，再次对坝基及绕坝渗漏、近坝库岸渗漏段进行灌浆处理。灌浆设计：灌浆材料为水泥＋粉煤灰、孔排距采用单排孔（孔距 2m）与双排孔（1064.00m 高程以下，孔距 2.5m、排距 1.0m）相结合、最大灌浆压力为 3.0MPa；左岸近坝库岸渗漏区发育两个喀斯特管道：一个管道在灌浆廊道中已揭露，沿帷幕线设置混凝土截水墙；另一个管道采用格栅＋膜袋灌浆＋回填级配料 I 级配料区灌浆（3 排孔）；经过防渗处理后，水库渗漏量仅为 1.54m³/s，减少了 90.94%，防渗效果非常明显。

（2）广西拔贡水电站（坝址区渗漏）。它位于广西龙江上，为小型水电站，支墩平板坝，坝高 26.2m，库坝区碳酸盐岩出露面积约占 100%；为单斜构造，岩层走向与河流近于平行，节理发育为北东、北北东、北北西向 3 组；喀斯特形态为宽大喀斯特槽、喀斯特裂隙、隐伏喀斯特洞等，喀斯特发育优势方向与岩层走向基本一致；地下水顺岩层走向从上游向下游径流，与河水的水力联系弱，为排泄型喀斯特地下水动力类型，属坝基及绕坝渗漏，渗漏形式为喀斯特裂隙-管道型。虽然在坝前采用块石黏土封堵＋混凝土板＋灌浆，在坝后采用混凝土封堵，但防渗效果差。水电站于 1972 年建成，水库蓄水后，渗漏量约为 23m³/s，是该河段最小流量的 1.8 倍，电站运行很不正常，枯水期基本不能发电。产生水库渗漏的主要原因：①仅进行地质测绘，没有钻探工作，未做详细的勘察；②未进行防渗处理，帷幕灌浆和固结灌浆被取消；③对喀斯特发育规律认识不足，特别是对喀斯特发育深度的认识有偏差；④施工质量差，例如，对坝基喀斯特洞穴、宽大喀斯特裂隙的处理不到位。

（3）陕西桃曲坡水库（库坝区渗漏）。它位于陕西耀州区沮水河，均质土坝，坝高61m，水库正常蓄水位为784.00m，为中型水库，坝基及库盆基座为灰岩，砂页岩不整合与灰岩之上，砂页岩中分布煤窑采空区；坝址位于背斜附近，发育有北东、北西两组节理，节理控制了喀斯特的发育；喀斯特形态为喀斯特洞、喀斯特裂隙、喀斯特沟、喀斯特槽、喀斯特漏斗等；地下水低于河水位约350.00m，为悬托型喀斯特地下水动力类型，库水会产生垂直渗漏，渗漏形式为喀斯特裂隙-管道型。水库于1974年建成，蓄水后，低水位（748.00m）时渗漏量约为0.64m³/s，占来水量（1.12m³/s）的57.1%。1975年根据水库水位下降计算平均渗漏量约为23.5m³/s，渗漏极严重。主要渗漏途径：①喀斯特洞；②经过煤窑巷道（采空区）漏向喀斯特管道（洞）。1974—1982年进行了防渗处理，主要措施：①坝前砂卵砾石层及水库淤积层渗漏区采用黄土铺盖，厚度为水头的1/10，长度为水头的7~8倍；②岸边渗漏区采用黏土斜墙，坡比1:3；③灰岩裸露渗漏区采用混凝土封闭，岸坡较陡，喀斯特裂隙发育，例如，右岸导流洞进口岸坡；④混凝土堵洞，对漏水的喀斯特洞、窑洞、煤窑巷道的充填物清除，并回填混凝土；⑤对于已形成的塌陷坑，并且还可能继续产生塌陷，在坑底浇筑混凝土板，之上设置一层砂砾石，再之上设置混合反滤层，最后夯填黏土至地表高程；⑥对于已形成的塌陷坑，不会继续再产生塌陷，但底部可能产生不均匀沉降，采用1m×1m×1m的混凝土块合并为盖板，之上设置混合反滤层，再夯填黄土至地表高程。经过先后5次处理后，高水位运行时渗漏量约为0.60m³/s，占来水量的53.6%，渗漏问题并未完全解决。

1.2.2 云南省内水库渗漏情况及案例

据不完全统计，云南16个州（市）中有13个州（市）在喀斯特地区兴建大、中、小型水库（含部分水电站的水库）139座，正常运行和基本正常运行的水库116座，约占83.5%；在运行（严重渗漏）和不能运行（极严重渗漏）的水库有23座，约占16.5%，见表1.2-1。

表1.2-1　　　　　　　　云南喀斯特地区水库统计　　　　　　　单位：座

州（市）	喀斯特地区的水库	正常运行的水库	基本正常运行的水库	在运行的水库	不能运行的水库
昆明市	20	10	9	1	0
昭通市	8	8	0	0	0
曲靖市	18	13	1	4	0
楚雄彝族自治州	2	2	0	0	0
玉溪市	11	5	1	0	5
文山壮族苗族自治州	29	23	3	2	1
红河哈尼族彝族自治州	10	4	4	1	1
普洱市	5	3	0	2	0
临沧市	6	4	0	0	2

州（市）	喀斯特地区的水库	正常运行的水库	基本正常运行的水库	在运行的水库	不能运行的水库
大理白族自治州	2	1	1	0	0
保山市	18	14	2	2	0
德宏傣族景颇族自治州	3	2	0	0	1
丽江市	7	6	0	0	1
合　计	139	95	21	12	11

（1）云南坝塘水库（库底及库周渗漏）。水库位于昆明市东川区，地貌形态为构造喀斯特洼地（天然库盆），无坝，水库正常蓄水位为 1584.49m，为中型水库。库区碳酸盐岩出露面积约占 30%，玄武岩约占 70%。库盆地处石头地向斜的东翼，以南北向断层为主，还发育北西向、北东向断层。喀斯特形态为喀斯特洼地、落水洞、喀斯特洞、喀斯特裂隙、喀斯特沟、喀斯特槽等。地下水位低于坝塘喀斯特洼地 139～163m，为悬托型喀斯特地下水动力类型，库水会产生垂直渗漏，渗漏形式为喀斯特裂隙-管道型。防渗处理主要措施：①基础处理，对土工膜的基础进行强夯处理，减少基础不均匀沉降，适用于喀斯特洼地灰岩区或玄武岩厚度较薄的平坦地区；②混凝土防渗墙，布置于土工膜的西部边界，防止西部第四系土层孔隙水对土工膜产生顶托作用；③土工膜铺盖，用于喀斯特洼地灰岩区或玄武岩厚度较薄的平坦地区，底部设置排水层，顶部设置黏土层保护，东南部玄武岩厚度较薄的库岸采用土工膜＋混凝土板处理；④喷混凝土，用于东部灰岩裸露库岸和玄武岩较厚的库岸；⑤混凝土堵洞，对喀斯特洞的充填物清除，并回填混凝土。初期运行后，在东部岸坡与平坦洼地接触带有 3 处产生了喀斯特塌陷，对塌陷段进行固结灌浆处理，对破坏的土工膜进行更换。水库蓄水后，正常蓄水位条件下的渗漏量约为 1.0m³/s，其中未进行防渗处理的玄武岩库区渗漏量约为 0.3m³/s（占渗漏量的 30%），土工膜区渗漏量约为 0.02m³/s（占渗漏量的 2%），碳酸盐岩库岸渗漏量约为 0.68m³/s（占渗漏量的 68%），碳酸盐岩区是库区的主要渗漏区域，主要原因是喷混凝土的防渗效果较差。由于坝塘水库本区径流小，靠外流域引水，引水流量为 7.0m³/s。虽然渗漏量较大，但水库仍能达到正常蓄水位，发挥了水库应有的效益。

（2）云南湾子水库（库区渗漏）。水库位于罗平县，均质土坝，坝高 26.20m，正常蓄水位 1540.36m，为中型水库，库区碳酸盐岩出露面积约占 64.7%，砂页岩约占 35.3%；发育 F_{17}、F_{19} 断层，喀斯特形态为喀斯特裂隙、落水洞等；左岸地下水高于河水，为补给型喀斯特地下水动力类型；河床及右岸地下水低于河水，为排泄型喀斯特地下水动力类型，排泄点低于水库正常蓄水位约 500.00m，地下水水力比降约为 3.33%，地下水流速约为 789m/d，属管道型喀斯特含水介质，库水向低邻谷方向存在渗漏，渗漏形式为喀斯特裂隙-管道型。1991 年进行了防渗处理，主要措施：①浆砌石抹面或防水砂浆抹面，对部分洞穴进行清挖，洞底充填灌浆，上部填砂砾至洞口铺设防渗层与周围防渗层相接；②1523.00m 高程以下进行了土工膜防渗处理（三布两膜），底部设置排水层，顶部设置黏土层保护；③排气管，适用于较大喀斯特洞穴；④帷幕灌浆，在 F_{17} 断层带及附近进行灌浆，材料为水泥，单排孔，孔距 2m，最大灌浆压力 2.5MPa。初期运行渗漏量

约 $0.4m^3/s$，但 1998—2002 年在防渗处理区形成 7 个塌陷坑，周围土层开裂并引起长 86m，宽 60m 的岸坡滑坡，渗漏量逐渐加大，水库一直不能正常发挥效益。主要原因：①没有查明地下水补给、径流、排泄关系；②防渗处理方案有欠缺，主要采用水平防渗处理方案；③右岸防渗处理范围不足，仅对 T_1y^{a-3} 灰岩库盆区进行防渗处理，对高程 1523.00m 以下的库盆区灰岩进行防渗处理，1523.00～1540.36m 的灰岩库盆区未进行防渗处理；未对 T_1y^{a-1} 灰岩库盆区进行防渗处理。因此，河床及右岸为库水补给地下水，地下水排泄点太低（与库水位高差约 500m），水动力条件好，库水向深部径流，使喀斯特裂隙、喀斯特洞的土层产生渗透变形破坏，主要形式为流土，日积月累，土层颗粒被带走越来越多，易形成土洞而产生喀斯特塌陷，甚至覆盖层的滑动变形，破坏已形成防渗体系，使得渗漏量加大；另外，未进行防渗处理的灰岩库盆区也会产生渗漏。

（3）云南大雪山水库（库区渗漏）。水库位于永德县，忙令河的支流上，是怒江流域的三级支流。混凝土面板堆石坝，坝高 78.5m，正常蓄水位 2004.36m，为中型水库；库区有碳酸盐岩出露，呈条带状由北向南穿越地表分水岭（忙令河与南汀河）至南汀河支流大勐婆河、忙岗河。库区发育南北向、东西向断层，灰岩走向与南北向断层方向基本一致，并被东西向断层错断。喀斯特形态为喀斯特裂隙、落水洞、喀斯特管道等。库区灰岩地下水分水岭被南汀河袭夺，使得灰岩地下水低于河床约 100m，为排泄型喀斯特地下水动力类型，排泄点低于水库正常库水位 900.00～1050.00m，地下水水力比降为 6%～8%，属管道、裂隙型喀斯特双重含水介质；库水向低邻谷方向存在渗漏，渗漏形式为喀斯特裂隙-管道型。水库建成后，难以蓄水，曾对灰岩库区采用黏土铺盖防渗处理，蓄水后，在水的作用下易产生渗透变形破坏，形成喀斯特塌陷，至今不能运行。主要原因：①仅进行地质测绘，没有钻探工作；②C_1pn 的岩性复杂，有玄武岩、凝灰岩、页岩、灰岩，对灰岩重视不够、认识不足；③灰岩裸露面积小，多为埋藏型喀斯特，对地下水的补给、径流、排泄关系不清；④遗漏重大工程地质问题（库区渗漏）的分析评价。

综上，需要对水利水电工程库坝区喀斯特地貌、地层岩性（组）、地质构造、新构造运动、喀斯特发育规律、喀斯特水文地质、喀斯特水动力类型和条件等进行勘察，对水库渗漏的边界条件、渗漏途径、渗漏方向、渗漏形式、渗漏量计算等进行分析和评价，还需要对防渗处理方案、边界、底界等进行研究，才能找到技术可行、经济合理的防渗处理方案和措施，正常发挥水库的效益。

1.3　德厚水库勘察

文山州德厚水库工程，工程规模为大（2）型，最大坝高 73.9m，总库容 1.135 亿 m^3，是解决盘龙河中上流域资源性缺水和工程性缺水的水利工程。水库径流区高程一般在 1450.00～1700.00m 之间，相对高差一般为 100～300m，最高峰为薄竹山主峰高程为 2991.00m，是云贵高原的南延部分；德厚河及其支流咪哩河纵贯整个库区，在坝址及库区河谷深切，形成典型的喀斯特深切峡谷，谷底海拔 1300.00～1340.00m，最低处为位于水库坝址东南的盘龙河河谷，海拔 1295.00m；德厚水库是典型的高原峡谷区喀斯特水库。水库库盆区正常蓄水位以下除咪哩河有少量玄武岩和碎屑岩外，碳酸盐岩出露面积约占79%，库区碳酸盐岩连通至库外的盘龙河、稼依河、马过河，工程区喀斯特及水文地质条件复杂，可能存在库区渗漏、近坝库岸渗漏、坝基及绕坝渗漏等工程地质问题，水库渗漏是工程能否兴建及安全运行的最主要工程地质问题。

水利水电工程喀斯特渗漏勘察不同于非喀斯特地区的渗漏勘察，它不仅要对地形地貌、地层岩性、地质构造、新构造运动等进行勘察，更重要的是要围绕喀斯特发育规律和喀斯特水文地质条件进行勘察。喀斯特的发育是复杂的，喀斯特水文地质条件则更为复杂，很难用一般的水文地质学概念来阐明，也难以用一般的勘察方法和手段查明，必须应用喀斯特工程地质学的理论和方法进行勘察和研究。

针对喀斯特地区水库渗漏，其勘察方法也有所不同：①利用遥感影像、三维地理信息模型和遥感地质解译软件，对碳酸盐岩分布区进行遥感分析；②利用综合物探方法探测喀斯特洞、地下水位、断层等，特别是应用新技术尤为重要；③喀斯特洞的调查；④利用喀斯特形态及其组合特征研究喀斯特发育规律；⑤连通试验，利用地下水天然露头或人工揭露点投放指示剂或抽、排、封堵地下水等方法，探查喀斯特通道的连通状况及地下水流向、流速，选择无毒无害的指示剂尤为重要；⑥水质分析测试及地下水流速流向测试；⑦地表水及地下水观测，特别是地下水的动态观测尤为重要。

将系统理论引入喀斯特水系统的研究，重点引入喀斯特岩组渗透性质分析法、水动力学分析法、水化学分析法、水同位素分析法、水温度分析法等现代喀斯特学基本方法研究喀斯特水系统中的结构场、动力场、化学场、同位素场、温度场。

以区域喀斯特规律性的认知为首要目标，选择重点地段（近坝库岸、坝址区、库区）进行关键问题的研究：①以喀斯特流域为单位，开展综合分析与研究；②利用多种物探手段探测地下喀斯特，特别是运用天然源面波（微动）探测深度300m级的喀斯特，是国内首次采用的物探探测技术；③国内首次对红河流域支流盘龙河的喀斯特进行时空分期；④研究与水库渗漏密切相关的第四纪喀斯特发育带空间分布及垂直分带规律，划分了表层喀斯特带、浅部喀斯特带、深部喀斯特带，并对深部喀斯特又划分了上带、中带、下带，也是国内首次对盘龙河的深部喀斯特进行分带，作为确定防渗底界的主要依据；⑤研究喀斯特水系统，分析喀斯特水动力条件和类型，特别是喀斯特水循环、喀斯特发育深度、喀斯特地下水位及其动态变化、喀斯特岩体的渗透性等，也是作为确定防渗底界的主要依据；⑥分析和评价水库渗漏范围（边界及底界）、渗漏途径、渗漏方向、渗漏形式等内容，为防渗处理方案选择提供基础资料，提出防渗处理边界和底界。

第2章 喀斯特作用和发育机理

水对可溶岩石进行化学溶解，将空隙、节理扩大，形成喀斯特裂隙、管道，挟带泥沙的水流不断冲蚀、溶蚀管道形成洞穴，管道与洞穴产生重力崩塌，地下形成通道系统，地表形成特定地貌景观，各种地质现象和形态称为喀斯特。

2.1 碳酸盐岩的喀斯特作用

喀斯特水库出露最多的岩石为碳酸盐岩，因此，本书仅对碳酸盐岩的喀斯特作用进行阐述。碳酸盐岩是指碳酸盐矿物（方解石、白云石）超过50%的沉积岩，以化学沉积作用和生物沉积作用及生物化学沉积作用为主；大理岩是石灰岩变质作用的产物，矿物成分仍为方解石，因此，大理岩也是碳酸盐岩，大理岩喀斯特作用与石灰岩相同，本书不再赘述。根据方解石、白云石矿物的含量不同，将碳酸盐岩分为石灰岩、白云岩及过渡类岩石共6个类型，见表2.1-1；根据碳酸盐矿物、非碳酸盐矿物的含量不同，将碳酸盐岩与泥岩的过渡类岩石分为6个类型，见表2.1-2。

表 2.1-1　　　　　　　　　　石灰岩、白云岩及过渡类岩石分类表

岩 石 名 称		含量/%	
		方解石	白云石
石灰岩	石灰岩	>95	<5
	含白云岩质灰岩	75~95	5~25
	白云质灰岩	50~75	25~50
白云岩	灰质白云岩	25~50	50~75
	含灰质白云岩	5~25	75~95
	白云岩	<5	>95

表 2.1-2　　　　　　　　　　碳酸盐岩与泥岩过渡类岩石分类表

岩 石 名 称		含量/%	
		方解石（白云石）	黏土矿物
碳酸盐岩	石灰岩（白云岩）	>95	<5
	含泥质灰岩（白云岩）	75~95	5~25
	泥质灰岩（白云岩）	50~75	25~50
泥岩	钙质（白云质）泥岩	25~50	50~75
	含钙质（白云质）泥岩	5~25	75~95
	泥岩	<5	>95

2.1.1 喀斯特动力系统

袁道先等[1]以石灰岩（$CaCO_3$）的溶解和沉淀提出了"喀斯特动力系统结构框架图"，见图2.1-1。

喀斯特动力学是研究喀斯特动力系统的结构、功能、运行规律及其应用的科学。喀斯

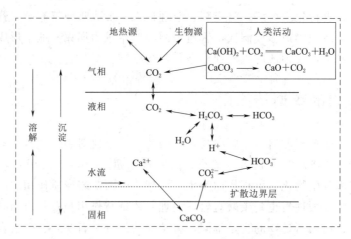

图 2.1-1　喀斯特动力系统结构框架图

特动力系统是指控制喀斯特形成演化，并常受制于已有的喀斯特形态，在岩石圈、水圈、大气圈、生物圈的界面上，以碳、水、钙循环为主的物质、能量传输、转换系统；喀斯特动力系统由气相、液相、固相 3 部分构成。

气相部分以 CO_2 为主的各种参与喀斯特作用的气体，属于大气圈的组成部分，也通过气体的 CO_2 交换和生物圈、岩石圈及人类活动密切联系，使它们积极参与喀斯特动力系统的运行。液相部分为含有 Ca^{2+}、HCO_3^-、CO_3^{2-}、H^+ 和溶解 CO_2 等主要成分的水流，是全球水圈的一部分，不但是喀斯特动力系统的枢纽，还能通过它与大气圈、生物圈、人类活动联系，使它们积极参与喀斯特作用（溶解或沉积）。固相部分为各种以碳酸盐岩为主的岩石（圈）及其中的结构面网络构成，还通过现代活动断裂与地幔联系，使深源 CO_2 得以积极参与喀斯特动力系统的运行，并向大气释放。

喀斯特动力系统是一个开放的三相不平衡系统，与地球的"四圈层"有密切联系，包括以下可逆反应：

（1）CO_2（气）$\Longleftrightarrow CO_2$（液），气相 CO_2 溶解于水或液相 CO_2 转换成气相逸出，两者间通过亨利定律建立联系，CO_2（液）$= K_h \times p_{CO_2}$，K_h 为 CO_2 的吸收系数，p_{CO_2} 为水面大气中 CO_2 的分压（$10^5 Pa$）。

（2）CO_2（液）$+ H_2O \Longleftrightarrow H_2CO_3$，液相 CO_2 与水结合为碳酸或碳酸发生水解，两者间关系为 CO_2（液）$= K_0$（H_2CO_3）。

（3）$H_2CO_3 \Longleftrightarrow H^+ + HCO_3^-$，碳酸分解产生氢离子和碳酸氢根离子，或沉积时发生可逆过程，两者间关系为（H^+）（HCO_3^-）$= K_{H_2CO_3}$（H_2CO_3）。

（4）$CaCO_3$（固）$\Longleftrightarrow Ca^{2+} + CO_3^{2-}$，碳酸钙发生溶解，或沉积时发生可逆过程，质量作用方程为（Ca^{2+}）（CO_3^{2-}）$= K_c$（碳酸钙溶度积）。

（5）$CO_3^{2-} + H^+ \Longleftrightarrow HCO_3^-$，碳酸分解产生的氢离子与碳酸钙溶解产生的碳酸根离子结合成碳酸氢根离子，使碳酸钙溶解能继续进行，或沉积时发生可逆过程，质量作用方程为（H^+）（CO_3^{2-}）$= K_2$（HCO_3^-）。

系统结构框架图涉及气相 CO_2（p_{CO_2}）、CO_2（液）、H_2O、H^+（或 pH）、H_2CO_3、

HCO_3^-、CO_3^{2-}、Ca^{2+}、$CaCO_3$（固）、扩散边界层厚度（与水流速度和温度有关）10个变量，前9个变量之间通过质量作用定律存在相互关系，因此了解该系统不必对每个变量都进行观测，而且，某些变量数值甚低也难以观测到。理论分析及经验证明，只要对系统的 p_{CO_2}、流速、温度、pH、HCO_3^-（或 Ca^{2+}）5个变量进行观测，并结合碳、氧同位素提供的信息，即能较有效地掌握系统喀斯特作用的特征和规律。当然，上述考虑的是纯灰岩（$CaCO_3$）系统，对于其他离子（或 Mg^{2+}），特别是外源离子（如 Na^+、K^+、Cl^-、SO_4^{2-} 等）含量较高的系统，尚需增加这些指标[5]。

2.1.2　溶解动力学因素

影响碳酸盐岩溶解动力学过程的因素主要有：矿物性质、水溶液性质（p_{CO_2}、pH、HCO_3^-）、扩散边界层厚度（水流速度、温度）、卤水（Cl^-）、硫化物（SO_4^{2-}）等，这些因素沿水流方向大多发生变化，使溶解动力系统参数大多发生非线性变化。

2.1.2.1　矿物性质

矿物性质的主要影响因素有矿物类型、晶面、矿物粒度、杂质、孔隙率等。

（1）矿物类型：不同矿物类型通过溶解度的变化影响溶解速率，碳酸盐岩矿物类型为白云石、方解石；白云岩（主要矿物为白云石）的初始溶解速率仅为石灰岩（主要矿物为方解石）的 $1/60 \sim 1/3$[7]。因此，白云岩的溶解速率远远低于石灰岩的溶解速率，也解释了自然界中石灰岩喀斯特发育程度强于白云岩的现象。

（2）晶面：矿物晶面上大多出现刻蚀图案，表明沿晶面溶解速率有差别，溶解时间越短，溶蚀坑在平整的晶面越明显。

（3）矿物粒度：随矿物分散性的增大，单位比表面积增加，溶解度增高，粒度越小，相对溶解速度越大。大量试验数据表明，粒度较细的石灰岩的相对溶解速度比粒度较粗的大理岩快20％左右。

（4）杂质：洪水中大多含有黏土质悬浮物、喀斯特管道和地下河也部分被黏土薄膜覆盖，黏土含量增加，溶解速率下降。

（5）孔隙率：岩石孔隙率增大，使溶解表面积增加，加快溶解，相对溶解速率增加；反之，岩石孔隙率减小，使溶解表面积减小，溶解减弱，相对溶解速率减小；相同孔隙率不同矿物相对溶解速率也不同，孔隙率大于10％的石灰岩相对溶解速率为1.2～1.4，孔隙率小于10％的石灰岩相对溶解速率为1.0～1.1；孔隙率大于15％的白云岩相对溶解速率为0.6～0.8，孔隙率小于15％的白云岩相对溶解速率为0.4～0.5[6]。

2.1.2.2　水溶液性质

矿物溶解度受 p_{CO_2}、H^+（或 pH）、HCO_3^- 等3个方面因素影响[5]。

1. CO_2 的分布及特点

CO_2（气相或液相）广泛分布于大气圈、生物圈、水圈；大气圈被分隔为地表气圈和地下气圈。地表气圈是大气圈在喀斯特地区地面以上的部分，与区域内大气圈的变化基本一致，喀斯特地区的地表气圈与其他岩石地区有明显差异。地下气圈是喀斯特地区各种地下空间中的空气及土壤中的空气，主要有3个特点：①地下气圈对外界环境的突变具有一定的缓冲能力，物理化学性质相对比较稳定，随季节性变化较小；②化学成分中 CO_2 的含量一般较高；③土壤中有机体的活动和相互转化，使得土壤空气中的 CO_2 含量较高。地表气圈和地下气圈既相互独立，又相互联系，地表气圈的波动对地下气圈产生相应的影响（袁道先等，2002）。

生物圈的演化与大气圈的演化是相互协进、协同的关系，主要有 3 个特点：①生物演化使得地球大气圈中的 CO_2 含量降低、O_2 含量增加；②生物光合作用吸收 CO_2，合成生物有机体，原始大气中的大量碳在生物作用下被转移到碳酸盐岩、有机化石燃料、岩石中的有机微粒；③大量的碳还可以腐殖质的形式储存在土壤中（袁道先等，2002）。

水圈中由于碳酸盐岩的溶解作用形成 CO_3^{2-} 离子，CO_3^{2-} 离子与 H^+ 离子反应形成 HCO_3^- 离子，HCO_3^- 离子与 H^+ 离子反应形成 H_2CO_3，H_2CO_3 发生水解形成 CO_2（液相）和水，水中的液相 CO_2 逸出转化为气相 CO_2。

2. p_{CO_2}、H^+、HCO_3^- 含量对溶解度的影响

天然水中溶解的 CO_2 含量与水面空气的状态密切相关，CO_2 的溶解度与该气体的分压（p_{CO_2}）成正比；随 p_{CO_2} 增加，方解石、白云石的溶解度增大。当大气中的 CO_2 含量增加时，喀斯特水中溶解 CO_2 的相应增加，并与结合形成 H_2CO_3，继而分解为 H^+ 和 HCO_3^-，使得喀斯特水中的 pH 值降低、HCO_3^- 含量增加，降低了 $Ca^{2+}+CO_3^{2-}$ 的含量，破坏了 $CaCO_3$（固）$\Longrightarrow Ca^{2+}+CO_3^{2-}$ 的溶解平衡，从而导致固相 $CaCO_3$ 继续被溶解，直到达到新的平衡状态。研究表明，pH 值越小，$CaCO_3$ 的溶解度越大，当 $pH \geqslant 10$ 时，$CaCO_3$ 的溶解度极小。反之，喀斯特水中的液相 CO_2 逸出转化为气相 CO_2 时，喀斯特水中的 pH 值增大、HCO_3^- 含量减小，增加了 $Ca^{2+}+CO_3^{2-}$ 的含量，破坏了 $CaCO_3$（固）$\Longrightarrow Ca^{2+}+CO_3^{2-}$ 的平衡，导致 $CaCO_3$ 发生沉积，直到达到新的平衡状态（袁道先等，2002）。

2.1.2.3　扩散边界层厚度

固液界面扩散边界层的存在，不仅降低了碳酸盐岩的溶解速率，也降低了碳酸盐的沉积速率，实验表明，方解石的溶解速率与扩散边界层厚度有关，扩散边界层厚度越大，方解石的溶解速率越低，这种变化并不是线性的，取决于诸多因素：溶液的性质（p_{CO_2}、pH、HCO_3^-）、系统的温度和水动力条件等，溶液的性质已在前面阐述，这里仅对温度和水动力条件进行论述。

1. 温度

温度变化主要从两个方面产生影响：①影响 CO_2 在水中的溶解或逸出，从而改变碳酸盐岩的溶解速率；②水溶液中的离子所获得的活动能量发生变化，影响反应的进行和速率。试验表明，灰岩、大理岩先随温度升高，溶解速率增大，温度为 40℃时，溶解速率最大，之后随温度升高，溶解速率减小。白云岩先随温度升高，溶解速率增大，温度为 40～60℃时，溶解速率最大，之后随温度升高，溶解速率减小。

在水溶液性质相对稳定的条件下，环境温度的变化，不仅使碳酸盐岩的溶解速率发生变化，溶解度也会发生变化。实验表明，$p_{CO_2} > 0.005 \times 10^5 Pa$ 时，无论是开放系统或是封闭系统，从高温降至低温，水对 CO_2 的吸收系数增大，有更多的 CO_2 溶于水，温度降低，饱和溶液中所需的 CO_2 含量减少，水溶液中多余的 CO_2 转为游离 CO_2，其中一部分

为侵蚀性 CO_2，增强了水对碳酸盐岩的溶解能力，这种作用称为冷却溶蚀[3]。

2. 水动力条件

喀斯特水动力学机制表现为两个方面：①化学溶蚀作用机制；②侵蚀作用机制。

（1）化学溶蚀作用。化学溶蚀作用的水动力控制起因于固液界面扩散边界层的存在，研究表明，水流速度越大，水动力条件越好，边界扩散层厚度越小，碳酸盐岩的溶解速率越大；反之，水流速度越小，水动力条件越差，边界扩散层厚度越大，碳酸盐岩的溶解速率越小。

（2）侵蚀作用。侵蚀作用是喀斯特形成的外动力作用，主要有溶蚀力、侵蚀力、冲蚀力、风蚀力、气（汽）蚀力、重力坍塌、卸荷崩落、滴蚀力、日照雨淋爆裂、温湿反差风化作用力等，这些外动力彼此联系或相互促进或相互制约和转化，并在不同环境和条件下起各自的作用，实现对碳酸盐岩的综合侵蚀作用，塑造喀斯特形态[5]。

2.1.2.4　卤水（Cl^-）对碳酸盐岩的溶解作用

喀斯特地区的水在缓慢的运动过程中，如果 NaCl 含量增加（例如，深部卤水与浅部地下水混合、地下水与海水混合），碳酸盐岩的溶解度也增加。实验表明，在浓度低于 300mg/L 的 $Ca(HCO_3)_2$ 的饱和溶液中，加入浓度为 1% 的 NaCl 溶液，溶解度的增长量超过 15%[2]。

2.1.2.5　硫化物（SO_4^{2-}）对碳酸盐岩的溶解作用

硫化物（黄铁矿、硫化氢等）在水中进行氧化反应、化学反应，可以产生 SO_4^{2-} 离子，与碳酸盐岩反应形成 H_2CO_3，继而分解为 H^+ 和 HCO_3^-，使 pH 降低、HCO_3^- 含量增加，增加了碳酸盐岩的溶解度。黄铁矿（FeS_2）反应如下[3]：

$$4FeS_2 + 15O_2 + 14H_2O \longrightarrow 4Fe(OH)_3 + H_2SO_4$$

$$CaCO_3 + H_2SO_4 \longrightarrow Ca^{2+} + CO_3^{2-} + 2H^+ + SO_4^{2-} = CaSO_4 + H_2CO_3$$

$$CaCO_3 + H_2CO_3 \longrightarrow Ca^{2+} + CO_3^{2-} + H^+ + HCO_3^- \rightleftharpoons Ca^{2+} + 2HCO_3^-$$

2.2　碳酸盐岩喀斯特发育机理

2.2.1　石灰岩喀斯特发育机理

1. 喀斯特介质差异

大型洞穴、管道、通道和裂隙并存是石灰岩喀斯特地区的一个基本特征，并认为这是管道扩大和水循环相互加剧法则作用的结果，一方面管道扩大会增加岩石的透水性，加大水循环；另一方面水循环的加剧反过来进一步加速管道扩大；这种作用机制被称为喀斯特介质分异[9]。灰岩喀斯特介质差异包含区域条件的差异和岩体介质差异：①区域条件的差异通常导致喀斯特发育的地带性差异和地段性差异，地带性差异主要指气候分带、构造分带的差异；地段性差异主要指喀斯特的垂直差异和水平差异；②岩体介质差异主要指一部分裂隙超前溶蚀扩大而另一部分裂隙滞后发育，发展到细微裂隙网络和大型洞穴、管道、通道共存的局面。

2. 喀斯特介质差异的特性

喀斯特介质差异具有受控性、继承性和不均匀性的特点，形成双重介质或三重介质。①喀斯特介质的受控性是指喀斯特发育受岩性、隔水层、褶皱、断层、构造节理、新构造运动、气候等因素控制；②喀斯特介质的继承性是指地壳上升运动的每一个轮回，都有垂直渗流带、水平渗流带、深部渗流带的喀斯特发育，后一轮喀斯特往往追踪前一轮喀斯特，可以是叠加，也可以是改造，或者两者兼而有之；③喀斯特介质的不均匀性是指喀斯特发育的受控性和继承性所形成的结果。

3. 喀斯特差异作用

喀斯特差异作用包括喀斯特动力学机制、溶液的性质（p_{CO_2}、H^+、HCO_3^-）、水动力条件（水流速度、侵蚀作用）等。①喀斯特动力学机制：石灰岩中方解石为动力溶解盐类矿物，地下水沿石灰岩管道或裂隙流动时，侵蚀性矿物（方解石等）衰减（呈双曲线衰减）比扩散溶解矿物（石膏、石盐等）衰减（呈指数衰减）缓慢，方解石达到相同饱和度的时间较长[6]，利于喀斯特作用的进行，为石灰岩发育大型洞穴、管道、通道提供了有利条件；②溶液的性质（p_{CO_2}、H^+、HCO_3^-）：环境中 CO_2 不断扩散补充，使水溶液中 CO_2 的含量相对较高，利于喀斯特作用的进行；地下水因两种不同溶解性固体总量（TDS）水流混合，H^+、HCO_3^- 离子浓度发生变化而出现混合侵蚀，利于喀斯特作用的进行，为发育大型洞穴、管道、通道提供了有利条件，是石灰岩深部喀斯特发育的一个重要机制；③水动力条件（水流速度、侵蚀作用）：水流速度越大，水动力条件越好，边界扩散层厚度越小，灰岩的溶解速率越大；反之，则相反。侵蚀作用中的溶蚀力、侵蚀力、冲蚀力、风蚀力、气（汽）蚀力、重力坍塌、卸荷崩落、滴蚀力、日照雨淋爆裂、温湿反差风化作用力等彼此联系或相互促进或相互制约和转化，并在不同环境和条件下起各自的作用，形成石灰岩不同喀斯特形态，为发育大型洞穴、管道、通道提供了有利条件。

在喀斯特动力学机制、溶液的性质、水动力条件的综合作用下，质纯厚层块状石灰岩中大型洞穴、管道、通道等喀斯特形态发育，特别在南方喀斯特区尤为明显。

2.2.2　白云岩喀斯特发育机理

（1）白云岩岩石结构。白云石矿物为不规则的多边形镶嵌结构，晶面间基本无胶结物，晶体间的接触面和晶体容易产生机械破坏作用（例如，构造应力作用和风化作用等）和喀斯特作用。

（2）构造应力作用。白云岩为脆性岩石，其基本特征就是在应力、应变曲线上存在一个突变、不可控的脆性段，脆性岩石的抗拉强度远小于其抗压强度，在构造应力的聚积和释放过程中，岩石多为拉伸破坏，形成细小裂纹，脆性岩石的破坏是裂纹的起裂、扩展和连接的结果，不断产生新的节理面。

（3）喀斯特作用。白云岩地下水中的钙镁离子时空动态变化较大，易形成离子浓度梯度，利于扩散溶蚀；沿晶面间接触面和晶体内的节理面，离子扩散系数较大，利于扩散溶蚀；沿薄弱节理面非同比扩散溶蚀是白云岩的主要喀斯特作用，形成白云岩粉，加上节理面的切割，导致岩石分解；伴随白云岩的溶蚀过程，总是不同程度有去白云石化过程，形成次生方解石脉；因此，大多数白云岩在构造应力作用和喀斯特作用下，易形成砂化白云岩。

（4）白云岩很少形成大型洞穴、管道、通道等喀斯特形态，主要为晶孔、溶孔、孔洞、蜂窝状等形态。如果节理张开和适当的水动力条件（水流速度、侵蚀作用等），使白云岩粉被冲刷和搬运，在溶蚀力、侵蚀力、冲蚀力、气蚀力、重力坍塌、卸荷崩落作用下，仍可形成大型的洞穴、管道、通道。例如，云南省牛栏江—滇池补水工程德泽水库近坝右岸发育 3 条近于平行、间距约 1km 的地下河通道（伏流），伏流进口地层岩性为 P_1 灰岩，依次穿越 P_1 砂页岩、C_{2+3} 灰岩、C_1 灰岩和砂岩、D_3 白云岩（厚度 $100 \sim 150m$），伏流出口在 D_3 白云岩与 D_2 砂泥岩接触带，形成统一的喀斯特水系统，伏流发育方向受北西向断层和节理、层面、D_3 白云岩与 D_2 砂泥岩接触面控制；又例如，云南省牛栏江—滇池补水工程德泽水库坝址区左岸发育地下河（暗河），地质构造以向斜为主，核部地层岩性为 P_1 灰岩，两翼地层岩性依次为 P_1 砂页岩、C_{2+3} 灰岩、C_1 灰岩和砂岩、D_3 白云岩（厚度 $100 \sim 150m$），暗河出口在 D_3 白云岩与 D_2 砂泥岩接触带，形成统一的喀斯特水系统，暗河发育方向受向斜核部的张性节理、层面、D_3 白云岩与 D_2 砂泥岩接触面控制。

第3章　喀斯特水文地质

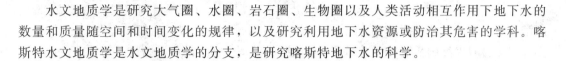

水文地质学是研究大气圈、水圈、岩石圈、生物圈以及人类活动相互作用下地下水的数量和质量随空间和时间变化的规律，以及研究利用地下水资源或防治其危害的学科。喀斯特水文地质学是水文地质学的分支，是研究喀斯特地下水的科学。

3.1 喀斯特含（透）水层组

3.1.1 喀斯特含水介质

喀斯特含水介质随着时间及环境的变化而不断演化，随着含有 CO_2 的水流对碳酸盐岩的不断溶解，将结构面溶蚀扩大形成喀斯特管道和喀斯特洞，水流集中并形成具有侵蚀作用的管道流或地下河，引起坍塌和堵塞及水位上升，使得岩体成为含水层，或者地下水流另辟蹊径。

碳酸盐岩的含水介质主要有孔隙介质（成岩孔隙）、结构面介质（节理、层面）、喀斯特介质（喀斯特裂隙、洞及管道、通道），与非碳酸盐岩的含水介质明显不同，后者仅有孔隙介质（成岩孔隙）、结构面介质（节理、层面）。碳酸盐岩在原生状态下，多数岩石的孔隙率很低，岩石在构造作用下形成节理，结构面在水的喀斯特作用下扩大，使富水性增强、透水性增大，含水介质为各向异性的不均匀介质。含水性或富水性或透水性在空间分布上有巨大差异，含水体不同部位之间水力联系具有各向异性，喀斯特最发育的部位富水性最强，水力联系也最强。影响喀斯特发育的主要因素为地层岩性及层组类型、地质构造、新构造运动、现代排泄基准面等，诸多有利因素叠加则喀斯特发育，反之，则喀斯特不发育。

袁道先等[1]将我国南方喀斯特含水介质划分为极不均匀、不均匀、相对均匀3类。

（1）极不均匀含水介质：是指个体喀斯特洞及单一的喀斯特管道，是集中喀斯特作用的结果，不同喀斯特管道之间水力联系弱或没有联系，无统一地下水位，富水性差异极大，水流以紊流为主，是典型的孤立管道流。

（2）不均匀含水介质：是指喀斯特管道有一定程度的向外延伸，接纳支管道，且支管道将相互平行的主管道联系起来，有一定的水力联系，但不同方向联系程度不同，一定范围内有统一地下水位；富水性仍然存在很大的差异，水流以紊流为主兼有层流。

（3）相对均匀含水介质：是指喀斯特管道呈网状发育，主、支管道交叉更迭，有统一地下水位，水力联系明显，且各向异性减小，富水性虽有差异，但绝对差减小；为相对均匀的岩体，水力比降小，流速小，水流以层流为主兼有紊流。

3.1.2 喀斯特含水层组

不同时代碳酸盐岩的成分、层组结构不同，喀斯特发育程度有较大差异。喀斯特含水层组划分为"类""型""亚型"3个等级，其中，"类"依据碳酸盐岩、不纯碳酸盐岩、碎屑岩的厚度及其配置格局划分；"型"依据纯碳酸盐岩与非碳酸盐岩的厚度比例划分；"亚型"依据石灰岩、白云岩、泥（硅）质灰岩、泥（硅）质白云岩及其过渡类型的厚度比例及其配置格局划分。因此，喀斯特含水层组划分为4个"类"、12个"型"、36个

"亚型"，见表3.1-1；其中"类"分为纯层类、夹层类、互层类、间层类；"型"分为纯碳酸盐岩型、不纯碳酸盐岩型、纯碳酸盐岩夹不纯碳酸盐岩型、纯碳酸盐岩夹碎屑岩型、不纯碳酸盐岩夹纯碳酸盐岩型、不纯碳酸盐岩夹碎屑岩型、纯碳酸盐岩与不纯碳酸盐岩互层型、纯碳酸盐岩与碎屑岩互层型、不纯碳酸盐岩与纯碳酸盐岩互层型、不纯碳酸盐岩与碎屑岩互层型、碎屑岩夹纯碳酸盐岩型、碎屑岩夹不纯碳酸盐岩型。

表 3.1-1　　　　　　　　碳酸盐岩喀斯特含水层组划分表　　　　　　　　%

类	型	厚度百分比		亚　　型	厚度百分比		
		碳酸盐岩	碎屑岩		石灰岩	白云岩	泥（硅、炭）质灰岩或泥（硅、炭）质白云岩
纯层类	纯碳酸盐岩型	>90	<10	连续石灰岩亚型	>90	<10	
				石灰岩夹白云岩亚型	90~67	10~33	
				石灰岩与白云岩互层亚型	67~33	33~67	
				连续白云岩亚型	<10	>90	
				白云岩夹石灰岩亚型	10~33	90~67	
				白云岩与石灰岩互层亚型	33~67	67~33	
	不纯碳酸盐岩型			泥（硅、炭）质灰岩亚型			>90
				泥（硅、炭）质白云岩亚型			
夹层类	纯碳酸盐岩夹不纯碳酸盐岩型	>95	<5	石灰岩夹泥（硅、炭）质灰岩亚型	90~67		10~33
				石灰岩夹泥（硅、炭）质白云岩亚型	90~67		
				白云岩夹泥（硅、炭）质灰岩型		90~67	
				白云岩夹泥（硅、炭）质白云岩型		90~67	
	纯碳酸盐岩夹碎屑岩型	90~67	10~33	石灰岩夹碎屑岩亚型	90~67		
				白云岩夹碎屑岩亚型		90~67	
	不纯碳酸盐岩夹纯碳酸盐岩型	>90	<10	泥（硅、炭）质灰岩夹石灰岩亚型	10~33		90~67
				泥（硅、炭）质白云岩夹石灰岩亚型	10~33		
				泥（硅、炭）质灰岩夹白云岩亚型		10~33	
				泥（硅、炭）质白云岩夹白云岩亚型		10~33	
	不纯碳酸盐岩夹碎屑岩型	90~67	10~33	泥（硅、炭）质灰岩夹碎屑岩亚型			90~67
				泥（硅、炭）质白云岩夹碎屑岩亚型			90~67
互层类	纯碳酸盐岩与不纯碳酸盐岩互层型	>90	<10	石灰岩与泥（硅、炭）质灰岩互层亚型	67~33		33~67
				石灰岩与泥（硅）质白云岩互层亚型	67~33		
				白云岩与泥（硅、炭）质灰岩互层亚型		67~33	
				白云岩与泥（硅、炭）质白云岩互层亚型		67~33	
	纯碳酸盐岩与碎屑岩互层型	70~30	30~70	石灰岩与碎屑岩互层亚型	67~33		
				白云岩与碎屑岩互层亚型		67~33	

类	型	厚度百分比		亚　型	厚度百分比		
		碳酸盐岩	碎屑岩		石灰岩	白云岩	泥（硅、炭）质灰岩或泥（硅、炭）质白云岩
互层类	不纯碳酸盐岩与纯碳酸盐岩互层型	>90	<10	泥（硅、炭）质灰岩与石灰岩互层亚型	33～67		67～33
				泥（硅、炭）质白云岩与石灰岩互层亚型			
				泥（硅、炭）质灰岩与白云岩互层亚型		33～67	
				泥（硅、炭）质白云岩与白云岩互层亚型			
	不纯碳酸盐岩与碎屑岩互层型	67～33	33～67	泥（硅）质灰岩与碎屑岩互层亚型			67～33
				泥（硅、炭）质白云岩与碎屑岩互层亚型			
间层类	碎屑岩夹纯碳酸盐岩型	10～33	67～90	碎屑岩夹石灰岩亚型	10～33		
				碎屑岩夹白云岩亚型		10～33	
	碎屑岩夹不纯碳酸盐岩型			碎屑岩夹泥（硅、炭）质灰岩亚型			10～33
				碎屑岩夹泥（硅、炭）质白云岩亚型			

3.1.3　喀斯特透水层及相对隔水层

喀斯特岩体透水性是指碳酸盐岩岩体允许水透过本身的能力，成岩孔隙、结构面（节理、层面）、喀斯特裂隙、喀斯特洞及管道、喀斯特通道等因素影响岩体透水性的大小。通过抽水试验、压水试验可获得岩体的渗透系数（K）或透水率（q），地下水位以下的岩体既可做压水试验，又可做抽水试验，中等—强透水层采用抽水试验更能真实地反映岩体透水性，弱—微透水层一般采用压水试验计算岩体渗透系数。地下水位以上的岩体只能做压水试验。渗透系数与透水率一般按照公式（3.1-1）进行换算：

$$K = n \times \frac{q}{100} \tag{3.1-1}$$

式中：K 为岩体渗透系数，m/d；q 为岩体透水率，Lu；n 为换算系数，喀斯特不发育时，取值1～3；喀斯特发育时，取值3～10，强透水层的 n 值变化较大，通过压水试验的透水率换算为渗透系数的误差较大。

根据岩体的渗透系数、透水率将喀斯特透水层划分为强透水层、中等透水层、弱透水层、微透水层4个等级，见表3.1-2。

表 3.1-2　　　　　　　　　喀斯特透水层等级划分表

透水层等级	渗透系数 K/(m/d)	透水率 q/Lu
强透水层	≥10.00	≥100
中等透水层	0.20～10.00	10～100
弱透水层	0.01～0.20	1～10
微透水层	<0.01	<1

喀斯特弱透水层是指能传输水量且岩体透水率为 1Lu≤q＜10Lu 的碳酸盐岩岩层，例如，石灰岩、白云岩、泥（硅、炭）质灰岩、泥（硅、炭）质白云岩及其过渡类岩石都可成为喀斯特弱透水层。

相对隔水层是指能少量传输和给出水的岩层，是根据工程规模、建筑物级别等因素确定的防渗处理标准（岩体透水率）之下的岩层，弱、微透水层都可能是相对隔水层。例如，碳酸盐岩中的石灰岩、白云岩、泥（硅、炭）质灰岩、泥（硅、炭）质白云岩及过渡类岩石可以是相对隔水层；碎屑岩、岩浆岩、变质岩（不含大理岩）也可以是相对隔水层；断层带也可以是相对隔水层。相对隔水层是确定防渗处理底界的主要依据之一，例如，《混凝土重力坝设计规范》（SL 319—2005）：坝高 100m 以上岩体透水率 q 为 1～3Lu，坝高 50～100m 之间岩体透水率 q 为 3～5Lu，坝高 50m 以下岩体透水率 q≤5Lu；又例如，碾压式土石坝设计规范、混凝土面板堆石坝设计规范：1 级坝、2 级坝、高坝岩体透水率 q 为 3～5Lu，2 级中坝及低坝、3 级中坝岩体透水率 q 为 5～10Lu。

隔水层是指不能传输和给出水的岩层，在喀斯特地区，隔水层一般为碎屑岩、岩浆岩、变质岩（不含大理岩）、阻水的断层带。

3.2　河谷喀斯特水文地质结构

喀斯特水文地质结构是研究喀斯特发育规律、喀斯特地下水补给径流排泄条件及其有关喀斯特水文地质问题的基础，主要根据含水层组类型、构造类型与河谷关系进行划分。

3.2.1　含水层组类型

根据喀斯特含水层组类型将河谷喀斯特水文地质结构划分为单层含水层、双层含水层、多层含水层、混合含水层 4 类：

（1）单层含水层：饱水带形成统一含水层，喀斯特强烈发育，深度大，易形成深部喀斯特，见图 3.2-1。例如，云南省文山市暮底河水库、曲靖市花山水库、宣威市羊过水水库、威信县吼西水库，贵州乌江渡水电站等。

（2）双层含水层：饱水带形成 2 层含水层，上部含水层喀斯特强烈发育，下部含水层受隔水层影响，可能有承压水，喀斯特发育受到限制，含水层之间为隔水层，见图 3.2-2。例如，云南省牛栏江—滇池补水工程德泽水库，贵州百花水电站、东风水电站等。

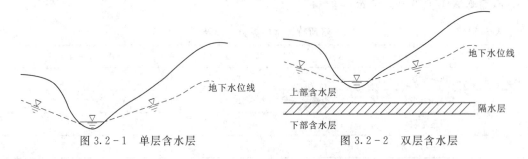

图 3.2-1　单层含水层　　　　　　　　图 3.2-2　双层含水层

（3）多层含水层：饱水带形成3层及以上含水层，上部、中部含水层喀斯特强烈发育，下部含水层受隔水层影响，有承压水，深部喀斯特明显减弱，至少发育2层隔水层，见图3.2-3。例如，贵州修文水电站、红林水电站等。

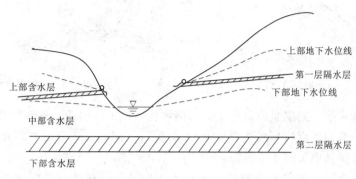

图3.2-3　多层含水层

（4）混合含水层：饱水带形成3层及以上含水层，上部、中部含水层喀斯特强烈发育，下部含水层受断层影响，深部喀斯特发育，见图3.2-4。例如，云南省文山市暮底河水库、富源县洞上水库，贵州三江口水电站等。

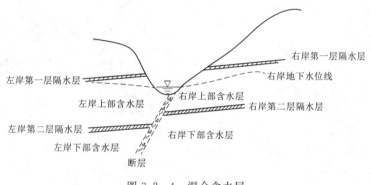

图3.2-4　混合含水层

3.2.2　构造类型与河谷关系

根据构造类型与河谷的关系将河谷喀斯特水文地质结构划分为单斜含水层、背斜含水层、向斜含水层、断层含水层4类。

（1）单斜含水层：岩层呈单斜产出，包括横向谷、纵向谷、斜向谷3个类型，喀斯特发育受隔水层、排泄基准面、岩层层面控制，越靠近河谷，喀斯特越发育，沿层面易发育喀斯特管道，见图3.2-5。例如，云南省文山市暮底河水库、云南省牛栏江—滇池补水工程德泽水库、罗平县湾子水库、曲靖市花山水库、威信县吼西水库、贵州猫跳河水电站、云南鲁布革水电站等。

（2）背斜含水层：岩层呈背斜产出，有隔水层或相对隔水层时，可形成承压水，核部喀斯特发育，常沿轴部纵张或横张节理发育喀斯特管道，见图3.2-6。例如，云南省曲靖市阿岗水库、云南省牛栏江—滇池补水工程德泽水库、贵州修文水电站等。

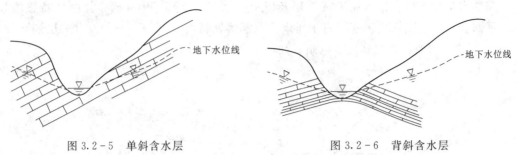

图 3.2-5 单斜含水层   图 3.2-6 背斜含水层

（3）向斜含水层：岩层呈向斜产出，为储水构造或汇水构造，核部喀斯特发育，常沿轴部纵张或横张节理发育喀斯特管道，见图 3.2-7。例如，云南省牛栏江—滇池补水工程德泽水库、会泽县毛家村水库等。

（4）断层含水层：河谷发育断层，水动力条件复杂，沿断层易形成深部喀斯特，见图 3.2-8。例如，云南省牛栏江—滇池补水工程德泽水库、文山市暮底河水库、威信县吼西水库、保山市红岩水库等。

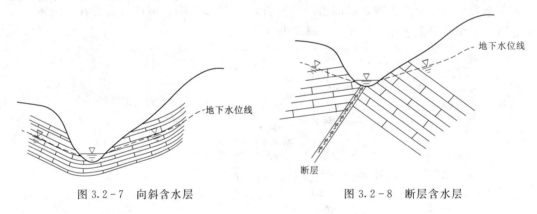

图 3.2-7 向斜含水层   图 3.2-8 断层含水层

3.3 河谷喀斯特地下水动力条件及类型

河谷喀斯特地下水动力条件主要研究河谷喀斯特地下水的运动条件和状态；河谷喀斯特地下水动力类型主要研究喀斯特地下水的补给、径流、排泄条件与河水的关系。

3.3.1 河谷喀斯特地下水动力条件

根据河谷喀斯特地下水在三维空间的运动条件和状态，将河谷喀斯特地下水动力条件从上向下划分为垂直渗流带、垂直与水平渗流交替带、水平渗流带、虹吸渗流带 4 类动力条件。不同喀斯特地下水动力类型有不同的水动力条件，本书以补给型喀斯特地下水动力类型进行划分，见图 3.3-1。

（1）垂直渗流带。垂直渗流带是指河谷两岸雨季最高地下水位与地表之间的地带，又称包气带。通过喀斯特裂隙、喀斯特管道、喀斯特竖井、落水洞与地表喀斯特洼地、漏斗、槽谷等相连。地下水主要受重力作用控制，通过裂隙、管道、竖井、落水洞将大气降

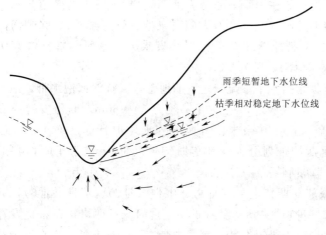

垂直渗流带	表层喀斯特上带Ⅰ1
垂直与水平渗流交替带	表层喀斯特下带Ⅰ2
水平渗流带	浅部喀斯特带Ⅱ
虹吸渗流带	深部喀斯特上带Ⅲ1
	深部喀斯特中带Ⅲ2
	深部喀斯特中带Ⅲ3

图 3.3-1 补给型喀斯特地下水动力条件示意图

水及地表水导入地下。暴雨期间洪水携带大量泥沙进入地下，水以垂直渗流运动为主，局部的细微节理也呈毛细管运动。垂直渗流带厚度一般十几米至几百米，水流在时间和空间上不连续，一般没有静水压力。该带喀斯特一般较发育，以垂直喀斯特形态（裂隙、落水洞或管道）为主，但在河流停顿期间发育水平喀斯特（洞、管道、通道），并与下一层的垂直喀斯特具有继承性特点，河流停顿时间越长，喀斯特越发育。将垂直渗流带形成的喀斯特带划分为表层喀斯特上带（Ⅰ1），见图 3.3-1，受新构造运动影响，现代河床以上第四系喀斯特一般有 3~5 个停顿期，一般相邻两个垂直喀斯特带具有继承性特点，一般没有喀斯特泉水出露，但暴雨且地下水排泄不畅通时，形成季节性喀斯特裂隙泉水。

（2）垂直与水平渗流交替带。垂直与水平渗流交替带是指河谷两岸雨季最高地下水位与枯季相对稳定地下水位之间的地带，又称季节变动带，位于垂直渗流带之下。地下水位升降频繁，充水和排水反复交替。暴雨时地下水位上升更为明显，地下水以水平运动为主；非暴雨时，地下水位下降，地下水以垂直运动为主。垂直与水平渗流交替带厚度一般几米至几十米，喀斯特越发育，渗流交替带厚度越小；反之，喀斯特越不发育，渗流交替带厚度越大。水流在时间和空间上不连续，枯季一般没有静水压力，雨季一般有静水压力。将垂直与水平渗流交替带形成的喀斯特带划分为表层喀斯特下带（Ⅰ2），见图 3.3-1，该带喀斯特发育，总体以水平喀斯特形态（洞、管道、通道）为主。形成季节性的喀斯特裂隙泉水、管道泉水、地下河（伏流、暗河），例如，德厚水库坝址区的 S20 季节性喀斯特管道泉水、S19 季节性伏流、S29 季节性喀斯特裂隙泉水、牛腊冲河两岸季节性伏流（S27、S28）。

（3）水平渗流带。水平渗流带是指枯季地下水位以下、喀斯特地下水排泄口影响带以上的地带，又称浅部饱水带，位于垂直与水平渗流交替带之下。地下水以水平运动为主，水平渗流带厚度一般几米至 20m 之间，水流在时间和空间上连续，有静水压力。水平渗流带形成的喀斯特带划分为浅部喀斯特带（Ⅱ），见图 3.3-1，位于喀斯特含水层上部，喀斯特强烈发育，以水平喀斯特形态为主（洞、管道、通道）。形成喀斯特管道泉水、地下河，例如，德厚水库坝址上游的咪哩河左岸"八大碗"泉群（管道泉水）、咪哩河两岸的喀斯特裂隙泉水（S8、S11）、牛腊冲 S33 喀斯特裂隙泉水、德厚河左岸打铁寨伏流（C3）、盘龙河右岸喀斯特管道泉水（S1、S2）。

（4）虹吸渗流带。虹吸渗流带是指水平渗流带之下的地带，又称深部饱水带。地下水以"倒虹吸"水流状态向河谷运动，虹吸渗流带厚度一般为 50～60m，断层发育或有非碳酸盐岩隔水时，厚度可达百余米至 200 余米；但地下分水岭地带厚度变小，一般为 10～20m。虹吸渗流带形成的喀斯特带划分为深部喀斯特带（Ⅲ），以水平喀斯特形态（洞、管道）为主，局部发育垂直喀斯特。

深部喀斯特带又可划分为深部喀斯特上带（Ⅲ1）、中带（Ⅲ2）、下带（Ⅲ3），见图 3.3-1。其中，深部喀斯特上带（Ⅲ1）一般厚度约 60m，是河床及两岸喀斯特最发育的地带，例如，德厚水库的近坝左岸仅上带喀斯特发育，中带、下带喀斯特不发育，为补给型水动力类型。深部喀斯特中带一般厚度约 50m，河床喀斯特发育次之、两岸喀斯特不发育（断层及影响带、非碳酸盐岩接触带除外）。例如，德厚水库近坝右岸、咪哩河库区上带喀斯特最发育，中带喀斯特发育次之，前者为断层及影响带、非碳酸盐岩接触带，且为排泄型水动力类型，后者东西向褶皱、断层发育，且为补排交替型水动力类型。深部喀斯特下带一般厚度约 90m，河床及两岸喀斯特不发育（断层及影响带、非碳酸盐岩接触带除外）。例如，德厚水库近坝右岸下带喀斯特不发育，仅在玄武岩与灰岩接触带附近喀斯特洞的最低高程为 1197.50m，低于中带底界约 2.5m，主要原因为碳酸盐岩与非碳酸盐岩接触带，且叠加 F2 断层的作用；咪哩河库区下带喀斯特不发育。因此，一般情况下，防渗底界穿过深部喀斯特上带底界进入中带；断层及影响带、非碳酸盐岩接触带，防渗底界进入深部喀斯特中带一定深度，甚至穿过深部喀斯特中带底界进入下带。

3.3.2 河谷喀斯特地下水动力类型

根据喀斯特地下水动力条件，地下水的补给、径流、排泄条件及与河水的关系，将喀斯特地下水动力类型划分为补给型、补排型、补排交替型、排泄型、悬托型 5 类。

1. 补给型

（1）形成条件：①河床为当地或区域的最低排泄基准面；②库区喀斯特地层延伸至邻谷，但存在地下水分水岭；或者库内喀斯特地层不延伸至邻谷。

（2）水动力特征：两岸地下水补给河水，向河床排泄，见图 3.3-2。例如，文山市暮底河水库、文山市布都河水库、曲靖市花山水库、云南省牛栏江—滇池补水工程德泽水库、宣威市羊过水水库、威信县吼西水库、保山市红岩水库、贵州乌江渡水电站、广西天生桥水电站等。

2. 补排型

（1）形成条件：①河床为库区一岸的最低排泄基准面；喀斯特地层延伸至邻谷，但存在地下水分水岭；或者喀斯特地层不延伸至邻谷；②库区另一岸喀斯特地层延伸至邻谷，且无地下水分水岭。

（2）水动力特征：库区一岸地下水补给河水，向河床排泄；另一岸河水补给地下水，向低邻谷排泄，见图 3.3-3。例如，罗平县湾子水库、永德县大雪山水库、红河州绿水河水电站、贵州红岩水电站等。

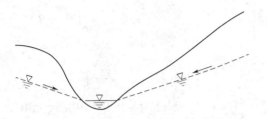

图 3.3-2　补给型喀斯特水动力类型示意图

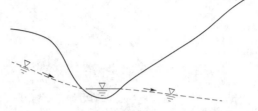

图 3.3-3　补排型喀斯特水动力类型示意图

3. 补排交替型

（1）形成条件：①河床为库区一岸的最低排泄基准面；喀斯特地层延伸至邻谷，但存在地下水分水岭；或者喀斯特地层不延伸至邻谷；②库区另一岸喀斯特地层延伸至邻谷，枯季无地下水分水岭，雨季存在地下水分水岭。

（2）水动力条件：库区一岸地下水补给河水，向河床排泄，为补给型；另一岸枯季河水补给地下水，向低邻谷排泄，为排泄型；另一岸雨季地下水补给河水，分别向两侧河床排泄，为补给型，见图 3.3-4。例如，文山州德厚水库咪哩河库尾段等。

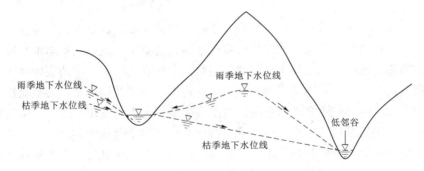

图 3.3-4　补排交替型喀斯特水动力类型示意图

4. 排泄型

（1）形成条件：①库区两岸喀斯特地层延伸至下游或邻谷；②地下水位低于河水位，无地下水分水岭。

（2）水动力特征：河水补给两岸地下水，向两侧低邻谷排泄，见图 3.3-5。例如，贵州窄巷口水电站等。

5. 悬托型

（1）形成条件：①河床表层岩土层透水性弱；②河床下部喀斯特发育，透水性强；③喀斯特地下水排泄基准面低于河床。

（2）水动力特征：河床处地下水位低于河水位，河水与地下水无直接水力联系，见图 3.3-6。例如，云南以礼河水槽子河段、东川坝塘水库、砚山县回龙坝水库、昆明市金殿水库、陕西桃曲坡水库、云南省牛栏江—滇池补水工程德泽水库干河库区部分河

31

段等。

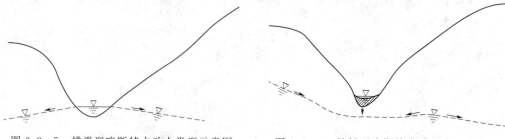

图 3.3-5 排泄型喀斯特水动力类型示意图　　图 3.3-6 悬托型喀斯特水动力类型示意图

3.4 喀斯特地下水系统

喀斯特地下水系统是指有相对固定的边界、汇流范围、蓄积空间，具有独立的补给、径流、排泄关系和统一的水力联系所构成的水文地质单元，是喀斯特系统中最活跃、最积极的地下水流系统。喀斯特地下水系统研究是指应用喀斯特地下水的系统理论，根据喀斯特水文地质场中的结构场、水动力场、水化学场、水温度场、水同位素场等资料和信息，研究它们之间的内在联系，分析喀斯特发育与发展的时空变化，演绎出地下水补给、径流、排泄关系。

韩行瑞[2]认为，喀斯特地下水系统是喀斯特系统的重要组成部分，作为一个系统，必然具备边界、空间结构、环境、功能等要素；喀斯特地下水系统是具有思维性质的水流与能量系统。喀斯特地下水系统属于空间和时间的完全集合，具有一定的空间展布形态和边界条件，随时间变化，可以再生或消亡。喀斯特地下水系统的物质组成为喀斯特地下水和喀斯特空间系统，与其他水文地质系统的交集为喀斯特地下水系统的边界，喀斯特空间的组合方式和顺序决定系统的结构状态。喀斯特含水介质的空间几何形态、空间联系、物理属性决定系统的功能；喀斯特地下水系统不仅是物质体系，而且是一个能量体系。

3.4.1 喀斯特地下水系统组成

喀斯特地下水系统由结构场、水动力场、水化学场、水温度场、水同位素场组成。

3.4.1.1 喀斯特地下水结构场

喀斯特地下水结构场包括喀斯特地下水系统边界、喀斯特蓄水构造、喀斯特地下水含水介质特征等方面。

1. 喀斯特地下水系统边界

划定系统边界是研究喀斯特地下水系统的首要问题，包括地表分水岭边界、地下分水岭边界、隔水层边界等内容。

（1）地表分水岭边界。是指系统内非碳酸盐岩地表径流区的地表分水岭，作为喀斯特含水层的外源水补给区，多位于喀斯特地下水系统的上游。大气降水形成地表径流，流入喀斯特地区，入渗地下，易形成盲谷、伏流等喀斯特形态，补给喀斯特含水层。

（2）地下分水岭边界。是指相邻两个喀斯特地下水系统为同一含水层组，但喀斯特地下水分别流向不同的排泄基准面或泉水，形成不同泉域，其间必有地下水分水岭，分水岭地下水位高于两侧河水或泉水，根据钻孔地下水位长期观测或示踪试验，可以确定地下水分水岭的位置及动态变化。

（3）隔水层边界。是指具有一定厚度透水性微弱的非碳酸盐岩（碎屑岩、岩浆岩、变质岩）、不纯碳酸盐岩、断层带等构成隔水层边界，部分白云岩也可构成隔水层边界。不仅构成喀斯特泉域或地下河的外围边界，还可以构成喀斯特作用的下游边界、喀斯特地下水活动底界。隔水层可分为隔水层、相对隔水层、相对弱透水层 3 种类型，隔水层主要有页岩、泥岩、黏土岩等，透水性微弱 $q<10Lu$（弱）、$q<1Lu$（微）。相对隔水层主要有碎屑岩（砂岩、砾岩等）、岩浆岩、变质岩（不含大理岩）、不纯碳酸盐岩（泥硅质灰岩、泥灰岩、泥硅质白云岩、炭质灰岩和炭质白云岩）、阻水的断层带，透水性微弱 $q<10Lu$（弱）、$q<1Lu$（微）。相对弱透水层主要有灰岩、白云岩及其过渡类型，透水性弱 $q<10Lu$。隔水层的隔水效果主要取决于隔水层的厚度、延续性、完整性 3 个方面。

1）隔水层的厚度。如果隔水层两侧喀斯特含水层地下水位不同，地下水从较高的含水层向较低的含水层运动，形成一定的渗透压力，依据隔水层临界有效厚度（h）来判别是否产生渗透变形破坏，h 一般按照公式（3.4-1）进行计算：

$$h = \beta \times \frac{\Delta H}{J} \tag{3.4-1}$$

式中：h 为隔水层有效厚度，m，β 为喀斯特含水层的折减系数，依据透水性而定，邹成杰等认为取值 $0.65\sim0.95$[3]；ΔH 为两个含水层的地下水位差，m；J 为隔水层的允许水力比降，邹成杰等认为取值见表 3.4-1[3]。

表 3.4-1　　　　　　　　　　　隔水层允许水力比降取值

隔水层岩体透水率/Lu	隔水层岩体渗透系数/(cm/s)	允许水力比降/%
1	$<1\times10^{-5}$	20
3	$1\times10^{-5}\sim5\times10^{-5}$	15
5	$5\times10^{-5}\sim10\times10^{-5}$	10

隔水层的真厚度为 h_0，判别如下：当 $h_0>3h$，隔水层可靠；当 $h<h_0\leqslant3h$，隔水层基本可靠；当 $h_0\leqslant h$，隔水层可能产生渗透变形破坏。

2）隔水层的延续性。隔水层既有厚度变化，又有连续性变化，由于沉积环境的变化，可能使隔水层尖灭或断续分布，仅能局部隔水，隔水层总体隔水性差，难以达到隔水效果，形成统一的喀斯特含水层。例如，云南以礼河水槽子电站水库的 P_1 灰岩与 C_{1+3} 灰岩虽然被 P_1 砂页岩所隔，但向金沙江方向逐渐尖灭，两套灰岩还是形成统一的喀斯特含水层。

3）隔水层的完整性。地表露头连续的隔水层，在断层或喀斯特坍塌作用下，隔水层失去隔水作用，地下的两个喀斯特含水层可能连通，形成统一的喀斯特含水层。例如，云南省牛栏江—滇池补水工程德泽水库近坝两岸均存在喀斯特坍塌，使 P_1 灰岩、C_{1+3} 灰岩、D_3 白云岩形成统一的含水层，中间有 P_1 砂页岩、C_1 砂页岩。

2. 喀斯特蓄水构造

喀斯特地下水系统与地质构造有关，地质构造控制了喀斯特含水层组和边界的三维空间分布，影响喀斯特发育及地下水的运动和汇流，大的泉域或地下河流域往往由非碳酸盐岩间接补给区和碳酸盐岩汇流区或喀斯特蓄水构造组成，因此，喀斯特蓄水构造是喀斯特地下水系统的重要组成部分。蓄水构造主要有：单斜含水层、背斜含水层、向斜含水层、断层含水层。

3. 喀斯特地下水含水介质特征

碳酸盐岩的含水介质主要有孔隙介质（成岩孔隙）、结构面介质（节理、层面）、喀斯特介质（喀斯特裂隙、洞及管道），与非碳酸盐岩的含水介质明显不同，后者仅有孔隙介质（成岩孔隙）、结构面介质（节理、层面）。喀斯特地下水含水介质的主要特征具不均一性和各向异性。

（1）不均一性：碳酸盐岩原生渗透系数很小，因喀斯特作用形成喀斯特裂隙的次生渗透系数增大很多。例如，孔隙度比较高的白云岩的原生渗透系数为 $1.5 \times 10^{-4} \sim 3.7 \times 10^{-3}$ m/d，而现场抽水试验测得的次生渗透系数高达 $1.5 \sim 15$ m/d（张倬元等，2009）；又如，块状石灰岩的原生渗透系数为 $n \times 10^{-7} \sim n \times 10^{-4}$ m/d，而现场测得的次生渗透系数增大几个数量级，为 $n \times 10^{-3} \sim n \times 10^{2}$ m/d[2]。研究表明，当孔（裂）隙直径由 0.1mm 增至 10mm 时，渗透系数由 $n \times 10^{-1}$ m/d 增至 $n \times 10^{3}$ m/d，增大了 4 个数量级；如果发育喀斯特洞，渗透系数可能增大 7 个数量级[8]。因此，喀斯特地下水含水介质因喀斯特发育程度不同，孔（裂）隙直径差异很大，渗透性相差也很大，表现了喀斯特含水介质的类型和渗透性的不均一性，特别是石灰岩更明显。

（2）各向异性：是指含水介质的透水性随空间和方向的变化而变化。例如，北方喀斯特区，奥陶系石灰岩喀斯特含水介质不同方向地下水最大流速与最小流速之比可达 $5 \sim 10$ 倍；寒武系石灰岩可达 $10 \sim 30$ 倍[2]。又如，南方喀斯特区，喀斯特裂隙—管道含水介质不同方向地下水最大流速与最小流速之比可达 $20 \sim 50$ 倍，喀斯特裂隙—管道—通道（地下河）含水介质可达 $30 \sim 100$ 倍以上[2]。因此，喀斯特地下水含水介质因喀斯特发育程度不同，不同方向喀斯特含水介质的渗透性具有各向异性。

3.4.1.2 水动力场

喀斯特水动力场是指地下水在喀斯特含水介质中，由高势能向低势能方向运动，具有一定的地下水动力学特征，也就是研究地下水流的时空变化规律。利用喀斯特地下水动力场可以研究喀斯特地下水的补给、径流、排泄规律，也可以研究喀斯特渗漏等地质问题。

地下水获得补给时，水位抬升，重力势能增加；地形高的补给区，随着补给势能不断积累；地形低洼排泄区，地下水无法接受补给，或接受补给但排泄量大，势能难以积累；因此，地形通常控制重力势能的空间分布。流动的地下水，水头随流程而产生变化，补给区流线自上而下，在垂直方向上，随深度增加而水头降低，任一点的水头都小于静水压力，以垂直渗流为主。排泄区流线上升，在垂直方向上，水头随流程自上而下不断降低，任一点的水头都大于静水压力；特别是在河床排泄，地下水以"倒虹吸"水流状态向河谷运动，以虹吸渗流为主。补给区与排泄区之间地带（径流区）流线接近水平延伸，各点水头基本不变，且等于静水压力，以水平渗流为主。

3.4.1.3 水化学场

喀斯特地下水化学场是指喀斯特地下水在运动过程中，其化学成分随时间、空间而不断变化迁移，喀斯特含水介质、地下水动力特征、物理化学平衡条件等都影响地下水化学性质。利用喀斯特地下水化学场可以研究喀斯特地下水的补给、径流、排泄规律，也可以研究喀斯特渗漏等地质问题。

3.4.1.4 水温度场

地温场是指地球内部的热量，通过对流、传导、辐射等形式使地壳内形成地温度场。喀斯特地下水温度场是指地下水在地温度场中通过对流和运移而得到升温，形成水温度场。水温度场与地温度场在地壳浅部一般相差 $1\sim3℃$，在深部，两种温度接近一致。利用喀斯特地下水温度场，可以研究喀斯特地下水形成条件、水温度分布规律，也可以寻找喀斯特管道、水库渗漏通道等地质问题。

3.4.1.5 水同位素场

喀斯特地下水同位素场是指自然界中的地下水中有多种放射性同位素和非放射性稳定同位素，形成水同位素场；其中，氚（^3H）、碳（^{14}C）为放射性同位素，是地下水年龄的指示剂；氕（^1H）、氘（^2H）、氧（^{18}O、^{16}O）为非放射性稳定同位素，是地下水运动和地表水体蒸发的指示剂。利用喀斯特地下水同位素场，可以研究喀斯特地下水的年龄、深部喀斯特、喀斯特渗漏等地质问题。

3.4.2 喀斯特地下水系统分类

韩行瑞[2]认为，含水介质、水流特征是喀斯特地下水系统的本质特征，按照喀斯特含水介质、水流特征将喀斯特地下水系统分为：喀斯特裂隙泉、喀斯特管道泉、地下河系统3类。

（1）喀斯特裂隙泉。喀斯特裂隙泉是指以喀斯特裂隙含水介质为主的喀斯特含水层中出露的泉水，其补给范围称为泉域。含水介质为喀斯特裂隙，是含水层蓄水的重要空间，地下水以层流运动为主，泉域内地表基本没有洼地、漏斗、坡立谷、落水洞等负地形，降水及地表水沿喀斯特裂隙入渗补给，基本不存在地表水集中补给，地下水流速一般小于50m/d，强径流带局部形成喀斯特管道可达100m/d，泉水最大流量与最小流量之比为1.5～10倍。例如，德厚水库咪哩河两岸的喀斯特裂隙泉水（S8、S11）、牛腊冲S33喀斯特裂隙泉水、德厚河S29喀斯特裂隙泉水等。

（2）喀斯特管道泉。喀斯特管道泉是指以喀斯特裂隙-喀斯特管道含水介质为主的喀斯特含水层出露的泉水，含水介质为喀斯特裂隙-喀斯特管道的双重介质，水动力特征以管道流为主。雨季，具有携带和输送泥沙的能力，一般呈满管有压状态，地下水以紊流运动为主。喀斯特管道系统成为地下水汇流、蓄水、排泄的主要通道。例如，德厚水库坝址上游的咪哩河左岸"八大碗"泉群（管道泉水）、坝址区的S20喀斯特管道泉水、盘龙河右岸喀斯特管道泉水（S1、S2）。

（3）地下河系统。地下河系统是指由地下河的干流及其支流组成的具有统一边界条件和汇水范围的喀斯特地下水系统，主要有暗河和伏流两类。枯季及雨季的非暴雨时期，地下河系统一般呈渠道流状态；雨季的暴雨时期，一部分河段仍然为渠道流状态，另一部分河段可暂时呈有压管道流状态。地下河通道多沿断层带、剪切破碎带、节理密集带发育，地下河道围岩稳定性差，在侵蚀作用下，顶部围岩易失稳产生崩塌，随着崩塌作用继续，可能塌至地表，形成竖井、天坑等喀斯特形态。

地下河在地表有流域，形成地表水文网；在地下有支流、喀斯特管道、喀斯特裂隙，形成地下水文网。大型地下河的主要通道多具河床、阶地、河流冲洪积沉积物的河流特征，甚至形成跌水、瀑布等地貌景观；由于暴雨期地下河的流量大，且河道水力比降大，使得河水搬运能力强，崩塌作用形成的堆积体多被河水搬运，重复的崩塌作用和搬运作用，形成了高达百余米的地下峡谷和宽达数十米至百余米的地下大厅，发育多种喀斯特形态。与地表河流类似，地下河具有改道功能，不断废弃一些旧河道，向下或向两侧开辟新的通道，有些地方形成深水塘，有些地方形成潜流或伏流通道。枯季及雨季的非暴雨时期，地下河水位为地下水的最低水位，是地下河流域的最低排泄基准面，地下河以下的喀斯特管道水往往具有承压性。例如，德厚水库坝址下游 S19 伏流、牛腊冲河两岸伏流（S27、S28）、德厚河左岸打铁寨伏流（C3）。

3.4.3　喀斯特地下水运动规律

喀斯特含水层往往为多种含水介质，有孔隙介质（成岩孔隙）、结构面介质（层面、节理）、喀斯特介质（喀斯特裂隙、洞及管道、通道）3 种基本类型，不同含水介质组合，形成了不同水流特征的喀斯特地下水系统。喀斯特发育较弱的地区，形成孔隙-结构面-喀斯特裂隙的地下水流系统，地下水以层流运动为主，多描述为等效介质，采用达西定律。喀斯特发育地区，形成孔隙-结构面-喀斯特裂隙-管道介质，其中孔隙-结构面-喀斯特裂隙为等效介质，与管道组合为双重介质；或孔隙-结构面-喀斯特裂隙-喀斯特管道-通道介质，其中孔隙-结构面-喀斯特裂隙为等效介质，与管道、通道组合为三重介质；地下水以紊流运动为主，包括渠道流和有压管道流，将不同介质水流方程耦合在一起描述复杂的水流系统。

3.4.3.1　层流及紊流

层流是指水的质点做有条不紊的运动，彼此不相混掺的形态，只存在黏滞切应力，摩阻力及沿程水头损失与流速成正比。紊流是指水的质点做不规则运动、互相混掺、轨迹曲折混乱的形态，水运动的速度、压强等随时间、空间做不规则脉动。它们传递动量、热量和质量方式不同，层流通过分子间相互作用，紊流主要通过质点间混掺，紊流传递速率远大于层流。

1. 雷诺定理

雷诺数（Re）表征水的惯性力与黏滞力相对大小，可以判别流动形态的无因次数，采用公式（3.4-2）进行计算，对于一般条件下的管道流，当 $Re \leqslant 2300$ 时水流状态为层流，当 $Re > 2300$ 时水流状态为紊流。

$$Re = \frac{\rho v L}{\mu} = \frac{v L}{\nu} \tag{3.4-2}$$

式中：ρ 为液体密度；v 为流动的特征速度；L 为流动的特征长度；μ 为动力黏滞系数；ν 为运动黏滞系数。

2. 达西定律

达西定律是指单位时间流过的水量（Q）与过水断面面积（F）和水头差 ΔH 成正比，与渗流路径长度（L）成反比，见公式（3.4-3）。

$$Q = K \times F \times \frac{\Delta H}{L} \tag{3.4-3}$$

式中：Q 为渗流水量，m^3/d；K 为渗透系数，m/d；F 为断面面积，m^2；ΔH 为水头差，m，$\Delta H = h_1 - h_2$；L 为渗流路径长度，m。

I 为水力比降，可按公式（3.4-4）进行计算：

$$I = \frac{\Delta H}{L} \tag{3.4-4}$$

式中：I 为水力比降，实际的地下水流中水力坡度往往各处不同。

达西定律适用于喀斯特地下水层流状态（$Re = 1 \sim 10$），当 $Re > 10$ 时，对其进行扩展为：均质各向同性多孔介质三维渗流定律、非均质各向同性多孔介质三维渗流定律、各向异性多孔介质二维和三维渗流定律等。

3.4.3.2 渠道流

渠道流是指地面和侧面为固壁而上表面与大气接触的水流，又称无压流。常指河道、渠道以及横断面未充满的管道中的水流，地下河的水流也归为渠道流，水流状态为紊流，又可分为渠道恒定均匀流、渠道恒定非均匀流、渠道非恒定流 3 类。

（1）渠道恒定均匀流。渠道恒定均匀流是指水的流速的大小和方向均不随时间及距离的变化而变化的渠道水流，是重力和阻力相平衡时的流动动能保持不变，而水头损失取自势能的减小总水头线、水面线与渠道底坡线为互相平行的直线，水力比降与渠道底坡相等，渠道恒定均匀流的规律可用谢才公式（3.4-5）表达：

$$v = C \times \sqrt{R \times I} \tag{3.4-5}$$

式中：v 为断面平均流速，m/s；C 为谢才系数，$\text{m}^{0.5}/\text{s}$；R 为水力半径，m；I 为水力比降。

许多学者对谢才系数进行了研究，得到一系列经验公式，其中曼宁公式（3.4-6）最简便，应用广泛。

$$C = \frac{1}{n} \times \sqrt[6]{R} \tag{3.4-6}$$

式中：n 为糙率，又称粗糙系数，反映壁面粗糙对水流影响的系数，天然河道一般为 $0.02 \sim 0.20$；R 为水力半径，m，采用公式（3.4-7）进行计算：

$$R = \frac{F}{P_\omega} \tag{3.4-7}$$

式中：P_ω 为水流与固体边界接触部分的周长，m；F 为过水断面面积，m^2。

水力比降（I）采用公式（3.4-8）进行计算：

$$I = \frac{h_f}{L} \tag{3.4-8}$$

式中：h_f 为流段长度 L 的沿程水头损失；渠道恒定均匀流 $I = i$，i 为渠道底坡。

（2）渠道恒定非均匀流。渠道恒定非均匀流是指水的流速不随时间的变化而变化，但其大小和方向或二者之一沿程产生变化的渠道水流，分为渐变流和急变流两类。流速大小和方向缓慢变化为渐变流，流线特征为近乎平行的直线，可归结为求解某一流量时的水深或水深与距离的关系,表示这一关系的曲线称为水面曲线。水面曲线的计算方法最基本的是分段法,对每一流段直接应用能量方程求解。流速大小和方向急剧变化为急变流,流线曲率或流线间夹角较大,由局部渠道的边界形状剧变或建筑物阻遏作用所引起,影响范围较短。

(3)渠道非恒定流。渠道非恒定流是指水的流速、水深等随时间变化而变化的渠道水流,流量(Q)、流速(v)、水深(h)、过水断面面积(F)等均是时间(t)、距离(s)的函数。它通常表现为波,即水面壅高或降低从一处传向另一处的现象,其中起决定作用的力是重力,又称重力波,这种波不但有波形的推进,而且伴随水质量的输运。一维非恒定流根据能量守恒和动量原理可以导出这些函数所满足的微分方程,包括连续性方程和运动方程。

3.4.3.3　有压管道流

有压管道流是指管道中水无自由表面时的流动,位于地下水位以下的喀斯特洞和管道为有压管道流,多数情况下不考虑管道内水流随时间的变化而按恒定流计算。如果局部水头损失及流速水头很小(例如水头损失为 $5\% \sim 10\%$),忽略不计而使计算简化,这种管道称为长管,可用谢才公式(3.4-5)计算流量。沿程及局部水头损失和流速水头均需计算的管道称为短管,对于单管,采用公式(3.4-9)计算流量。

$$Q = \mu_c \times F \times \sqrt{2gH} \tag{3.4-9}$$

式中:Q 为流量,m^3/s;μ_c 为管道流量系数,与管长、管径、沿程及局部水头损失系数有关;F 为管道横断面面积,m^2;g 为重力加速度,$9.8m/s^2$;H 为作用水头,m,管段始端断面的总水头与终端断面测压管水头之差。

水流能量方程是能量守恒与转换定律在水流运动中的表达式,水在流动过程中各种机械能(动能、压强势能、位置势能)之间相互转化,同时克服水流阻力,要损耗一部分机械能,并等量转化为水的热能,非恒定流既随空间又随时间变化而变化,能量关系复杂,一般仅就恒定流研究能量守恒及转化关系。

(1)元流能量方程。对于恒定流,同一元流的任意两个过水断面之间或同一条流线上不同两点之间的能量转化关系,可用公式(3.4-10)表示:

$$z_1 + \frac{p_1}{\gamma} + \frac{v_1^2}{2g} = z_2 + \frac{p_2}{\gamma} + \frac{v_2^2}{2g} + h_w' \tag{3.4-10}$$

式中:z、p、v 分别为一点的相对于基准面的高度、动水压强、流速;γ 为水的容重;g 为重力加速度;h_w' 为点 1 到点 2 单位重量水的能量损失。

(2)总流能量方程。恒定总流过水断面之间的能量转化关系见公式(3.4-11):

$$z_1 + \frac{p_1}{\gamma} + \frac{\alpha_1 v_1^2}{2g} = z_2 + \frac{p_2}{\gamma} + \frac{\alpha_2 v_2^2}{2g} + h_w \tag{3.4-11}$$

式中:α 为动能校正系数,表示断面上流速分布不均匀程度,流速分布越均匀,α 越接近 1;h_w 为由断面 1 到断面 2 的平均水头损失。

第4章　喀斯特及水文地质勘察

　　1949 年之前，为了处理喀斯特地区的工程地质问题而开展了各种调查与研究工作，并取得了一定的经验。中华人民共和国成立后，随着全国喀斯特地区水库的兴建，喀斯特地区水利水电工程的勘察从定性转为半定量、定量的分析评价，勘察理论和方法得到逐步完善和提高。邹成杰等主编的《水利水电岩溶工程地质》[3]，对我国 20 世纪 90 年代以前的喀斯特勘察理论、方法进行了总结，勘察工作从常规的地质测绘、喀斯特调查、钻探、水文地质试验、岩土试验等，过渡到以喀斯特地下水流动系统思路、宏观物探探测、验证性钻探、示踪试验为主要勘察手段的喀斯特水文地质分析理论。沈春勇等主编的《水利水电工程岩溶勘察与处理》[4]，在《水利水电岩溶工程地质》的基础上，总结了地球物理勘探包括高密度电法、地质雷达、弹性波及电磁波 CT、连续电导率剖面成像法（EH4）在喀斯特地区工程地质勘察方面的应用和取得的重要成果；将遥感成果与有关调查相结合，分析水文网演化及水文地质系统，并系统分析"四场"，在喀斯特水研究中不多见。韩行瑞编著的《岩溶水文地质学》[2]，从"岩溶发生及发育基本理论、岩溶地下水的赋存、岩溶地下水运动的基本规律、岩溶水系统、岩溶水动力特征、岩溶水化学特征"等几个方面进行阐述，特别是对喀斯特水系统的概念、构成、分类、形成条件、形成模式进行了的研究，提出不同的喀斯特水系统有不同结构场、水动力场、水化学场、水温度场、水同位素场等"五场"的系统理论，并进行了研究。

　　成熟的喀斯特及水文地质勘察理论，在德厚水库勘察实践中得到了广泛应用。①采用地质测绘、多种物探、钻探、水文地质野外试验、连通试验、地下水水质试验、地下水长期观测等综合勘察手段进行喀斯特及水文地质勘察；②首次采用天然源面波（微动）探测深部 300 余米的喀斯特，获得了良好的效果，采用三维声呐成像探测水下喀斯特洞的空间形态；③引用喀斯特演化规律理论，研究红河支流盘龙河流域的喀斯特时空分布规律，首次对第四纪喀斯特进行垂直分带；④引用喀斯特水系统的结构场、水动力场、水化学场、水温度场、水同位素场等"五场"的系统理论，分析不同喀斯特水系统的补给、径流、排泄关系；⑤采用地下水长期观测等方法，分析和研究不同喀斯特水系统地下水的动态变化情况、地下水分水岭位置、地下水补给径流排泄关系、地下水位与降雨量的关系等，还有降雨量大小与水位关系、降雨与水位上升的滞后关系等。

　　喀斯特地区水利水电工程勘察的目的是查明水库区及坝址区的工程地质条件、水文地质条件、喀斯特发育规律，水库区重点评价水库渗漏、库岸稳定、水库浸没、水库诱发地震、喀斯特塌陷、内涝等工程地质问题及环境地质问题，坝址区重点评价坝基沉降、渗透稳定、抗滑稳定、坝基及绕坝渗漏、喀斯特塌陷、边坡稳定等工程地质问题。地下洞室重点评价围岩稳定、涌水突泥、高外水压力、喀斯特塌陷、水环境影响等工程地质问题及环境地质问题。

　　喀斯特地区水库渗漏是水库能否成功的基础和关键。因此，本书从勘察阶段及内容、地质测绘、工程地球物理勘探、喀斯特及水文地质勘探、钻孔水文地质试验、连通试验、水质分析测试及地下水流速流向测试、地表水及地下水观测、喀斯特水文地质分析方法等方面入手，主要研究喀斯特水库渗漏位置、渗漏方向、渗漏类型、渗漏形式、渗漏量计算或估算、渗漏边界、渗漏底界等，为防渗处理设计和施工提供依据。

4.1　勘察阶段及内容

4.1.1　勘察阶段

水利行业和水力发电行业的规范对勘察阶段进行了规定。《水利水电工程地质勘察规范（2022 年版）》（GB 50487—2008）规定，水利水电工程地质勘察宜分为规划、项目建议书、可行性研究、初步设计、招标设计、施工详图设计共 6 个阶段，项目建议书阶段的勘察工作宜基本满足可行性研究阶段的深度要求；水库喀斯特及水文地质勘察作为水利水电工程勘察的一部分，其勘察阶段通常与上述要求一致；在项目建议书或可行性研究阶段的勘察之前，一般还需有《水库成库论证专题报告》，为后续勘察提供基础资料和依据。《水力发电工程地质勘察规范》（GB 50287—2016）规定，喀斯特地区水库渗漏勘察与相应设计阶段的工作深度相适应，水力发电工程地质勘察应分为规划、预可行性研究、可行性研究、招标设计、施工详图设计共 5 个阶段。

4.1.2　勘察内容

喀斯特地区水库不同阶段的勘察内容有所不同，在勘察工作中，受经济条件、设计方案、地质条件、勘察条件、勘察周期、勘察经费等多个因素的影响，各阶段的勘察工作会有一些交叉和反复，勘察的主要目的是查明水库渗漏条件，本书针对水利行业不同阶段的勘察内容进行阐述。

1. 规划阶段

（1）了解区域地形地貌形态、阶段发育情况和分布范围。

（2）了解区域内沉积岩、岩浆岩、变质岩的分布范围、形成时代、岩性、岩相特点，第四系沉积物的成因类型、组成物质和分布。

（3）了解区域内的主要构造单元，褶皱和断裂的类型、产状、规模和构造发展史，历史和现今地震情况和地震动参数等。

（4）了解区域主要含水层和隔水层的分布情况，潜水的埋深，泉水的出露情况与类型等水文地质特征。

（5）了解水库的工程地质和水文地质条件；了解水库区透水层与隔水层的分布范围、喀斯特发育情况、河床及分水岭的地下水位，对水库封闭条件及渗漏的可能性进行分析。

（6）了解水库渗漏的渗漏方向、渗漏形式，估算渗漏量，了解对建库的影响程度和处理的可能性，了解防渗处理范围、深度和处理措施的建议。

2. 项目建议书、可行性研究阶段

（1）区域构造背景研究。

（2）活动断层及其活动性质判定。

（3）确定地震动参数。

（4）初步查明水库区地形地貌、地层岩性、地质构造。

（5）初步查明碳酸盐岩、强透水岩土层、通向库外的大断层、古河道及单薄（低矮）

分水岭等的分布及其水文地质条件，初步分析渗漏的可能性，估算水库建成后的渗漏量。

（6）初步查明喀斯特的发育和分布规律、非喀斯特岩层的分布特征、构造封闭条件、不同层组喀斯特化程度、主要喀斯特泉水的流量及其补给范围、地下分水岭的位置、水位、地下水动态等，初步分析水库渗漏的可能性。

（7）初步查明渗漏方向、渗漏形式，估算渗漏量，初步评价对建库的影响程度和处理的可能性，初步提出防渗处理范围、深度和处理措施的建议。

3.初步设计阶段

（1）根据需要复核或补充区域构造稳定性研究与评价。

（2）查明碳酸盐岩、隔水层和相对隔水层的厚度、连续性和空间分布。

（3）查明喀斯特发育程度、主要喀斯特洞穴系统空间分布特征及其与邻谷、河间地块、下游河湾地块的关系。

（4）查明喀斯特水文地质条件、主要喀斯特洞穴系统补给径流排泄特征、地下水位及其动态变化特征、河谷水动力条件。

（5）查明主要渗漏地段或主要渗漏通道的位置、形态和规模、渗漏方向、渗漏形式，估算渗漏量，提出防渗处理范围、深度和处理措施的建议。

4.招标设计阶段

（1）复核初步设计阶段水库渗漏的勘察成果。

（2）查明初步设计阶段遗留水库渗漏的问题。

（3）查明初步设计阶段工程地质勘察报告审查中提出的关于水库渗漏的问题。

（4）提供与优化防渗处理设计有关的地质资料。

5.施工详图设计阶段

（1）查明招标设计阶段遗留水库渗漏的问题。

（2）查明施工详图设计阶段出现水库渗漏的问题。

（3）查明优化防渗处理设计有关水库渗漏的问题。

（4）进行施工地质工作，检验、复核前期勘察成果。

（5）查明水库蓄水过程中可能出现水库渗漏的问题。

（6）提出施工期和运行期水库渗漏监测内容、方案、技术要求的建议。

4.2　勘察手段和方法

水库喀斯特及水文地质勘察主要有工程地质测绘、工程地球物理勘探、喀斯特及水文地质勘探、钻孔水文地质试验、连通试验、水质分析测试及地下水流速流向测试、地表水及地下水观测、喀斯特水文地质分析方法等手段和方法。

4.2.1　工程地质测绘

工程地质测绘是指运用地质学、工程地质学和水文地质学原理和技术方法，对与工程建设有关的各种地质现象进行观察、量测和描述，按一定比例尺绘制在地形图上，并形成技术文件的勘察工作。是喀斯特及水文地质勘察中最基本的工作，也是最重要的工作，贯穿于勘察全过程。

4.2.1.1 地质测绘的范围、比例尺、方法、精度和程序

（1）地质测绘范围。包括有碳酸盐岩分布的水库区河床、库岸、水库至邻谷（含地下水位低于水库正常蓄水位的相邻低谷、低地）、水库至坝下游的河间地块的地段，特别是排泄型、补排交替型、悬托型喀斯特水动力类型的测绘范围应包括完整的喀斯特水系统。

（2）地质测绘比例尺。地质测绘比例尺多采用1：50000、1：25000、1：10000、1：5000、1：2000、1：1000、1：500，涵盖了小比例尺、中比例尺、大比例尺3种类型。德厚水库区域及库区测绘比例尺为1：50000、1：25000；防渗处理区测绘比例尺为1：10000（可行性研究）、1：2000（初步设计）；坝址区测绘比例尺为1：2000（可行性研究）、1：1000（初步设计）；灌浆试验区测绘比例尺为1：500；坝基地质编录、隧洞地质编录、溢洪道地质编录、灌浆廊道地质编录等比例尺为1：500。

（3）地质测绘方法。遥感地质解译与野外地质测绘相结合、穿越法与界线追索法相结合。

（4）地质测绘精度。①应当使用符合精度要求的同等或大于测绘比例尺的地形图，采用大于测绘比例尺的地形图时，应在图上注明实际地质测绘精度；②对测绘地质图上宽度不小于2mm的地质现象应测绘并标绘在图上；对评价水库渗漏有重要意义的工程地质、水文地质、喀斯特等，在图上宽度小于2mm时，应扩大比例尺表示，并注明实际数据；③地质点的间距应为相应比例尺图上的2～3cm，地质点的分布不一定是均匀的，工程地质条件或水文地质条件复杂、喀斯特发育强烈的地段，地质点可适当加密；岩性单一、地质构造简单、喀斯特发育弱的地段可适当变稀。

（5）地质测绘程序。按照准备工作、野外地质测绘、资料整理、资料检验及成果验收的程序进行。

4.2.1.2 准备工作

主要包括资料收集、资料整理、现场踏勘、编制工程地质测绘作业计划等准备工作。

（1）资料收集。①收集工程规划、设计资料；②收集地形资料，包括1：50000地形图或1：25000地形图、1：10000地形图、1：5000地形图、1：2000地形图、1：1000地形图、1：500地形图等；③收集卫片、航片、其他有关的文字、图像资料；④收集1：200000区域地质报告和附图、1：200000区域水文地质报告和附图；⑤收集地方地质志、地震、地质灾害等资料；⑥收集水文、气象资料；⑦收集矿产资源、生态环境保护规划等资料；⑧收集已有工程建设的相关资料。

（2）资料整理。①应用遥感影像、三维地理信息模型等获取地质信息并经野外验证的技术方法就是遥感地质解译技术，通过遥感地质解译，可以获得测绘区域的地形地貌特征、喀斯特洞穴、伏流进出口、暗河出口、河流、泉水、线状构造等地质现象；②对所收集的资料进行分类整理，分析可利用程度和存在的问题，编制测绘区的地质草图，初步建立地质信息数据库。

（3）现场踏勘。选择踏勘线路，线路的地层岩性、地质构造等要有代表性，了解测绘区基本地质条件和工程地质环境，布置观察线路，选择综合地层柱状图测制位置，拟定野外工作方法。

（4）编制工程地质测绘作业计划。根据工程地质勘察大纲，结合已有资料和现场踏勘情

况，编制工程地质测绘作业计划，主要内容包括：①测绘的目的及任务要求；②地质概况、可能存在的水库渗漏问题；③工作条件、测绘范围、比例尺、方法、工作量等；④计划进度安排；⑤提交的成果；⑥质量保证、安全保障和环境保护控制措施；⑦人员组织、工作装备等。

4.2.1.3　野外地质测绘的步骤

一般按照测制综合地层柱状图、确定填图单位、野外记录（地质点和地质测绘线路的观察描述）、地质点标测、取岩样和水样、勾绘地质图、测制地质剖面图等步骤进行工程地质测绘。

1. 测制综合地层柱状图

（1）综合地层柱状图的比例尺为地质测绘比例尺的 5～10 倍，对工程具有重要意义的地层，应扩大比例尺或以符号表示。

（2）应选择露头良好、地层出露连续、构造简单的地段，必要时可到测绘区以外选择有代表性的地层剖面实测。

（3）当露头不连续或地层连续性受到构造破坏，需在不同地段测制地层剖面时，各剖面的衔接应依据充分。

（4）在岩相变化较大的地区，应测制多条地质剖面，编制地层对比表。

（5）应确定填图单位和标志层，对各类岩土进行一般性描述外，还应重点描述其工程地质特性。

（6）对不同岩性宜采集岩石、化石标本。

2. 确定填图单位

工程地质岩组应根据岩性差异或组合特点、工程地质、水文地质条件的差异等因素进行划分。不同比例尺地质测绘填图单位见表 4.2－1。

表 4.2－1　　　　　　　　　不同比例尺地质测绘填图单位

比例尺（S）	填　图　单　位
小比例尺（$S \leqslant 1 : 50000$）	统（或群）、阶（或组）
中比例尺（$1 : 50000 < S < 1 : 5000$）	阶（或组）、段（或层）
大比例尺（$1 : 5000 \leqslant S < 1 : 2000$）	段（或层）、工程地质岩组
大比例尺（$S \geqslant 1 : 2000$）	工程地质岩组

3. 野外记录和地质点标测

（1）地质测绘野外记录。

1）地质点观察描述内容应包括位置、地貌（特别是喀斯特地貌）、地层岩性、地质构造、水文地质、喀斯特、物理地质现象等。

2）地质测绘线路观察描述内容包括起止点、转折点位置、线路方向、地层岩性及出露厚度和层序关系、地质构造、水文地质、喀斯特、物理地质现象等，线路观察描述应反映地质点间的连续性、关联性，并附线路示意图。

3）对喀斯特洞、竖井、落水洞、喀斯特洼地、地下河、泉水等喀斯特与水文地质现象的记录应更全面，包括喀斯特类型、编号、高程、规模、充填性状、充填物质等，还包括地下河和泉水的编号、高程、流量、动态变化、泉水性质等。

4）记录不同碳酸盐岩滴稀盐酸后起泡强烈程度。

5）野外记录应在现场进行，内容应全面、真实、准确，图上表示的地质现象都应有记录可查。

6）重要地质点或地质现象应进行素描或摄影、录像。

7）地质点应统一编号并现场标识。

（2）地质点标测。

1）中小比例尺测绘的地质点，可用目测、罗盘交会或便携式 GNSS 定位，对控制主要地质界线、喀斯特、泉水、地下河等重要地质点，应采用测量仪器定位。

2）大比例尺测绘的地质点，应采用测量仪器定位。

4. 取岩样和水样

（1）岩样：碳酸盐岩应根据不同岩性分别取样进行岩矿鉴定和化学成分分析，非碳酸盐岩采集代表性岩样，必要时进行岩矿鉴定，采用岩矿鉴定和化学分析测试成果、滴稀盐酸起泡程度进行岩石定名、分类和分层。

（2）水样：宜对地表水和地下水取样进行水质分析，评价环境水的侵蚀性。

5. 勾绘地质图

地质图应在野外实地勾绘，地质界线（岩层、断层）相邻点的连线应符合 V 字形法则，见表 4.2-2。利用放线距原理绘制地质界线：

（1）在地形图上标定已知界线露头点的位置，并绘制一条走向投影线。

（2）计算放线距，放线距为地形等高距与界线倾角的余切函数之积。

（3）按放线距大小，绘制不同高程的走向投影线。

（4）将走向投影线与相同高程地形等高线的交点用圆滑曲线顺序连接。

表 4.2-2　　　　　　　　　　　V 字形法则勾绘地质界线

地质界线倾角		勾绘地质界线的方法与特点
近水平		地质界线与地形等高线近于平行
近垂直		地质界线近于直线
倾斜	相反-相同	地层或断层的倾向与坡向相反，地质界线弯曲方向与地形等高线的弯曲方向相同，但弯曲度小于等高线的弯曲度；在沟谷处形成尖端指向上游的 V 形，山脊处形成指向坡外的 V 形
	相同-相反	地层或断层的倾向与坡向相同，但倾角大于坡角，地质界线弯曲形状与地形等高线的弯曲形状相反；在沟谷处形成尖端指向下游的 V 形，山脊处形成指向坡内的 V 形
	相同-相同	地层或断层的倾向与坡向相同，但倾角小于坡角，地质界线弯曲形状与地形等高线的弯曲形状大致相同，但弯曲度大于等高线的弯曲度；在沟谷处形成尖端指向上游的 V 形，山脊处形成指向坡外的 V 形

6. 测制地质剖面图

（1）建筑物区或专门性地质问题的主要工程地质剖面图应实测，其他地质剖面图可在地质平面图上切制，重要地质现象应实地校测。

（2）剖面图的地质界线应与地质平面图吻合，实测剖面图应充分反映与工程有关的重要地质现象。

（3）剖面图垂直比例尺与水平比例尺宜相同，必要时可适当放大垂直比例尺，两者之比不宜大于 5。

对已有地质测绘成果进行野外校测时，应按同等比例尺进行，校测点数量宜为地质点总数量的 10%～30%，当重要地质现象有错误、遗漏时，应重新进行地质测绘。

4.2.1.4 野外地质测绘内容

野外地质测绘内容主要包括：地形地貌、地层岩性及层组类型、地质构造及新构造运动、水文地质、喀斯特等。

1. 地形地貌

（1）不同地形地貌测绘基本内容包括：①形态特征、分布规律、地貌类型。②水系、剥夷面、阶地发育情况，水文网演变情况，河谷发育史。③地貌与地层岩性、地质构造、新构造运动、侵蚀作用、搬运作用、堆积作用、水系分布特征的关系；地貌与植被种类、分布的关系。④调查水库、坝下游河段、低邻谷、河湾、分水岭等重要地段的地形特征，确定地形地貌裂点的高程。

（2）河谷地貌测绘主要内容包括：河谷类型、河谷结构、纵横剖面形态等发育特征；河床纵向坡度及形状变化情况，沙坡、浅滩、沙洲、险滩、瀑布、跌水、深潭、深槽、岩槛、壶穴等分布特征；河谷横剖面形态，谷坡的形态、坡度和高度，向分水岭过渡地带的地貌形态，两岸山体的发育特征和差异性；谷底和河床宽度、河漫滩和心滩的分布特征；古河床、牛轭湖等的分布特征；阶地的级数、分布高程、形态特征、地质结构、类型、组合情况及延续性，阶地的成因及形成年代。河流、水系测绘主要内容还包括：河流、水系的分布与发育特征；干流与支流的交汇形态，河流袭夺、变迁情况；古河床、古泥石流、古冰川埋藏谷等的分布和埋藏条件。

（3）河间地块地貌测绘主要内容包括：地块的相对高度、宽度、对称性、切割程度等地形特征与相邻河谷的关系；夷平面、剥蚀面的分级、高程、形态、成因及形成年代；古河床、古冲沟、古风化壳、古冰川、古喀斯特的分布特征。

（4）冲沟地貌测绘主要内容包括：冲沟的分布、密度、规模、形态特征；沟床、沟口高程，沟壁稳定性，堆积物形态及分布特征，与河床或大一级冲沟的交汇形态；沟水流量、固体径流来源。

（5）山前地貌测绘主要内容包括：洪积扇、坡积裙等分布、形态特征及其与山体谷坡和洪流、片流的关系。

（6）喀斯特地貌测绘包括：喀斯特地貌及组合类型、出露位置、高程等，喀斯特地貌中的喀斯特洼地、落水洞、漏斗、天窗与地下喀斯特洞穴、管道、通道（伏流、暗河）的空间关系，地貌对喀斯特发育规律的影响。

2. 地层岩性及层组类型

地层岩性及层组类型测绘主要内容包括：①地层年代和岩性类别及名称、地层的分布和变化规律及层序与接触关系、标志层的岩性特征和分布情况、岩相变化规律、岩土体的工程地质特性等。②对沉积岩、岩浆岩、变质岩、第四系或新近系的土层地质测绘的内容更详细、更全面。③地层岩性对喀斯特发育规律的影响。④碳酸盐岩地层的层位及其与上覆、下伏地层的接触关系，非碳酸盐岩地层的分布情况。⑤碳酸盐岩地层中岩石的矿物组成、化学成分，一是根据岩石的野外特征、滴稀盐酸观察起泡的强弱程度进行初判；二是取样在室内进行矿物鉴定及化学成分测试，并进行复判。⑥碳酸盐岩地层中的层组类型，碳酸盐岩地层的岩性、岩相的变化，及其对层组类型划分的影响。⑦碳酸盐岩岩层与非碳酸盐岩岩层的组成关系，碳酸盐岩透水岩层中的相对隔水层夹层、强喀斯特化岩层中的弱喀斯特化夹层。

3. 地质构造及新构造运动

(1) 地质构造测绘基本内容包括：①根据区域构造背景确定测绘区的大地构造单元；各类地质构造的分布、产状、形态、规模、性质、级别序次及组合关系。②构造形迹的形成时代、相互关系和发展过程；结构面的发育程度、分布规律、形态特征，构造岩的物质组成、结构特征和工程地质特性。③地质构造对喀斯特发育的影响。

(2) 褶皱测绘包括：褶皱的类型，内部低序次小构造发育特征，褶皱的形成机制，与其他构造的组合关系；褶皱轴部岩层的破裂脱空、两翼层间次级褶皱、挠曲、层间错动（剪切）等现象。

(3) 断层测绘包括：断层破碎带和影响带的划分及其宽度、形态和结构特征、充填和胶结情况；断层两盘岩层层位、断层面及旁侧构造特征，相对错动方向及断距的空间变化情况；断层的形成机制和活动期次。

(4) 结构面（含节理、层理、层面、片理、流面）等测绘包括：结构面的产状、成因、张开度、延伸长度、充填度及充填物、间距及发育程度；结构面的起伏粗糙状态，密集带的分布情况；结构面分组及其相互切割关系；劈理的构造部位、层位、岩性、成因、发育程度及与其他结构面的组合关系。

(5) 层间剪切带测绘包括：厚度、起伏差、物质组成、结构特征及软（泥）化程度，与其他构造的组合关系，与上、下岩层的接触关系。不同喀斯特岩层在断层错动下是否相连；断层带和影响带的喀斯特发育程度；主要断层、结构面的产状与地下水径流方向的关系；是否有喀斯特洞穴或管道、通道（伏流、暗河等）；查明背斜倾伏端、向斜翘起端及褶皱转折端的喀斯特发育程度，重点查明在喀斯特地层中是否形成构造切口。

(6) 新构造运动地质测绘的主要内容包括：夷平面的分级、高程、形态及形成年代；阶地的级数、分布高程、形态特征，阶地的形成年代；第四纪以来断层的活动迹象、特点和地震活动情况，初步判别断层的活动性；新构造运动特点及其对喀斯特发育规律的影响。

4. 水文地质

(1) 水文地质测绘基本内容包括：①地下水天然露头、人工露头及地表水体的分布情况。②地下水类型、埋藏条件、径流和动态变化情况。③隔水层、透（含）水层的分布及透水性，含水层的补给、径流、排泄条件，地下水与地表水的补排关系。④喀斯特水系统的结构场、水动力场、水化学场、水温度场、水同位素场。⑤喀斯特地下水动力条件和类型、地下水最低排泄基准面对喀斯特发育规律的影响。

(2) 喀斯特水系统结构场包括：相对隔水层的分布、特性、隔水可靠性、可利用程度、断层是否破坏了喀斯特含水层或相对隔水层的连续性；喀斯特含水层是否延伸到低邻谷或坝下游河段；相对隔水层是否阻断了水库与低邻谷或坝下游河段间的水力联系。

(3) 喀斯特水系统水动力场包括：喀斯特泉的位置、高程、类型、地层岩性及层组类型，非碳酸盐岩岩层的岩性、厚度及地质构造；对泉水流量进行动态观测，调查泉水沉积物特征；喀斯特含水层的补给范围、补给源、补给方式；河床及河岸地段喀斯特含水层的地下水位；河谷岸坡及分水岭地带喀斯特含水层的地下水位，地下水的补给及排泄方向，地下水分水岭的位置、高程等；根据河水与地下水的补排关系，确定河谷喀斯特水动力条件和类型；覆盖型喀斯特的覆盖层的岩性、厚度、喀斯特地下水是否悬托等；埋藏型喀斯特含水层地下水与河水的补排关系；库岸喀斯特盆地、喀斯特洼地、喀斯特槽谷至河床间的喀斯特通道系统（伏流、暗河等）的分布，平面及剖面形态特征，规模及发育史；地下河（暗河、伏流）的流量、流速、流向、水力比降、洪痕及生物情况；收集降雨资料、喀斯特盆地、喀斯特洼地、喀斯特槽谷历史上产生内涝淹没水位、天数等情况；喀斯特地表水文网与喀斯特地下水文网的水力联系。

（4）喀斯特水系统水化学场、水温度场、水同位素场包括：对地表水、喀斯特地下水进行水温观测，并对地表水和不同层组类型的地下水取水样，进行室内水化学成分、水同位素等分析测试。

5. 喀斯特

在地形地貌、地层岩性及层组类型、地质构造、新构造运动、水文地质条件测绘基础上，喀斯特地质测绘的主要内容包括：①喀斯特个体形态与组合类型的名称、位置、高程、成因、规模所处的地貌部位。②喀斯特洞穴、管道、通道（暗河、伏流等）应进行专门性调查，比例尺一般 1：200～1：500，长度大于 1000m 的洞穴比例尺可适当缩小，分布位置、洞口高程、地层岩性、地质构造等内容；纵横剖面形态特征和延伸变化情况，特别是向分水岭方向和向坝下游方向的延伸情况；地下水状态、喀斯特充填性状、充填堆积物及性质、洞壁稳定性；不同形态洞穴、管道、通道（暗河、伏流等）的规模、数量、密度、成层性及连通性；落水洞、竖井等垂直洞穴的发育特征，地表水汇流及消落情况。③喀斯特洼地、喀斯特沟、喀斯特槽谷等形态的位置、高程、地层岩性及层组类型、延伸方向、充填情况及其与喀斯特洞穴、管道、通道的关系。④喀斯特发育史、不同时期喀斯特的相互关系、喀斯特发育规律。⑤同时期喀斯特中的表层喀斯特带、浅部喀斯特带、深部喀斯特带的分布特征及其相互关系。⑥深部喀斯特的分带特征及其相互关系。⑦地形地貌、地层岩性及层组类型、地质构造及新构造运动、水文地质条件、现代排泄基准面等对喀斯特发育规律的影响。

4.2.2 工程地球物理勘探

工程地球物理勘探以物理学原理为理论基础，利用地层岩性（含构造岩）之间物理性质（电、磁、弹性波速等）的差异，获取工程建设地区地下一定深度范围内的地层岩性、地质构造、水文地质、喀斯特空间形态和规模等地质资料的一种勘探手段。地球物理勘探成果用于指导钻探、坑探的布置，反之，钻探、坑探资料可验证物探成果的合理性、可靠性。地球物理勘探方法种类繁多，方法选择坚持"地质效果、工作效率、经济效益"相统一的原则，喀斯特地区常用的物探方法：天然源面波（微动）探测、连续电导率剖面成像法（EH4）、激电电阻率测深、高密度电法、电磁波层析成像（CT）、探地雷达探测、三维声呐成像、钻孔彩色摄像等。

4.2.2.1 天然源面波（微动）探测

1. 基本原理

天然源面波（微动）探测是一种获取横波速度的地球物理勘探方法，具有简便快速、成本低廉、施工方便等优点，面波勘探包括人工源面波勘探和天然源面波勘探，其原理都是利用面波信息探测地层速度结构。天然源面波勘探采集数据时，按特定方式布设台阵记录面波信号，计算频谱图并从中提取频散曲线，进而反演得到地下介质横波速度结构的地球物理探测方法。目前面波勘探提取频散曲线主要有两种方法：一种是空间自相关法（SPAC），另一种是频率-波数法（F－K）。

2. 应用范围及应用条件

（1）应用范围：天然源面波探测广泛应用于场地岩土体勘察、城市地下空间勘察、堆积体调查、喀斯特及破碎带、地质构造探测等方面。

（2）应用条件：①被探测目标层与周边介质有明显的波速差异；②测区内无震动干扰；③探测深度几十米至300余米。

3. 德厚水库天然源面波探测

德厚水库近坝右岸下层廊道灌浆孔 YXQ394 实施至设计底界（1264m）时，灌前压水不起压，钻孔继续加深，于 1248～1255m 孔段掉钻约 7m；为查明该喀斯特洞向坝址方向的规模，对灌浆孔 YXQ392 和 YXQ387 进行加深勘探，YXQ392 孔于高程 1251.00～1254.00m 掉钻约 3m；YXQ387 孔未发生掉钻，根据钻孔影像资料，1256～1257m 发育无充填宽大喀斯特裂隙。YXQ394 孔揭露的喀斯特洞回填了 3000 余立方米水泥浆及级配料后填至孔口，说明该洞规模大，由于 YXQ394 孔为下层廊道的边界孔，外延方向喀斯特洞的空间形态及规模不清，首先在地面采用了物探方法对喀斯特洞或破碎带进行探测。

因地表存在高压电线、通信基站等电磁场的干扰，防渗帷幕灌浆廊道内存在 380V 电力线以及施工震动作业，干扰因素较多，不宜用大地电磁法和地震勘探法进行探测。而天然源面波（微动）因其抗电磁干扰能力强，探测深度主要受控于频率，频率越低探测深度越大，但精度会降低。天然源面波探测具有成果直观、应用方便等特点，广泛应用于场地岩土体勘察、城市地下空间勘察、堆积体调查、喀斯特、构造探测等方面。因本次任务探测深度达到 300 余米，且精度要求高，工作难度较大，采用天然源面波勘探（微动）方法进行喀斯特破碎带、洞的探测，在国内采用此技术探测深部喀斯特，还未见应用。

4. 工作方法

天然源面波探测的常用观测台阵主要有三角形、L形、直线形 3 种，见图 4.2-1，通过现场对比分析，综合考虑了探测深度、精度和地形条件等影响因素，经现场试验后，选用嵌套式等边角形台阵（外三角形包络半径 90～100m）观测方法，检波器个数 10 个，主频为 0.1Hz，数据采样间隔 2ms，记录时长大于 40min。

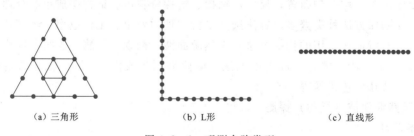

（a）三角形　　　　　　　　　（b）L形　　　　　　　　　（c）直线形

图 4.2-1　观测台阵类型

5. 资料处理

面波处理关键的步骤为频散曲线的提取，多采用拓展的空间自相关法（ESPAC），该方法是空间自相关法（SPAC）的扩展和改进方法，数据处理设置频率为 $0\sim30\,\mathrm{Hz}$，相速度范围为 $0\sim2500\,\mathrm{m/s}$，分别计算单个记录的频散谱后再合并多次观测记录得到合成的该观测点的频散谱图，利用提取出来的频散曲线求得相速度并反算出视横波速度。

6. 探测精度

微动方法最重要的 2 个参数是相速度（视横波速可由其推算）和深度，该方法数据的准确性和精度取决于这两个参数的计算和提取过程。准确性由成熟的算法和软件控制：相速度的准确性与采用的算法有直接关系，SPAC 方法是目前公认的最佳算法，根据 SPAC 函数与第一类零阶贝塞尔函数的最佳拟合即可生成频率-相速度的函数关系（频散曲线），进而得到相速度；深度的准确性主要是深度与波长的关系，大量的实践和理论计算表明，取半波长作为深度是最具普适性的。精度主要取决于提取过程：低频域提取的数据点相对较为稀疏，分辨率相对降低；高频域提取的数据点较为密集，分辨率较高，因此，保证足够密集的数据点即可提高精度。本次勘探数据采集采样间隔 $2\,\mathrm{ms}$，记录时长大于 $40\,\mathrm{min}$，点位桩号的校正、原始资料计算处理满足《水利水电工程物探规程》（SL 326—2005）的规定要求，所有原始记录按《水利水电工程物探规程》（SL 326—2005）规定评价为合格。

7. 现场测试质量控制措施

（1）根据测试目标本次测试使用嵌套式等边三角形台阵。

（2）三角形外接圆直径是 $90\sim100\,\mathrm{m}$ 检波器插入密实地面，接地不良时采用石膏浇块凝固的方式将检波器固定于地面。

（3）重复观测一定次数作为检查点，重复观测误差小于 5%。

（4）总观测时间大于 $40\,\mathrm{min}$。

8. 成果解译

在右岸防渗帷幕设计边界附近地表布设 3 条天然源面波（微动）测线，其中 WT1～WT1′、WT2～WT2′布设为垂直于防渗帷幕轴线走向的平行物探测线，测线间距 $50\,\mathrm{m}$；WT3～WT3′布设为重合于防渗帷幕轴线走向并向外（南北方向）延伸的测线；测点间距均为 $20\,\mathrm{m}$，每条测线长度为 $1000\,\mathrm{m}$，总长 $3000\,\mathrm{m}$，见图 4.2 - 2。

（1）WT1～WT1′测线。垂直于右岸防渗帷幕线布置，测线长 $1000\,\mathrm{m}$，测线方向 S67°E，平距 $445\,\mathrm{m}$ 处与 WT3～WT3′测线相交；穿过地层 P_1 灰岩、$P_2\beta$ 玄武岩、T_1f 粉砂质页岩夹细砂岩、辉绿岩；WT1～WT1′测线视横波速解释成果详见图 4.2 - 3。

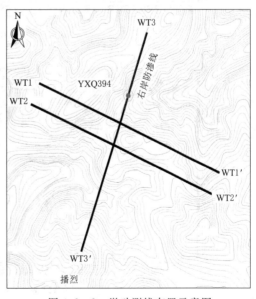

图 4.2 - 2 微动测线布置示意图

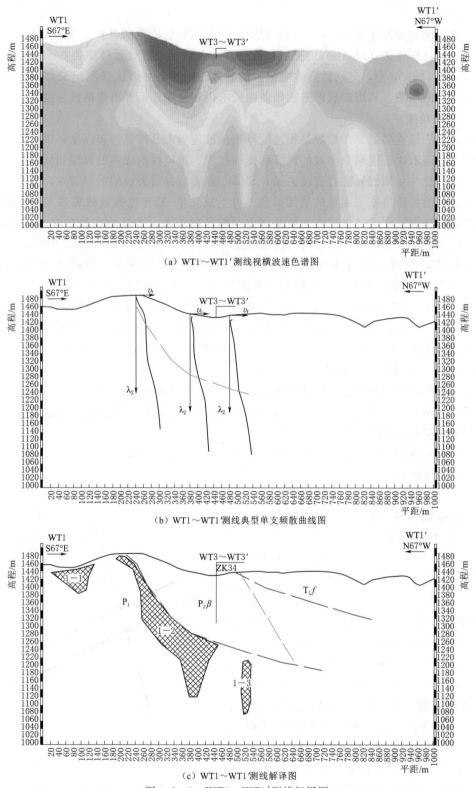

（a）WT1～WT1′测线视横波速色谱图

（b）WT1～WT1′测线典型单支频散曲线图

（c）WT1～WT1′测线解译图

图 4.2-3　WT1～WT1′测线解译图

平距 20～130m、高程 1385.00m—地表的团带状低速异常，解释为喀斯特破碎带，编号为 1—1；平距 190～450m、高程 1100.00m—地表，即波速差异带灰岩侧的团状低速异常，解释为喀斯特破碎带，编号为 1—2；平距 510～538m、高程 1080.00～1220.00m 的条带状低速异常，解释为喀斯特破碎带，编号为 1—3。

平距 220m 附近，自地表向大桩号方向，倾斜—明显波速差异带（在平距 240m、平距 380m 及平距 480m 典型单支频散曲线上分别可见高程 1420.00m、1280.00m、1240.00m 存在一定波速差异带或梯度带），波速差异带西北方向视横波速约 1600m/s，差异带南东方向视横波速小于 1000m/s。结合地质剖面图及 ZK34 钻孔揭露的岩性情况，将该差异带解释为 P_1 灰岩与 $P_2\beta$ 玄武岩的接触带，在 1280.00m 高程附近，差异带向下倾斜角度有变缓趋势。

平距 500m 附近，自地表向大桩号方向，倾斜—横向波速相对差异带，差异带附近虽波速相近，但存在较为明显的视横波速等值线错断、扭曲，结合地质剖面图解释为 $P_2\beta$ 玄武岩与 T_1f 粉砂质页岩夹细砂岩的接触带，同时，根据地质资料，接触带附近发育有走向北东，倾向南东的 F_2 断层，由于断层两侧都为低速岩体，本身物性差异较小，故难以通过视横波速准确判断断层性状及规模，但断层附近低速范围存在向测线大桩号方向向下延伸的趋势，故断层倾向亦应与其相近，即向大桩号方向倾斜。

（2）WT2～WT2′测线。垂直于右岸防渗帷幕线布置，测线长 1000m，测线方向 S67°E，平距 454m 处与 WT3～WT3′测线相交；穿过地层 $\beta\mu$ 华力西期浅成基性侵入岩（辉绿岩）、P_1 灰岩、$P_2\beta$ 玄武岩、T_1f 粉砂质页岩夹细砂岩及 T_1y^1 泥质灰岩。WT2～WT2′测线视横波速解译图详见图 4.2－4。

平距 160～360m、高程 1200.00m 至地表的似条带状低速异常，解释为喀斯特破碎带，编号为 2—1。

平距 218m 附近，自地表向大桩号方向，倾斜—横向波速明显差异带（在平距 260m、平距 400m 及平距 540m 典型单支频散曲线上分别可见高程 1340.00m、1260.00m、1200.00m 存在一定波速差异带或梯度带）；差异带西北方向视横波速大于 1700m/s，差异带南东方向视横波速小于 1200m/s。结合地质剖面图将该差异带解释为 P_1 灰岩与 $P_2\beta$ 玄武岩的接触带，在 1280.00m 高程附近，差异带向下倾斜角度有变缓趋势。

平距 480m 附近，自地表向大桩号方向，倾斜—横向波速相对差异带，差异带附近虽波速相近，但存在较为明显的视横波速等值线错断、扭曲。结合地质剖面图解释为 $P_2\beta$ 玄武岩与 T_1f 粉砂质页岩夹细砂岩的接触带。同时，根据地质资料，接触带附近发育有走向北东，倾向南东的 F_2 断层，由于断层两侧都为低速岩体，本身波速差异较小，故难以通过视横波速准确判断断层性状及规模，但断层附近低速范围存在向测线大桩号方向向下延伸的趋势，故断层倾向亦应与其相近，即向大桩号方向倾斜。

（3）WT3～WT3′测线。沿防渗帷幕线布置，测线长 1000m，测线方向 S19°W，平距 413m、512m 处分别与 WT1～WT1′、WT2～WT2′测线相交；穿过地层 P_1 灰岩、$P_2\beta$ 玄武岩及 T_1f 粉砂质页岩夹细砂岩。WT3～WT3′测线视横波速解译图详见图 4.2－5。

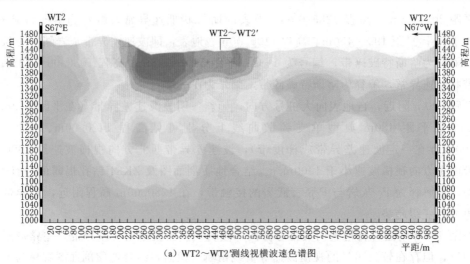

（a）WT2～WT2′测线视横波速色谱图

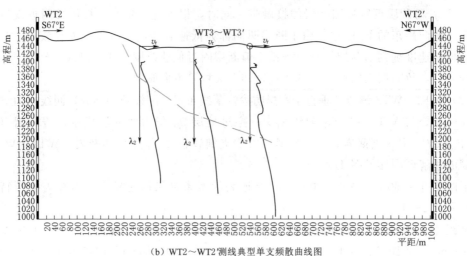

（b）WT2～WT2′测线典型单支频散曲线图

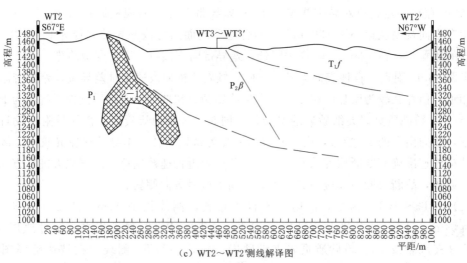

（c）WT2～WT2′测线解译图

图 4.2－4　WT2～WT2′测线视横波速解译图

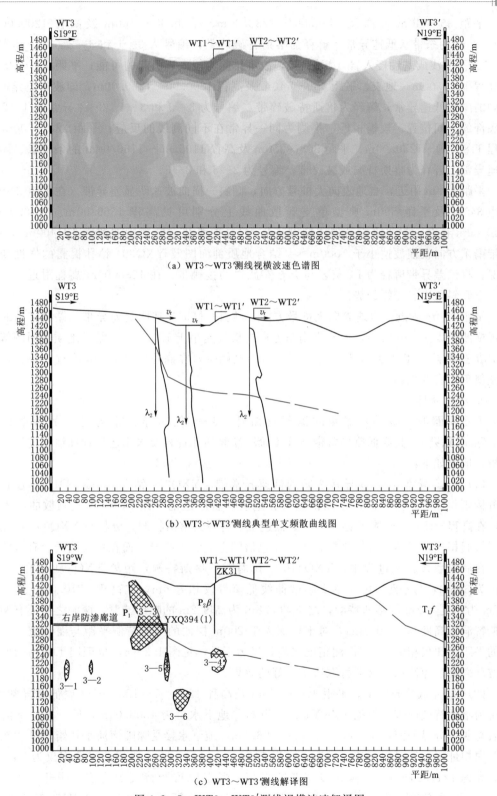

（a）WT3～WT3′测线视横波速色谱图

（b）WT3～WT3′测线典型单支频散曲线图

（c）WT3～WT3′测线解译图

图 4.2-5　WT3～WT3′测线视横波速解译图

平距 35～40m 及高程 1180.00～1238.00m、平距 90～100m 及高程 1200.00～1238.00m 的条带状低速异常，解释为喀斯特破碎带，编号为 3—1 和 3—2。由于其靠近 $\beta\mu$ 华力西期浅成基性侵入岩（辉绿岩），故不排除为侵入岩引起的可能；平距 190～280m 及高程 1260.00m～地表、平距 400～440m 及高程 1200.00～1260.00m，即波速差异带灰岩侧的团状低速异常，解释为喀斯特破碎带，编号为 3—3 和 3—4。3—4 异常与 1—2 异常底部的空间位置、规模相近，推测为同一异常在不同测线的反应；平距 280～300m 及高程 1180.00～1250.00m、平距 305～350m 及高程 1105.00～1160.00m 的条带状、团状低速异常，解释为喀斯特洞或破碎带，编号为 3—5 和 3—6。

平距 210m 附近，自地表向大桩号方向，倾斜—横向波速明显差异带（在平距 260m、平距 340m 及平距 500m 典型单支频散曲线上分别可见高程 1360.00m、1290.00m、1240.00m 存在一定波速差异带或梯度带），差异带西北方向视横波速大于 1400m/s，差异带南东方向视横波速小于 1000m/s。结合地质剖面图及 YXQ394 钻孔揭露的岩性变化情况，将该差异带解释为 P_1 灰岩与 $P_2\beta$ 玄武岩的接触带，在 1280.00m 高程附近，差异带向下倾斜角度有变缓趋势。

平距 800m 附近，自地表向大桩号方向，倾斜—横向波速明显差异带，差异带西北方向视横波速大于 1400m/s，差异带南东方向视横波速小于 1200m/s。结合地质剖面图解释为 $P_2\beta$ 玄武岩与 T_1f 粉砂质页岩夹细砂岩的接触带，在高程 1320.00m 附近，差异带向下倾斜角度有变缓趋势。

9. 对比分析

天然源面波（微动）探测的深部喀斯特，3—5 低速异常带为已知的喀斯特洞（YXQ394 钻孔），其余低速异常带与施工阶段灌浆钻孔资料及水库运行管理情况进行对比分析，情况如下：

（1）3—5 异常与 3—4 异常之间的低速异常带。YXQ394 钻孔（平距 291m）在孔深 72m 附近揭露了喀斯特洞，在该钻孔投影地表位置附近的平距 340m 单支频散曲线上显示，在高程 1210.00m 附近存在一明显低速带，解释为喀斯特洞，分析与 YXQ394 钻孔的喀斯特洞相连，这类异常体规模较小，在色谱图上显示不明显，而在单支曲线上有一定反应。在后续灌浆施工过程中，YXQ416 钻孔揭露了喀斯特洞，距离 YXQ394 钻孔 44m，平距为 335m，与平距 340m 单支频散曲线低速带仅相差 5m，在高程 1210.00m 之上约 6.5m 为高度 2.2m 的喀斯特洞，之下约 6.8m 为高度 2m 的喀斯特洞，两洞之间还有两个喀斯特洞（高度 0.4～0.5m），对于埋深大于 200m 探测的喀斯特洞平距与灌浆施工揭露洞的平距相比仅相差 5m，探测精度之高，极为不易，见图 4.2－6，也证明了采用天然源面波（微动）探测深部喀斯特取得了很好的效果。

（2）3—4 低速异常带。平距 400～440m 及高程 1200.00～1260.00m 属低速异常带，分析为喀斯特破碎带。根据 BZKY1 钻孔资料，地下水位为 1308.00m，低于坝址下游玄武岩与灰岩分界处河水位（1314.60m）约 6.6m，地下水接受咪哩河河水补给，呈"倒虹吸"向坝址下游德厚河径流、排泄；高程 1198.00～1241.00m 段岩芯采取率仅为 35% 左右，高程 1217.00～1235.00m 段喀斯特发育，形态以喀斯特裂隙为主，张开宽度 3～10mm，泥质充填，高程 1198.00～1241.00m 段为喀斯特破碎带。BZKY1 钻孔距离

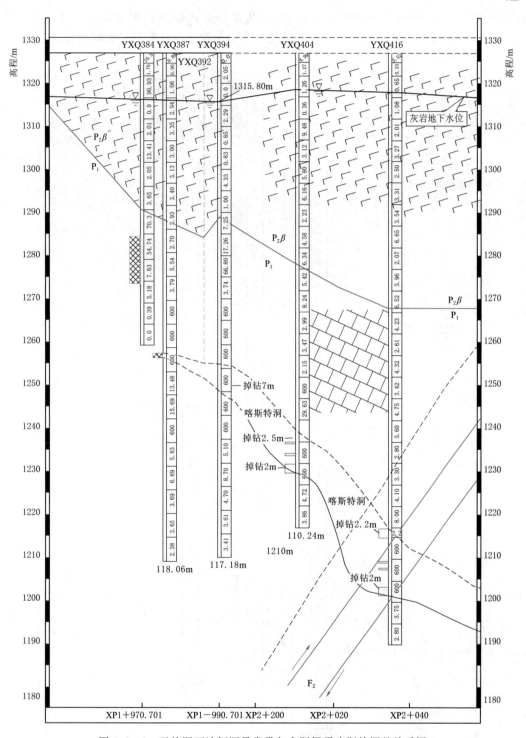

图 4.2-6　天然源面波探测异常带与实际揭露喀斯特洞的关系图

YXQ394 钻孔 121.5m，平距为 412.5m，物探揭示的喀斯特破碎带平距为 400～440m，平面位置准确；钻孔揭示的喀斯特破碎带高程为 1198.00～1241.00m，物探揭示的喀斯特破碎带高程为 1200.00～1260.00m，二者基本一致；探测精度之高，极为不易，见图 4.2-7，也证明了采用天然源面波（微动）探测深部喀斯特取得了很好的效果。

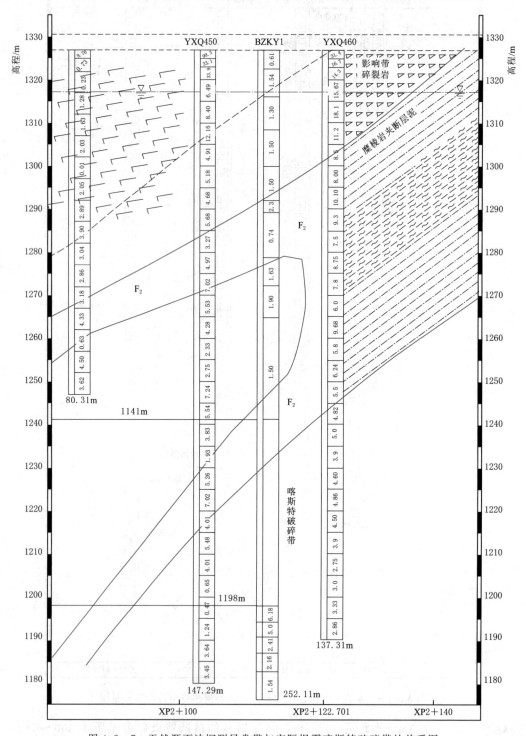

图 4.2-7　天然源面波探测异常带与实际揭露喀斯特破碎带的关系图

（3）3—6 低速异常带。平距 305～350m 及高程 1105.00～1160.00m 的低速异常，解释为喀斯特破碎带，物探分析以喀斯特裂隙为主，异常带周边石灰岩为弱喀斯特带，因此，库水不会产生渗漏；水库已正常运行两年，证明了这一分析判定是合理的、可靠的。喀斯特破碎带埋深 268～323m，证明了采用天然源面波（微动）探测深部喀斯特取得了很好的效果。

综上所述，德厚水库采用天然源面波（微动）探测深部 300 余米的喀斯特获得了成功，根据国内文献资料，是国内首次使用该项探测技术，作者认为，具有推广的前景和价值。

4.2.2.2 连续电导率剖面成像法（EH4）

1. 基本原理

EH4 大地电磁法是建立在均匀平面电磁波基础上，利用高空电流体系和低空远处雷电活动产生的随时间变化的电磁场进行地质异常体探测；通过观测记录电磁场信号，再根据傅里叶变化将时间域的电磁信号变成频谱信号，得到 E_x、E_y、H_x、H_y，计算地质体的电阻率。

2. 应用范围及应用条件

（1）应用范围：EH4 大地电磁法广泛应用于场地岩土分层、地质构造、地下水、喀斯特及破碎带、目标体埋深、规模及延伸情况探测等方面。

（2）应用条件：①受地形、场地限制小，但探测目标的电性差异大，天然场变（如输电线路、变压器、金属管道、电磁场等）会影响观测精度；②探测深度几十米至几千米。

3. 干河泵站 EH4 大地电磁法探测

云南省牛栏江—滇池补水工程干河泵站位于德泽水库库区内，距德泽水库坝址 17.7km，泵站枢纽由引水隧洞、进水系统建筑物、地下厂房系统建筑物、出水系统建筑物、地面建筑物 5 部分组成。泵站设计流量 $Q=23\text{m}^3/\text{s}$，最大净扬程 233.30m，装机规模 $4\times22.5\text{MW}$，总装机功率 90MW，为大（1）型水利水电工程，主泵房距离干河河道约 140m，埋深约 150m，低于干河河床 45m，地下厂房主洞室长 69.25m，宽 20.2m，最大高度 39.15m，岩性为 P_1m 石灰岩。为了查明泵站区的喀斯特发育程度，采用了 EH4 大地电磁法进行探测。

4. 工作方法

采用美国 Geometrics 公司生产的 Stratagem 电磁系统进行 EH4 方法探测，Stratagem 电磁系统包括两部分，接收装置和发射装置，见图 4.2-8。接收装置包括不锈钢电极、接地电缆、前置转换器（AFE）、磁探头、主机、传输电缆、12V 蓄电池；发射装置包括发射天线、发射机、控制器、12V 蓄电池。

野外数据采集时，以测线方向为 X 轴，垂直测线方向为 Y 轴，在测点上沿 x、y 方向布置两组相互正交的高频磁探头和电极，通过 EH4 系统同时观测地表交变电磁场 x、y 方向的电场强度（E_x、E_y）和磁场强度（H_x、H_y）水平分量的时间序列，然后经过傅里叶变换和复杂的函数计算可得到地下交变电磁场的自功率谱和互功率谱，从而计算出大地电磁场的频率响应，即随频率变化的视电阻率和阻抗相位值。工作过程中，x、y 方向的电极距为 20m、工作频率 10～100kHz、叠加次数 10 次以上，记录反演电阻率（20m×

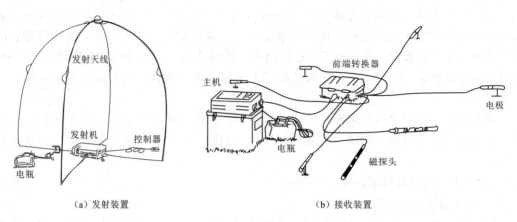

（a）发射装置　　　　　　　　　　（b）接收装置

图 4.2-8　电磁系统装置示意图

20m 范围）和深度。

5. 现场测试质量控制措施

工作前首先对仪器各项指标进行检查，各项指标都符合要求后才投入工作；在工作过程中，对于异常点进行了 2～3 次重复观测；严格按中华人民共和国水利行业标准《水利水电工程物探规程》（SL 326—2005）执行。

6. 物性参数选取

根据高频大地电磁法成果，划分电阻率异常区域，选取有代表性的电阻率异常区域，结合已知地段和钻孔资料进行对比分析，确定各类介质的电阻率特征值范围。充填或含水的喀斯特破碎带、喀斯特洞、断层破碎带等地质体电阻率较低，一般为 $100\sim400\Omega\cdot m$；贫水或部分充填的喀斯特破碎带、喀斯特洞、断层破碎带电阻率相对偏高，为 $400\sim600\Omega\cdot m$；喀斯特发育弱的石灰岩电阻率一般为 $600\sim1000\Omega\cdot m$；喀斯特不发育的石灰岩电阻率相对较高，一般为 $1000\sim2500\Omega\cdot m$，最高达 $3000\Omega\cdot m$。

7. 成果解译

干河泵站厂区 EH4 大地电磁法探测，共布置 3 条探测线，总长 860m，其中测点 46 个，见图 4.2-9。

（1）1—1′测线。测线由南向北布置，长度 400m，表层喀斯特强烈发育，电阻率低。在剖面的 80～120m 地段，出现垂直漏斗形电阻率低阻突变异常带（1 号异常），电阻率等值线形态较陡。综合该地段的物探异常特征、地质情况，分析为喀斯特破碎带，宽度约 10m，向下延伸约 150m。该异常带内有 2 层喀斯特洞发育，上层高程为 1777.00～1820.00m（KD1），电阻率小于 $400\Omega\cdot m$，为充填型和含水型；下层高程为 1715.00～1725.00m（KD2），电阻率小于 $400\Omega\cdot m$，为含水型。见图 4.2-10，上层喀斯特洞为刺蓬河—干河地下河（伏流），底板高程为 1777.00m，下层喀斯特洞为深部喀斯特带。

（2）2—2′测线。测线由南向北布置，长度 300m，表层喀斯特强烈发育，电阻率低。在剖面的 25～80m 地段，出现陡倾型电阻率低阻突变异常带（2 号异常），电阻率等值线形态较陡，综合该地段的物探异常特征、地质情况，分析为喀斯特破碎带，宽度约 20m，向下延伸约 140m；该异常区内有 2 层喀斯特洞发育，上层洞高程为 1770.00～1790.00m

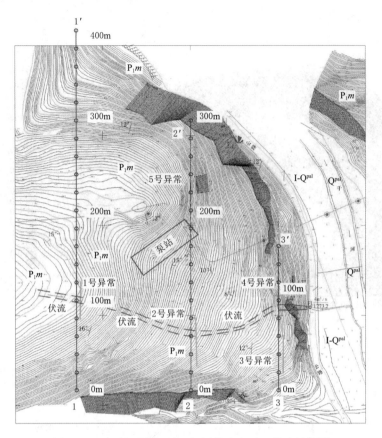

图 4.2-9　干河泵站 EH4 探测线路布置、伏流示意图

（KD3），电阻率小于 200Ω·m，为含水型及充填型；下层洞高程为 1710.00～1720.00m（KD4），电阻率小于 400Ω·m，为含水型；见图 4.2-11，上层喀斯特洞为刺蓬河—干河地下河（伏流），底板高程 1770.00m，下层喀斯特洞为深部喀斯特带。在该剖面的 220～280m 地段，出现陡倾型电阻率低阻突变异常带（5 号异常），综合该地段的物探异常特征、地质情况，分析为喀斯特破碎带，宽度约 30m，向下延伸约 110m，喀斯特破碎带内发育 2 层喀斯特洞，上层洞高程为 1785.00～1825.00m（KD5），电阻率小于 250Ω·m，为充填型；下层洞高程为 1735.00～1750.00m（KD6），电阻率小于 300Ω·m，为含水型；见图 4.2-11。

（3）3—3′测线。测线由南向北布置，长度 160m，南部表层喀斯特强烈发育，电阻率低；北部喀斯特弱—不发育。在剖面的 20～60m 地段，出现陡倾型电阻率低阻突变异常带（3 号异常），综合该地段的物探异常特征、地质情况，分析为喀斯特破碎带，宽度约 15m，向下延伸约 100m；该异常带内有 2 层喀斯特洞发育，上层洞高程为 1760.00～1780.00m（KD7），电阻率小于 100Ω·m，为充填型和含水型；下层高程为 1695.00～1730.00m（KD8），电阻率小于 200Ω·m，为含水型；见图 4.2-12。在该剖面的 90～160m 地段，出现陡倾型电阻率低阻突变异常带（4 号异常），综合该地段的物探异常特征、地质情况，分析为喀斯特破碎带，宽度 15～20m，向下延伸约 140m；推测该异常区内

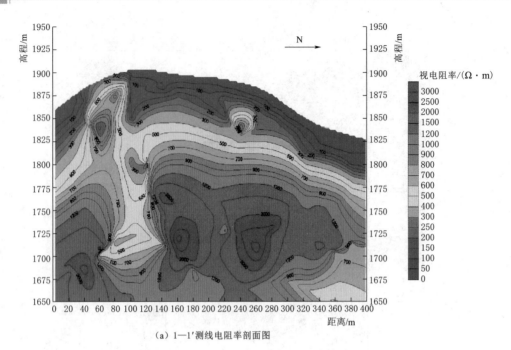

（a）1—1′测线电阻率剖面图

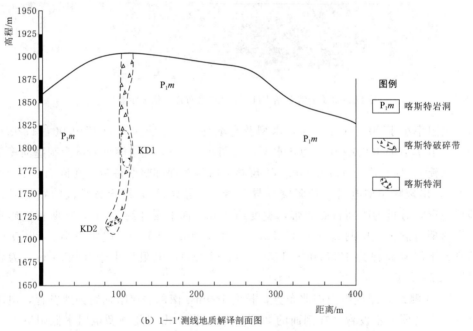

（b）1—1′测线地质解译剖面图

图 4.2-10　干河泵站 1—1′测线 EH4 地质解译剖面图

有两层喀斯特洞发育，上层洞高程为 1765.00～1780.00m（KD9），电阻率小于 200Ω·m，为含水型和充填型；下层高程为 1690.00～1715.00m（KD10），电阻率小于 200Ω·m，为含水型；见图 4.2-12，上层喀斯特洞为刺蓬河—干河地下河（伏流），底板高程 1765.00m，下层喀斯特洞为深部喀斯特带。

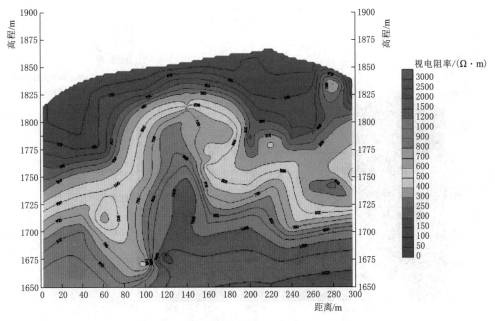

（a）2—2′测线电阻率剖面图（EH4）

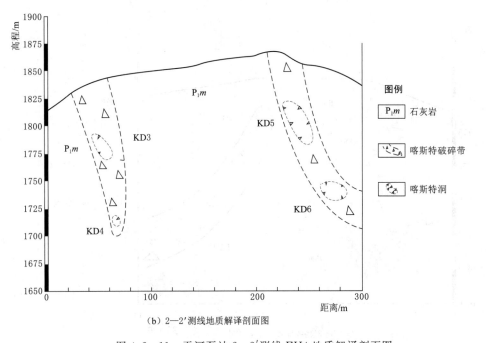

（b）2—2′测线地质解译剖面图

图 4.2-11　干河泵站 2—2′测线 EH4 地质解译剖面图

刺蓬河—干河地下河（伏流）进口高程为 2060.00m，出口高程为 1773.00m，平均坡降约 5%，为季节性伏流，暴雨期间有水涌出。干河泵站厂房位于刺蓬河—干河地下河（伏流）出口以北，EH4 测线由南向北布置，穿越刺蓬河—干河地下河，KD1、KD3、KD9 喀斯特洞的底板高程分别为 1777.00m、1770.00m、1765.00m，底板坡降为 4.81% ～

63

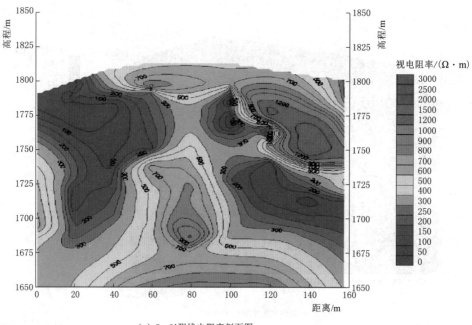

（a）3—3′测线电阻率剖面图

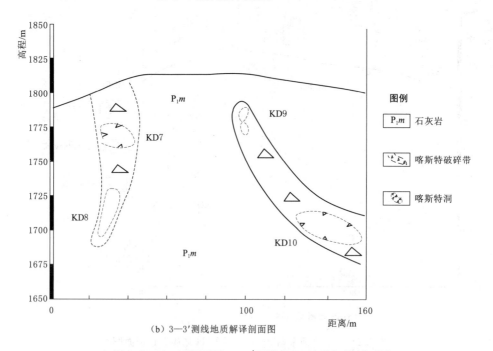

（b）3—3′测线地质解译剖面图

图 4.2-12　干河泵站 3—3′测线 EH4 地质解译剖面图

5.15％，与地下河的平均坡降基本一致，三者连线就是刺蓬河—干河地下河（伏流）出口段，体现了 EH4 探测喀斯特破碎带、喀斯特洞的可靠性。因此，泵站厂房选择应避开刺蓬河—干河地下河管道系统及其分支管道。

4.2.2.3 激电测深

1. 基本原理

在充电和放电过程中，由于电化学作用引起随时间缓慢变化的附加电场现象，称为激发极化效应。激电电阻率测深就是利用不同岩石的导电性和激发极化特性差异，研究人工激发的激发极化场的变化规律，来进行找矿和解决水文地质、工程地质等问题的一种电法探测方法。激电电阻率测深的激发电源可以是直流电源，也可以是交流电源。不同的岩石电极化效应不同，二次场衰减的快慢不同，因此可以通过分析充、放电效应测得的视极化率、半衰时、衰减度等参数变化来探测地下水。探测原理见图4.2-13。

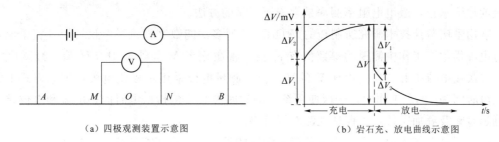

（a）四极观测装置示意图   （b）岩石充、放电曲线示意图

图4.2-13 激发极化探测原理示意图

视电阻率 ρ_s 按照公式（4.2-1）进行计算：

$$\rho_s = k \times \frac{\Delta V_1}{I} \tag{4.2-1}$$

式中：ΔV_1 为供电时一次场电位差，mV；I 为供电电流，mA；k 为装置系数，按照公式（4.2-2）进行计算：

$$k = \frac{\pi \times AM \times AN}{MN} \tag{4.2-2}$$

式中：π 为圆周率，约等于3.141592654；AM、AN、MN 为距离，m，见图4.2-13。

视极化率 η_s 按照公式（4.2-3）进行计算：

$$\eta_s = \frac{\Delta V_2}{\Delta V_1} \times 100\% \tag{4.2-3}$$

式中：ΔV_1 为供电时一次场电位差，mV；ΔV_2 为停止供电时瞬间二次场电位差，mV。

视衰减度 D_s 按照公式（4.2-4）进行计算：

$$D_s = \frac{\Delta V_{2p}}{\Delta V_2} \tag{4.2-4}$$

式中：ΔV_{2p} 为停止供电后0.25~5.25s内二次场电位差的平均值，mV；ΔV_2 为停止供电后0.25s的二次场电位差，mV。

视极化比 J_s 按照公式（4.2-5）进行计算：

$$J_s = \eta_s \times D_s \tag{4.2-5}$$

半衰时 $S_{0.5}$ 为极化二次场由断电后的最大值衰减到一半的所需时间。在地下水水位探测中，激化率、半衰时和衰减度的显著变化主要与喀斯特发育并含水相关，根据区域水文地质条件结合单支激电参数曲线分析地下水位埋深。

2. 应用范围及应用条件

（1）应用范围：主要应用于地下水位埋深、地层分界线、地质构造等探测。

（2）应用条件：①被探测目标层与相邻地层之间应有电性差异；②被探测目标层相对于埋深和装置长度应有一定规模；③测区内无较强的游散电流、大地电流或其他电磁干扰；④地形起伏不大，被探测目标层上方无极高电阻层屏蔽；⑤探测深度一般几十米至200余米。

3. 德厚水库激电电阻率测深

德厚水库之德厚河左岸与稼依河右岸河间地块存在地表分水岭，为了探测地表分水岭地带的地下水位，激电电阻率测深是常规而可靠的方法。

选用重庆数控技术研究所制造的 WDJD-3 型多功能数字直流激电仪，用 8 箱干电池进行电源供电。工作中测得的参数值有 ρ_s 值，视激化率 M_s，半衰时 TH 值，衰减度 D 值，二次场电流 I 和二次场电压 V 的平均值。测量电极采用不极化电极，供电方式上选用供电时间为 30s。工作中，全区使用统一的时间参数，包括供电时间、电流和电位差采样延迟时间及叠加次数，以保证观测数据可靠。

此次测试工作正值雨季，为避免漏电情况的发生，采取了必要措施，使用绝缘良好的对角插头，并按规定做了漏电检查。在测量过程中使用仪器大屏幕显示测量曲线，判断测量数据的准确与否，及时改正；并按照地面电法规范进行野外工作，对极变点、异常点进行重复测量，确保实测资料的可靠性。

激电电阻率测深采用联合对称四极测深装置，在这种排列方式中，$AMNB$ 对称位于 AB 的中心两侧，原点 O 为公共中心点。当中点 O 固定时，测量深度通过增加 AB 供电线长度来实现。工作时，设计采用 $AB/MN=3$ 的对称四极定比装置，$AB/2$ 极距值为 1.5m、3m、5m、7m、10m、15m、25m、40m、60m、90m、120m、150m、180m、210m、240m、280m、320m、360m、420m、480m、540m、600m、700m、800m。

4. 测线布置

测线布置位于德厚水库区左岸打铁寨—务路新寨一线的德厚河与稼依河之间的山坡地段，布置 4 条激电电阻率测线，完成的是其中的 DGS-3 和 DGS-4 两条测线，DGS-3 测线布置 20 个点，DGS-4 测线布置 16 个点，测点距均为 250m。

为避开表层地形和其他电性不均匀影响，布极方向应根据实际情况作出选择，即 DGS-3、GDS-4 两条测线布极方向主要按有关要求进行布极，部分测点因地形影响做相应调整。受地形限制，大部分点跑极为 420~600m，最远跑极为 800m，探测深度一般达到 300~400m。测点高程根据地形图获得，采用 Magellan 手持 GPS 放点。

5. 探测精度

严格按照相关规程规范的要求实施，外业测试都进行了检查工作，电测深进行了重复观测和检查观测，如 DGS-3 测线的 DGS3-10 测点、DGS-4 测线的 DGS4-3 测点等位置，均方差用式（4.2-6）和式（4.2-7）进行计算：

$$\delta = \frac{|d_{ai} - d'_{ai}|}{d_{ai}} \times 100\% \qquad (4.2-6)$$

$$m = \pm \sqrt{\frac{1}{n} \times \sum_{i=1}^{n} \delta^2} \times 100\%$$

(4.2 - 7)

式中：m 为单个电测深点的均方相对误差；d_{ai} 为基本观测值；d'_{ai} 为检查观测值；δ 为电测深单个极距的相对误差；n 为参与统计的极距数。

经计算获得的外业数据质量均方相对误差小于 5%，误差符合规范要求，详见表 4.2 - 3 和表 4.2 - 4。

表 4.2 - 3　　　　　DGS - 3 测线 DGS3 - 10 测点质量检查统计表

序号	AB/2	d_{ai}	d'_{ai}	$\delta/\%$	$m/\%$
1	1.5	46.87	45.35	1.52	
2	3	88.27	85.21	3.06	
3	5	101.80	99.80	2.00	
4	7	132.47	130.57	1.90	
5	10	132.49	134.40	−1.91	
6	15	134.64	135.34	−0.70	
7	25	138.79	137.55	1.24	
8	40	161.74	157.11	4.63	
9	60	173.55	181.23	−7.68	
10	90	188.00	189.42	−1.42	3.58
11	120	261.15	257.21	3.94	
12	150	252.62	256.68	−4.06	
13	180	201.12	199.72	1.40	
14	210	194.24	201.66	−7.42	
15	240	189.23	185.27	3.96	
16	280	194.54	191.33	3.21	
17	320	161.11	161.11	0.00	
18	360	159.94	155.34	4.60	
19	420	151.15	150.99	0.16	

表 4.2 - 4　　　　　DGS - 4 测线 DGS4 - 3 测点质量检查统计表

序号	AB/2	d_{ai}	d'_{ai}	$\delta/\%$	$m/\%$
1	1.5	24.67	23.86	0.81	
2	3	27.02	28.88	−1.86	
3	5	26.55	26.11	0.44	
4	7	23.70	25.42	−1.72	2.53
5	10	25.72	27.11	−1.39	
6	15	26.92	25.90	1.02	
7	25	31.39	32.00	−0.61	

续表

序号	$AB/2$	d_{ai}	d'_{ai}	$\delta/\%$	$m/\%$
8	40	41.77	43.30	-1.53	
9	60	56.52	58.40	-1.88	
10	90	83.04	79.20	3.84	
11	120	84.13	85.70	-1.57	
12	150	79.52	85.60	-6.08	
13	180	89.35	90.10	-0.75	
14	210	81.68	83.70	-2.02	2.53
15	240	84.63	83.20	1.43	
16	280	92.24	86.60	5.64	
17	320	95.60	94.30	1.30	
18	360	99.47	99.30	0.17	
19	420	107.54	110.87	-3.33	

6. 成果分析

(1) 碎屑岩上部裂隙水：碎屑岩区地层中 DGS3 测线的 DGS3 - 7 测点和 ZK40 钻孔测点，激电测深点发现有地下水异常，异常为高极化率，高综合参数，视电阻率范围为 $30\sim60\Omega\cdot m$，视衰减值范围为 $0.45\sim0.6$，半衰时范围为 $700\sim2000ms$，其深度为 10.0m 和 21.8m，对应高程为 1444.30m 和 1461.20m。对该地下水异常点物探解释成果为上部裂隙水（砂岩），见表 4.2 - 5。

表 4.2 - 5　　　　　　　　碎屑岩地层裂隙水统计表　　　　　　　　单位：m

测点编号	测点高程	地层岩性	裂隙水深度	裂隙水相应高程
DGS3 - 7	1467.00	T_2f 碎屑岩	10.0	1444.30
DGS4 - 4	1415.00	T_2n 碎屑岩	18.0	1397.00
ZK40	1483.00	T_2f 碎屑岩	21.8	1461.20

(2) 碎屑岩下部裂隙水：碎屑岩区地层中 DGS3 测线的 ZK40、DGS3 - 9 测点，DGS - 4 测线的 DGS4 - 8 测点，激电测深点发现有地下水异常，异常为高电阻率，高半衰时，高综合参数，视电阻率范围为 $60\sim120\Omega\cdot m$，视极化率范围为 $0.7\sim1.3$，视衰减值范围为 $0.2\sim0.5$，半衰时范围为 $500\sim1400ms$，地下水埋深 54.0m、54.0m、40.5m，相应高程为 1429.00m、1456.00m、1438.50m。对该地下水异常点物探解释成果为裂隙水（砂岩），物探解释成果见表 4.2 - 6。

表 4.2 - 6　　　　　　　　碎屑岩地层裂隙水统计表　　　　　　　　单位：m

测点编号	测点高程	地层岩性	裂隙水深度	裂隙水相应高程
ZK40	1483.00	T_2f 碎屑岩	54.0	1429.00
DGS3 - 9	1510.00	T_2f 碎屑岩	54.0	1456.00
DGS4 - 8	1479.00	T_2n 碎屑岩	40.5	1438.50

（3）喀斯特水：碳酸盐岩区的地层中DGS-3测线激电测深点发现有20个地下水异常，DGS-4测线激电测深点发现有16个地下水异常，异常为高电阻率，高半衰时，高综合参数，视电阻率范围为30～1600Ω·m，视极化率范围为0.2～1.5，视衰减值范围为0.2～0.8，半衰时范围为300～1600ms，物探解释为喀斯特水，见表4.2-7。从表中可以看出：2条测线喀斯特地下水整体变化趋势较大，不均匀，测线中间部位地下水水位较高，东西两端地下水水位较低，说明地下水向两端的德厚河和稼依河方向流动。另外，DGS-3测线整体较DGS-4测线的地下水水位高，说明本区地下水水位从北向南流向低势的德厚水库库区。

表 4.2-7　　　　　　　　　碳酸盐岩地层喀斯特水统计表　　　　　　单位：m

序号	测线编号	测点	地层岩性	地表高程	喀斯特地下水	
					埋深	高程
1	DGS-3	DGS3-1	C_3 碳酸盐岩	1417.00	48.0	1369.00
2		DGS3-2	断层破碎带	1403.00	48.0	1355.00
3		DGS3-3	T_2g 碳酸盐岩	1454.00	67.5	1386.50
4		DGS3-4	T_2g 碳酸盐岩/T_2f 碎屑岩	1460.00	60.0	1400.00
5		DGS3-5	T_2g 碳酸盐岩	1467.00	60.0	1407.00
6		DGS3-6	T_2g 碳酸盐岩	1424.00	48.0	1376.00
7		DGS3-7	T_2g 碳酸盐岩	1467.00	84.0	1380.00
8		DGS3-8	T_2g 碳酸盐岩	1423.00	60.0	1363.00
9		ZK40	T_2f 碎屑岩/T_2g 碳酸盐岩	1483.00	90.9	1392.10
10		DGS3-9	T_2f 碎屑岩			
11		DGS3-10	T_2g 碳酸盐岩	1519.00	94.5	1424.50
12		DGS3-11	T_2g 碳酸盐岩	1547.00	108.0	1439.00
13		DGS3-12	T_2g 碳酸盐岩	1508.00	94.5	1413.50
14		DGS3-13	T_2g 碳酸盐岩	1580.00	126.0	1454.00
15		DGS3-14	T_2g 碳酸盐岩	1567.00	96.0	1471.00
16		DGS3-15	T_2g 碳酸盐岩	1565.00	84.0	1481.00
17		DGS3-16	T_2g 碳酸盐岩	1635.00	112.0	1523.00
18		DGS3-17	T_2g 碳酸盐岩	1580.00	84.0	1496.00
19		DGS3-18	T_2f 碎屑岩			
20		DGS3-19	T_2f 碎屑岩			
21	DGS-4	DGS4-1	C_1 碳酸盐岩	1385.00	48.0	1337.00
22		DGS4-2	T_2f 碎屑岩			
23		DGS4-3	断层破碎带	1420.00	54.0	1366.00
24		DGS4-4	T_2n 碎屑岩			
25		DGS4-5	T_2n 碎屑岩			
26		DGS4-6	T_2n 碎屑岩			

续表

序号	测线编号	测点	地层岩性	地表高程	喀斯特地下水	
					埋深	高程
27		DGS4-7	T_2n 碎屑岩			
28		DGS4-8	T_2n 碎屑岩/T_2g 碳酸盐岩	1479.00	94.5	1384.50
29		DGS4-9	T_2g 碳酸盐岩	1495.00	54.0	1441.00
30		DGS4-10	T_2g 碳酸盐岩	1487.00	60.0	1427.00
31	DGS-4	DGS4-11	T_2g 碳酸盐岩	1515.00	96.0	1419.00
32		DGS4-12	T_2g 碳酸盐岩	1430.00	106.4	1323.60
33		DGS4-13	T_2g 碳酸盐岩	1395.00	84.0	1311.00
34		DGS4-14	T_2g 碳酸盐岩	1374.00	60.0	1314.00
35		DGS4-15	T_2g 碳酸盐岩	1370.00	60.0	1310.00
36		DGS4-16	T_2f 碎屑岩			

经探测，测区存在地下分水岭，DGS-3 测线地下分水岭位于 DGS3-16 测点，地下水位距地表 112.0m，相应高程在 1523.00m；DGS-4 测线地下分水岭位于 DGS4-9 号测点，地下水位距地表 54m，相应高程在 1441.00m。2 条物探测线地下分水岭均高于德厚水库 1377.50m 的正常蓄水位高程。

4.2.2.4 高密度电法

1. 基本原理

高密度电法是电阻率法探测技术在工程勘探中的一项应用，是一种自动化电法勘探方法，也称自动电阻率系统，是直流电法的发展，其功能相当于电测深与电剖面法的结合。通过对地表不同部位人工电场的扫描测量，得到视电阻率 ρ_s 断面图像，根据岩土介质视电阻率的分布推断解释不均匀地质体。在工作中可以选择采用温纳、施伦贝谢尔和偶极等装置进行数据采集，温纳装置 $AMNB$（温纳排列）适用于固定断面扫描测量，电极排列见图 4.2-14。温纳装置电极排列方式：测量时，$AM=MN=NB$ 为一个极距，A、B、M、N 逐点同时向右移动，得到一条剖面线；接着 AM、MN、NB 增大一个电极距，A、B、M、N 逐点同时向右移动，得到另一条剖面线；这样扫描下去，即得到视电阻率倒梯形断面图。

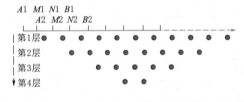

图 4.2-14　温纳排列扫描测量示意图

2. 应用范围及应用条件

（1）应用范围：主要应用于喀斯特洞及破碎带、地层岩性、地质构造等方面的探测。

（2）应用条件：①被探测目标层与相邻地层之间应有电性差异；②被探测目标层相对于埋深和装置长度应有一定规模；③测区内无较强的游散电流、大地电流或其他电磁干扰；④地形起伏不大，被探测目标层上方无极高电阻层屏蔽；⑤探测深度一般为 60~80m。

3. 德厚水库高密度电法探测

在德厚水库咪哩河库区右岸渗漏段、坝址区左岸坝基 C23 喀斯特洞进行了高密度电法探测。C23 喀斯特洞位于坝址区左岸坝基，垂直发育，洞顶高程为 1323.00m，1323.00~1312.00m 洞段无充填，高程 1312.00m 处洞尺寸为 5.5m×6.0m（宽×高）；高程 1312.00m 以下为全充填，其中，1312.00~1292.00m 洞段为黏土夹碎石，高程 1292.00m 形状近似菱形，断面尺寸 9.2m×7.7m（宽×高）；高程 1292.00m 以下，充填物主要为块石、碎石夹黏土，密实，已垂直开挖深度约 20m，施工难度很大。为了查明喀斯特洞向深部延伸情况，进行了高密度电法测试，沿坝轴线布置一条测线，成果见图 4.2-15，从图中可以看出，喀斯特洞底板高程约为 1284.00m。

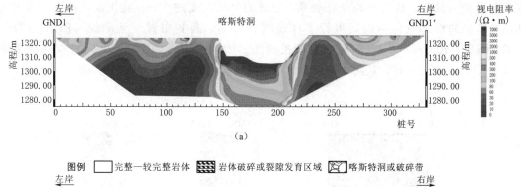

（a）

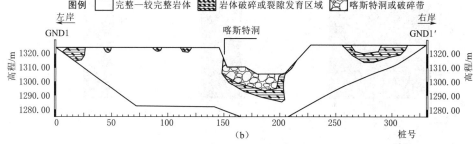

（b）

图 4.2-15　坝基左岸喀斯特洞高密度电法探测成果解译图

4.2.2.5　探地雷达探测

1. 基本原理

探地雷达探测是利用电磁波的反射原理，使用探地雷达仪器向地下发射和接收具有一定频率的高频脉冲电磁波，通过识别和分析反射电磁波来探测介质中具有一定电性差异的目标体的一种地球物理勘探方法。电磁波在介质中传播时，其路径、电磁场强度与波形将随所通过介质的介电性质及几何形态的变化而变化，因此，根据接收到的波的旅行时间、幅度与波形等资料，可探测介质的结构、形态及目标体的埋藏深度等。

2. 应用范围及应用条件

（1）应用范围：主要应用于覆盖层、地下水位、断层破碎带、喀斯特洞及破碎带的探测。

（2）应用条件：①被探测的目标体与周围介质的介电常数应有明显差异；②探测目标

体与埋深应有一定规模；③相对于天线尺寸，探测表面宜平整；④不宜探测高电导率屏蔽层之下的目标体；⑤工作区不宜有大范围的金属构件或无线电射频等较强的电磁干扰；⑥宽角法、共中心点法测线范围内，目标体底界面与测试表面近似平行；⑦探测深度一般10～30m。

3. 德厚水库探地雷达探测

C23 喀斯特洞位于坝址区左岸坝基，垂直发育，洞顶高程为 1323.00m，1323.00～1312.00m 洞段位无充填，高程 1312.00m 处洞尺寸为 5.5m×6.0m（宽×高）；1312.00m 以下为全充填，其中，1312.00～1292.00m 洞段为黏土夹碎石，高程为1292.00m 时形状近似棱形，断面尺寸 9.2m×7.7m（宽×高）；高程在 1292.00m 以下，充填物主要为块石、碎石夹黏土，密实，已垂直开挖深度约 20m，施工难度很大。为了查明喀斯特洞向深部延伸情况，进行了探地雷达探测，洞底布置 3 条测线（RD1～RD1′、RD2～RD2′、RD3～RD3′）、洞壁布置两条测线（RD4～RD4′、RD5～RD5′），探测成果见图 4.2－16、图 4.2－17，从图中可以看出，喀斯特洞底板高程约为 1284.00m。

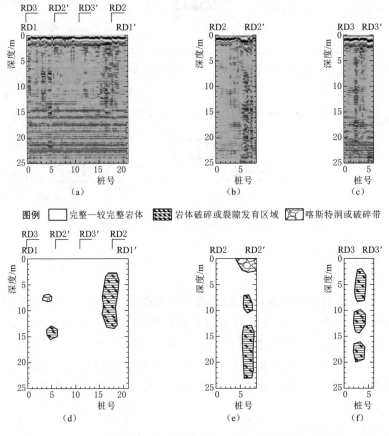

图 4.2－16　坝基左岸喀斯特洞探地雷达探测成果解译图

高密度电法和探地雷达探测成果综合解译见图 4.2－18，C23 喀斯特洞底板高程约为1284.00m，此高程以下为喀斯特裂隙。

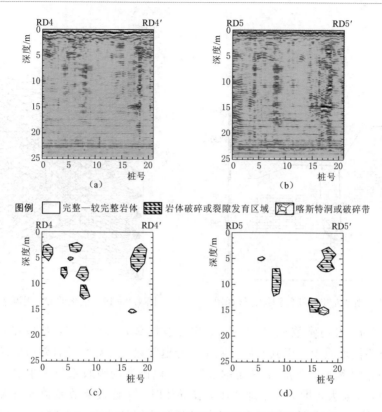

图 4.2-17 坝基左岸喀斯特洞探地雷达探测成果解译图

4.2.2.6 电磁波层析成像 (CT)

1. 基本原理

电磁波层析成像 (CT) 技术是利用电磁波在两个钻孔之间进行特殊的层析观测，利用电磁波在介质中传播时，能量被介质吸收而发生变化，重建出孔间剖面介质电磁波吸收系数 β 值的二维分布图像，达到探测地质异常体的目的。电磁波 CT 现场工作是在一个钻孔内放置发射探管 (发射点)，而在另一个钻孔内放置接收探管 (接收点)，从发射点发射出的电磁波经介质吸收衰减后到达接收点。按一定射线密度对孔间剖面进行扫描，结果在两个钻孔间形成如图 4.2-19 所示的一系列扇形射线网络。电磁波的实测量是波动过程沿射线路径对介质吸收系数的积分结果，当同一平面内密集的射线对探测区域进行了全方位扫描后，便可把所有的投影函数依 Radon 反变换的关系组成方程组，经反演计算重建出介质吸收系数 β 值的二维分布图像，由此可以得到钻孔间不同吸收系数的介质分布情况。

电磁波吸收系数又称"衰减系数"，当电磁波进入岩石中时，由于涡流的热能损耗，将使电磁波的强度随进入距离的增加而衰减，这种现象又称为岩石对电磁波的吸收作用。电磁波吸收或衰减系数 β 的大小和电磁波角频率 ω、岩石电导率 σ、岩石磁导率 μ、岩石介电系数 ε 有关，其关系式见式 (4.2-8)：

$$\beta = \omega \times \sqrt{\mu\varepsilon} \times \sqrt{\frac{1}{2} \times \left[\sqrt{1 + \left(\frac{\sigma}{\omega\varepsilon}\right)^2} - 1\right]} \tag{4.2-8}$$

73

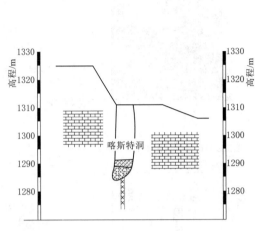

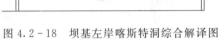

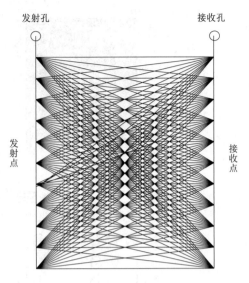

图 4.2-18　坝基左岸喀斯特洞综合解译图　　　图 4.2-19　电磁波 CT 观测系统示意图

β 由电导率 σ、介电常数 ε、磁导率 μ、电磁波频率 ω 共同决定，所以在一定频率下吸收系数是地下不同地质体由于其不同电阻率、介电常数、磁导率综合效应的结果。通过分析可知，在一定频率下，当 μ、ε 一定的条件下，电磁波的吸收系数 β 主要由电导率 σ 决定，当 σ 大时，β 就大，即当地下地质体为良导体时，电磁波吸收系数 β 就大，反之吸收系数就小。由此可见，电磁波对不良地质体的反映比较灵敏。一般而言，随着频率的增高或介质电磁波吸收系数增高，对地质异常体的分辨力增强，电磁波穿透距离也随之变小；随着频率的降低或介质电磁波吸收系数降低，对地质异常体的分辨力变弱，电磁波穿透距离也随之变大。

2. 应用范围及应用条件

（1）应用范围：主要应用于构造破碎带、风化带、喀斯特洞及破碎带的探测。

（2）应用条件：①被探测的目标体与周围介质存在电性差异；②成像区域至少两侧有钻孔、探洞或临空面；③被探测目标体位于扫描断面的中部；④外界电磁波噪声干扰小，不影响观测；⑤探测距离一般为 20～60m。

3. 德厚水库坝址区电磁波 CT 探测

在坝址区进行钻孔之间进行电磁波层析成像（CT）探测，BZK26 孔与 BZK27 孔的距离 25m，孔深均为 200m。外业数据采集使用 HX-JDT-03 型电磁波仪，①工作频率：扫频范围为 0.5～32MHz，扫频间隔为 0.1～9.9MHz；②发射机输出脉冲功率为 10W；③接收机测量范围为 0.2μV～30mV；④接收机测量误差为 -120～-20dB＜±3dB。

分析电磁波 CT 吸收系数大小并对比钻孔岩芯，结合以往的工作经验，在电磁波 CT 剖面上分为强喀斯特、中等喀斯特和弱喀斯特 3 类，①电磁波吸收系数 β＞0.5Np/m，判定为强喀斯特，可能有喀斯特洞、破碎带和其他地质异常；②电磁波吸收系数 0.3Np/m＜β≤0.5Np/m，判定为中等喀斯特；③电磁波吸收系数 β≤0.3Np/m，判定为弱喀斯特。喀斯特发育程度与电磁波吸收系数关系见表 4.2-8。

表 4.2-8　　　　　　　　　喀斯特发育程度与电磁波吸收系数关系表

喀斯特发育程度	强喀斯特	中等喀斯特	弱喀斯特
吸收系数 β/(Np/m)	$\beta > 0.5$	$0.3 < \beta \leq 0.5$	$\beta \leq 0.3$
喀斯特特征	垂直喀斯特裂隙发育，局部有喀斯特洞，破碎，有次生黏土充填	沿岩层面喀斯特裂隙或洞，表面有喀斯特孔洞	灰岩表面有喀斯特孔洞

电磁波 CT 反演吸收系数色谱图见图 4.2-20，喀斯特发育程度见图 4.2-21。①强喀斯特：ZK26 孔在高程为 1274.30～1270.30m、1157.30～1154.30m、1145.30～1142.30m 段时电磁波吸收系数 $\beta > 0.5$Np/m，CT 解释图上红色区域，为电磁波强吸收，分析为宽大喀斯特裂隙、喀斯特洞。②中喀斯特：ZK26 孔（1275.30～1254.30m）与 ZK27 孔（1277.30～1259.30m），水平位置 0～25m；ZK26 孔（1229.30～1225.30m）与 ZK27 孔（1218.30～1211.30m），水平位置 0～25m；ZK26 孔（1202.30～1193.30m）与 ZK27 孔（1200.30～1198.30m），水平位置 0～25m；ZK26 孔（1159.30～1144.30m）与 ZK27 孔（1156.30～1127.30m），水平位置 0～25m；ZK27 孔（1247.30～1234.30m），水平位置 4～25m；电磁波吸收系数 0.3Np/m$< \beta \leq 0.5$Np/m，分析为喀斯特裂隙或喀斯特洞。③弱喀斯特：高程在 1259.30～1229.30m、1222.30～1202.30m、1198.30～1160.30m 段时，电磁波吸收系数 $\beta \leq 0.3$Np/m，分析为喀斯特裂隙、孔洞。

4. 德厚水库咪哩河库区右岸渗漏段电磁波 CT 探测

在灌浆试验 Ⅱ 区先导孔进行电磁波层析成像（CT）探测，1 号先导孔孔深 125.0m，2 号先导孔孔深 132.0m，孔间距 40m，试验工作量为 16602 射线对。电磁波层析成像成果见图 4.2-22，存在 7 处电磁波视吸收系数高异常区域，其视吸收系数值均大于 0.25dB/m。①号异常区域：在 1 号先导孔高程 1385.00～1378.00m 斜向上方，到水平坐标 15～20m 内，呈条带状分布；②号异常区域：垂直方向在高程 1375.00～1371.00m 内，水平方向在横坐标 30～40m 内；③号异常区域：在 1 号先导孔高程 1375.00～1358.00m 内，向两孔间呈条带状分布到水平坐标为 30m 范围内；④号异常区域：垂直方向在高程 1365.00～1345.00m 内，水平方向在横坐标 35～40m 内；⑤号异常区域：在 1 号先导孔垂直方向高程 1355.00～1314.00m 内，与 2 号先导孔高程 1345.00～1335.00m 内贯通于两孔之间层状分布；⑥号异常区域：垂直方向在高程 1300.00～1296.00m 内，水平方向在横坐标 38～40m 内；⑦号异常区域：垂直方向在高程 1286.00～1283.00m 内，水平方向在横坐标 15～28m 内。

地质解译成果见图 4.2-23，对应上述 7 处异常区域，两个钻孔之间存在 7 处不良地质体分布区，为喀斯特洞或破碎带。①号和②号异常区域为含水的破碎岩体，属喀斯特破碎带；③号异常区域为喀斯特洞，砂和黏土充填；④号异常区域为喀斯特洞，砂和黏土充填；⑤号区域为喀斯特洞，砂和黏土充填；⑥号和⑦号区域为含水的破碎岩体，属喀斯特破碎带。

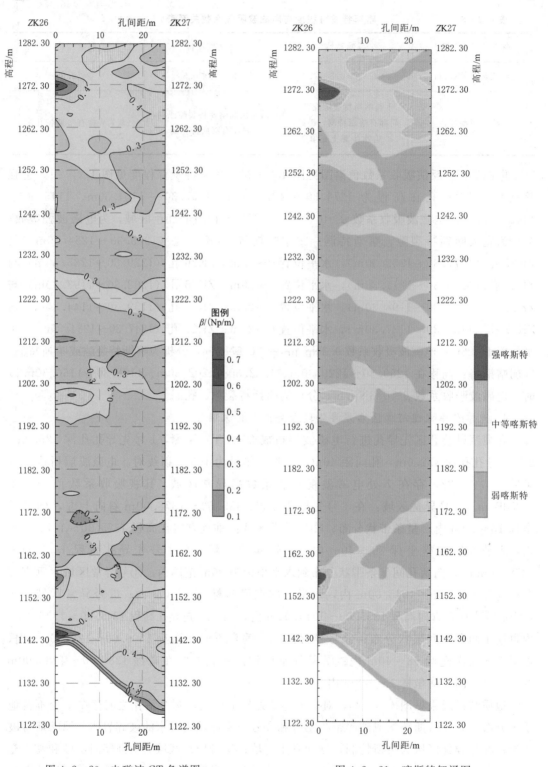

图 4.2-20　电磁波 CT 色谱图　　　图 4.2-21　喀斯特解译图

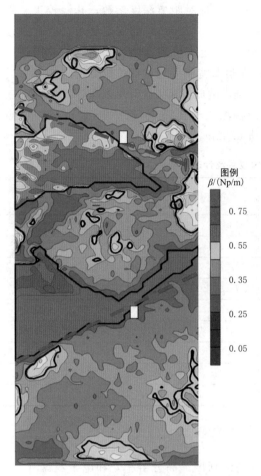

图例
$\beta/(Np/m)$

0.75
0.55
0.35
0.25
0.05

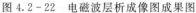

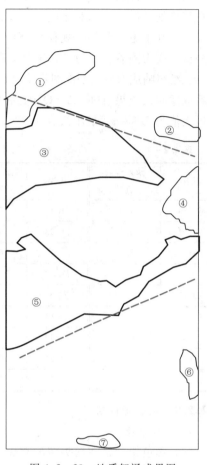

图 4.2-22　电磁波层析成像图成果图　　　　图 4.2-23　地质解译成果图

4.2.2.7　三维声呐成像

1. 基本原理

声呐成像探测根据声波反射测距原理，由声呐探头、电缆盘、管道声呐检测成像分析软件 3 部分构成，探头内置大功率声波发收装置，声波在传播过程中，遇到波阻抗界面（喀斯特洞、软弱地层等结构体）时反射回来，检波器接收到反射信号，结合声呐检测成像分析软件进行声呐检测数据的成像显示、编辑分析、三维建模。

2. 应用范围及应用条件

（1）应用范围：主要应用于地下水位之下无充填或半充填喀斯特洞穴空间形态、规模等探测。

（2）应用条件：①探头无附着物；②探测距离小于 10m 时，探头频率宜在 2000kHz以上；③探测距离为 10～30m 时，探头频率宜在 1300～2000kHz 范围内。

3. 德厚水库喀斯特洞声呐探测

在坝址区右岸灌浆廊道 YXQ394 孔中对喀斯特洞进行三维声呐成像探测。①精度评价：三维声呐成像的误差主要在方位角，本次测试水平方向采用 360°全方位测量，每 2°

77

一个测点值；深度方向每 0.2m 做一次标记，每 5m 核对距离深度参数，孔深校正、原始资料计算处理满足《水利水电工程物探规程》（SL 326—2005）的规定要求，所有原始记录按《水利水电工程物探规程》（SL 326—2005）规定评价为合格；②质量控制措施：确保测试探头无附着物；每 5m 核对深度参数；在喀斯特洞等异常部位重复观测。

三维声呐成像典型剖面图见图 4.2-24，三维声呐成像成果统计见表 4.2-9。根据三维声呐成像测试成果可知：YXQ394 钻孔中喀斯特洞位于孔深 69.26～76.21m 处，可测直径最大值为 7.98m，最小值为 4.02m，平均值 6.32m。

表 4.2-9　　　　　　　　　三维声呐成像成果统计表　　　　　　　　单位：m

孔深	喀斯特洞直径	孔深	喀斯特洞直径	孔深	喀斯特洞直径	孔深	喀斯特洞直径
69.26	4.02	71.15	5.80	73.04	5.59	74.93	6.32
69.54	6.73	71.33	6.55	73.39	6.18	75.06	6.03
69.75	7.05	71.48	6.99	73.64	6.18	75.24	6.03
69.92	7.29	71.68	6.99	73.81	6.18	75.47	5.89
70.11	7.28	71.9	7.18	73.98	6.18	75.78	5.50
70.33	7.28	72.18	7.32	74.12	7.98	76.07	5.91
70.49	6.78	72.39	6.50	74.33	5.84	76.21	5.96
70.7	6.02	72.54	5.33	74.52	5.86		
70.96	6.44	72.77	5.59	74.73	6.09		

4.2.2.8　钻孔彩色摄像

1. 基本原理

钻孔彩色摄像是在探头装配有成像设备（高清晰度、高分辨率）和电子罗盘（二维、三维），摄像头通过 360°广角镜头摄取孔壁四周图像，利用计算机控制图像采集和图像处理系统，同时提升、下放探头，自动采集图像，并进行展开、拼接处理，形成钻孔全孔壁柱状剖面连续图像实时显示，连续采集记录全孔壁图像，以探测钻孔地质现象的地球物理勘探方法。

2. 应用范围及应用条件

（1）应用范围：应用于钻孔中地层岩性及分界线、地质构造（软弱夹层、节理、断层性状及产状）、喀斯特洞（位置、规模、充填性状）等探测。

（2）应用条件：①清水钻孔或干孔；②无金属或非透明的 PVC 套管。

4.2.3　喀斯特及水文地质勘探

喀斯特及水文地质勘探包括钻探和坑探。钻探是利用专用机械设备向地下钻孔，以获取工程建设地区地下一定深度范围内的地层岩性及层组类型、地质构造、水文地质（地下水埋深、透水层、相对隔水层等）、喀斯特（位置、高程、空间分布、规模、充填性状、充填物质）等地质资料的主要勘探手段，常用的钻探方法有回转钻探、冲击钻探和冲击回转钻探 3 种类型。坑探包括探坑、探槽、探井、探洞等类型，是直接观察和描述地层岩性、

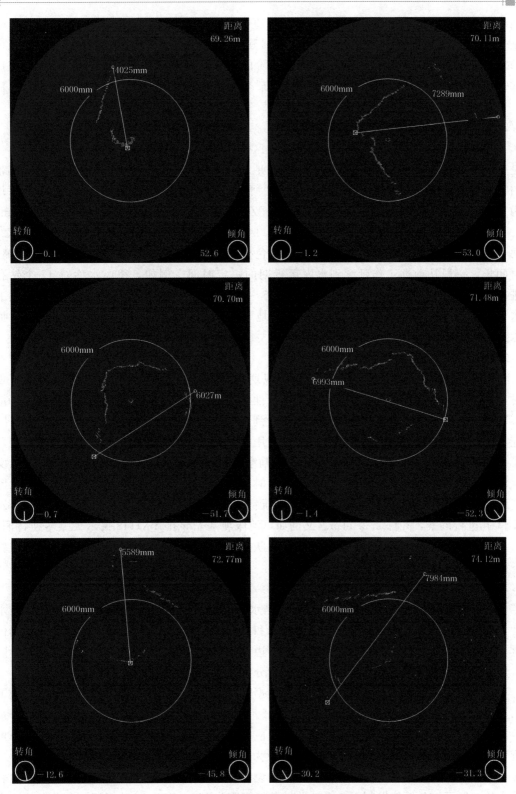

图 4.2-24 三维声呐成像典型剖面图

地质构造、水文地质、喀斯特等地质资料的直接勘探手段。德厚水库勘探工作完成 326 个钻孔（30803.56m），其中前期（规划、项目建议书、可行性研究、初步设计阶段）完成 121 个钻孔（12233.94m），施工详图设计阶段完成 5 个补勘钻孔（444.62m），并完成 200 个灌浆先导孔（18215m）；完成探坑、探槽 2317.78m³；完成 39 条探洞（2413.15m），完成 4 条灌浆廊道施工（2912.70m）。

4.2.3.1　喀斯特及水文地质钻探的特点

与非喀斯特地区的钻探相比，喀斯特地区钻探有以下不同特点：①钻孔深度更深，一是查明深部循环带的喀斯特发育特征，二是地表分水岭地区查明地下水埋深及深部循环带的喀斯特发育特征。例如，德厚水库坝址区河床布置 BZK26、BZK27 两个钻孔，孔深均为 200m；德厚河与稼依河地表分水岭的 BZK14、BZK10 孔深为 300.01m、250.36m。②多数钻孔进行地球物理勘探，一孔多用。例如，德厚水库坝址区河床 BZK26、BZK27 两个孔进行电磁波 CT 测试、声波测试、彩色摄像等。③多数钻孔进行地下水动态观测，时间长，一般从前期工作延续到水库运行期的一定时间。例如，德厚水库对 47 个钻孔进行地下水位长期观测，一般观测时间为 5～10 年，最长达 16 年，积累了大量的地下水动态监测资料。④钻孔进行清水钻进，地下水位之下多进行单孔抽水试验或群孔抽水试验。

4.2.3.2　钻孔布置原则

不同设计阶段的钻孔布置原则不同。规划阶段原则上不布置钻孔，当水库渗漏严重时，可布置少量钻孔。从项目建议书、可行性研究到初步设计阶段，钻孔布置原则：①勘察范围由大到小；②钻孔由面到点，由网状到线状；③钻孔间距由稀到密；④招标设计、施工图设计阶段原则上不布置钻孔，但要利用灌浆先导孔进行勘察。例如，德厚水库利用了 200 个灌浆先导孔（进尺 18125m）作为勘察钻孔，揭示了防渗处理区的喀斯特及水文地质特征；当影响水库防渗方案、防渗边界时，布置钻孔进行补充勘察。例如，德厚水库近坝右岸初步设计阶段的防渗端点发现喀斯特洞，为了查明防渗处理边界，布置了 BZKY1 孔进行勘察，孔深 252.11m。又例如，河床坝基先导孔 YXH48 揭示大型喀斯特洞，为了查明喀斯特的空间形态、规模、充填性状、充填物质、与坝轴线的空间关系等，布置 4 个补勘钻孔 192.51m。

4.2.3.3　库区及分水岭钻孔布置

喀斯特地区水库渗漏勘察，主要查明隔水层或相对隔水层、地下水埋深、岩体透水性、喀斯特地下水水动力类型、喀斯特形态和发育规律等重要地质资料，查明水库渗漏位置、方向、渗漏形式、渗漏量等，提出防渗边界和底界的建议。在无可靠隔水层或相对隔水层封闭低邻谷、坝下游河段时，在库区及分水岭地带应布置钻孔。

（1）勘探纵剖面。在可疑渗漏库段，根据喀斯特及水文地质条件复杂程度，垂直地下水径流方向布置 1～2 条勘探线，一条勘探线沿地形分水岭布置，钻孔宜布置在地形分水岭垭口处，钻孔不少于 2 个；另一条勘探线应结合可能的防渗处理方案布置，钻孔间距可行性研究阶段为 200～400m、初步设计阶段为 100～200m，勘探线上钻孔不少于 2 个。

规划、项目建议书、可行性研究、初步设计阶段，德厚水库之德厚河与稼依河的地表分水岭布置了 1 条勘探纵剖面 6 个钻孔，勘探间距为 400～700m；咪哩河与盘龙河的地表分水岭布置了 1 条勘探纵剖面 10 个钻孔，勘探间距为 300～900m；咪哩河库区渗漏段沿防渗轴线布置了 1 条勘探纵剖面 14 个钻孔，勘探间距为 50～400m；德厚水库近坝左岸渗漏段沿防渗轴线布置了 1 条勘探纵剖面 5 个钻孔，勘探间距为 200～400m；德厚水库近坝右岸渗漏段沿防渗轴线布置了 1 条勘探纵剖面，其中，坝基段 6 个钻孔勘探间距为 20～100m，剩余段 4 个钻孔勘探间距为 150～300m。

施工详图设计阶段，德厚水库近坝左岸、近坝右岸、咪哩河库区渗漏段防渗轴线灌浆先导孔的间距为 24m，查明了渗漏段的喀斯特及水文地质条件，为灌浆设计和施工提供了基础资料，为水库安全运行提供了条件。

（2）勘探横剖面。在可疑渗漏库段，根据喀斯特及水文地质条件复杂程度，平行地下水径流方向布置勘探剖面线，勘探剖面的间距宜为防渗处理方案勘探剖面钻孔间距的2 倍，每条勘探横剖面上的钻孔不少于 2 个，地质条件简单、清楚的，也可布置 1 个钻孔。例如，德厚水库之德厚河与稼依河的地表分水岭布置了 4 条勘探横剖面，咪哩河与盘龙河的地表分水岭布置了 6 条勘探横剖面，每条剖面上有 2～3 个钻孔。

（3）钻孔深度。钻孔深度根据喀斯特地下水水动力类型、库区河床高程与低邻谷河床高程的高差、防渗处理方案的不同而确定。

1）补给型喀斯特地下水水动力类型。库区及分水岭地区剖面的钻孔深度不小于库区地下水最低排泄面以下 10m。防渗处理方案剖面的钻孔深度同时满足 3 个条件：①不小于库区地下水的最低排泄面以下 10m；②进入弱喀斯特带顶板以下不小于 15m；③进入防渗标准（岩体透水率）顶板以下不小于 10m。

2）排泄型或补排交替型喀斯特地下水水动力类型。库区河床高程与低邻谷河床高程的高差小于 200m 时，库区及分水岭地区剖面的钻孔深度不小于低邻谷或坝下游河段地下水最低排泄面以下 10m。防渗处理方案剖面的钻孔深度同时满足 3 个条件：①不小于低邻谷或坝下游河段地下水的最低排泄面以下 10m；②进入弱喀斯特带顶板以下 15m；③进入防渗标准（岩体透水率）顶板以下不小于 10m。

3）悬托型喀斯特地下水水动力类型。垂直防渗方案处理难度大、效果差。钻孔目的是查明水平防渗处理区的地层岩性（特别是土层分层、厚度、工程地质性质、地下水位、渗透性等）、地质构造、喀斯特（位置、高程、空间分布、充填性状、充填物质等）等地质资料。钻孔深度根据喀斯特及水文地质、工程地质复杂程度确定，控制性钻孔深度在枯季最低地下水位以下不小于 30m，一般性钻孔深度应满足水平防渗方案对地基沉降变形及渗透变形、喀斯特塌陷、喀斯特气体冲爆等工程地质问题的要求。

4.2.3.4　坝址区钻孔布置

喀斯特地区水库坝址区钻孔布置在满足规程规范的前提下，还要查明隔水层或相对隔水层、地下水埋深、岩体透水性、喀斯特地下水水动力类型、喀斯特形态和发育规律等重要地质资料，查明水库渗漏形式、渗漏量等工程地质问题，为提出防渗边界和底界建议所需要布置的钻孔。

（1）勘探纵剖面。根据喀斯特、水文地质及工程地质条件、防渗线布置、建筑物特点等因素综合考虑，垂直河流方向勘探纵剖面不少于 3 条，一条沿坝轴线布置，另两条为辅助勘探剖面（平行坝轴线的上、下游布置），剖面间距 50～200m。坝轴线钻孔间距可行性研究阶段为 50～100m、初步设计阶段为 20～50m；辅助勘探剖面的钻孔间距可行性研究阶段为 100m、初步设计阶段为 50～100m。

（2）勘探横剖面。平行河流方向勘探横剖面不少于 3 条，一条沿河床布置，另两条平行河床在两岸布置（初步设计阶段），剖面间距 50～200m。河床勘探剖面钻孔间距可行性研究阶段为 50～100m、初步设计阶段为 20～50m；初步设计阶段两岸勘探剖面的钻孔间距为 50～100m。

（3）除按以上原则布置钻孔外，在低地下水位地段、高地下水位地段、断层错断相对隔水层地段、喀斯特分布地段应有钻孔控制。

（4）钻孔深度。钻孔深度根据喀斯特地下水水动力类型、防渗处理方案的不同而确定。

1）补给型喀斯特地下水水动力类型，坝址区坝轴线剖面及河床剖面的钻孔深度同时满足 4 个条件：①不小于坝址区地下水的最低排泄面以下 10m；②进入弱喀斯特带顶板以下不小于 15m；③进入防渗标准（岩体透水率）顶板以下不小于 10m；④一般性钻孔应进入深部喀斯特中带顶板以下不小于 20m，控制性钻孔应进入深部喀斯特下带顶板以下不小于 20m。在断层带、喀斯特地层与非喀斯特地层接触带钻孔深度还要加深。例如，德厚水库坝址区河床，布置了 BZK26、BZK27 两个深孔，孔深均为 200m，低于河床约 200m，孔底高程约 1120.00m，已进入深部喀斯特下带顶界以下约 80m。辅助勘探剖面、两岸勘探剖面的钻孔深度同时满足 2 个条件：①不小于坝址区地下水的最低排泄面以下 10m；②应进入深部喀斯特中带顶板以下不小于 10m。

2）排泄型、补排交替型、悬托型喀斯特地下水水动力类型，当河床水位与喀斯特地下水位相差不大，且两岸在一定范围内的地下水位升高为补给型时，钻孔深度与补给型喀斯特地下水水动力类型基本一致。当河床水位与喀斯特地下水位相差较大，且两岸地下水位向低邻谷排泄时，水库渗漏极为严重，水库蓄水的可能性极小，仅布置控制性钻孔，为比选坝址提供地质资料。

4.2.3.5 坑探

（1）探坑、探槽：主要用于揭露断层、喀斯特地层与非喀斯特地层的分界线、地表喀斯特发育特征，特别是喀斯特沟、喀斯特槽的发育深度、起伏特征、充填物质、石牙风化特征等。

（2）探井：主要用于揭露喀斯特洞的发育深度、充填物性状及喀斯特洼地中土层的分层、厚度、工程地质性质、地下水位、渗透性等。

（3）探洞：主要用于调查断层位置、产状、性质、断层带物质组成及工程地质性质、渗透性等，用于调查和追踪喀斯特洞穴、管道、通道（暗河、伏流）等空间形态、发育方向、充填性状、充填物质等。

4.2.4 钻孔水文地质试验

钻孔水文地质试验为评价水文地质条件和取得水文地质参数（渗透系数、影响半径、透水率、导水系数、释水系数、给水度、越流系数等）而在钻孔中进行的各种测试和试验工作，主要用于分析地下水径流方向、喀斯特地下水水动力类型、喀斯特岩体的透水性、水库渗漏计算等。在水库渗漏计算中，岩体渗透系数是一个关键参数，应以钻孔现场试验成果为依据，当同时有抽水试验、压水试验、注水试验成果时，应以钻孔抽水试验成果为依据，采用试验的大值平均值。钻孔水文地质试验主要有钻孔抽水试验、钻孔压水试验、钻孔注水试验等。

4.2.4.1 钻孔抽水试验

抽水试验是在钻孔中抽取地下水，降低孔中地下水水位，以求取喀斯特含水层岩体渗透性能（渗透系数、影响半径等）的一种试验，仅适用于地下水位以下的含水层。按照抽水孔数量、抽水孔揭露含水层程度、抽水试验方法等进行分类，抽水试验完成后，进行资料整理，绘制相关曲线，计算喀斯特含水层的渗透系数、影响半径等参数。

（1）按照抽水孔数量分类。可分为单孔抽水试验、多孔抽水试验、群孔抽水试验等3类。

1）单孔抽水试验是只在一个钻孔进行的抽水试验，特点是简单易行，适用于确定喀斯特含水层的渗透系数和单孔出水量。

2）多孔抽水试验是在一个钻孔抽水并设置观测孔的抽水试验，用于比较精确确定喀斯特含水层的渗透系数和影响半径。

3）群孔抽水试验是在两个或两个以上的钻孔同时抽水并设置观测孔，各孔水位和水量有明显相互影响的抽水试验。

（2）按照抽水孔揭露含水层程度分类。可分为完整孔抽水试验、非完整孔抽水试验两类。

1）完整孔抽水试验是指在整个含水层抽水，适用于含水层厚度不大的均质岩（土）层，在基岩区，当强透水带全部揭穿时，也可视为完整孔。

2）非完整孔抽水试验是指对部分含水层或强透水带进行抽水，当钻孔揭露多层含水层时，应进行分层抽水，取得各层的渗透系数。

（3）按照抽水试验方法分类。可分为稳定流抽水试验、非稳定流抽水试验两类。

1）稳定流抽水试验是指抽水过程中出水量和动水位同时稳定，并有一定延续时间的抽水试验，多在工程勘察的项目采用，适用于抽水量小于补给量的地区；抽水试验一般按3个降深值进行，最大降深可接近孔内的设计动水位，其余2次的降深宜为最大值的1/3和2/3；抽水试验稳定延续时间为8h（砂卵砾石、粗砂含水层）、16h（中砂、细砂、粉砂含水层）、24h（基岩含水层）；抽水量和动水位的观测时间，宜在抽水开始后5min、10min、15min、20min、25min、30min、40min、50min、60min各观测1次，以后每隔30min观测1次。

2）非稳定流抽水试验是指在抽水过程中保持抽水量的稳定而观测地下水位的变化，或保持水位降深稳定而观测抽水量和含水层中地下水位变化的抽水试验，多在供水水文地质勘察中采用；试验延续时间应根据降深（S）与时间对数（$\lg t$）的关系曲线确定；抽水量和动水位的观测时间，宜在抽水开始后1min、2min、3min、4min、6min、8min、10min、15min、20min、25min、30min、40min、50min、60min、80min、100min、120min各观测1次，以后每隔30min观测1次，直至结束，观测孔与抽水孔应同步观测。

（4）资料整理。

1）绘制曲线：检查原始观测数据，稳定流抽水试验绘制抽水量（Q）、水位降深（S）与时间关系曲线或单位抽水量与水位降深关系曲线；非稳定流抽水试验绘制水位降深（S）与时间对数（$\lg t$）曲线、水位降深对数（$\lg S$）与时间对数（$\lg t$）曲线，多孔或群孔抽水试验还应绘制水位降深（S）与观测孔到抽水孔距离的对数（$\lg r$）曲线、绘制水位降深（S）与时间除以距离（观测孔到抽水孔）的平方的对数 $[\lg (t/r^2)]$ 曲线。

2）计算渗透系数：稳定流抽水试验根据试验段地质与水文地质条件、抽水孔结构和观测孔布置形式及其他边界条件，选择相适宜的计算公式；非稳定流抽水试验根据水位降深与时间对数曲线，选择不同的曲线段，分别计算。

4.2.4.2 钻孔压水试验

钻孔压水试验是指用栓塞将钻孔隔出一定长度的孔段并压入清水，根据一定时间内压入水量和压力大小的关系，确定岩体渗透性能的一种原位渗透试验。主要作用：①测定岩体透水率，为评价岩体渗透性和渗控设计提供基本资料；②提供岩体完整性、节理、喀斯特发育程度的信息。压水试验不受喀斯特地下水位的限制，也不受含水层、隔水层的限制，在喀斯特地区的勘察中广泛采用。按照试验压力分为：①常规压水试验，最大压力不大于1.0MPa；②高压压水试验，最大压力大于1.0MPa。按照试验方法分为：①单位吸水量法，是苏联在吕荣试验法的基础上修改而成，我国从20世纪50年代开始引进，一直沿用至90年代初期，之后便没有使用；②吕荣试验法，1933年由法国地质师吕荣（M. Lugeon）首先提出，我国于20世纪90年代初期引进吕荣试验法，至今仍在使用。

1. 试验方法与试验长度

（1）试验方法：常用的钻孔压水试验应随钻孔的加深自上而下地用单栓塞分段隔离进行；当岩体完整及孔壁稳定的孔段或有必要单独进行的试验孔段，可采用双栓塞分段进行。

（2）试验长度：一般为5m；在断层破碎带、剪切破碎带、节理密集带、喀斯特洞、喀斯特破碎带等不良地质孔段，根据具体情况确定试段长度，一般应适当缩短，但应考虑栓塞止水的可靠性；相邻试段应互相衔接，可少量重叠，但不漏段。

2. 压力阶段与压力计算

（1）压力阶段：压水试验按3个压力级和5个压力阶段进行试验，3个压力级分别为 $P_1 = 0.3$MPa、$P_2 = 0.6$MPa、$P_3 = 1.0$MPa；5个压力阶段分别为 P_1、P_2、P_3、$P_4 = P_2$、$P_5 = P_1$；当试段埋深较浅（小于15m）时，应适当降低试段压力；遇透水性较强的断层破碎带、剪切破碎带、节理密集带、喀斯特破碎带、喀斯特洞等地层，也应适当降低试段压力；当升高压力困难时，至少做有1个压力（10^5Pa）阶段的试验。

（2）压力计算：①压力传感器安装在试段内，实测的压力为试验压力。②压力表安装在进水管上，则试段压力为 $P = P_p + P_z - P_s$，其中 P_p 为压力表的压力（MPa），P_z 为压力表中心至压力计算零线的水柱压力（MPa），P_s 为管路压力损失值（MPa）。③压力表安装在回水管上，试段压力为 $P = P_p + P_z + P_s$。

（3）压力计算零线的确定：①地下水位在试段以下时，压力计算零线为通过试段中点的水平线。②地下水位在试段内时，压力计算零线为通过地下水位以上试段中点的水平线。③地下水位在试段以上时，压力计算零线为地下水位线。

（4）管路压力损失值（P_s）计算：①工作管内径一致，内壁粗糙度变化不大，管路压力损失值可按式（4.2-9）计算。②单管柱栓塞的工作管内径不一致时，管路压力损失值应根据实测资料确定；每个单位应根据工作管的内径和接头内径的不同，实测不同流量下的压力损失值，计算不同流量每副接头的压力损失值、每米钻杆的压力损失值，并制作表或图，以便本单位进行钻孔压水试验时使用。

$$P_s = \lambda \times \frac{L_p}{d} \times \frac{v^2}{2g} \qquad (4.2-9)$$

式中：P_s 为管路压力损失值，MPa；λ 为摩阻系数，MPa/m，取 $2 \times 10^{-4} \sim 4 \times 10^{-4}$ MPa/m；L_p 为压力表到试段中点的工作管长度，m；d 为工作管内径，m；v 为工作管内水的流速，m/s；g 为重力加速度，m/s^2。

3. 钻孔与试验工作

（1）钻孔：钻孔的孔径宜为 59～150mm；钻孔宜采用金刚石或合金清水钻进，不应使用泥浆等护壁材料；钻孔的套管脚必须止水。

（2）试验工作主要包括洗孔、试段隔离、水位测量、仪表安装、流量和压力观测等。

1）洗孔：洗孔应采用压水法，洗孔时钻具应下到孔底，流量应达到水泵的最大出力；洗孔应至孔口回水清澈，肉眼观察无岩粉时方可结束；当孔口无回水时，洗孔时间不得少于 15min。

2）试段隔离：下栓塞前应检查压水试验工作管，不得有破裂、弯曲、堵塞等现象，接头处应严格止水；栓塞应安设在岩体较完整的位置；当栓塞隔离无效，应分析原因，采取移动栓塞、更换栓塞或灌制混凝土作为栓塞位置等措施，移动栓塞只能向上移动，其范围不应超过上一次试验的栓塞位置；当栓塞隔离无效且试段透水性较强时，栓塞也可向下移动，存在漏段情况，漏段岩体透水率按相邻两个试段的大值考虑。

3）水位测量：下栓塞前应进行 1 次孔内水位观测；下栓塞隔离后，应观测工作管内的水位，每隔 5min 观测 1 次，当水位下降速度连续 2 次小于 5cm/min 时即可结束，最后观测值确定为压力计算零线；工作管内发现承压水应观测承压水位，当承压水位高出管口，应观测压力和流量。

4）仪表安装：压力表应反应灵敏，泄压后指针回零，量测范围应控制在极限压力值的 1/3～3/4；压力传感器的压力范围应大于试验压力；流量表应在 1.5MPa 压力下正常工作，量测范围应与水泵的出力相匹配，并能测定正向和反向流量；水位计应灵敏可靠，不受孔壁附着水或孔内滴水的影响，水位计的导线应经常检测；仪表应定期进行检定。

5）流量和压力观测：压力达到预定值并保持稳定，流量观测工作应每隔 1～2min 进行 1 次，当流量无持续增大趋势，且 5 次流量读数中最大值与最小值之差小于最终值的 10%，或最大值与最小值之差小于 1L/min 时，即可结束本压力阶段的试验，将最终值作为计算值；将试段压力调整至新的预定值，重复上述的流量观测；5 个压力（$\times 10^5$ Pa）阶段试验全部结束后，就完成了试段的压水试验。

4. 资料整理

（1）校核原始资料，绘制 p-Q 曲线并确定类型；p-Q 曲线类型分为 A（层流）型、B

（紊流）型、C（扩张）型、D（冲蚀）型、E（充填）型 5 类，曲线类型及特点见图 4.2-25。

（2）计算岩体透水率：按照式（4.2-10）进行计算。

（3）当遇透水性较强的断层破碎带、剪切破碎带、节理密集带、喀斯特破碎带、喀斯特洞等试段，缩短试段后升高压力仍然较困难时，尽量做 1 个压力（10^5Pa）阶段的压水试验，并按式（4.2-10）计算岩体透水率。

$$q = \frac{Q_3}{L \times p_3} \tag{4.2-10}$$

式中：q 为岩体透水率，Lu，取两位有效数字；Q_3 为第三压力阶段的流量值，L/min；L 为试段长度，m；p_3 为第三压力阶段的全压力值，MPa。

类型名称	层流型(A型)	紊流型(B型)	扩张型(C型)	冲蚀型(D型)	充填型(E型)
p-Q 曲线	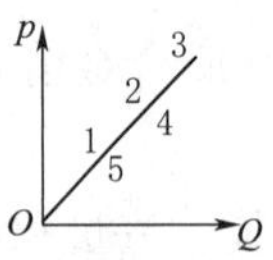	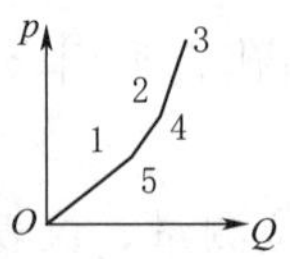	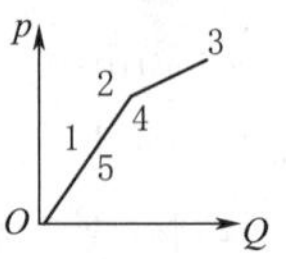	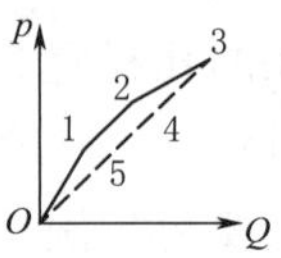	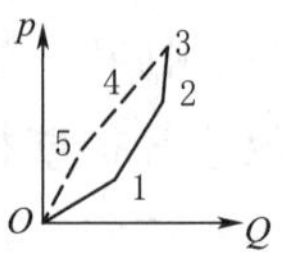
曲线特点	升压曲线为通过原点的直线，降压曲线与升压曲线基本重合	升压曲线凸向 Q 轴，降压曲线与升压曲线基本重合	升压曲线凸向 p 轴，降压曲线与升压曲线基本重合	升压曲线凸向 p 轴，降压曲线与升压曲线不重合，呈顺时针环状	升压曲线凸向 Q 轴，降压曲线与升压曲线不重合，呈逆时针环状

图 4.2-25　p-Q 曲线类型及曲线特点图

4.2.4.3　钻孔注水试验

钻孔注水试验是指通过钻孔向试段内注水，观测水量、时间、水位的相关参数，确定岩土层渗透系数的一种原位渗透试验。按照岩土层的渗透性分为钻孔常水头注水试验、钻孔降水头注水试验。钻孔常水头注水试验主要适用于渗透性较大土层（如粉土、砂土、砂卵砾石等），或不能进行压水试验的风化破碎带、断层破碎带、剪切破碎带、喀斯特破碎带等透水性较强的岩体。钻孔降水头注水试验主要适用于地下水位以下渗透性较小土层（如粉土、黏土等），或透水性较弱的岩体。

1. 钻孔常水头注水试验

（1）试段造孔不应使用泥浆钻进，孔底沉淀物厚度不应大于 10cm，应防止试段岩土层被扰动。

（2）注水试验前应进行孔内水位观测，每隔 5min 观测 1 次，当水位变幅连续 2 次小于 10cm/min 时即可结束，最后一次观测值为地下水位计算值。

（3）试段可采用栓塞或套管脚黏土等止水方法。

（4）对孔壁稳定性差的试段宜采用花管护壁。

（5）均一岩土层，试段长度不宜大于 5m，同一试段不宜跨透水性相差较大的两种岩土层。

（6）试段隔离后，应向管内注入清水，使水位高出地下水位一定高度或至孔口并保持不变，记录注入水量。

（7）每隔5min记录1次水量，连续5次；之后，每隔20min记录1次水量，至少连续6次；当连续2次注入水量之差不大于最后注入水量的10%，即可结束试验，最后注入流量为计算值。

（8）绘制流量（Q）与时间（t）关系曲线。

（9）计算渗透系数：根据地下水位与试段的位置关系，选择不同的公式计算。

2.钻孔降水头注水试验

（1）试段造孔、地下水位观测、试段止水、孔壁护壁、试段长度等与钻孔降水头注水试验一致。

（2）试段隔离后，应向管内注入清水，使水位高出地下水位一定高度或至孔口作为初始水头值，停止供水，记录管内水位随时间变化的情况。

（3）管内水位每隔1min记录1次，连续5次；之后，每隔10min记录1次，连续3次；后期，可按每隔30min记录1次。

（4）在半对数坐标纸上绘制水头比 $[\ln(H_t/H_0)]$ 与时间（t）关系曲线，当结果不呈直线时，应检查并重新试验。

（5）当试验水头下降到初始试验水头的0.3倍或连续记录数据达10个以上时，即可结束试验。

（6）计算渗透系数：选择不同的公式计算渗透系数。

4.2.5　连通试验

连通试验是指利用地下水天然露头或人工揭露点投放指示剂或抽、排、封堵地下水等方法，探查喀斯特管道、通道的连通状况及地下水流向、流速。通过试验可以了解喀斯特管道、通道的平面位置、延伸方向、形态特征、地下水流状态、地下水流速和流向，了解喀斯特地下水与大气降水、地表水的补给、排泄关系，为处理喀斯特管道、通道渗漏提供依据。连通试验必须在工程地质、水文地质测绘或勘探的基础上，根据水文地质条件，选择有代表性的喀斯特通道进行，试验段位置通常选择在伏流进口或中段喀斯特天窗、地下水低槽区的钻孔中。试验方法根据喀斯特通道的形态、发育规模、连通程度、洞内有无常年水流、流量大小、流速快慢、试验长度等条件综合选定，有指示剂法、水压传递法、遥控引爆法、烟雾法等4类常用的方法。

（1）指示剂法。指示剂法是指在伏流进口或喀斯特天窗、或钻孔中投放指示剂，通过水流携带，探查地下水运动途径和连通情况的试验方法；此法适用于喀斯特通道内有水流运动的地段，在我国喀斯特地区的水利水电工程地质勘察工作中取得了很好的应用效果。性能稳定、易溶于水、与围岩不发生化学反应、不易被岩石吸附、无环境污染等是选择指示剂的应遵循的基本原则，主要有染料（酸性大红、荧光素钠等）、化学试剂（NaCl、$CaCl_2$、NH_4Cl、$NaNO_2$、$NaNO_3$等）、植物制品（石松孢子等）、微生物（酵母菌等）、同位素（^2H、^3H、^{13}C、^{15}N、^{160}Co、^{198}Au等）等指示剂。染料容易污染环境；稳定同位素（^2H、^{13}C、^{15}N等）需要专门仪器检测，费时费钱；放射性同位素（^3H、^{160}Co、^{198}Au等）的毒性问题严重，污染环境；而食盐、石松孢子等是最合理、最环保、最低费用的指示剂，在连通试验中广泛使用。

钻孔示踪试验是指示剂法的一种方法，在钻孔含水层中投放指示剂，借助于下游的井、孔、泉、平洞等进行监测和取样分析，研究地下水运移过程的试验方法，可以确定地下水流速、流向和运动途径，是水利水电工程喀斯特及水文地质勘察中常用手段，适用于喀斯特裂隙、管道、通道等含（透）水介质的含（透）水层。指示剂可采用食盐、植物制品（石松孢子）；石松孢子俗称石松粉，属蕨类植物门石松纲石松目石松科。石松粉为黄色粉末，透明，密度为 $1.05\sim1.09\text{kg/L}$，与水的密度接近，能在水中悬浮流动，接近于实际流速，直径在 $30\sim40\mu\text{m}$ 之间，形状特殊，在 $15\sim20$ 倍的放大镜下能辨清颗粒，在 200 倍偏光显微镜下能识别个数。例如，在文山州德厚水库勘察中使用石松粉进行连通试验，为了查明德厚水库咪哩河库区右岸荣华—罗世鲊的渗漏通道、地下水补给径流排泄关系、地下水流速和流向，在咪哩河右岸 ZK2 钻孔中投放石松粉，并对盘龙河右岸 2 个泉水（S1、S2）取水样，室内进行孢子数量的检测工作，获得孢子个数-时间的过程曲线，从而判别流向、计算地下水流速；在 S1、S2 泉水样品中检测出孢子数量，历时约 10d，计算地下水平均流速约 620m/d，说明咪哩河右岸灰岩、白云岩地下水与盘龙河右岸灰岩、白云岩地下水（泉水）为同一喀斯特水系，咪哩河右岸地下水接受大气降水或咪哩河河水补给，经喀斯特裂隙、管道或通道等含水介质向东径流，在盘龙河右岸排泄；采用石松粉作为钻孔示踪试验的指示剂，具有效果好、环保、简便、经济的特点，达到了示踪试验的预期目的。

（2）水压传递法。此法是指利用喀斯特地区的落水洞、地下河（伏流、暗河）的进出口及天窗进行抽水、注水、放水、堵水等试验，将水位抬高或降低，观测周围水点的水位、水量、水化学成分的变化，探查喀斯特通道的连通情况及地下水文网情况的试验方法；适用于喀斯特发育强烈、连通性好的地区。

（3）遥控引爆法。此法是指采用特制的遥控引爆装置，投入喀斯特通道的流水之中，记录投入时间、地点，布设监测仪器，定时遥控起爆，通过仪器监测，获得地下水径流场资料的试验方法。

（4）烟雾法。此法是指利用烟雾随气流上升可以在喀斯特通道、管道、洞穴、宽大无充填喀斯特裂隙中自由运动的特点，探查喀斯特的相互连通情况的试验方法。

4.2.6 水质分析测试及地下水流速流向测试

4.2.6.1 地下水和地表水水质测试

对地下水（包括泉水）和地表水进行现场测试和室内试验，主要有：现场分析测试，水化学阴离子及阳离子、水化学微量元素、水化学同位素、水化学其他项目室内测试。

（1）现场分析测试的主要内容为水温、酸碱性（pH 值）、氧化还原电位（ORP）、氧分压、电导率、HCO_3^-、Ca^{2+}、NO_2^-、NO_3^-、NH_4^+、HDO、叶绿素、蓝绿藻、浊度等。

（2）水化学阴离子及阳离子室内测试的主要内容有阳离子、阴离子、溶解性固体总量（TDS）；其中阳离子为：K^+、Na^+、Ca^{2+}、Mg^{2+}、NH_4^+、Fe^{2+} 或 Fe^{3+} 等，阴离子为：Cl^-、SO_4^{2-}、HCO_3^-、F^-、NO_2^-、NO_3^- 等。

（3）水化学微量元素室内测试的主要内容为 Al、Cu、Pb、Zn、Cr、Ni、Co、Cd、

Mn、As、Hg、Se 等。

（4）水化学同位素室内测试的主要内容为氢同位素（δD）、氧同位素（$\delta^{18}O$）、氢放射性同位素（氚，^3H，用 T 代表）；自然界中氢以氕（^1H，稳定同位素）、氘（^2H，稳定同位素）、氚（^3H，放射性同位素）3 种同位素的形式存在，δD 值为 D/H 的比值（‰），D 为氘（^2H）的含量，H 为氕（^1H）的含量，以标准平均海洋水（SMOW）为标准；自然界中氧以 ^{16}O、^{17}O、^{18}O 3 种同位素的形式存在，$\delta^{18}O$ 值为 ^{18}O 的含量与 ^{16}O 的含量的比值，以标准平均海洋水（SMOW）为标准；氚的度量单位为 TU（相当于 1018 个氢原子中含有一个氚原子，亦相当于 1L 水中每分钟有 7.2 次蜕变）。

（5）水化学其他项目室内测试的主要内容为 SiO_2、固形物、固定 CO_2、游离 CO_2、耗氧量（COD）、总硬度、总碱度、总酸度、永久硬度、暂时硬度、负硬度等。例如，德厚水库取样 66 组（地表水及地下水）进行水质分析测试，包括现场分析测试、室内分析测试（阴离子及阳离子、微量元素、同位素、特殊项目等）。

4.2.6.2　地下水流速流向测试

利用地下水天然露头（泉水、暗河水、伏流水等）或勘探钻孔，通过观测和测试，确定地下水流速、流向，在喀斯特地区，通常在钻孔中进行地下水流速、流向的测试，常用的方法主要有等水位线法、指示剂法、充电法 3 类。

（1）等水位线法。利用地下水长期动态观测系统，观测各含水层的地下水位，绘制不同时期的等水位线图，确定各含水层的地下水流向。例如，咪哩河库区右岸荣华—罗世鲊以东布置了两条勘探线：一条勘探线沿地表分水岭布置，另一条勘探线沿防渗处理方案布置，通过钻孔地下水长期动态观测，绘制了地下水的等水位线图，确定了地下水的流向为向东径流，为喀斯特裂隙、管道或通道等双重或三重含水介质，在盘龙河右岸排泄（S1、S2 泉水）。

（2）指示剂法。在已知地下水流向的条件下，沿地下水流向布置 2 个钻孔，在上游孔投放指示剂（指示剂选择原则与连通试验相同），下游孔为指示剂浓度变化观测孔，2 孔距离根据喀斯特岩体的渗透性而定。根据指示剂浓度的峰值出现时间确定指示剂在两孔间的运移时间，计算两孔间地下水的流速。

（3）充电法。将食盐（或其他电解质）投入钻孔中，盐被地下水溶解并形成良导性的盐水体，对盐水体进行充电，在地面以钻孔为中心布置夹角为 45°的辐射状射线，按一定的时间间隔追索等位线，呈椭圆状的盐液中心与初始状态的等位线中心联系确定地下水流向；通过单位时间内两等位线中心的位移量计算地下水流速。也可采用向量法观测，首先测出一定时间内等位点在测线上向外伸长的距离，用矢量作图方法求出伸长的最大方向，即为地下水流向；通过伸长距离与时间的关系，计算地下水流速。

4.2.7　地表水及地下水观测

在喀斯特水库渗漏勘察中，对地表水（河流水、冲沟水）及地下水（泉水、钻孔水）的水位、水量、水温、水质等进行观测是主要的勘察手段、方法，根据观测时间的长短或延续性分为简易观测和长期动态观测 2 类。常见是对钻孔地下水的观测，主要的观测工具有测钟、测绳、电阻式双线钻孔水位计、钻孔水文地质综合测试仪、半导体灯显式水位仪等。其中测钟、测绳操作最简单，适用于任何孔深水位观测，虽然精度稍低，但能满足规程、规范的要求。

4.2.7.1 钻孔水位简易观测

钻孔水位简易观测一般包括钻孔初见水位、终孔水位和稳定水位观测。

（1）初见水位：钻进过程中发现水位后，应立即进行初见水位观测；钻进过程中，在钻探交接班时的提钻后、下钻前各观测1次地下水位。

（2）终孔水位：钻进完成后，提出孔内残存水后，每30min观测水位1次，直到两次连续观测水位的差值不大于2cm，才能停止观测，最后一次的观测水位即为终孔水位。

（3）稳定水位：每30min观测水位1次，连续观测4次以上，直到后4次连续观测水位的变幅不大于2cm，才能停止观测，最后一次的观测水位即为稳定水位。

（4）多层水位：当钻孔有两层或以上含水层时，应用栓塞隔断，观测各含水层地下水位。例如，德厚水库左岸德厚河与稼依河地形分水岭的钻孔（ZK40）水位就是两层地下水位，高差约112.88m，上部为砂岩裂隙水（高程为1460.90m），下部为灰岩喀斯特水（高程为1348.02m），见图4.2-26。

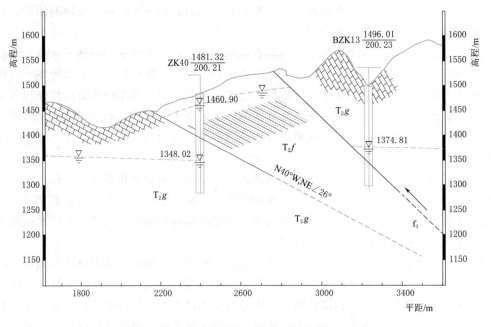

图4.2-26 砂岩裂隙水与灰岩喀斯特水示意图

因为喀斯特发育的选择性、受控性和继承性，从而导致喀斯特发育具有不均匀性，因此，喀斯特地区钻孔的水位不一定是真正的地下水位。当喀斯特不发育，岩体完整性较好时，钻孔无地下水补给，钻孔中的水位多为钻进残留水，不一定是真正的地下水位，测得的地下水位为假水位。例如，德厚水库近坝左岸、近坝右岸的钻孔终孔后观测了水位，第二年及以后，钻孔一直为干孔，说明终孔测得的水位不是地下水位，而是假水位。

近坝左岸JZK02孔2007年9月6日测得水位为1348.84m，高于德厚河河水位

（1322.37m）26.47m，一年后干涸；而右侧 BZK08 孔 2015 年 5 月 15 日测得地下水位为 1321.46m，低于德厚河河水位 0.91m，见图 4.2-27；前者高于后者 27.38m，前者为假水位。

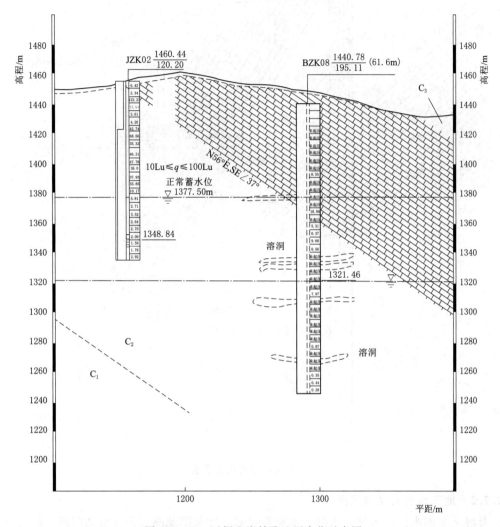

图 4.2-27　近坝左岸钻孔地下水位示意图

近坝右岸 ZK36 孔 2009 年 5 月 1 日测得水位为 1341.62m，高于德厚河河水位（1322.37m）19.25m，一年后干涸；左侧 BZK28 孔 2014 年 5 月 1 日测得地下水位为 1321.30m，低于德厚河河水位 1.07m，见图 4.2-28；右侧 CZK03 孔 2014 年 9 月 26 日测得地下水位为 1313.30m，低于德厚河河水位 9.07m，见图 4.2-28；BZK28、CZK03 孔为辉绿岩与玄武岩之间的灰岩地下水，与坝址德厚河无水力联系，ZK36 孔水位为假水位。在喀斯特地区，首先要分析地下水的最低排泄面高程，钻孔深度要进入排泄面以下不小于 10m；其次，钻孔结束后，采用注水或提水等方式，测试地下水的敏感性，验证喀斯特地下水位是否可靠。

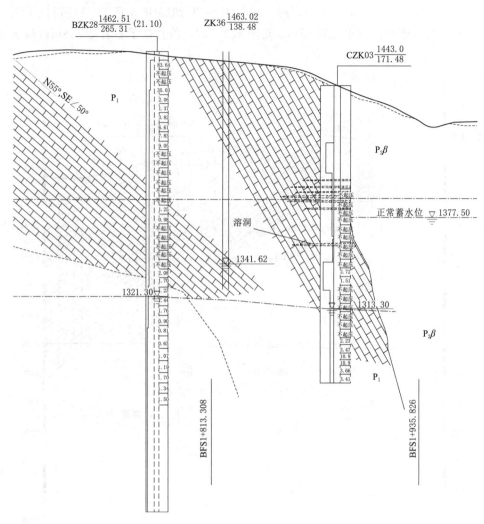

图 4.2-28 近坝右岸钻孔地下水位示意图

4.2.7.2 地下水长期动态观测

对地下水的水位、水量、水温、水质等要素进行长期观测，并分析随时间、降雨量的变化而变化的规律，观测成果是喀斯特地区勘察的重要基础资料，通过地下水动态分析研究，有助于查明补给来源、地下水与地表水的联系、不同含水层之间的水力联系，对水库渗漏、坝基及绕坝渗漏、渗流稳定、渗控设计等方面的评价与研究有指导作用和决定性作用。

地下水长期动态观测是研究地下水动态变化规律的主要方法，通常情况下是建立地下水动态观测站网，以点、线、面相结合的方式进行布设。喀斯特水库的勘察中，观测点应利用井点、泉水点、钻孔、平洞，必要时布置专门的钻孔，还需同时观测喀斯特地区的降雨量、气温、蒸发量及地表水体的水位、水质、水温；地下水长期动态观测线的布置，岸坡地段分别由垂直和平行河流流向的观测线组成；远离河流的地段，由分别平行和垂直地下水流向，或垂直和平行分水岭的观测线组成。例如，德厚河左岸与稼依河右岸的河间地块，由垂直和平行分水岭的观测线组成，平行水流方向布置了 4 条观测线，垂直水流方向布置了 1 条观测线；咪哩河右岸与盘龙河右岸河间地块，由垂直和平行分水岭的观测线组成，平行水流方向布置了 6 条观测线；垂直水流方向布置 2 条观测线，一条为地表分水岭线，另一条为防渗方案轴线。近坝左岸平行水流方向布置 1 条观测线；近坝右岸平行水流方向布置 1 条观测线、垂直水流方向布置 2 条观测线。

地下水长期动态观测网点疏密及布置形式取决于喀斯特地下动力类型和喀斯特发育程度，补给型水动力类型的喀斯特地区观测网点较稀、观测线较少，排泄型、补排交替型、悬托型水动力类型的喀斯特地区观测网点较密、观测线较多；喀斯特发育弱的地区观测网点较稀、观测线较少，喀斯特发育强烈的地区观测网点较密、观测线较多。地下水长期动态观测的时间间隔取决于降水量的大小，雨季一般每 15d 观测 1 次，枯季一般每 30d 观测 1 次；水位、水温一般同时观测，水质观测视需要确定；每次观测钻孔水位应重复两次，两次观测值之差不宜大于 2cm。地下水长期动态观测一般从水库勘察期就进行观测，水库施工期连续观测不间断，水库运行期（正常蓄水位条件下）至少观测 1 个完整水文年，如有需要，部分观测孔可作为运行期的监测孔（不满足监测要求的进行改造）。地下水长期动态观测资料整理，包括原始资料的校核、观测资料的整理和分析；观测资料的整理包括绘制各要素的过程线、分布图、关系曲线、特征值统计等；观测资料的分析包括各要素的时间、空间变化规律，特征值的规律和相互间的关系，要素变化的稳定性和趋势值，降雨量与各要素的关系等。例如，德厚水库对 47 个钻孔进行地下水位、降雨量的长期观测，观测起于 2008 年（勘察期），止于 2022 年（2021 年 9 月水库蓄水至正常库水位，运行超过 1 年），最长达 15 年，一般钻孔水位观测时间为 5～10 年（部分钻孔堵塞无法观测），最短观测时间 1 年（例如，JZK02 孔变为干孔），积累了大量的地下水动态监测资料。

4.2.8　喀斯特水文地质分析方法

根据喀斯特动力系统理论和喀斯特发育机理，分析喀斯特发育规律和特征；根据喀斯特水系统理论，分析喀斯特水的结构场、动力场、化学场、温度场、同位素场等。喀斯特水文地质分析方法主要有喀斯特地貌和水文网演化分析法、喀斯特地下水均衡分析法、喀斯特地下水指示剂分析法、喀斯特水系统分析法 4 大类。喀斯特水系统分析法又分为结构场分析法、动力场分析法、化学场分析法、温度场分析法、同位素场分析法 5 个小类。

4.2.8.1　喀斯特地貌和水文网演化分析法

喀斯特地貌和水文网是指地壳表层在各种地质因素的综合作用下，在漫长的地质时期演变的产物，有内因和外因两种地质因素。内因中岩性及层组类型、地质构造、新构造运动等影响喀斯特发育深度、规模、方向和河谷区水文网演变；外因中的喀斯特作用不仅形成了各种独特的喀斯特形态，塑造了喀斯特地貌景观，对地表及地下水系的发育和演化起到了控制作用。根据喀斯特地貌和水文网的发育和演化过程，分析喀斯特发育规律，利用喀斯特地貌和水文网对喀斯特分布规律及其与喀斯特地下水相关关系的分析方法称之为喀斯特地貌和水文网演化分析法。

根据大型的喀斯特洼地、落水洞、喀斯特谷地等喀斯特形态的分布位置及方向，可以分析地下喀斯特管道或通道的走向；根据大量钙华等析出物的堆积，可以分析喀斯特地下水的排泄区域；根据喀斯特地貌形态和空间分布特征，结合河谷及地貌演化过程，可以分析地下喀斯特管道或通道的空间分布、地下水位等。其分析方法主要有地貌遥感分析法、喀斯特形态及组合特征分析法、水文网演化分析法等 3 种。

（1）地貌遥感分析法。地貌遥感分析法是指根据碳酸盐岩和碎屑岩的不同波谱特征，利用遥感影像、三维地理信息模型和遥感地质解译软件，对碳酸盐岩分布区进行遥感分析的方法。遥感地质解译工作包括以下 6 个内容：

1）获取遥感信息。

2）处理遥感信息。

3）遥感影像解译，在野外选取典型的碳酸盐岩（灰岩、白云岩、泥灰岩等）作为观测点，利用全球卫星导航系统（GNSS）测量经纬度或坐标，根据相应的波谱特征参数，由计算机自动识别后得到初步解译结果。

4）岩性及层组类型的解译标志：①碳酸盐岩的图像呈带状或环状图形，表现为"花生壳"特征，单色图片的色调为深灰色；②碎屑岩呈栅状或鳞片状特征，单色图片的色调为浅灰色。

5）地貌解译标志：①喀斯特区地貌因地形陡峻而起伏较大，图像上为密集而复杂的岛状；②碎屑岩区地貌因地形浑圆而舒缓。

6）野外验证。

（2）喀斯特形态及组合特征分析法。喀斯特形态及组合特征分析法是指利用喀斯特形态及其组合特征研究喀斯特发育规律的分析方法。喀斯特地貌是地下水与地表水对碳酸盐岩的溶蚀与沉淀，侵蚀与沉积，以及重力崩塌、坍塌、堆积等喀斯特作用而形成的地貌，是喀斯特个体形态及其组合特征的具体表现。喀斯特个体形态主要有石牙、喀斯特沟、喀斯特裂隙、喀斯特缝、喀斯特孔、落水洞、天坑、漏斗、喀斯特洼地、喀斯特洞穴（地表及地下）、喀斯特天窗（竖井）、天生桥、喀斯特管道、通道（暗河、伏流）、洞穴堆积物等；喀斯特地貌主要有喀斯特槽谷、喀斯特盆地、喀斯特平原、喀斯特准平原、喀斯特夷平面、盲谷、干谷、喀斯特嶂谷、喀斯特湖、峰丛、峰林、孤峰、喀斯特丘陵、喀斯特高原等。喀斯特形态及组合特征分析法主要有喀斯特形态特征分析、喀斯特地貌综合分析两种方法。喀斯特形态特征分析法：统计喀斯特形态发育频率和规模（例如面积喀斯特率、线喀斯特率、洼地发育频率、洞穴发育率及体积率等），分析和研究喀斯特发育程度；喀斯特地貌综合分析法：根据喀斯特洼地及谷地在平面上的分布特征、高程，分析和研究深部主要喀斯特管道或通道的发育方向。

1）喀斯特形态特征分析法。对各种喀斯特形态的发育地层岩性、类型、空间分布情况等进行统计分析，划分喀斯特发育程度；根据不同层组类型的不同喀斯特形态发育频率、体积率和面积率，不同高程的不同喀斯特形态发育频率，分析和研究不同时期喀斯特发育特点、后期演化特征、现代主要喀斯特管道或通道的规模及分布、喀斯特发育深度等内容。

2）喀斯特地貌综合分析法。根据喀斯特地貌特征，分析和研究喀斯特地下水系统的补给区、径流区和排泄区，初步分析主要喀斯特洞、管道或通道的分布、喀斯特水系统的地下水流态。补给区地下水以垂直运动为主，主要为峰丛洼地、喀斯特丘陵洼地等喀斯特地貌和喀斯特沟槽、竖井、小型喀斯特洼地等喀斯特个体形态。径流区地下水既有水平运动，又有垂直运动，逐步形成地下水汇集通道，主要为峰丛谷地、喀斯特丘陵谷地等喀斯特地貌和大型洼地、落水洞、天坑、天窗等喀斯特个体形态，喀斯特个体形态沿喀斯特管道或通道的走向呈定向排列。排泄区为地下水的最低排泄面，地下水以水平运动为主，河谷两岸发育早期地下水排泄出口的残留洞穴或管道或通道，并与河谷阶地相对应而成层分布，在没有隔水层的条件下，现代喀斯特管道的出口一般位于河水面以下。

（3）水文网演化分析法。水文网演化分析法是指根据地形、地层岩性、地质构造、新构造运动，研究地表水及地下水系统的发育条件、变迁过程，研究地下水排泄面的变迁、水文网演化过程的分析方法。该法主要有喀斯特发育深度分析、喀斯特发育差异性分析、喀斯特水系统分析3种方法。新构造运动对地下水排泄基准面的变化产生影响，地壳隆起，地表水、地下水系统获得势能，从而产生垂直方向的喀斯特作用；地壳相对稳定时期，排泄基准面相对稳定，从而产生水平、垂直方向的喀斯特作用，与阶地相对应的洞穴、管道或通道是早期喀斯特地下水系统的排泄基准面，正是水平、垂直方向的喀斯特作用，使得喀斯特发育有继承性的特点。

1）喀斯特发育深度分析。根据河床两岸喀斯特泉水、暗河、伏流的分布情况，分析研究地下水最低排泄面，喀斯特发育深度受地下水循环深度、地质构造、隔水层分布的控制；根据河谷地下水水文网的特点，由分水岭到河谷，地下水流方向特点为先向下、再接近水平、后向上，流线密度从分水岭到河谷排泄区越来越密，径流不断变强，靠近河谷排泄区，水平循环带的喀斯特发育深度加大。虹吸循环带的喀斯特发育程度特点：深部喀斯特上带＞深部喀斯特中带＞深部喀斯特下带，随深度增加，喀斯特发育程度减弱。

德厚水库近坝左岸灰岩枯季最低水位为1320.90～1322.80m，低于德厚河河水位（1322.37m）0.43～1.47m，地下水呈"倒虹吸"形式运动；雨季最高水位为1323.40～1327.60m，高于德厚河河水位1.03～5.23m，地下水补给河水，水力比降0.32%～0.80%，地下水为补给型喀斯特水动力类型；深部喀斯特上带喀斯特洞数量占100%，中带、下带未揭露喀斯特洞。德厚水库近坝右岸，河床与辉绿岩之间的灰岩枯季最低水位为1320.90～1322.20m，低于德厚河河水位（1322.37m）0.17～1.47m，地下水呈"倒虹吸"形式运动；雨季最高水位为1322.10～1324.60m，高于德厚河河水位－0.17～2.23m，地下水补给河水，水力比降最大约2.65%，地下水为补给型喀斯特水动力类型；辉绿岩与玄武岩之间灰岩最低地下水位为1308.00m，低于坝址德厚河河水位约14.37m，低于坝址下游灰岩与玄武岩分界线河水位（1314.60m）约6.60m，地下水接受降雨和咪哩河河水（1320m）补给，呈"倒虹吸"形式运动，为排泄型喀斯特水动力类型；深部喀斯特上带喀斯特洞数量占68.5%，中带占31.5%，下带基本未揭露喀斯特洞。德厚水库咪哩河库区，地下水为补排交替型喀斯特水动力类型，深部喀斯特上带喀斯特洞数量占88.6%，中带占11.4%，下带未揭露喀斯特洞。

据多数水利水电工程统计资料，喀斯特发育深度一般为深部循环带中带的底界（河水位以下约120m），少数为深部循环带下带的底界（河水位以下约200m）；如果地质构造

（断层）发育，则会更深。例如，乌江渡水电站坝址约为河水位以下 220m，万家寨水利枢纽工程坝址约为河水位以下 470m。

2）喀斯特发育差异性分析。喀斯特水系统的补给区、径流区、排泄区因地下水流态不同，喀斯特发育具有差异性特点。地下水补给区，地表水及地下水以垂直运动为主，喀斯特形态多为喀斯特沟、槽及洼地，一般规模较小、频率较高，垂直渗流带的喀斯特发育，水平循环带及虹吸循环带喀斯特不发育。地下水径流区地下水既有水平运动、又有垂直运动，喀斯特形态既有落水洞及洼地、也有喀斯特管道或通道，垂直渗流带、水平循环带的喀斯特发育，虹吸循环带喀斯特不发育。地下水排泄区地下水以水平运动为主，喀斯特形态多为喀斯特洞、管道或通道，不同时期的喀斯特有成层分布的特点，一般规模较大，水平循环带、虹吸循环带喀斯特发育。

3）喀斯特水系统分析。喀斯特水系统分析是指根据喀斯特含水介质、水流特征进行分析的方法，喀斯特水系统主要有喀斯特裂隙泉水系统、喀斯特管道泉水系统、地下河系统 3 种类型。喀斯特裂隙泉水系统是指以喀斯特裂隙为主的喀斯特含水层中集中出露的泉水，补给范围为泉域，泉域内基本没有洼地、漏斗、槽谷、落水洞等负地形；多为降雨及地表水沿喀斯特裂隙入渗补给，含水介质为喀斯特裂隙，地下水流多为层流，地下水流速一般小于 50m/d，最大流量是最小流量的 1.5～10 倍。喀斯特管道泉水系统是指以喀斯特裂隙、喀斯特管道为主的喀斯特含水层集中出露的泉水，补给范围为泉域；多为降雨及地表水沿喀斯特裂隙入渗补给，而管道系统是地下水汇流、蓄水构造中地下水的主要通道；含水介质为喀斯特裂隙及喀斯特管道，裂隙水流多为层流，管道水流多为紊流，雨季多为有压状态。地下河系统是由地下河（暗河、伏流）的干流及其支流组成的具有统一边界条件和汇水范围的喀斯特水系统，主要含水介质为喀斯特管道、通道，管道多为紊流；通道多为无压渠道流状态，洪水期部分河段为有压状态，具有河床、阶地、冲积层等河流特征，也有跌水、瀑布等现象，地下河发育的动力主要为侵蚀作用及重力崩塌作用；地下河通道多呈峡谷状、大厅状，在地表可见大型洼地、天窗、竖井、天坑等喀斯特形态；地下河在地表有流域（例如伏流进口以上的流域），在地下形成地下水文网，其支流为次级地下河，也有喀斯特裂隙水、喀斯特管道水汇流，除洪水期外，地下河为最低排泄基准面，也是喀斯特含水层最低的地下水位。

4.2.8.2　喀斯特地下水均衡分析法

喀斯特地下水均衡分析法是指在喀斯特水系统内，对地下水的流入量与流出量在一定时间内的相互关系进行分析的方法。对于一个喀斯特水系统，一定时间段地下水的补给量、储存量等之间的数量变化可用公式（4.2-11）表达：

$$N + K + \sum Y_1 + \sum Q_1 = V + \sum Y_2 + \sum Q_2 \pm D \qquad (4.2-11)$$

式中：N 为大气降雨量；K 为喀斯特裂隙中凝结水量；$\sum Y_1$ 为地表水流入量；$\sum Q_1$ 为地下水流入量；V 为蒸发量；$\sum Y_2$ 为地表水流出量；$\sum Q_2$ 为地下水流出量；D 为地下水储量变化值。

对于一个闭塞的喀斯特盆地，可用公式（4.2-12）表达：

$$N = V + Y + Q \pm D \qquad (4.2-12)$$

式中：N 为大气降雨量；Y 为地表水径流量；V 为蒸发量；Q 为地下径流量；D 为地下

水储量变化值。

（1）均衡区及均衡期确定。每一个喀斯特泉水，是一个喀斯特水系统，由补给区、径流区、排泄区组成，所对应的地表面积，就是泉水的均衡区；喀斯特地区，可能存在地表分水岭与地下水分水岭不一致的情况，需要通过地表地质测绘、钻探、地下水观测等手段，分析喀斯特水系统的边界，确定喀斯特水系统的面积。一般用一个"水文年"作为一个均衡期。

（2）均衡区主要指标的确定。均衡区的主要指标包括降雨量（N）、汇水面积（A）、入渗系数（λ）、地下水径流模数（μ）、地表水径流量（Y）、地下水径流量（Q）等，需要在典型地区进行测试，取得相关计算参数。①入渗系数是指降雨入渗补给量与降雨量的比值，变化范围为 $0\sim1$ 之间，主要受降雨强度、喀斯特发育程度的影响；例如，德厚水库喀斯特强烈发育的地区 $\lambda=0.6\sim0.9$，喀斯特中等发育的地区 $\lambda=0.2\sim0.6$，喀斯特弱发育的地区 $\lambda=0.1\sim0.2$。②地下水径流模数是指喀斯特含水层中单位面积（$1km^2$）、单位时间（$1s$）内的地下水水量；例如，德厚水库的石灰岩地区 $\mu=10\sim20L/(s\cdot km^2)$，白云岩地区 $\mu=5\sim8L/(s\cdot km^2)$。③对降雨量、蒸发量、地表水径流量、地下水径流量进行长期观测，取得可靠数据。

（3）水量均衡计算。对于一个喀斯特水系统，一定时期内降雨补给量（Q_1）与地下水排泄量（Q_2）或地下水径流量（Q_3）基本一致，用式（4.2-13）~式（4.2-16）表达：

$$Q_1=Q_2=Q_3 \tag{4.2-13}$$

$$Q_1=N\times A\times\lambda \tag{4.2-14}$$

$$Q_2=\sum Q_{2i} \tag{4.2-15}$$

$$Q_3=A\times\mu \tag{4.2-16}$$

式中：Q_{2i} 为一定时间段稳定的流量与时间之积。

4.2.8.3 喀斯特地下水指示剂分析法

喀斯特地下水指示剂分析法是指在伏流进口、天窗、钻孔等投放指示剂，对喀斯特管道或通道埋藏情况及空间形态、喀斯特水系统地下水的补给、径流、排泄条件进行分析的方法。能直观反映地下水运动状态，并获得地下水流速和流向等水文地质参数。指示剂应满足以下条件：①性质稳定，在地下水环境中不易与岩土介质、水介质的离子和分子发生化学反应；②易溶于水，与地下水同步运动，较小浓度时不能显著改变水的密度；③无毒无害，对人体、动植物无直接损害，无长期的隐形不良作用；④指示剂背景值低，波动小；⑤指示剂成本低；⑥检测方法简单，灵敏度高，能进行现场检测。

4.2.8.4 喀斯特水系统分析法

喀斯特水系统是指有相对固定的边界、汇流范围、蓄积空间，具有独立的补给、径流、排泄关系和统一的水力联系的水文地质单元。喀斯特水系统是喀斯特系统中最活跃、最积极的地下水流系统，具有强大的"三水"转化功能，与地表水联系密切；也是具有四维性质的水流与能量系统，具有一定的空间展布形态和边界，随时间变化，可以再生或消亡。喀斯特水系统与其他地下水系统的交集就是喀斯特水系统的边界，喀斯特水和喀斯特空间系统是喀斯特水系统的物质组成，决定了喀斯特水系统的结构状态，喀斯特水的动力状态、化学成分、温度、同位素的变化形成水动力场、水化学场、水温度场、水同位素场，具有各自的能量。因此喀斯特水系统不仅是物质体系，也是一个能量体系。喀斯特水系统由边界系统、含水层系统和地下水流系统组成，是时空四维系统。

喀斯特水系统分析法是指应用喀斯特水的系统理论，根据喀斯特水文地质中的结构场、水动力场、水化学场、水温度场、水同位素场等资料和信息，研究他们之间的内在联系，分析喀斯特发育与发展的时空变化，演绎出地下水补给、径流、排泄关系的分析方法。往往以伏流、暗河、喀斯特大泉等地下水系统为主线进行分析，分为喀斯特水系统的结构场分析法、水动力场分析法、水化学场分析法、水温度场分析法、水同位素场分析法。

（1）喀斯特水系统的结构场分析法。喀斯特水系统的结构场分析法是指根据地形地貌、地层岩性及层组类型、地质构造、喀斯特形态，研究系统的边界、含水介质和蓄水构造的分析方法，结构场是喀斯特水系统的重要组成部分。

1）喀斯特水系统边界。主要有地表分水岭边界、地下水分水岭边界、隔水层（岩层、断层）边界等。地表分水岭边界是指系统内非喀斯特供水区的地表分水岭，是喀斯特含水层的外源水补给区，大气降水形成地表径流后，流入喀斯特区而入渗地下，补给喀斯特含水层，多位于系统的上游。地下水分水岭边界是指相邻两个喀斯特水系统为同一含水层组，但地下水分别流向不同的排泄基准面或泉水口，构成不同的排泄面或泉域，之间必有地下水分水岭。地下水位高于两侧排泄区或泉水口，一般通过钻孔水位长期观测或连通试验、地下水流向探测等方法确定地下分水岭具体位置，地下水分水岭边界与地表分水岭边界可以重合，也可以不一致。隔水层边界是指有一定厚度的非碳酸盐岩（碎屑岩、岩浆岩、变质岩）、断层带构造岩、部分白云岩等可以构成（相对）隔水层边界，可以是喀斯特发育的边界和底界，也可以是地下河系统或喀斯特泉域的外围边界。

2）喀斯特水系统含水介质和蓄水构造。含水介质是指喀斯特地下水传输通道和储存空间，主要有孔隙介质（成岩孔隙）、结构面介质（节理、层面）、喀斯特介质（喀斯特孔洞、喀斯特裂隙、喀斯特洞及管道、通道）等类型，具有不均一性和各向异性的特点。喀斯特蓄水构造是喀斯特水系统的重要组成部分，地质构造控制了喀斯特含水层和喀斯特水系统边界的三维空间分布，也控制了喀斯特发育及地下水的运动和汇流，大的泉域或地下河流域往往由非碳酸盐岩间接补给区和碳酸盐岩补给区或者喀斯特蓄水构造汇流区组成。蓄水构造主要有：向斜、背斜、断块、断陷盆地等，多以相对隔水层为边界。

（2）喀斯特水系统的水动力场分析法。喀斯特水系统的水动力场分析法是指利用喀斯特水系统中地下水流的运动特征及水量、能量的时空变化规律的分析方法，水动力场是喀斯特水系统的重要组成部分。地下水分水岭地带为水文地质零通量带，地下水获得补给时，水位抬升，重力势能增加；地形高的补给区势能不断积累，而地形低洼区势能难以积累，因此，地形控制了重力势能的空间分布。补给区地下水流线自上而下，随着深度增加水头降低，任意一点的水头一般小于静水压力，除了释放势能以克服黏滞性摩擦阻力外，通过压缩水的体积，还将一部分势能以压能形式储存；径流区地下水流线接近水平，任意一点的水头一般等于静水压力，上游水头高于下游，仅释放势能克服黏滞性摩擦阻力；排泄区地下水流线上升，水头自下而上不断降低，任意一点的水头一般大于静水压力，通过水的体积膨胀，将压能释放而做功。

1）北方喀斯特泉域特点。其特点是温带半干旱—半湿润气候条件下形成的喀斯特裂隙泉水，水流系统由扩散流（分散的喀斯特裂隙）和强径流带（喀斯特作用较强的结构面）组成，前者主要起储水作用，后者主要起汇水及径流传输作用；地下水以层流为主，水力比降一般为 1‰～10‰，示踪试验表明，多数喀斯特泉域的流速一般为 5～50m/d。

2）南方喀斯特泉域和地下河特点。南方喀斯特泉域和地下河为亚热带—热带气候条件下形成的喀斯特裂隙-管道泉水系统和喀斯特地下河系统（喀斯特裂隙-管道-通道）。喀斯特裂隙水以层流为主，例如，德厚水库咪哩河库区发育隐伏喀斯特管道（GD2），岩性为灰岩，该管道发育方向主要受 f_9 断层控制，KⅡ167 孔地下水位为 1331.50m，低于咪哩河河水位约 33.50m；左侧 KⅡ147 孔地下水位为 1363.27m，相差 31.77m，距离 40m，水力比降为 79.43%；右侧 KⅡ183 孔地下水位为 1365.20m，相差 33.70m，距离 32m，水力比降为 105.31%。喀斯特管道水具压力管道流性质，以紊流为主，水力比降一般为 2%～10%，流速可达 300～600m/d。喀斯特通道（伏流、暗河等），枯季及一般降雨的运动形式为自由水面的渠道流，水力比降一般为 0.5%～2%，流速可达 500～1000m/d。例如，德厚水库咪哩河库区发育隐伏喀斯特管道（GD2），该管道发育方向主要受 f_9 断层控制，根据 ZK2 钻孔连通试验，咪哩河右岸石灰岩地下水与盘龙河右岸 S1、S2 泉水为同一喀斯特水系统，ZK2 钻孔最低水位为 1342.00m，S1、S2 泉水高程为 1300.00m，相差 42m，距离约 6200m，水力比降为 0.68%，地下水平均流速约 620m/d。喀斯特通道暴雨或大暴雨时多具压力管道流性质，以紊流为主，流速增大，一般为 1000～4320m/d，甚至更大。

3）喀斯特地下水动力场分类。根据河谷喀斯特发育程度、地下水运动特征和动力条件及排泄条件分为：①补给型：存在地下水分水岭，深部喀斯特不发育，地下水位高于河水位，河水接受地下水补给，地下水向河床排泄。②排泄型：河间地块不存在地下水分水岭，表层及深部喀斯特强烈发育，地下水位低于河水位，河水补给地下水，地下水向邻谷或下游排泄。③补排交替型：河间地块枯季不存在地下水分水岭、雨季存在地下水分水岭，表层及深部喀斯特发育；枯季地下水位低于河水位，河水补给地下水，地下水向邻谷或下游排泄；雨季地下水位高于河水位，河水接受地下水补给，地下水向河床排泄。④悬托型：河水被渗透性弱的冲积层悬托，表层及深部喀斯特发育，地下水深埋于河床之下，与河水无直接水力联系。

（3）喀斯特水系统的水化学场分析法。喀斯特水系统的水化学场分析法是指利用喀斯特地下水的水化学元素溶解、迁移、集聚与分散的规律及喀斯特含水层补给排泄规律的分析方法。水化学场是喀斯特水系统的重要组成部分，水化学场分析法是喀斯特水文地质调查工作中的重要方法，可以提供有关喀斯特含水层系统功能的重要信息（如水运移时间、滞留时间、非饱水带和饱水带的位置等），是喀斯特水系统水动力场分析方法的重要补充。水化学场分析方法可以确定不同区域地下水的溶解性固体总量，水化学成分是天然的示踪剂，从而提供有关喀斯特含水层的结构（含水介质、补给排泄关系、地下水分水岭位置等）和水动力（水流性质）信息；还可以根据喀斯特泉水和地下河（伏流、暗河）排泄水的可溶盐浓度、多年平均流量、含水层体积，估算喀斯特系统可溶盐迁出量及喀斯特化速度；还能通过水质研究判断是否存在污染及污染源，评价水质（如 NO_3^- 及 Cl^- 含量的变化）。

水化学主要成分。①硫酸根离子（SO_4^{2-}）：由于 SO_4^{2-} 与 Ca^{2+} 易形成 $CaSO_4$ 而沉淀，因此，天然水中 SO_4^{2-} 的含量与 Ca^{2+} 的含量有关；在低溶解性固体总量水中，每升中 SO_4^{2-} 的含量一般为 $1\sim100mg$；中等溶解性固体总量水中，是含量最多的阴离子；Ca^{2+} 的含量较少时，每升中 SO_4^{2-} 的含量一般为 $10mg$；SO_4^{2-} 的含量增大，地下水径流变慢，溶解性固体总量增大；SO_4^{2-} 在地下水中广泛分布，还来源于石膏或其他硫酸盐的溶解、含硫酸盐岩石的溶解；SO_4^{2-} 具有较强的迁移能力，但次于 Cl^-。②重碳酸根离子（HCO_3^-）：来源于碳酸盐岩的溶解、含碳酸盐岩石的溶解、含硅酸盐岩石的风化与溶解。③硝酸根离子（NO_3^-）：地下水中的含氮化合物为 NH_4^+、NO_2^-、NO_3^-，在有氧的浅部地下水中 NH_4^+、NO_2^- 不稳定，易形成 NO_3^-；每升中 NO_3^- 的含量一般仅 $1mg$。④氯离子（Cl^-）：在径流过程中，Cl^- 的含量只会增大而不会减小，随溶解性固体总量增大而增大，每升中 Cl^- 的含量一般为 $1\sim1000mg$，甚至达 $10g$，当有岩盐或含 Cl^- 的岩石、海水入侵区域、工业或生活污染时，含量会明显增大；Cl^- 在地下水中广泛分布，不会被植物和细菌摄取、不被土颗粒表明吸附、不会形成难溶化合物而析出，因此，具有很强的迁移能力。⑤钠离子和钾离子（Na^+、K^+）：两者化学活性相似，易被土壤和植物吸附，其中 K^+ 更易被吸附而含量更少；由于岩土及植物吸附作用，随着水溶解性固体总量增大，Na^+ 的含量增加一般慢于 Cl^- 含量的增加；水中 Na^+ 来源于含 Na^+ 硅酸盐的风化与溶解、岩盐的溶解、含盐化合物（岩盐、芒硝等）岩土的溶解、岩土中吸附的 Na^+ 被水中 Ca^{2+}、Mg^{2+} 交换；Na^+ 在所有盐类矿物中的溶解度较高，迁移能力很强。⑥钙离子和镁离子（Ca^{2+}、Mg^{2+}）：Ca^{2+} 是低溶解性固体总量水中的主要阳离子，每升中含量一般不超过 $i\times100mg$，随着溶解性固体总量的增大，Ca^{2+} 含量迅速减小；Ca^{2+} 来源于碳酸盐类岩石和沉积物及含石膏沉积物的溶解、岩浆岩及变质岩的风化与溶解、土壤吸附的 Ca^{2+} 在水渗透过程中而进入水中、阳离子交换；Mg^{2+} 来源于含 Mg^{2+} 的碳酸盐类岩石（白云质灰岩、灰质白云岩、白云岩）和沉积物的溶解、含 Mg^{2+} 的岩浆岩及变质岩的风化与溶解。⑦溶解性固体总量（TDS）：是指地下水中的各种离子、分子、化合物的总量，包括无机物和有机物，但不包括悬浮物和溶解气体；在同一喀斯特水系统中，在径流方向上溶解性固体总量逐渐增大，径流强度越大（水交替较快）溶解性固体总量越低，反之，径流强度越小（水交替较慢）溶解性固体总量越高。

雨水化学成分来源有两种途径：海水蒸发吸附和大气尘埃溶解（吸附）。雨水中化学成分较多，其中，Cl^- 只有海水吸附一种来源，因此，常用来作为分析海水对溶解性固体总量贡献的指标。图 4.2-29 表示西欧（荷兰）雨水 Cl^- 浓度从海岸向大陆渗入方向的变化，在海岸线附近，雨水 Cl^- 浓度高达 $30mg/L$，至距离海岸 $200\sim400km$ 处 Cl^- 浓度降至 $1\sim2mg/L$。例如，文山市马塘镇的雨水样品中 Cl^- 浓度为 $1.11mg/L$，与西欧内陆大致相同，显示海水起源物质贡献量微弱，雨水的化学成分主要来源大气尘埃溶解

（吸附）。

（4）喀斯特水系统的水温度场分析法。水温度场分析法是指研究喀斯特地下水的形成条件及水温度分布规律并判别喀斯特管道、通道的位置和方向的分析方法。地球内部的热量，通过对流、辐射等形式传导至地壳内形成不同性质的水温度场（水温场），根据导热微分方程和定解条件，可以确定地层中温度的分布（地温场）；水温场与地温场的温度，地壳浅部一般相差 $1\sim3℃$，地壳深部二者基本一致。地下水在温度场中通过对流和运移使温度升高，促进了碳酸岩盐的溶解作用；当饱和度相同而温度不同的两种地下水混合，其中一种水的温度会变低，分离出一

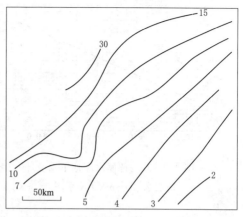

图 4.2 - 29　雨水 Cl^- 含量与
海岸线距离关系图
（据 Ridder，1978）

部分 CO_2，使得溶解量增加，加速对碳酸盐岩的溶蚀，产生"温度混合溶蚀作用"，利于喀斯特的发育。喀斯特地下水的水化学类型一般为重碳酸钙型，与盐热水（卤水）混合而产生混合溶蚀作用。由于喀斯特洞的存在，对水温场产生影响。

（5）喀斯特水系统的水同位素场分析法。水同位素场分析法是指利用喀斯特地下水中的放射性同位素（氚 ^3H 用 T 表示）、稳定同位素（氕 ^1H 用 H 表示，氘 ^2H 用 D 表示；氧用 ^{18}O、^{16}O 表示）的含量和分布规律，研究喀斯特地下水的年龄、深部喀斯特、喀斯特管道、通道（伏流、暗河）的位置和方向的分析方法。

自然界中氧以 ^{16}O、^{17}O、^{18}O 三种同位素的形式存在，相对丰度分别约为 99.756%、0.039%、0.205%，水中氧同位素组成用 $\delta^{18}O$ 表示，采用式（4.2 - 17）进行计算：

$$\delta^{18}O = \frac{^{18}O}{^{16}O} \times 1000\text{‰} \tag{4.2-17}$$

式中：$\delta^{18}O$ 为氧同位素值，‰，一般采用标准平均海洋水（V - SMOW）作为标准品，标准品为 0‰；^{18}O 为样品丰度值，％；^{16}O 为样品丰度值，％。

自然界中氢以 ^1H（氕，H）、^2H（氘，D）、^3H（氚，T）三种同位素的形式存在，相对丰度分别为约 99.985%、约 0.015%、小于 0.001%，水中氢同位素组成用 δD 表示，采用式（4.2 - 18）进行计算：

$$\delta D = \frac{D}{H} \times 1000\text{‰} \tag{4.2-18}$$

式中：δD 为氢同位素值，‰，一般采用标准平均海洋水（V - SMOW）作为标准品，标准品为 0‰；D 为样品氘的丰度值，％；H 为样品氕的丰度值，％。

绘制 δD - $\delta^{18}O$ 关系图，可以判别地下水的补给来源。例如，对德厚水库的大气降水（马塘镇）、地表水（河水）、重要喀斯特地下水出露点（喀斯特泉、地下河）的水样进行稳定同位素测试，将水样的 $\delta^{18}O$、δD 值绘制在 δD - $\delta^{18}O$ 关系坐标图上，见图 4.2 - 30。从图中可以看出，δD - $\delta^{18}O$ 的关系基本上构成一条直线，它表征着区内的地表水、地下水均

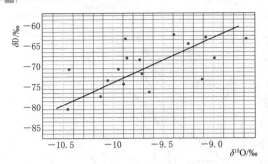

图 4.2 - 30　德厚水库地下水及
地表水 $\delta D - \delta^{18}O$ 关系图

属大气降水成因。

氢的放射性同位素为 ^3H（氚），原子量为普通氢的 3 倍，半衰期 12.5 年，蜕变时放出 β 射线后形成质量数为 3 的氦，含量用 TU 表示。德厚水库试验表明：①当试验值大于 5TU 时，喀斯特地下水属于现代大气降水补给，例如，雨水样品试验值为 9.97TU；一些泉水、地下河的地下径流时间短，例如，大龙洞地下河、牛腊冲右岸地下河、务路电站右岸泉等；②当试验值为 2～5TU 时，喀斯特地下水为当前大气降水补给与多年地下水混合后形成，地下径流时间较长、径流距离较长，例如，T_1y 喀斯特裂隙水（河尾子右岸田间泉、砒霜厂抽水泉）、路梯清水泉（S34）、C25 地下河（S19）等；③当试验值小于 2TU 时，喀斯特地下水为近代水，地下径流时间长、径流距离长，如热水寨泉（S1、S2、S3）、"八大碗"泉群、八家寨泉群等；特别是坝址区开挖，左岸坝基地下水（上升泉）的温度高于河水温度 6～8℃，比其他泉水温度高 2～4℃，显示有较深的地下水循环，相应的径流时间长、径流距离长；坝址区 C23 地下河水（S20）试验值也小于 2TU，也有较深的地下水循环，相应的径流时间长、径流距离长。

现代循环地下水（潜水及浅层承压水）氚含量较高，取决于含水层的补给来源、埋藏条件、径流条件；深层承压水氚含量很低，甚至没有。现代循环地下水中氚含量有以下特点：①氚含量比同期大气降水低，大气降水补给地下水，氚含量的动态变化与雨水氚含量的变化相似；河水补给地下水，氚含量的动态变化与河水氚含量的变化相似；②垂直分带明显，较均匀含水层中氚含量随深度增加而减小；③径流条件越好，氚含量往往越高，反之，径流条件越差，氚含量往往越低。

利用氚含量可以计算 50 年内地下水的年龄、确定地下水流向、计算地下水渗透速度、分析和研究地下水与地表水之间的水力联系、分析和研究包气带水的运动状况、划分喀斯特水类型（喀斯特裂隙水、喀斯特管道水及地下河）、研究径流条件（如径流时间、径流距离）、分析和研究渗漏通道等。

氚放射性原子的数目在衰变时是按指数规律随时间的增加而减少的，称为指数衰减规律，采用式（4.2 - 19）进行计算：

$$N = N_0 \times e^{-\lambda t} \tag{4.2 - 19}$$

式中：N 为 t 时刻放射性原子核的数目；N_0 为 $t = 0$ 时放射性原子核的数目；t 为衰变时间；λ 为衰变常数，表示放射性物质随时间衰减快慢的程度，采用式（4.2 - 20）进行计算：

$$\lambda = \frac{\ln 2}{T_{1/2}} \tag{4.2 - 20}$$

式中：$T_{1/2}$ 为半衰期，a，^3H（氚）半衰期约 12.5a，则衰变常数 λ 为 5.545×10^{-2}。

4.3 喀斯特水库渗漏分析与评价

水库渗漏是喀斯特地区修建水库最重要的工程地质问题，也是水库成败的关键性技术问题，喀斯特地区水库无相对隔水层或隔水层时，渗漏是必然存在的。因此，进行喀斯特水库渗漏类型划分，对渗漏分析与评价及防渗处理建议有重要的作用，也是工程勘察的主要目的和任务。

4.3.1 喀斯特水库渗漏的主要类型

喀斯特水库渗漏根据形成条件划分为：地面水库、地下水库、喀斯特洼地及盲谷水库、混合型水库等 4 类。按照河谷喀斯特水动力类型划分为：补给型渗漏、排泄型渗漏、补排交替型渗漏、悬托型渗漏等 4 类。按照渗漏通道的形式划分为：喀斯特裂隙型渗漏、宽大喀斯特裂隙型渗漏、管道型渗漏、复合型渗漏等 4 类。按照渗漏与库坝的位置划分为：库区渗漏、近坝库岸渗漏、坝基及绕坝渗漏、库底及库周渗漏 4 类；作者仅对此种方法的分类进行阐述。

（1）库区渗漏。水库修建蓄水后，库水通过库岸的喀斯特地层或喀斯特管道及通道、低矮槽谷、构造破碎带等向外流域或同流域内的支干流产生渗漏，为低邻谷喀斯特渗漏，主要有跨流域低邻谷渗漏、干流向支流渗漏、支流向干流渗漏、平行支流间渗漏等 4 类。

1）跨流域低邻谷渗漏。由水库所在的河流向相邻的外流域河流产生喀斯特渗漏，一般渗漏距离远。例如，永德县大雪山水库位于忙令河的支流上，是怒江流域的永康河水系（一级支流）的南桥河上游的忙令河（二级支流），水库区位于怒江的三级支流；地下水分水岭被南汀河袭夺，库区浅层地下水悬托，灰岩地下水向南部的怒江（伊洛瓦底江）流域的一级支流南汀河的两条支流（大勐婆河、忙岗河）排泄，排泄点高程约 1100.00m（怒江二级支流大勐婆河）、950.00m（怒江二级支流忙岗河），低于正常库水位 900.00～1050.00m，水库区与大勐婆河、忙岗河距离 9～12.5km，库水沿右岸灰岩产生了喀斯特管道型渗漏，渗漏量极大，渗漏极严重，防渗处理极困难，导致水库不能正常运行；库区渗漏为跨流域低邻谷渗漏。

2）干流向支流渗漏。同一流域的干流修建水库向低邻的支流产生喀斯特渗漏，一般渗漏距离较近。例如，宣威市羊过水水库位于南盘江支流（西河）上，左岸羊过水—老红沟段的库区灰岩向北延伸至三道河（西河支流），并发育 F_9 断层，西河与三道河之间存在地下水分水岭，为补给型喀斯特水动力类型，但存在低于正常蓄水位的区段，水库与三道河之间距离约 2km，库水沿库岸灰岩产生了喀斯特裂隙-管道型渗漏，渗漏量大，渗漏严重，防渗处理困难，不能在正常库水位下运行；库区渗漏为干流向支流渗漏。

3）支流向干流渗漏。同一流域的支流修建水库向低邻的干流产生喀斯特渗漏，渗漏距离有的较远，也有的较近。例如，安宁市车木河水库位于车木河上，是干流鸣矣河的支流，水库修建前，白云岩库区段为补给型喀斯特水动力类型，存在低矮的地下水分水岭（1935m），分别高于车木河、鸣矣河河床约 5m、10m，水库蓄水后，正常蓄水位为 1948.00m，排泄点高程为 1920.00m，低于正常蓄水位约 28m，水库与排泄点的距离约

1km，库水沿左岸白云岩产生了喀斯特裂隙型渗漏，渗漏量小，渗漏不严重，防渗处理简单，防渗处理后，水库能正常运行；库区渗漏为支流向干流渗漏。例如，水槽子电站的水库位于以礼河上，为金沙江的一级支流，左岸灰岩为排泄型喀斯特水动力类型，无地下水分水岭，河水补给地下水，向金沙江右岸排泄，排泄点高程比水槽子河床低约1000m，水库与金沙江的距离约15km，库水沿左岸灰岩产生了喀斯特裂隙-管道型渗漏，渗漏量大，渗漏严重，防渗处理困难，水库不能正常运行；库区渗漏为支流向干流渗漏。

4）平行支流间渗漏。水库所在的河流为支流，向同一流域的相邻支流产生喀斯特渗漏，渗漏距离有的较远、有的较近。例如，红河州绿水河电站水库位于绿水河上，为红河的左岸一级支流，左侧为齐齐河（红河左岸一级支流），与绿水河近于平行，为排泄型喀斯特水动力类型，河水补给地下水，沿左岸大理岩向齐齐河排泄，排泄点高程低于绿水河电站水库水位约147m，水库与齐齐河的距离约3.8km，库水沿左岸大理岩产生了喀斯特裂隙型渗漏，渗漏量小，渗漏不严重，防渗处理简单，水库基本能正常运行；库区渗漏为平行支流间的渗漏。又例如，罗平县湾子水库位于多依河（南盘江支流）上，右岸灰岩呈条带状向五洛河（南盘江支流）展布，地下水分水岭被五洛河袭夺，地下水向五洛河排泄，排泄点高程比水库水位低约500.00m，水库与排泄点的距离约15km，库水沿右岸灰岩产生了喀斯特裂隙-管道型渗漏，渗漏量大，渗漏严重，防渗处理困难，不能在正常库水位下运行；库区渗漏为平行支流间渗漏。

（2）近坝库岸渗漏。近坝库岸渗漏是指靠近大坝附近库岸段的库水向下游河床产生的喀斯特渗漏，渗漏距离较近。例如，保山市红岩水库位于怒江支流蒲缥河上，近坝库岸（北岸）为白云岩及灰岩，从库内延伸至坝址下游蒲缥河，为排泄型喀斯特水动力类型，无地下水分水岭，河水补给地下水，向蒲缥河右岸排泄，排泄点高程比正常蓄水位低约60m，水库与排泄点的距离约700m，库水沿近坝右库岸的白云岩及灰岩产生了喀斯特裂隙型渗漏，渗漏量较大，渗漏中等严重，防渗处理中等困难，防渗处理后，水库基本能正常运行；库区渗漏为近坝库岸渗漏。例如，宣威市羊过水水库位于南盘江支流（西河）上，右库岸灰岩向东、北东延伸至水库下游的西河，并发育F_5断层，存在地下水分水岭，地下水力比降为2.3%～5.5%，为补给型喀斯特水动力类型，但低于正常蓄水位，水库与下游西河的距离为50～200m，库水沿近坝右库岸灰岩产生了喀斯特裂隙-管道型渗漏，渗漏量大，渗漏严重，防渗处理困难，防渗处理后，水库基本能正常运行；库区渗漏为近坝库岸渗漏。

（3）坝基及绕坝渗漏。坝基及绕坝渗漏是指库水通过大坝基础及坝肩向下游河床产生的喀斯特渗漏，渗漏距离近。例如，保山市红岩水库位于怒江支流蒲缥河上，坝址区为白云岩及灰岩，从库内延伸至坝址下游，为补给型喀斯特水动力类型，地下水补给河水，但水力比降平缓，库水沿坝基及坝肩白云岩及灰岩产生了喀斯特裂隙型渗漏，渗漏量较大，渗漏中等严重，防渗处理中等困难，防渗处理后，水库基本能正常运行；为坝基及绕坝渗漏。例如，宣威市羊过水水库位于南盘江支流（西河）上，副坝灰岩、主坝灰岩分别延伸至三道河、西河，为补给型喀斯特水动力类型，地下水补给河水，库水沿坝基及坝肩灰岩产生了喀斯特裂隙型渗漏，渗漏量较大，渗漏中等严重，防渗处理中等困难，防渗处理后，水库基本能正常运行；为坝基及绕坝渗漏。

（4）库底及库周渗漏。库底及库周渗漏是指悬托型河床或喀斯特洼地水库的库水向下产生垂直的喀斯特渗漏，易产生喀斯特塌陷形成落水洞，成为新的渗漏通道。例如，东川区坝塘水库，为构造喀斯特洼地，无大坝，西部为玄武岩，东部为灰岩；灰岩地下水位低于洼地地面为 139～163m，为悬托型喀斯特水动力类型，地下水主要向南部乌龙河、西部小清河方向排泄，排泄点高程低于正常库水位为 400.00～500.00m，水库与排泄点的距离为 1.4～5.0km，库水沿灰岩向下产生库底及库周的喀斯特裂隙-管道型渗漏，渗漏量很大，渗漏极严重，防渗处理极困难，防渗处理后，渗漏量减小明显，水库基本能正常运行，为库底及库周渗漏。

4.3.2　喀斯特水库渗漏分析与评价

喀斯特水库渗漏分析与评价是喀斯特水库勘察的重要内容，主要根据库坝区的地形地貌、地层岩性与层组类型、地质构造、喀斯特发育程度、喀斯特水文地质条件等因素进行综合分析，评价渗漏位置、方向、形式，并估算渗漏量，评价渗漏的严重程度，提出防渗处理原则、边界、底界的建议。

4.3.2.1　喀斯特水库渗漏条件分析

（1）地形地貌。邻谷为补给型喀斯特水动力类型，河水位高于水库正常蓄水位，河间地块不存在水库渗漏问题。有低邻谷（沟槽、洼地等）或河湾地形的河间地块，可能产生水库渗漏问题。

（2）地层岩性与层组类型。库岸或地形分水岭地区有连续而稳定可靠的隔水层或相对隔水层分布，隔断了库区碳酸盐岩与库外碳酸盐岩的地下水水力联系，河间地块不存在水库渗漏问题。库内碳酸盐岩延伸至库外低邻谷，或库岸、地形分水岭地区有隔水层或相对隔水层分布，因为断层错断或喀斯特作用，使得库区碳酸盐岩与库外碳酸盐岩有地下水的水力联系或形成同一个喀斯特水系统，河间地块可能产生水库渗漏问题。

（3）地质构造。断层、节理、背斜、向斜从库内穿越地形分水岭至库外低邻谷，断层可能错断隔水层或相对隔水层，沿构造带地下水活动强烈、喀斯特管道或通道发育，都可能形成渗漏通道，河间地块可能产生水库渗漏问题。

（4）喀斯特发育程度。河谷地区喀斯特发育微弱，或河谷地区喀斯特发育强烈，但分水岭地区喀斯特发育微弱，河间地块存在水库渗漏的可能性小。分水岭地区喀斯特发育强烈，或有穿越分水岭的喀斯特管道、通道，河间地块可能产生水库渗漏问题。

（5）喀斯特水文地质条件。主要包括地下水分水岭、碳酸盐岩的透水性、河谷喀斯特水文地质结构 3 个方面。

1）河间地块地下水分水岭高于水库正常蓄水位，或地下水分水岭略低于水库正常蓄水位，喀斯特形态为喀斯特裂隙，无穿越分水岭的喀斯特管道发育，水库蓄水后地下分水岭的水位产生壅高而高于水库正常蓄水位，河间地块不存在水库渗漏问题。河间地块不存在地下水分水岭，或地下水分水岭低于水库正常蓄水位，喀斯特形态为喀斯特裂隙，水库蓄水后地下分水岭的水位产生壅高，但低于水库正常蓄水位；有穿越分水岭的喀斯特管道发育，河间地块存在水库渗漏问题。

2）碳酸盐岩的透水性弱，或河谷地区碳酸盐岩的透水性强，但分水岭地区碳酸盐岩的透水性弱，河间地块存在水库渗漏的可能性小；碳酸盐岩的透水性强，或有穿越分水岭的喀斯特管道发育，河间地块存在水库渗漏问题。

3）补给型喀斯特水动力类型，分水岭发育隔水层或相对隔水层、喀斯特发育弱、碳酸盐岩的透水性弱，地下水分水岭高于正常蓄水位，河间地块不存在水库渗漏问题。排泄型、补排交替型、悬托型喀斯特水动力类型，河间地块存在水库渗漏问题。

4.3.2.2 渗漏形式

根据喀斯特形态及大小可分为喀斯特裂隙、宽大喀斯特裂隙、喀斯特管道、喀斯特通道等4类。喀斯特裂隙是指结构面（层面、节理）经过喀斯特作用，形成张开宽度小于5cm的裂隙，地下水运动形式以层流为主。宽大喀斯特裂隙是指结构面（层面、节理）、断层经过喀斯特作用，形成张开宽度5~20cm的裂隙，地下水运动形式以紊流为主。喀斯特管道是指结构面（层面、节理）、断层、碳酸盐岩经过喀斯特作用形成喀斯特洞、管道、通道，地下水运动形式以紊流为主，分为渠道流、有压管道流两类；根据直径大小分为小型管道（20~100cm）、中型管道（100~500cm）、大型管道（大于500cm）。小型管道地下水运动形式多为有压管道流，中型、大型管道多为渠道流、有压管道流。喀斯特通道通常称为地下河，有伏流、暗河等形式，根据直径大小分为小型通道（20~100cm）、中型通道（100~500cm）、大型通道（大于500cm），枯季及雨季（一般降雨）地下水运动形式多为渠道流；暴雨或大暴雨时局部段地下水运动形式多为有压管道流。

根据喀斯特渗漏介质的大小及组合形式，喀斯特水库渗漏形式可分为：①喀斯特裂隙型渗漏，渗漏介质以喀斯特裂隙为主，水的运动形式以层流为主；②喀斯特裂隙-管道型渗漏，渗漏介质为喀斯特裂隙、管道两种类型，水的运动形式以紊流为主；③喀斯特裂隙-管道-通道型渗漏，渗漏介质为喀斯特裂隙、管道、通道3种类型，水的运动形式以紊流为主。

4.3.2.3 渗漏量估算

渗漏量估算的精度取决于边界条件的分析、参数取值的代表性和计算公式的选择。对于喀斯特裂隙型渗漏，水的运动形式以层流为主，通常选用以达西定律为基础的计算公式，关键是渗透系数 K 的取值，根据云南省牛栏江—滇池补水工程干河泵站的现场试验成果，各种试验方法中渗透系数 K 的特点：群孔抽水试验＞单孔抽水试验＞钻孔压水试验；对于地下水位之上的岩体只能采用压水试验成果，采用式（3.1-1）换算 K 值，n 为换算系数，喀斯特不发育时，取值1~3；喀斯特发育时，取值3~10，强透水层的 n 值变化较大，难以通过压水试验的透水率换算为渗透系数。

喀斯特裂隙-管道型渗漏、裂隙-管道-通道型渗漏，水的运动形式以紊流为主，又有层流，流态复杂，达西定律不适用，主要采用解析法进行估算，解析法主要有水文地质学法、地下水力学法、逻辑信息法、模糊综合评判法、数量化理论法、汇流理论法等。每种方法都有一定的边界条件和局限性，特别是隐伏喀斯特管道的位置、空间形态、水力比降、充填性质、充填物质组成等难以查明，因此，估算渗漏量与实际渗漏量偏差较大，只能作为宏观判别的参考。

三维数值模拟计算法。国内有中国地质大学的管道流-裂隙流-空隙流三重介质地下水水流控制方程。国外有美国地质调查局的管道流程序，根据喀斯特水系统的实际情况将管道流、裂隙流、孔隙流结合在一起，建立耦合关系、喀斯特水数学模型。主要有：①双重介质层流–紊流模型，即将孔隙–裂隙水层流与离散的喀斯特管道水紊流结合起来；②紊流模型，喀斯特含水层中存在似层状的强喀斯特带，地下水汇集形成强径流带；③离散的喀斯特管道与管道层模型。因此，三维数值模拟计算法是今后喀斯特水库渗漏计算的发展方向。

4.3.2.4 喀斯特水库渗漏严重程度分级

喀斯特水库渗漏严重程度分级主要考虑喀斯特地质条件复杂程度、渗漏形式、防渗处理难易程度及投资、水库运行状态和渗漏严重程度及效益等方面因素。按照地质条件复杂程度分为复杂、中等复杂、简单等3类。按照渗漏形式、防渗处理难易程度分为防渗处理极困难、困难、中等困难、简单等4类。按照水库运行状态和渗漏严重程度及效益分为：①正常运行，渗漏量小，渗漏不严重，渗漏不影响水库蓄水，水库能正常发挥效益；②基本正常运行，渗漏量较大，渗漏中等严重，渗漏对蓄水有一定影响，但基本能达到正常蓄水位，工程基本能正常发挥效益；③在运行，渗漏量大，渗漏严重，可以蓄水，达不到正常蓄水位，水库效益不能正常发挥效益；④不能运行，渗漏量极大，渗漏极严重，基本不能蓄水，水库失去蓄水功能，不能发挥效益。

第5章　德厚水库地质条件

5.1 地形地貌

德厚水库位于云南高原南缘，为浅—中等切割中山山地高原地貌，总体地势北高南低、西高东低。水库汇水区内喀斯特高原区海拔一般在1450.00～1700.00m之间，相对高差一般为100～300m，最高峰薄竹山主峰海拔为2991.00m。区内有德厚河及其支流咪哩河纵贯整个库区，在坝址及库区河谷深切，形成典型的喀斯特深切峡谷，谷底海拔为1340.00～1300.00m，最低处为位于水库坝址东南路梯附近的盘龙河河谷，海拔为1295.00m。库区外围有稼依河、马过河分别环绕库区的东北、南部边缘。根据出露地层岩性可划分为非喀斯特地貌、喀斯特地貌两大地貌类型，主要形态为：构造低中山侵蚀地貌、构造低中山喀斯特侵蚀地貌、喀斯特地貌、河谷地貌，见图5.1-1。

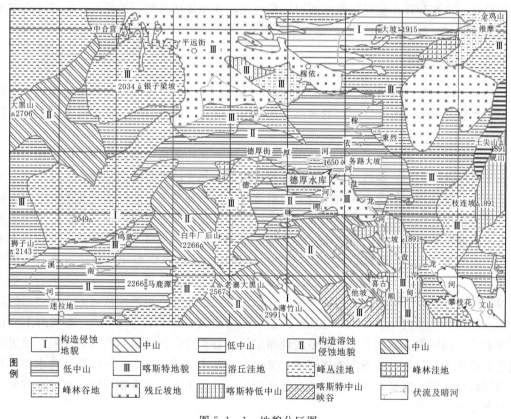

图5.1-1 地貌分区图

5.1.1 非喀斯特地貌

非喀斯特地貌主要有构造低中山侵蚀地貌，位于三叠系（T_1f、T_2f、T_3n）、二叠系（$P_2\beta$、P_2l）、泥盆系（D_2p）、古近系（E）、新近系（N）碎屑岩、玄武岩分布区。该地貌形态以侵蚀中低山、丘岗为主，地形陡峻，地表水系或沟谷较发育，主要表现为顺山坡形成平行状、树枝状或羽状沟谷形态。在沟谷或河谷中多建有大小不等的蓄水工程，如山塘、水库或蓄水池、小型发电站等。典型分布区有薄竹乡以北的祭天坡—马塘镇东西向条形山体、F_1 断层北东的倮朵、打铁寨、以切、务路和土锅寨附近，以及平坝—明湖一线。二叠系玄武岩分布区由于岩石破碎、风化程度高，形成的山体较为平缓，风化层透水性强，大气降水快速下渗，地表沟谷（以树枝状为主）切割深度相对较浅；主要分布在清水塘—石头寨—水头树大坡—水结—菠萝腻—址格白一带。

5.1.2　喀斯特地貌

喀斯特地貌以喀斯特高原、峰丛洼地、峰林平原和喀斯特峡谷地貌为主。个体喀斯特形态包括石牙、石林、喀斯特沟、峰丛、洼地、谷地、喀斯特漏斗、喀斯特洞和管道、通道（地下河）、喀斯特峡谷和喀斯特泉（泉群）等。在碎屑岩与碳酸盐岩接触界面附近，常发育串珠状落水洞、喀斯特干谷，典型的如五色冲落水洞、五色冲喀斯特干谷等。区内喀斯特峡谷主要分布在德厚河及咪哩河下游河段，如坝址区及附近的峡谷，峡谷两岸发育层状喀斯特洞、地下河（伏流）、瀑布等景观。

5.1.3　河谷地貌

德厚水库位于盘龙河上游德厚河流域内，属于红河水系，库区涉及德厚河及其支流咪哩河、牛腊冲等，与库区相邻的河流有盘龙河干流及支流马过河、盘龙河干流上游稼依河等。

（1）德厚河。德厚河发源于薄竹山花岗岩山体西北的依格白坡，在薄竹山—德厚街段河流主要呈南北走向，即河流从依格白坡起，自南向北先后经烂泥洞、新寨、母鸡冲，至五色冲喀斯特盲谷中的落水洞没入地下，沿途接受喀斯特地下水的补给，在下游的羊皮寨盲谷底再次出露地表，洪水季节部分地表水顺盲谷直接流向下游德厚街，然后，从羊皮寨向北（下游）德厚街径流的过程中，沿途依次接受了双龙洞泉群、白鱼洞地下河的地下水补给。在德厚街北东，河流急转 90°，总体向东经木期德流向牛腊冲，局部河流流向由南向北；在与牛腊冲河汇合后，河流转向东南方向（位于文麻断裂东南，并与之平行）进入德厚水库峡谷河段，在岔河口与咪哩河汇合，河流经过峡谷后再与稼依河汇合，之后河流始称盘龙河。德厚河干流全长 58.5km，汇水区（流域）面积约 618km²。流域内主要出露泥盆系东岗岭组、石炭系、二叠系较纯厚层块状石灰岩，区内喀斯特发育强烈。地表径流主要来自大气降水，流域内地表河流少见，大气降水多快速进入地下喀斯特含水层，并以喀斯特地下河、喀斯特大泉的方式在德厚河河谷两侧出露并补给德厚河，属于典型的喀斯特地下水补给型山区河流。

（2）咪哩河。咪哩河为德厚河支流，其发源于薄竹山北麓的老尖坡一带，源头有两条主要支流：一条支流从大平地经中寨、老寨，于落水洞流入地下；另一条支流从老尖坡经马打者，至白租革落水洞流入地下。分析两条支流在以哈底附近地下汇合后，经双包塘向东北横塘子—大红舍之间运移，于大龙潭流出地表，成为地表河。大龙潭地下河与横塘子地表河汇合后，沿断层向东流，经大红舍、白沙，至荣华村急转 90°向北，在经黑末、河尾子，在布烈以北的峡谷口汇入德厚河，沿途接受一系列喀斯特泉（包括"八大碗"喀斯特泉群）的地下水补给。咪哩河干流全长约 24km（含地下河段），流域面积约 105km^2。流域内主要出露三叠系永宁镇组（T_1y）泥质灰岩夹泥灰岩、灰岩、砂页岩，局部有个旧组（T_2g）厚层块状灰岩、白云质灰岩、白云岩；喀斯特发育弱—中等，局部强烈。地表沟谷相对发育，上游有多个地表河溪发育，并汇集后于构造破碎带以落水洞的方式集中补给地下含水层，然后在中、下游出露地表（形成地表河—地下河—地表河的喀斯特水循环方式），成为咪哩河的主要水源。

（3）牛腊冲河。德厚厚另一条小支流牛腊冲河主要发源于平坝后山旧寨一带的后山水库，沿途通过明渠或落水洞等方式接受来自西北部大明湖、海尾和北部平坝一带的地表水、地下水的补给，并以大泉、地下河的方式汇集后向南运移，在牛腊冲汇入德厚河；河流长约 8km，径流面积小。

（4）稼依河。稼依河发源于平远街附近，由阿尤附近的喀斯特地下水补给，向东沿途经秃水寨、稼依河水库、大黑山北，在糯鲊比转向南流，然后绕老龙、三板桥、小糯、大糯、务路，形成一个 180°的大河湾，在下务路转向南流，经以切，在大汤坝与德厚河汇合形成盘龙河。稼依河干流全长约 60km，流域面积大于 400km^2，是盘龙河干流的上游河段。流域内主要出露三叠系个旧组灰岩、白云岩，永宁镇组泥质灰岩夹泥灰岩、灰岩、砂页岩，喀斯特发育强烈，尤其在珠江流域与红河流域的分水岭地带（平坝—红甸）附近，形成较大面积的喀斯特平原。上游地表水水力坡度小，流动缓慢；下游河流下切，河流坡度变陡，水流流速加快。大黑山以东、龙潭附近有喀斯特地下水集中出露补给稼依河，但在下游，未见规模较大的喀斯特泉出露。

德厚河及咪哩河的河谷地貌可划分为盆谷段及峡谷段，盆谷段主要分布在乐西、木期得、卡左、荣华等，盆谷最宽约达 600m，工程区内最大盆谷为库尾上游的卡左坝，地面积约 2km^2。其余库区河谷多为峡谷段，峡谷切深多在 100m 以上，部分地段切深大于 200m，河谷狭窄，谷底宽度一般不超过 80m。谷底一般发育Ⅰ、Ⅱ级阶地，Ⅰ级阶地为堆积阶地，阶面高于河床 3～6m，水库范围内分布高程为 1320.00～1385.00m，宽 10～50m，地形坡度小于 5°，由粉砂质黏土（红黏土）及砂卵砾石层组成；Ⅱ级阶地多为基座阶地，高于河床 10～30m，分布高程为 1335.00～1410.00m，由粉砂质黏土（红黏土）及砂卵砾石层组成，厚 2～4m，零星分布于库盆山坡；局部地带残留有Ⅲ级阶地，主要为卵砾石，高于河床 50～60m。

水库区地处珠江流域与红河流域分水岭的南侧，德厚河、咪哩河属红河水系盘龙河的源头支流，德厚河自西流向东，咪哩河由南流向北，两河于主坝上游交汇，而后于下游 3km 处汇于干流（稼依河），交汇后称为盘龙河，河流平均坡降约 7‰。水库正常蓄水位以下碳酸盐岩出露面积约占 79%，属于典型亚热带喀斯特高原山区，地形坡度为 10°～30°，河谷多呈 U 形或 V 形，近河谷段多为陡崖。

5.2 地层岩性

水库区出露地层有泥盆系、石炭系、二叠系、三叠系、新近系、第四系，岩性复杂多样，但缺失震旦系、寒武系、奥陶系、志留系、侏罗系、白垩系、古近系地层。

（1）泥盆系（D）。

1）泥盆系中统坡折落组（D_2p）：薄—中厚层状细砂岩、砂岩、页岩夹少量薄—中层状白云岩、硅质岩、泥质灰岩，厚约315.3m；分布于库尾西南侧。

2）泥盆系中统东岗岭组（D_2d）：厚层—块状隐晶石灰岩夹白云岩，局部为硅质灰岩，喀斯特发育，厚为333.7～1149.2m；分布于库尾西南侧。

（2）石炭系（C）。

1）下石炭统（C_1）：厚层块状细晶—中晶石灰岩夹白云质灰岩、灰质白云岩、白云岩，局部粗晶，部分地区为硅质灰岩、硅质岩，喀斯特强烈发育，厚0～450.7m；分布于库尾牛腊冲及坝址区，是库盆区主要地层。

2）中石炭统（C_2）：灰白色、灰色块状、中—厚层状细晶石灰岩，局部夹白云岩、白云质灰岩及硅质岩，厚170.4～411m；分布于库尾太平坡及坝址区附近土锅寨—岔河一带，是库盆区主要地层。

3）上石炭统（C_3）：灰白色、灰色厚层及块状石灰岩、结晶石灰岩，局部夹白云岩、白云质灰岩及生物灰岩、硅质岩，厚为41.83～198.2m；分布于咪哩河对门山及坝址区，是库盆区及坝址区的主要地层。

（3）二叠系（P）。

1）下二叠统（P_1）：浅灰色厚层及块状石灰岩，局部地段为白云质灰岩及白云岩，夹深灰色薄层及团块状硅质岩，厚为0～603.21m；分布于祭天山—坝址及倮朵一带，是库盆区、坝址区的主要地层。

2）上二叠统峨眉山玄武岩组（$P_2\beta$）：下部为半玻晶玄武岩夹玄武质熔凝灰角砾岩、熔火山角砾岩；上部为玄武质层凝灰岩、熔凝灰岩，厚为0～864.38m；分布于煤炭沟—坝址及倮朵一带，是咪哩河库盆区地层。

3）上二叠统龙潭组（P_2l）：灰色、棕黄色粉砂质泥岩夹细砂岩及煤层，顶部及底部夹薄层硅质岩，局部地区底部为铝土岩或砂岩、砾岩，厚为32.64～202.79m；分布于煤炭沟—坝址及倮朵一带，是咪哩河库盆区地层。

4）二叠系华力西期基性侵入岩（$\beta\mu$），属浅层基性侵入岩，岩性为辉绿岩，仅分布于坝址区右岸及咪哩河库区局部地带。

（4）三叠系（T）。

1）下三叠统飞仙关组（T_1f）：暗紫色粉砂岩、粉砂质页岩、钙质页岩夹深灰色薄层至厚层状泥质灰岩，厚约230m；分布于石桥坡及坝址下游一线，是库盆区地层。

2）下三叠统永宁镇组上段（T_1y^3）：紫红、紫灰、灰白色薄—中厚层状泥质灰岩夹泥灰岩、灰岩，厚为40～280m；主要分布于咪哩河库岸河尾子以东一线，是库盆区主要地层。

3）下三叠统永宁镇组中段（T_1y^2）：灰黄、灰白色薄层状钙质砂页岩夹泥质灰岩，厚为30～80m；主要分布于咪哩河库岸河尾子以东一线，是库盆区地层。

4）下三叠统永宁镇组下段（T_1y^1）：灰、深灰色薄—中厚层状泥质灰岩夹泥灰岩、灰岩，厚为40～500m；分布于库尾牛腊冲西北及石桥坡以东、咪哩河两岸一带，是库盆区主要地层。

5）中三叠统个旧组上段（T_2g^2）：灰色厚层块状隐晶至细晶石灰岩，厚为 420～813m；分布于德厚河左岸母鲁白—打铁寨、老虎凹—茅草冲一带、小红舍—荣华—罗世鲊以南，是咪哩河库区的主要地层。

6）中三叠统个旧组下段（T_2g^1）：灰色中厚层、块状隐晶至细晶白云岩夹白云质灰岩、泥灰岩、砂泥岩，厚为 740～1686m；主要分布在罗世鲊—营盘一带，是咪哩河库区的主要地层；部分地区该地层未分段。

7）中三叠统法朗组（T_2f）：灰绿、灰、黄褐色薄—中厚层状钙质、粉砂质泥岩与薄层粉砂岩及中层细砂岩呈不等厚互层，中部夹细砾岩，见锰质浸染夹锰质砂岩，厚为436m；分布于水库北西侧新寨及坝址北东上保朵—以切下寨一带。

8）上三叠统鸟格组（T_3n）：为黄色中层状砾岩及含砾砂岩，夹粉细砂岩，局部夹中粒砂岩，厚度大于181m；分布于坝址以北打铁寨一带。

（5）新近系（N）。下部为灰色、深灰色、紫灰色砂岩、含砾砂岩与砾岩呈不等厚互层，砾石成分复杂；中部灰绿、灰黄色泥岩、粉砂细砂岩，夹褐煤；上部灰色、灰白色薄层泥灰岩，厚124～593m；分布于水库北部双胞山一带。

（6）第四系（Q）。残坡积（Q^{eld}）：由黏土、粉质黏土混夹碎块石组成，局部地区含铁锰质结核，厚0～12m；主要分布于盆地、山坡、洼地中。冲洪积（Q^{apl}）：由粉质黏土、粉土、砂、卵砾石层组成，由常流水和洪水堆积而成，厚度0～20m；主要分布于河谷、喀斯特谷地中。崩积（Q^{col}）：碎石、块石、孤石夹黏土组成，崩塌作用形成，厚度0～10m；主要分布于河谷两岸陡崖之下，例如，坝址区右岸河床岸边。

5.3 地质构造

按照"槽台学说"观点，水库区位于华南褶皱系一级构造单元，为滇东南褶皱带二级构造单元，属文山—富宁断褶带三级构造单元。按照"地质力学学说"观点，水库区位于青藏川滇歹字型构造体系、川滇经向构造体系及南岭纬向构造体系交接地带。经历了多期次构造运动塑造，使得构造十分复杂，故不同规模、不同方位、不同序次的构造形迹比较发育，其中以扭动构造体系占据首要地位。根据构造形迹的组合规律和它们所反映出来的地壳运动的方式和方向，可分为文麻断裂、季里寨山字型构造、鸣就S形构造、老鹰窝弧形构造、秉烈弧形构造、咪哩河—盘龙河构造带等6个构造类型，各构造类型之间形成复杂的复合与联合关系，见区域构造纲要图（图5.3-1）。

（1）季里寨山字型构造。展布于测区中部季里寨一带，是水库区范围内主要构造体系，由泥盆系、石炭系、二叠系、三叠系地层组成，为两翼不对称，为向南突出弧度较小的小型山字型扭动构造。从弧形顶端到脊柱构造北端约17km，东西两翼及其反射弧之间的最大宽度不超过30km。前弧顶位于花庄、荣华村一带，南北宽约15km，由数条相辅而行的压性断裂、褶皱带组成构造弧。前弧西翼表现清楚，由旧寨断裂等逆断层、挤压带组成弧形构造带；其构造成分伸入德厚西北的感古、马荣一带，构造线方向由北西西向转为近东西向，而后又呈北东东向，同鲁部克弧形东翼构造成分相互联合，成为一个略向北凸的构造弧，构成鲁部克弧形构造东翼及季里寨山字型构造西翼的反射弧。前弧东翼及其

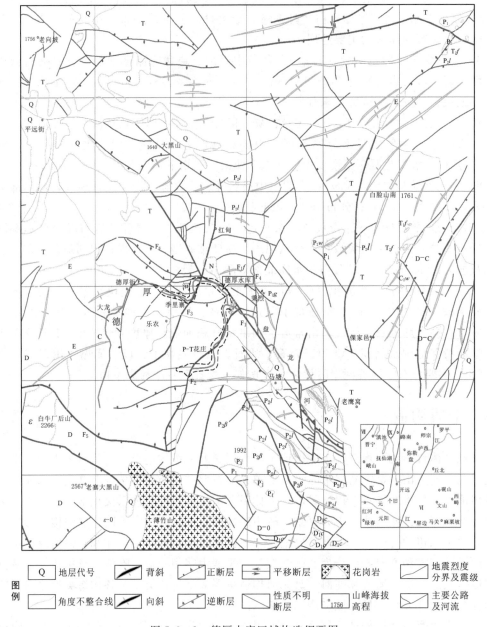

图例

Q 地层代号	✏ 背斜	正断层	⇌ 平移断层	花岗岩	地震烈度分界及震级
角度不整合线	✏ 向斜	逆断层	性质不明断层	1756 山峰海拔高程	主要公路及河流

图 5.3-1　德厚水库区域构造纲要图

反射弧伸出区外,测区仅见北东向紧密背向斜组成的褶皱带。脊柱在红甸、小耳朵及其以南地区,为南北向的压性断裂,背向斜组成的褶皱带,东西宽约 4km,南北延伸约 6km,其南端被北西向文麻断裂所切,北端与近东西向的弧状断裂相交,未穿越弧顶,与弧形构造形成协调的排列形式。

（2）鸣就 S 形构造。该构造展布于测区南部蒙自以东、鸣就—万老寨一带地区,为一发育在古生界及中生界三叠系地层中的弧形杨柳河背斜、老寨大黑山向斜、它次邑—楚者冲逆断层、梁家寨—三道沟逆断层等组成，主要断裂延伸达 30km，据背向斜和断裂的展布方向、排列方式，该褶皱带在鸣就西南呈东西向，在鸣就以东则呈北东东向到北东向，越向北延伸则有向东偏转的趋势。特别是围绕薄竹山花岗岩体西部及北部边缘的老寨—大黑山向斜，其轴向延伸围绕岩体边缘形成一个明显的 S 形构造。

（3）老鹰窝弧形构造。该构造位于测区东北，文山弧形构造与北西向构造的交接复合部位，面积约 $60km^2$，向南西收敛，向东、北东及北西撒开，由 3 条以上的压扭性逆断层组成，自外而内为天生桥—吴家寨断裂、塘子边—瓦白冲断裂、者五寿断裂等组成。另外从地貌上看在 T_2g 石灰岩中可能有北东—南北—北西向的弧形断裂存在，弧中心为老鹰窝附近。

（4）秉烈弧形构造。该构造在测区东部秉烈附近，文山弧形构造与北西向构造的交接复合部位，为一向南突出的弧形构造，它由秉烈向斜、丫科格背斜、黑鱼洞向斜及秉烈断裂等组成。

（5）德厚水库地质构造。德厚水库地处季里寨山字型构造带南东方向，该构造带主要由泥盆系、石炭系、二叠系、三叠系地层组成，为两翼不对称向南突出弧度较小的小型山字型构造；前弧为 F_5 断层，从弧形顶端到脊柱构造北端约 8km，由数条相辅而行的压性断裂、褶皱带等组成构造弧；脊柱在水库库区中部东山及以北地区，南端被北西向文麻断裂所切。水库区较大规模的断裂主要有文麻断裂、布烈—白石岩断裂、红甸—写捏断裂、稼依河断裂及咪哩河—盘龙河东西向构造带等。区内主要断裂、褶皱特征简表见表 5.3-1、表 5.3-2。

表 5.3-1　　　　　　　　　　　主 要 断 裂 特 征 简 表

编号	断裂名称	级别	长度/km	走向	断裂面产状		两盘地层	性质	主 要 特 征
					倾向	倾角/(°)			
F_1	文麻断裂北段	I	>150	NW—SE	NE	50~80	上盘：T、P_2 下盘：T、P_2	压扭	区域性深大断裂，断层带宽为 80~300m，主要由碎裂岩、糜棱岩、断层角砾岩构成
F_2	布烈—白石岩断裂	II	>17	NE—SW	SE	50~80	上盘：P_2、T 下盘：P_1、T	压扭	断层带宽 5~10m，主要由碎裂岩、糜棱岩、断层角砾岩等构成
F_3	红甸—写捏断裂	II	21	NE—SW	SE	50~80	上盘：C、P、T、N 下盘：D、C、P、T	压扭	属季里寨山字型构造体系，断层带宽约 10m，主要由碎裂岩、糜棱岩、断层角砾岩等构成
F_4	稼依河断裂	II	>10	N—S	E、NE	50~80	上盘：T、P_2 下盘：T、P_2	张扭	属秉烈弧形构造体系，破碎带宽约 10m，主要由碎裂岩构成
F_5	季里寨断裂	II	16	NW—SE	SW、S	60~70	上盘：D、C 下盘：D、C	压扭	属季里寨山字型构造体系，破碎带宽 5~10m，主要由断层角砾岩构成

续表

编号	断裂名称	级别	长度/km	走向	断裂面产状 倾向	断裂面产状 倾角/(°)	两盘地层	性质	主 要 特 征
f_8	马塘—他德断裂	Ⅲ	10	NW—SE	SW	80	上盘：$T_{1,2}$ 下盘：$T_{1,2}$	压扭	破碎带宽约10m，主要由泥质充填断层角砾岩等构成，北段具阻水性
f_9	大红舍—罗世鲊断裂	Ⅲ	16	EW	N	70～80	上盘：$C—T_2g$ 下盘：T_1y、T_2g	张扭	断层带宽大于10m，主要由碎裂岩、断层角砾岩等构成

表5.3-2　　　　　　　　主 要 褶 皱 特 征 简 表

褶皱名称	背向斜轴 走向	背向斜轴 长度/km	地层代号	两翼岩层倾向倾角	两翼岩层倾向倾角	褶皱形态
母鲁白背斜	N88°E	2.5	T_2g	8°～20° ∠40°～50°	180°～200° ∠40°～45°	宽缓短轴背斜
母鲁白向斜	N65°W	1.5	T_2f	190°～200° ∠30°～40°	20°～35° ∠35°～40°	宽缓短轴向斜
上倮朵向斜	N50°W	2.1	T_3n	50°～55° ∠20°～30°	200°～230° ∠20°～25°	宽缓短轴向斜
跑马塘向斜	N87°E	4.7	T_1y、T_2g	190°～190° ∠65°～75°	10°～20° ∠60～70°	狭陡短轴向斜
跑马塘背斜	N86°E	4.2	T_1y、T_2g	10°～20° ∠70°～75°	160°～170° ∠40°～45°	狭陡短轴向斜
他德向斜	N83°E	4.6	T_2g	180°～190° ∠35°～45°	340°～350° ∠40°～50°	宽缓短轴向斜
麻栗树背斜	N85°W	5.7	T_2g	340°～350° ∠20°～30°	160°～165° ∠25°～35°	宽缓短轴背斜
蔡天坡向斜	N85°E	15.8	T_2f、T_3n	180°～190° ∠50°～55°	20°～25° ∠30°～35°	宽缓长轴向斜

1）文麻断裂（F_1）。该断裂属区域范围内最主要构造，为区域性深大断裂，工程区范围内主要出露其北西段，出露长约17km，走向为北西—南东向，自坝址区北东0.8km处穿越德厚河库区左岸。它是滇藏歹字型构造中段的分支构造，系由数条断裂组成的复杂断裂带，区域最大宽度可达10km，裂面倾角陡，多在60°以上，在横向上一般是南西盘向北东盘斜冲，同时也有北东盘向南西盘对冲的情况。断裂带附近压扭现象比较显著，由奥陶系砂岩和寒武系白云岩组成的断层透镜体延伸方向与断裂带一致。地层直立倒转、牵引亦较发育，裂面上阶步、斜冲擦痕多见。文麻断裂在工程区地貌特征明显，倮朵—八家寨段南西盘（库区左岸）断层崖、落水洞、喀斯特洼地等沿断层线发育，地形垭口、侵蚀沟等沿破碎带发育。断裂走向北西—南东向，总体倾向以南西为主，倾角70°以上，局部反倾，断面见压扭性柱面，局部见缓倾角擦痕及镜面现象，显示了断裂是一条以近南北向

压性为主兼具顺时针扭性的压扭性断裂。北东盘主要由三叠系石灰岩、砂岩、页岩等组成，南西盘主要由石炭系及二叠系厚层状灰岩、二叠系玄武岩、三叠系石灰岩、白云岩、泥质灰岩、砂页岩等组成。断裂带（及影响带）由多条断层组成，带宽为80～300m，断层物质主要为糜棱岩、断层泥、泥炭、断层角砾岩、碎裂岩等组成，角砾岩为泥质紧密充填或钙质胶结，在八家寨煤场一带的断层带内还夹有硅化木。在坝址下游热水寨—文山一带沿途有温泉出露说明该断裂为一具近期及多期活动性的深大断裂带，在文麻断裂两侧发育有北东向及近南北向的张性及张扭性断裂，为地下水及温泉的形成提供了条件。

2）咪哩河—盘龙河东西向构造带。该构造带位于库区咪哩河和盘龙河。河间地块，以东西向褶皱、断层为主，另外发育北西向的断层 f_8、北东向的断层 F_2；由北向南依次发育东西向的跑马塘向斜、跑马塘背斜、他德向斜、麻栗树向斜、麻栗树背斜、祭天坡向斜、f_9 断层。

3）结构面。除层面发育外，水库区发育北东、北西和近南北向 3 组节理，是多期构造运动的产物，受文麻断裂的多期活动影响，北东、近南北向节理最为发育，延伸长度可达几米至几十米。

第6章 德厚水库喀斯特发育规律

6.1 碳酸盐岩喀斯特层组类型划分

碳酸盐岩是喀斯特发育的基础，德厚水库区从泥盆系到三叠系均有碳酸盐岩出露，碳酸盐岩分布面积约占水库正常蓄水位以下面积的79%。但不同时代的地层碳酸盐岩的成分、层组结构不同，喀斯特发育程度有较大差异。根据区域地层岩性统计表6.1-1、野外实测的代表性地层剖面（图6.1-1和图6.1-2），对碳酸盐岩进行了分析并划分了喀斯特层组类型，有按"系""统或组"为单位的两种划分方法。

表 6.1-1 喀斯特地层代表性剖面统计表

地层剖面	三 叠 系			二 叠 系		石 炭 系			泥盆系
	上统	中统	下统	上统	下统	上统	中统	下统	中统
位置	文山	广南	文山	文山	文山	砚山	砚山	砚山	广南、西畴
名称	所成里	马龙库	林角塘、打铁寨	他痴、者黑	核桃寨	二道箐	统卡	统卡	九克、龙保地
厚度/m	181.1	628.4	472.2、89.73	1049	210.0	153.4	101.8	387.7	537.5

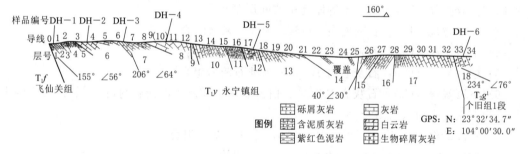

图 6.1-1 永宁镇组实测剖面（坝址下游，德厚河右岸，含采样点位置）

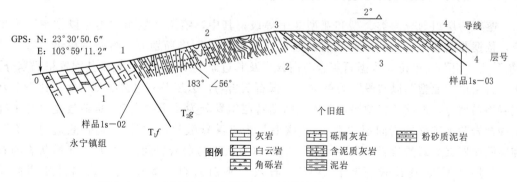

图 6.1-2 个旧组底部实测剖面（罗世鲊剖面，含采样点位置）

6.1.1 碳酸盐岩岩石层组结构的统计学特征

（1）以"系"为单位的岩层厚度统计学特征。以"系"为单位，对不同时代的地层中非碳酸盐岩、不纯碳酸盐岩和纯碳酸盐岩单层厚度、连续厚度和厚度比例进行统计，结果见表6.1-2。岩层划分为4个类型：①三叠系非碳酸盐岩、不纯碳酸盐岩与纯碳酸盐岩比例分别为42%、26%和32%，为非碳酸盐岩、不纯碳酸盐岩与纯碳酸盐岩间层组合；②二叠系非碳酸盐岩占89%，碳酸盐岩（含不纯碳酸盐岩和纯碳酸盐岩）占11%，为非碳酸盐岩夹碳酸盐岩组合；③石炭系：纯碳酸盐岩占100%，为纯碳酸盐岩组合；④泥盆系非碳酸盐岩占15%，纯碳酸盐岩占85%，为纯碳酸盐岩夹非碳酸盐岩组合。

（2）以"统"或"组"为单位的岩层厚度统计学特征。以"统"或"组"为单位，统计其石灰岩、白云质灰岩或灰质白云岩、白云岩和不纯碳酸盐岩单层厚度、连续厚度和厚度比例，其结果见表6.1-3。

1）个旧组（T_2g）：石灰岩约占42%、白云质灰岩或灰质白云岩约占5%、白云岩约占48%、不纯碳酸盐岩（泥灰岩）约占5%，为石灰岩与白云岩间层组合。可进一步分为上、下两段，其中上段（T_2g^2）石灰岩比例100%，为纯石灰岩组合；下段（T_2g^1）白云岩比例约83%，白云质灰岩或灰质白云岩约占8.5%、不纯碳酸盐岩（泥灰岩）约占8.5%，为白云岩夹泥灰岩组合。

2）永宁镇组（T_1y）：不纯碳酸盐岩（泥质灰岩夹泥灰岩）约占78%、纯石灰岩约占22%，为不纯碳酸盐岩与灰岩不等厚互层或间层型组合。

3）下二叠统（P_1）：石灰岩占100%，为纯石灰岩组合。

4）上石炭统（C_3）：石灰岩占100%，为纯石灰岩组合。

5）中石炭统（C_2）：石灰岩占100%，为纯石灰岩组合。

6）下石炭统（C_1）：石灰岩占91%、白云质灰岩或灰质白云岩约占4%、白云岩约占5%，为石灰岩夹白云岩组合。

7）东岗岭组（D_2d）：石灰岩占100%，为纯石灰岩组合。

8）坡折落组（D_2p）：白云岩约占60%、硅质岩约占40%，为白云岩与硅质岩互层组合。

6.1.2 喀斯特层组类型划分及其空间分布

喀斯特层组划分为类、型和亚型3个等级；其中，喀斯特层组"类"以"系"为单位，依据非碳酸盐岩与纯碳酸盐岩的厚度比例及其配置格局划分；喀斯特层组"型"以"统"或"组"为单位，依据石灰岩与白云岩及其过渡类型的厚度比例及其配置格局划分；喀斯特层组"亚型"以"段"为单位，依据石灰岩与白云岩及其过渡类型的厚度比例及其配置格局划分。据此，将德厚水库库区喀斯特层组划分为4个"类"（非碳酸盐岩与不纯碳酸盐岩和纯碳酸盐岩间层"类"、非碳酸盐岩夹纯碳酸盐岩"类"、纯碳酸盐岩"类"、纯碳酸盐岩夹非碳酸盐岩"类"）、5个"型"（石灰岩与白云岩间层"型"、泥质灰岩与石灰岩间层"型"、连续式石灰岩"型"、石灰岩夹白云岩"型"、白云岩与硅质岩间层"型"）、5个"亚型"（连续式石灰岩"亚型"、白云岩夹泥灰岩"亚型"、泥质灰岩与石灰岩间层"亚型"、砂页岩夹泥质灰岩"亚型"、白云岩夹硅质白云岩"亚型"），见表6.1-4。

表 6.1-2　德厚水库非碳酸盐岩、不纯碳酸盐岩、纯碳酸盐岩的厚度比例及连续厚度

系	统计厚度/m	非碳酸盐岩 累计厚度/m	厚度比例/%	连续厚度 最小值	连续厚度 平均值	连续厚度 最大值	不纯碳酸盐岩 累计厚度/m	厚度比例/%	连续厚度 最小值	连续厚度 平均值	连续厚度 最大值	纯碳酸盐岩 累计厚度/m	厚度比例/%	连续厚度 最小值	连续厚度 平均值	连续厚度 最大值
三叠系	1965.9	865.32	44.02	181.09	280.20	436.56	472.17	24.02		472.17		628.41	31.97		628.41	
二叠系	1259.21	1119.2	88.88	70.00	184.81	864.4	50.00	3.97		50.00		90.00	7.15	20.00		70.00
石炭系	642.8											642.8	100.00		642.8	
泥盆系	537.50	63.07	11.73	<17.43		45.64	17.43	3.24			<17.43	457.00	85.02	76.83		380.17

表 6.1-3　德厚水库主要喀斯特地层不纯碳酸盐岩、石灰岩、白云质灰岩或灰质白云岩、白云岩的厚度比例及连续厚度

组	统计厚度/m	不纯碳酸盐岩 累计厚度/m	厚度比例/%	层数	连续厚度 最小值	平均值	最大值	石灰岩 累计厚度/m	厚度比例/%	层数	连续厚度 最小值	平均值	最大值	白云质灰岩或灰质白云岩 累计厚度/m	厚度比例/%	层数	连续厚度 最小值	平均值	最大值	白云岩 累计厚度/m	厚度比例/%	层数	连续厚度 最小值	平均值	最大值
个旧组上段	263.36							263.36	100	4	23.38	65.84	90.96												
个旧组下段	364.99	31.21	8.6	1										33.42	9.2	1				300.36	82.3	6	35.80	50.06	87.60
永宁镇组	89.73	70.37	77.8	2				19.36	22.2	1		19.36													
下三迭统	210.00							210.00	100	2		70.0													
上石炭统	153.37							153.4	100	1		153.4													
中石炭统	150							150	100	2		150													
下石炭统	387.65							352.8	91.0	2	117.3		235.5	14.06	3.6	1		14.1		20.79	5.4	1		20.8	
东岗岭组	380.17							380.2	100	3	53.5	81.55	245.1												
坡折落组	157.33	17.43	11.1	1		17.4														76.83	48.8	1		76.8	

表 6.1－4   **德厚水库喀斯特层组类型划分**

地层	喀 斯 特 层 组			地层代号
	"类"	"型"	"亚型"	
三叠系	非碳酸盐岩与不纯碳酸盐岩和纯碳酸盐岩间层"类"	石灰岩与白云岩间层"型"	连续式石灰岩"亚型"	T_2g^2
			白云岩夹泥灰岩"亚型"	T_2g^1
		泥质灰岩与石灰岩间层"型"	泥质灰岩与石灰岩间层"亚型"	T_1y^1、T_1y^3
			砂页岩夹泥质灰岩"亚型"	T_1y^2
二叠系	非碳酸盐岩夹纯碳酸盐岩"类"	连续式石灰岩"型"		P_1
石炭系	纯碳酸盐岩"类"	连续式石灰岩"型"		C_3
		连续式石灰岩"型"		C_2
		石灰岩夹白云岩"型"		C_1
泥盆系	纯碳酸盐岩夹非碳酸盐岩"类"	连续式石灰岩"型"		D_2d
		白云岩与硅质岩间层"型"	白云岩夹硅质白云岩"亚型"	D_2p^1

（1）三叠系喀斯特层组。为非碳酸盐岩与不纯碳酸盐岩和纯碳酸盐岩间层"类"，包括石灰岩与白云岩间层"型"（T_2g）、泥质灰岩与石灰岩间层"型"（T_1y）。其中，石灰岩与白云岩间层"型"可进一步分成连续式石灰岩"亚型"（T_2g^2）、白云岩夹泥灰岩"亚型"（T_2g^1），主要分布在咪哩河流域、德厚河流域、盘龙河流域、稼依河流域、马过河流域。泥质灰岩与石灰岩间层"型"则可分为泥质灰岩与石灰岩间层"亚型"（T_1y^1、T_1y^3）、砂页岩夹泥质灰岩"亚型"（T_1y^2），主要分布在咪哩河流域、盘龙河流域。

（2）二叠系喀斯特层组。为非碳酸盐岩夹纯碳酸盐岩"类"，分为连续式石灰岩"型"（P_1），分布于咪哩河流域、德厚河流域、坝址区。

（3）石炭系喀斯特层组。为纯碳酸盐岩"类"，分为连续式石灰岩"型"（C_2、C_3）、石灰岩夹白云岩"型"（C_1），主要分布于德厚河流域、咪哩河流域、坝址区。

（4）泥盆系喀斯特层组。为纯碳酸盐岩夹非碳酸盐岩"类"，分为连续式石灰岩"型"（D_2d）、白云岩与硅质岩间层"型"（D_2p），白云岩与硅质岩间层"型"又分为白云岩夹硅质白云岩"亚型"（D_2p^1），仅分布在叽哩寨一带。

6.2　喀斯特时空分布规律

6.2.1　喀斯特形态及组合特征

6.2.1.1　喀斯特个体形态

地表发育有喀斯特痕、喀斯特沟、喀斯特槽、石牙或石林、喀斯特裂隙、落水洞、洼地、喀斯特洞、通道（伏流）等喀斯特形态。地下发育有喀斯特孔、喀斯特裂隙、隐伏喀斯特洞或管道、通道（暗河）等喀斯特形态。

6.2.1.2 地貌形态组合特征

（1）峰丛洼地。峰丛洼地相对高差一般小于百米，洼地多呈椭圆形、长条形及不规则形态，底部一般都有黏土覆盖，发育有落水洞。由于上覆 $T_2 f$ 粉砂岩夹页岩覆盖，在 $T_2 g^2$ 石灰岩分布区常以边缘峰林谷地形式出现。峰丛洼地主要出现在德厚河的源头、杨柳河背斜倾伏端的羊皮寨和白鱼洞地下河流域，也在大红舍—罗世鲊谷地南部、文麻断裂东侧呈带状分布，见图6.2-1。

图6.2-1　峰丛洼地（白山、小红舍）

（2）喀斯特丘陵洼地。洼地相对高差小于百米，洼地中一般皆有红黏土覆盖，发育落水洞。主要分布在德厚河中游和咪哩河中上游的 $T_2 g^1$ 白云岩夹白云质灰岩和 $T_1 y$ 泥质灰岩夹泥灰岩、灰岩分布区，见图6.2-2。

（3）喀斯特高原（孤峰平原）。孤峰、残丘与高原面的相对高差小于百米，发育有喀斯特裂隙、喀斯特孔或喀斯特洞，个别残丘上发育有少量石牙、石林，见图6.2-3。在起伏不大的喀斯特波地上，散布着喀斯特孤峰和残丘，见图6.2-4。它们主要分布在咪哩河下游左岸与德厚河之间的花庄、土锅寨、红石崖、乐竜一带石炭系、二叠系石灰岩分布区，形成高程约1500m的喀斯特夷平面。

6.2.2　喀斯特发育分期

喀斯特发育是水岩交互作用是一个相对缓慢的过程，喀斯特发育的阶段性表现在层状喀斯特地貌，即不同高度喀斯特发育程度的差异性上。地壳间隙性抬升运动对喀斯特发育有着重要的影响：①在地壳相对稳定的时期，水岩作用充分，通常形成规模较大的水平喀斯特洞、管道、通道，水流溶蚀能力越强、水流量越大、稳定时间越长，水平喀斯特形态规模越大；②当地壳快速抬升时，早期形成的水平喀斯特地貌被抬升，地表水、地下水表现为快速下切，形成喀斯特峡谷、竖井、落水洞等垂直喀斯特地貌形态，这一时期喀斯特

图 6.2-2　喀斯特丘陵洼地（跑马塘背斜核部）

图 6.2-3　土锅寨开挖揭露的埋藏型石林

总体不发育；③如此反复，形成分布在不同高程的层状喀斯特地貌。因此，不同高度喀斯特发育程度可能有着明显的差异。

　　德厚水库汇水区内，最高峰为薄竹山主峰，高程为 2991.00m；水库坝址处河床高程约 1323.00m；工程区最低点位于东部的热水寨附近的盘龙河河床，高程约 1295.00m。根据喀斯特形态、新构造运动特征、剥夷面高程、喀斯特水动力条件等因素，对比区域喀斯特发育演化史，根据喀斯特形成时间、空间关系对喀斯特发育进行分期，工程区新生代以来喀斯特发育经历了高原期、平远期和盘龙河期，见表 6.2-1，其中平远期和盘龙河期喀斯特的特征在水库区周边保存较完好，高原期喀斯特仅局部残留；喀斯特发育分期体

图 6.2-4　土锅寨孤峰平原地貌

现了喀斯特在时间上、空间上的分布规律。

表 6.2-1　　　　　　　　　　喀斯特发育分期及其特征

喀斯特分期			喀斯特发育特征		
分期	时代	高程/m	洞穴分布高程/m	地貌形态	水文地质
高原期	E	1800.00～2200.00		残余夷平地面	无喀斯特泉水，地表水沿落水洞渗漏
平远期	N	1400.00～1600.00	1400.00～1600.00	峰丛洼地、喀斯特洼地、孤峰夷平面（土锅寨波状高原）、石林群、倾斜洞穴、垂直喀斯特裂隙等，母鲁白盆地，平远盆地、德厚盆地	落水洞、季节性泉、喀斯特泉、地下河（伏流、暗河）
盘龙河期	Q	1200.00～1400.00	1200.00～1400.00	水平洞穴、天生桥等，喀斯特峡谷、河流阶地；喀斯特裂隙；地下埋藏型洞、管道、通道	泉水与泉群、地下河（伏流、暗河）

6.2.2.1　高原期

高原期喀斯特形成于古近纪（E），分布高程为 1800.00～2200.00m。主要位于工程区西部的牛作底、白牛厂、乌鸦山、大尖坡一带，残余山峰顶部平坦，高程为 1900.00～2200.00m，局部保留有侵蚀喀斯特谷地、洼地，有流量较小的泉水出露，并在低洼处积水形成水塘。该夷平地面自南向北倾斜，至以诺多以西高程约 1800.00m，其上或有古近纪（E）沉积物，例如，德厚街西北的卡西，为古近纪（E）砾岩、砂岩、泥岩出露；在库区及周边没有保留该时期的地貌形态及沉积物。

6.2.2.2　平远期

平远期喀斯特形成于新近纪（N），是本区重要的喀斯特发育期，分布高程为 1400.00～1600.00m，广泛分布于德厚河、咪哩河、盘龙河、稼依河两岸，表现为以波状起伏为特征的喀斯特孤峰夷平地面、齐顶峰顶面。其中，在红石崖、土锅寨、乐竜一带，主要以波状喀斯特孤峰夷平面为主，高程为 1450.00～1500.00m，有红黏土覆盖，由于后期的冲刷、喀斯特作用，其上散布有碟形洼地（含积水洼地）、落水洞、孤峰，在土锅寨、红石崖可见出露（或开矿揭露）的石牙、石林，以及表 6.2-2 中高程 1400.00m 以上的喀斯特洞，如位于卡左南部大山上的癫子洞、乐竜村西北的恨虎洞等，洞口高程约 1480.00m 左右，高于坝址区附近河床 150m 左右。在地形低洼处，如平远盆地（面积约 406km²）、母鲁白盆地（德厚河库尾牛腊冲以北），有新近纪（N）内陆河湖相沉积，表明该时期经历了长期的喀斯特作用、剥蚀和沉积作用，形成砂岩、砾岩、泥岩、粉砂岩、泥灰岩、褐煤。

表 6.2-2   喀 斯 特 洞 穴 特 征 表

编号	位　置	洞口高程/m	方向	长度/m	备注
C1	红石崖桥头 德厚河左岸	1348.00（Ⅰ级阶地）	8°		干洞
C2	红石崖下游 （以东，德厚河左岸）	1345.00	160°	7.5	干洞
C3	打铁寨西南 三家界南	1345.00（Ⅱ级阶地）	南北转北东	实测 210	地下河
C4	打铁寨西南 德厚河左岸	1408.00	145°	7	
C5	岔河口北 250m 德厚河左岸	1340.00（Ⅱ级阶地）	145°	93	采方解石
C20	小红舍公路边	1393.00（Ⅱ级阶地）	140°		
C21	马塘镇水库坝子	1345.00（Ⅱ级阶地）		111	
C22	岔河拟建坝址吊桥下	1332.00			
C23	坝址区	1323.00	北北东、北北西	177.4	喀斯特洞
C24	倮朵村西南 800m 岔河左岸渠道旁	1327.00	北东	9.5	干洞
C25	倮朵村西南 850m 岔河左岸渠道旁	1326.00	北东	207.3	地下河
C26	卡左西南大山癫子洞	1485.00			干洞
C27	和尚塘西南落水洞	1475.00			干洞
C28	岔河口西北 250m 陡崖	1410.00			干洞

在德厚河上游的白鱼洞、羊皮寨地下河的两岸及咪哩河两岸，地表水、地下水强烈下切，夷平面被侵蚀、喀斯特作用破坏，形成以落水洞、喀斯特干谷、叠套型复合洼地为代表的典型峰丛洼地、峰丛谷地地貌，夷平面残留峰顶高程为 1500.00～1600.00m。德厚河喀斯特谷地的底部宽广、平坦，有多个喀斯特大泉或泉群出露，是新近纪（N）地壳有较长稳定时期的喀斯特作用的结果，而后期尚未受河流溯源深切破坏。

6.2.2.3 盘龙河期

盘龙河期喀斯特形成于第四纪（Q），分布高程为 1200.00～1400.00m。区内新构造运动以强烈抬升为主，形成了喀斯特峡谷地貌形态；期间也经历了几个相对稳定的阶段，停顿时间明显短于新近纪，发育 4 个水平喀斯特洞穴带，从上至下分别与Ⅲ级阶地（高于河床 40～60m）、Ⅱ级阶地（高于河床 10～30m，坝址附近分布高程为 1335.00～1355.00m）、Ⅰ级阶地（高于河床面 3～6m，坝址附近分布高程为 1323.00～1330.00m）、现代河床（1320.00～1325.00m）相对应。这些不同高程的洞穴具有较好的继承性，如方解石管道系统（C5）有上下两层喀斯特洞，二者相互连通，由塌陷作用形成，两层高差约 10m；红石崖水电站对岸（德厚河左岸）的母鲁白管道系统（C1）也有上下两层喀斯特洞，高差为 10～15m；打铁寨伏流（C3）洞高 30 余米，显然是多期继承性的结果。显示了在地壳强烈抬升期间，石灰岩喀斯特作用强烈，使得上层喀斯特与下层喀斯特连通。

（1）高层喀斯特带。坝址及库区的高层喀斯特带分布高程大致相当于Ⅲ级河流阶地，高于德厚河（或咪哩河）河床 40～60m。坝址附近高程为 1360.00～1380.00m，多低于水库正常蓄水位（高程 1377.50m）。典型的有坝址下游右岸的高层喀斯特洞，高程约 1360.00m，高于河床 40m；在该喀斯特洞对岸（左岸）有规模较小的喀斯特洞发育；德厚河与咪哩河交汇口、德厚河右岸也发育洞穴（高程约 1380.00m，高于河床 55m）。这一阶段的喀斯特洞不多，规模也不大，与河流停顿时间较短有关。

（2）中层喀斯特带。坝址及库区的中层喀斯特带分布高程大致相当于Ⅱ级河流阶地，高于德厚河（或咪哩河）河床 10～30m，坝址附近高程为 1335.00～1355.00m，低于水库正常蓄水位（高程 1377.50m）。该带发育典型层状（水平）喀斯特，例如，分布在德厚河左岸与文麻断裂之间的多条大型喀斯特地下管道系统，包括打铁寨伏流上层管道（C3）、母鲁白管道系统上层管道（C1）、方解石洞管道系统上层管道（C5）、坝址左岸住人洞（C22）出口等。这一阶段的喀斯特洞、管道较多、规模较大（一般洞长在 100m 以上），反映喀斯特发育强烈。除打铁寨伏流目前有水流出还在继承、演化中外，其余喀斯特洞、管道已经干枯或堵塞，地下水下潜到洞下形成新的地下管道（如方解石洞伏流下层管道、母鲁白伏流下层管道、打铁寨伏流上层管道等）。

1）打铁寨伏流系统（C3）。该系统为地下河（伏流）管道系统，伏流进口高程约 1380.00m，出口高程约 1345.00m（高于河床约 15m），长度约 360m，水力比降约为 9.72%。伏流出口的洞口向西朝向德厚河，洞底平缓，洞道单一，洞高为 20～30m，洞体总体走向由近南北向转向北东，大致沿北西、北东两组节理发育，洞穴规模较大。已探明洞段长度 210m，入口为分布在文麻断裂带上的打铁寨落水洞，见图 6.2－5。目前，该洞仍然有地下水流动，并在出口形成瀑布，流向德厚河；岩性为 C_3 石灰岩，该管道系统为高程喀斯特带与中层喀斯特带相连，表明该洞属于演化过程中，显示了喀斯特发育的继承性和阶段性，喀斯特发育强烈。

2）方解石管道系统（C5）。该系统为双层单一廊道峡谷式洞穴系统，洞口向西朝向德厚河，上层洞口高程 1340.00m，高于当地河床 14m。洞底平缓，洞道单一，总体为由近东西转向近南北的弧形，受北西向节理控制。洞体规模不大，洞宽一般不足 2m，洞高 1.6～3.2m，已探明洞长 93m，入口为分布在文麻断裂带上的上倮朵收鱼塘，高程约 1370.00m（高于河床 44m），见图 6.2－6。在距洞口 60m 处入洞左侧洞底见一洞内喀斯特塌陷，塌陷为圆形，直径4m，深9m，从该塌陷坑往下可见下层喀斯特洞，高程约为1331.00m（高于河床约5m），也为单一廊道地下河式洞穴，无水，以洞壁生长大量晶体完好的方解石而著名，分布高程大致相当于Ⅰ级河流阶地。岩性为C_2、C_3石灰岩，该管道系统为高层喀斯特带、中层喀斯特带到低层喀斯特带相互连通，其中，高层喀斯特带与中层喀斯特带因泥沙淤积而堵塞，显示了喀斯特发育的继承性和阶段性，喀斯特发育强烈。

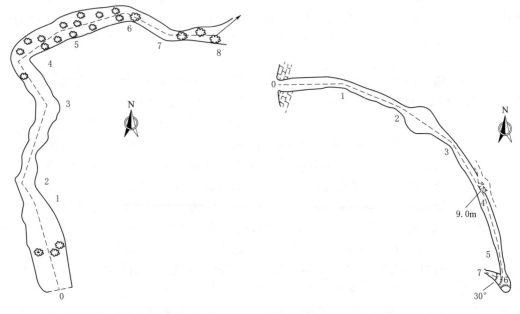

图 6.2-5　打铁寨伏流（C3）　　　　　　图 6.2-6　方解石管道系统（C5）

3）母鲁白管道系统（C1）。该系统为双层廊道式洞穴，为伏流的出口，因泥沙淤积堵塞后无水，暴雨期形成进口内涝，通过开挖泄洪洞排洪，原伏流进口高程约1395.00m（高于河床约50m），出口高程约1350.00m，长约220m，水力比降为20.45%。洞口高于河面5m（Ⅰ级河流阶地），洞口呈圆拱形，朝向西南（SW217°），洞口向里（东北方向）为宽廊道，顶部为穹形，高20余米，为继承上层喀斯特洞穴向下喀斯特作用、切割而成；洞穴向内约50m，分为2条洞，右边支洞为下层洞，向北延伸，洞道逐渐变窄、洞高变小，约10m后人不能进；左边支洞为一陡崖，陡崖上垂直上升20余米后再向下约10m见第二层喀斯特洞，高于下层洞约10m，高于河床约15m（Ⅱ级河流阶地）。岩性为C_3石灰岩，该管道系统为高层喀斯特带、中层喀斯特带到低层喀斯特带相互连通，其中，高层喀斯特带与中层喀斯特带因泥沙淤积而堵塞，显示了喀斯特发育的继承性和阶段性，喀斯特发育强烈。

4）坝址左岸住人洞（C22）。该洞位于德厚水库坝址上游左岸，为沿北西向较大破裂面（小断层）发育的峡谷式洞穴，岩性为C_3石灰岩，洞穴出口朝向南东的德厚河，洞口高于河水面约10m（Ⅱ级河流阶地）。

（3）低层喀斯特带。该带形成于全新世（Qh），低层喀斯特带分布高程大致相当于Ⅰ

级河流阶地，高于德厚河（或咪哩河）河床 3～5m，在坝址附近高程为 1323.00～1330.00m，低于水库正常蓄水位（高程 1377.50m）。发育典型层状（水平）喀斯特洞、管道，主要有方解石洞管道系统下层管道（C5）、母鲁白管道系统下层管道（C1）、上保朵伏流系统（C25）等。

1）咪哩河河口（右岸）喀斯特洞穴。洞穴位于咪哩河与德厚河交汇口附近，现引水渠道桥边的咪哩河右岸，洞口有 2 个，分别朝向咪哩河和德厚河（岔河口下游），洞口高于河床 5～8m（高于 I 级阶地 0～3m）。该洞为一厅堂式洞穴，洞穴规模庞大，有宽度在 50m 以上的大厅，洞内次生碳酸钙沉积物较多，为干洞，雨季有洪水从洞中流出，见图 6.2-7。岩性为 C_3 石灰岩，在德厚河一侧有 2 个泉水出露，为该洞现今地下水排泄口。

图 6.2-7　咪哩河河口（右岸）喀斯特洞穴

2）上保朵伏流系统（C25）。该系统为地下河管道式洞穴系统，伏流进口高程约 1360.00m（高于河床 44m），出口高程约 1321.00m（高于河床 5m），长度约 750m，水力比降约为 4.53%。洞口位于德厚河左岸渠道下，向南朝向德厚河，洞底平缓，洞道单一，总体向北东方向延伸，受岩层走向控制。洞体规模较大，洞宽一般 5～10m，洞高 2.0～5.0m，已探明洞长 207m，入口分布在文麻断裂带上的上保朵落水洞，见图 6.2-8，本洞穴系统大部分已经抬升，仅雨季有水流出，流量较小。岩性为 P_1 石灰岩，该管道系统为高层喀斯特带、中层喀斯特带到低层喀斯特带相互连通，显示了喀斯特发育的继承性和阶段性，喀斯特发育强烈。

（4）现代河床及以下的喀斯特带。又称浅部喀斯特带、深部喀斯特带，形成于全新世（Qh），为地下水活动下界面（根据钻孔资料，从海拔 1320.00m 至河床以下约 120m 范围内）的喀斯特带，是当前水岩作用频繁、喀斯特发育带，区域上较大规模的有羊皮寨地下河、白鱼洞地下河、大红舍龙洞地下河等，出露高程相差较大，位于当前地下水位及以下。坝址附近可见到地下河或洞穴包括牛鼻子洞、"八大碗"喀斯特泉群、隐伏喀斯特洞

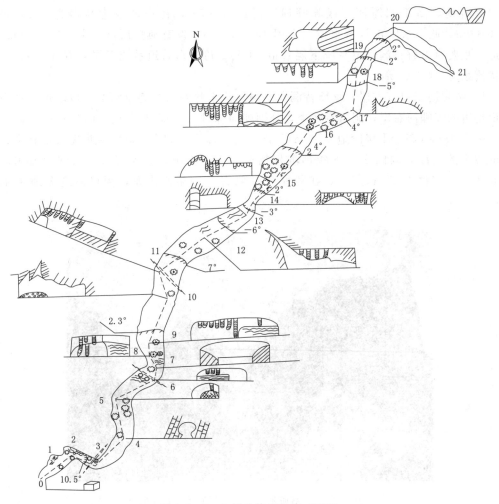

图 6.2 - 8　上俅朵伏流系统（C25）

（C23）。C23 位于坝址区左岸坝基坝轴线附近，垂直发育，洞顶高程为 1323.00m，地下水位约 1320.00m（河水位）；高程 1323.00～1312.00m 洞段无充填，高程 1312.00m 处洞尺寸为 5.5m×6.0m（宽×高）；1312.00m 以下为全充填，其中，高程 1312.00～1292.00m 洞段充填物为黏土夹碎石；高程 1292.00m 形状近似菱形，断面尺寸 9.2m×7.7m（宽×高），充填物为黏土夹碎石；高程 1292.00～1284.00m 洞段充填物主要为块石、碎石夹黏土，密实；高程 1284.00m 以下为喀斯特裂隙，见图 6.2 - 9，图中多为人工开挖平洞，其中右侧为隐伏的喀斯特洞；岩性为 C_3 石灰岩，该隐伏喀斯特洞为浅部喀斯特带与深部喀斯特上带相连，显示了喀斯特发育的继承性和阶段性，喀斯特发育强烈。

6.2.3　坝址区喀斯特发育特征

6.2.3.1　钻孔揭示的喀斯特发育特征

根据钻孔统计资料分析，总体上看，钻孔揭示的喀斯特发育与层状喀斯特（洞、管道、通道）具有高度的相关性，见表 6.2 - 3。据钻孔资料，在统计的 18 个钻孔中，揭露

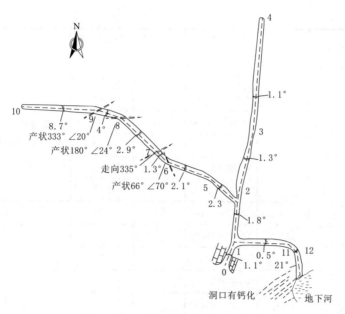

图 6.2-9 C23 隐伏喀斯特洞（右侧）及人工开挖平洞

喀斯特洞的钻孔有 13 个，钻孔遇洞率为 72.2%；洞高度为 0.15～39.0m，多数小于 1m，钻孔线洞穴率为 0.2%～36.2%不等，一般低于 2%；线喀斯特率范围值为 1%～50%，多在 1%～10%之间。在孔深 100m 以下，3 个钻孔仍然揭露喀斯特洞，占孔深超过 100m 钻孔数量的 43%，明显低于钻孔深度小于 100m 的遇洞率；洞高度为 0.56～8.0m，钻孔线洞穴率为 0.5%～6.2%；钻孔线喀斯特率 3%～20%。

表 6.2-3　　　　　　　　　钻孔喀斯特发育统计表

序号	钻孔编号	钻孔位置	孔深/m	喀斯特发育位置/m	线洞穴率/%	线喀斯特率/%	备注
1	JZK03	上坝左岸	100.15	0.15～100.15		1	水位 1323.89m，在高程 1323.00m、1328.00～1330.00m 见喀斯特洞
				48.00～48.40	0.4		
2	JZK04	上坝左岸	80.63	8.70～74.00		10～13	地下水位之下：1315.00～2323.00m，$q=10\sim100$Lu
				74.00～80.63		5～8	地下水位之上：1356.00～1362.00m，$q=10\sim100$Lu
3	JZK05	上坝左岸	115.24	2.00～18.53		>15	
				18.53～66.59		7～10	
				66.59～74.60		5	
				74.60～115.24		10	
4	JZK06	上坝左岸	100.04	1.60～10.30		15～20	在高程 1295.00m、1322.42m 和大约 1345.00m 处见 3 层喀斯特洞
				30.00～100.40		5～10	
				48.00	0.2		
				71.00	0.2		

序号	钻孔编号	钻孔位置	孔深 /m	喀斯特发育 位置/m	线洞穴率 /%	线喀斯特率 /%	备　注
5	ZK19	左岸	100.23	0～5.00		5	在高程 1318.00m、1326.00m 见 2 层喀斯特洞（充填黏土）
				5.00～28.00		4	
				32.00～42.00			
				42.00～75.00		6～8	
				43.90～44.90			
				75.00～100.23		4～5	
6	ZK23	岔河左岸 150m	138.0	3.70～4.20	0.4		
				13.60～16.00		5	
				75.00～138.00		5	
7	ZK24	左岸下游 Ⅰ级阶地	94.72	14.30～31.00		8	
				31.00～55.00		5	
				55.00～94.72		7	
8	ZK26	岔河左岸 100m	120.29	0.60～7.70		10	在高程 1321.16m 处见喀斯特孔、喀斯特洞，大致在高程 1321.00～1328.00m 处不起压；在高程 1335.00～1350.00m 段也不起压（$q>100$Lu）
				4.60～5.20	0.6		
				7.70～37.20		1.5	
				37.20～61.50		1	
				61.51～76.80		1	
				76.80～120.20		1	
				76.87～77.87	1.0		
9	ZK29	岔河左岸	130.0	4.20～24.60		2～4	
				24.60～41.00		4～8	
				41.00～80.00	30	7～10	
				80.00～122.00		10	
				119.00			
				122.00～130.00	6.2	10	
10	ZK32	左岸 Ⅰ级阶地	100.25	13.50～50.00		5～7	
				24.73～25.03	0.3		
				26.90～27.23	0.3		
				38.80	0.2		
				44.50	0.1		
				50.00～100.25		1～3	
				83.00～97.20	14.2		

序号	钻孔编号	钻孔位置	孔深/m	喀斯特发育位置/m	线洞穴率/%	线喀斯特率/%	备注
11	ZK35	岔河左岸300m	163.09	1.80～10.00		1	孔口高程1465.07m,地面以下120m(高程1346.07～1346.97m)处见高度为0.9m喀斯特洞,线喀斯特率达8%;高程1301.98～1330.07m线喀斯特率为3%～5%,地面以下160m喀斯特依然发育
				10.00～50.00		2～5	
				25.20～25.85	0.4		
				45.10～45.72	0.4		
				50.00～135.00		5～8	
				72.20～73.10	0.6		
				118.10～119.00	0.6	8	
				135.00～163.09		3～5	
12	JZK07	岔河右岸	100.21	0.70～8.00		15～20	在高程1280.00m处见喀斯特洞,q值在10～100Lu及以上的有3层,分别为:地下水位以下约10m、地下水位附近及稍上、高于水位25～30m。在终孔前5～10m见喀斯特洞,但$q<4Lu$
				8.00～100.21		10	
				100.00	1		
13	ZK22	岔河右岸	100.0	1.60～12.60		3	水位1323.40m,在高程1306.00m见充填喀斯特洞
				12.60～20.20		5	
				20.20～35.30		4	
				35.30～57.90		6～7	
				49.81～51.31	1.5		
				57.90～100.00		2～3	
14	ZK25	岔河右岸	120.1	1.50～15.00		5～8	
				15.00～62.50		2	
				62.50～90.60		1	
				90.60～100.40		3～5	
				100.40～120.10		2	
15	ZK27	岔河右岸	100.04	30.00～45.00		<2	与ZK26对应,在高程1322.40m见地下水位,高程1322.00～1326.00m处不起压;在地下水位及以上有2层$q>10Lu$,水位以下$q<2.0Lu$
				45.00～60.00		1～2	
				60.00～100.00		<1	
16	ZK30	岔河右岸200m	119.63	1.80～47.80		40～50	孔口高程1414.30m,在水位附近见大喀斯特洞,水位以下至终孔还有2层小喀斯特洞(如高程1305.70～1306.26m,洞高0.56m,未充填),终孔不起压($q=10～100Lu$),水位以上有2层(高程1374.00～1378.00m、1390.00～1414.00m)$q=10～100Lu$;高程1294.67～1366.50m段,线喀斯特率高达15%～20%
				47.80～119.63		15～20	
				85.38～95.35	8.3		
				99.38～99.68	0.3		
				108.04～108.60	0.5		

续表

序号	钻孔编号	钻孔位置	孔深/m	喀斯特发育位置/m	线洞穴率/%	线喀斯特率/%	备 注
17	ZK31	岔河右岸	60.21	5.30~33.00		6	在地下水位以下有2层喀斯特洞,分别位于高程约1315.00m、1308.00m处,并且河床(水位)以下约50m不起压,$q>100$Lu
				40.30~60.21		4~5	
				40.50~41.20	1.2		
				43.63~43.93	0.5		
				45.33~46.43	1.8		
18	ZK33	岔河右岸	99.6	12.70~16.50	3.8		
				18.50~19.80		3~5	
				20.30~24.50		1~2	
				34.60~52.00		2~3	
				52.00~99.60		1~2	
19	ZK21	岔河河床	90.65	7.00~33.00		8	
				33.00~45.70		6	
				45.70~60.50		3~5	
				60.50~70.50		8	
				70.50~83.00		3~5	
				83.00~90.65		8	

(1) 德厚河左岸喀斯特发育特征。在左岸的11个钻孔中,8个钻孔见喀斯特洞,钻孔遇洞率为72.7%;洞高度为0.15~39.0m,多数小于1m,线洞穴率为0.2%~36.2%,一般低于1%;线喀斯特率为1%~20%,多在4%~10%之间。孔深100m以下,2个钻孔揭露喀斯特洞,占孔深超过100m钻孔数量的40%,明显低于钻孔深度小于100m的遇洞率;洞高度为0.62~8.0m,线洞穴率为0.5%~6.2%;线喀斯特率3%~10%。据ZK35孔(孔深163.09m)资料,高程1346.07~1346.97m处仍然见高度0.9m洞穴,线喀斯特率达8%,表明地面以下120m喀斯特很发育;高程1301.98~1330.07m,线喀斯特率为3%~5%,地面以下160m喀斯特依然发育,见图6.2-10。

(2) 德厚河右岸喀斯特发育特征。在德厚河右岸的7个钻孔中,5个钻孔揭露有喀斯特洞,钻孔遇洞率为71.4%;洞高度为0.3~9.97m,多数小于2m,线洞穴率为0.3%~8.3%,一般低于2%;线喀斯特率1%~50%,多在1%~8%之间。孔深100m以下,1个钻孔揭露喀斯特洞,占孔深超过100m钻孔数量的50%,低于钻孔深度小于100m的遇洞率。据ZK30孔(孔深119.63m)揭露的情况,高程1305.70~1306.26m处,仍然见高度0.56m的未充填洞穴;高程1294.67~1366.50m处,线喀斯特率高达15%~20%,表明地面以下120m喀斯特很发育,见图6.2-11。

(3) 坝址区德厚河的喀斯特发育特征。坝址附近德厚河河谷布置了7个钻孔,据ZK21钻孔资料,线喀斯特率3%~8%,其中深度7~33.0m、60.5~70.5m、83.0~90.65m,线喀斯特率最大,达8%,这意味着,河床以下90m虽没有发现洞穴,但喀斯特裂隙等仍较发育,见图6.2-12。据ZK24钻孔资料,在孔深55~94.72m线喀斯特率仍达7%,

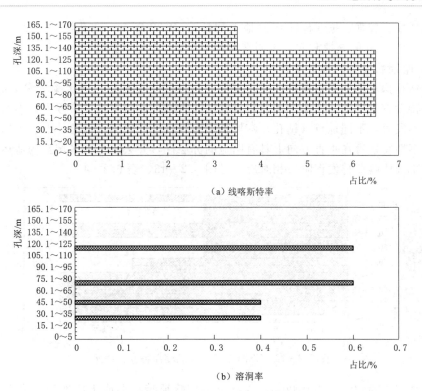

（a）线喀斯特率

（b）溶洞率

图 6.2 - 10　ZK35 钻孔揭露的喀斯特发育特征

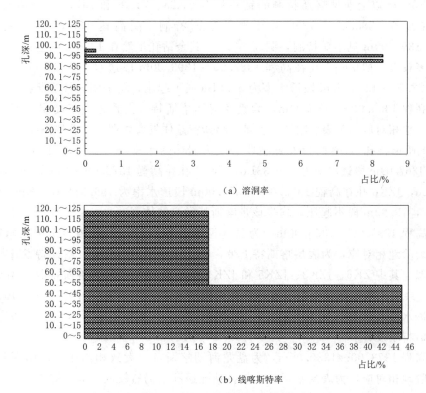

（a）溶洞率

（b）线喀斯特率

图 6.2 - 11　ZK30 钻孔揭露的喀斯特发育特征

表明喀斯特发育较强。据左岸Ⅰ级阶地上的钻孔 ZK32 资料，在孔深 83～97.2m 处仍然发育有直径 14.2m 的充填洞穴，表明在河床下 100m 左右喀斯特仍然发育。

6.2.3.2　喀斯特发育的垂直差异

　　根据钻孔揭示的地下喀斯特现象、规模及钻孔线喀斯特率、透水率等参数综合分析，地下喀斯特发育的不均匀性非常明显，有些钻孔自始至终喀斯特发育强烈，而有些钻孔喀斯特基本不发育，不同地点（钻孔）喀斯特发育程度差异较大，但总体上表现出有一定的规律，即喀斯特发育在垂直方向上具有明显的分层性，并大致上与区域新构造运动的几个相对稳定阶段或喀斯特发育阶段相对应，见图 6.2-13、表 6.2-4。

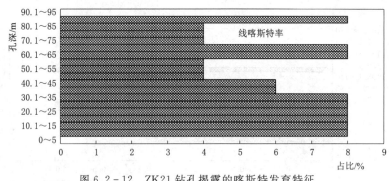

图 6.2-12　ZK21 钻孔揭露的喀斯特发育特征

　　（1）高程 1380.00～1400.00m，为盘龙河期喀斯特，形成于第四纪，为表层喀斯特上带。在 1390m 以上遇见喀斯特洞的钻孔仅有 ZK23、ZK25 和 ZK30 三个钻孔；其中，ZK25 孔在高程 1385.69～1398.89m 遇见喀斯特洞，洞高达 13m，ZK30 孔在高程 1395.00～1397.00m 见喀斯特洞，洞高约 2m。其余钻孔虽然在 1390m 以上未见洞，但岩体透水率多较大，如 ZK26 孔在高程 1387.00～1393.00m 段透水率为 29.7Lu，ZK39 孔在高程 1378.00～1394.00m 段透水率为 57.8Lu 或不起压，均表明该带喀斯特发育。

　　（2）高程 1360.00～1380.00m，为盘龙河期喀斯特，大致相当于高层喀斯特带，与河流Ⅲ级阶地相对应，为表层喀斯特上带，喀斯特总体发育较弱，钻孔遇洞率低（仅 JZK5 见有密集的喀斯特孔），喀斯特发育主要表现为岩体透水率中等—强，如 ZK26 孔在高程 1357.00～1367.00m 段透水率为 15～33Lu，ZK27 孔在高程 1375.00～1381.00m 段透水率为 47.29Lu，JZK6 孔在高程 1375.00～1379.00m 段透水率为 199.31Lu，ZK99 孔在高程 1369.76～1379.99m 段不起压，均是该带喀斯特发育的体现。

　　（3）高程 1335.00～1355.00m，为盘龙河期的喀斯特，大致相当于中层喀斯特带，与河流Ⅱ级阶地相对应，为表层喀斯特上带，钻孔遇洞率仍然较低，喀斯特发育与高层喀斯特带相似。其中 ZK6、JZK3、JZK5 和 JZK6 孔见有规模不大的喀斯特洞（洞高 0.2～1.0m），其余钻孔喀斯特发育也主要体现在岩体透水率中等—强，一般为 10～100Lu，仅个别钻孔透水率高于 100Lu 或不起压，如 ZK3、ZK5、ZK26 孔；个别钻孔在该高程段还表现出喀斯特不发育。

　　（4）高程 1323.00～1330.00m，为盘龙河期喀斯特，大致相当于低层喀斯特带，与河流Ⅰ级阶地相对应，为表层喀斯特上带，钻孔遇洞率仍然较低，但洞规模较大，并且与河床水位高程的洞通常是相互连通的。典型的如 ZK30 钻孔，在高程 1318.95～1328.92m

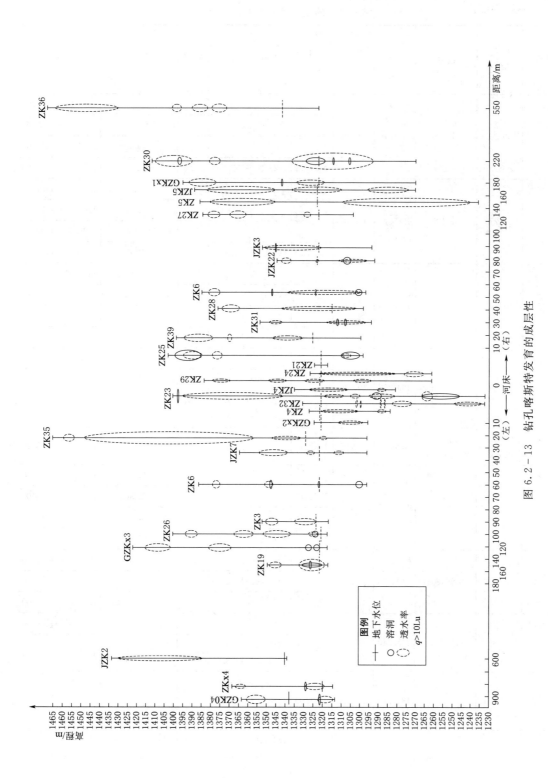

图 6.2 - 13 钻孔喀斯特发育的成层性

表 6.2 - 4　　　　　　钻孔揭示的地下喀斯特发育统计表

编号	钻孔编号	位置	孔口高程/m	孔深/m	地下水位高程/m	喀斯特洞或喀斯特裂隙分布高程/m	洞高/m	透水率/Lu	高程/m
1	ZK26	左岸100m	1401.70	120.29				29.71	1387.00~1393.00
								15~33	1357.00~1367.00
								>100	1337.00~1352.00
					1321.16	1323.00~1325.00	2	<2.0	1323.00~1327.00
2	ZK27	右岸130m	1385.70	100.04				47.29	1375.00~1381.00
								13.17	1361.00~1370.50
								>600	1326.00~1330.00
					1322.40	1321.79（水位）		<2.0	水位及以下
3	GZKx3	左岸120m	1415.00	110.13				39.5~247.3	1401.00~1415.00
								39~211.6	1368.00~1381.00
						1326.50~1327.00	0.5		
					1322.85	1322.00~1324.00	2		
4	JZK6	左岸60m	1395.02	100.40				199.31	1375.00~1379.50
						1346.50~1347.50	1	26.0	1346.00~1351.00
					1322.42	1323.00~1323.50 1298.50~1302.00	0.5, 3.5		
5	GZK02 (GZKx2)	河床,偏左岸10m	1328.50	100.04	1322.40			8.60~16.09	1297.00~1312.00
6	JZK7		1369.95	100.21				20.25	1349.00~1354.00
					1322.45			12.56	1324.00~1328.00
								13.07	1309.00~1314.00
						1278.00~1280.00	2	<3.50	
7	GZKx1	右岸180m	1402.00	100.11				11.95~93.53	1377.00~1392.00
						1341.00~1342.00	1		
					1323.11			17.36~18.21	1319.00~1334.00
8	ZK31	右岸30m	1352.40	60.21				61.86	1343.00~1348.00
					1321.75	1312.00~1313.00 1307.00~1308.00	1 1	>600	1292.19~1318.00
9	ZK24	河床 (偏右岸)	1324.70	105.54	1323.00	55m以上至孔口垂直贯通型无充填裂隙		22~82, 45.16	1276.00~1324.00 1266.00~1272.00
10	JZK3	右岸90m	1393.09	100.15		1344.69~1345.09 充填黏土夹碎石	0.4	24.31~483.87	1321.00~1351.00
					1323.89				

编号	钻孔编号	位置	孔口高程/m	孔深/m	地下水位高程/m	喀斯特洞或喀斯特裂隙分布高程/m	洞高/m	透水率/Lu	高程/m
11	JZK4	河床（偏左岸）	1327.20	80.63	1322.00			99.01～193.22，46.29～48.14	1307.00～1327.00，1281.00～1291.00
12	JZK5	右岸170m	1384.97	115.24		密集喀斯特裂隙带		91.18～513.3	1345.00～1382.00
					1324.45			19.83～303.25	1310.00～1336.00
								13.5～25.02	1269.73～1296.00
13	ZK19	左岸150m	1363.50	100.23				90.19	1343.00～1348.00
						1321.50～1331.50 无充填	10	≥36.42	1318.00～1333.00
						1326.46～1327.60 无充填	1.14		
					1322.90	1318.60～1319.60	1		
14	ZK21	河床偏右5m	1323.30	90.65	1323.00			<4.0	全孔
15	ZK22	右岸80m	1357.20	100.0				5.99～38.61	1337.00～1342.00
					1323.40	1305.90～1309.39 半充填黏土碎石	1.49	0.17～1.4，39.83	1323.00～1324.00，1291.00～1311.00
16	ZK32	河床偏左5m	1327.10	100.25				51.36～75.7	1288.00～1327.10
						1302.07～1302.37 全充填	0.3		
						1299.97～1300.20 全充填	0.23		
					1322.10	1286.10～1288.30 全充填	0.2		
						1282.60～1282.75 全充填	0.15	5.07～15.67	1267.00～1278.00
						1229.90～1244.10 全充填，碎石胶结	14.2		
17	ZKx4	左岸850m	1415.00	110.09				>100	1362.00～1366.00
					1320.08	1328.00～1329.00	1	>100	1319.00～1329.00
18	ZK3	左岸90m	1393.09	100.15				>100	1344.00～1350.00
								10～100	1335.00～1344.00
					1323.89			>100	1323.00～1335.00
19	ZK4	河床偏左	1327.20	80.63	1322.00	一层喀斯特洞		99～184，10～100	1302.00～1322.00，1281.00～1291.00
20	ZK5	右岸155m	1384.97	115.24				>100	1345.00～1380.00
					1324.45			>100	1236.00～1310.00

续表

编号	钻孔编号	位置	孔口高程/m	孔深/m	地下水位高程/m	喀斯特洞或喀斯特裂隙分布高程/m	洞高/m	透水率/Lu	高程/m
21	GZK04	左岸920m	1415.00	110.09				10~100	1356.00~1362.00
					1337.00	1322.00~1323.00	1	10~100	1315.00~1323.00
22	JZK2	左岸600m	1460.44	120.2	低于孔底			10~100, 10~100	1440.00~1445.00, 1384.00~1430.00
23	ZK30	右岸220m	1414.30	119.63	1323.30	1395.00~1397.00	2	≥55.17	1389.00~1409.00
								25.65	1375.00~1380.00
						1318.95~1328.92 粉砂充填	10	≥18	1294.67~1336.00
						1314.62~1314.92	0.3		
						1305.70~1306.26	0.56		
24	ZK36	右岸550m	1463.02	138.48	1341.62			>100	1430.00~1463.00
								≥10.22	1395.00~1410.00
								10~100	1382.00~1389.00
								15.0	1372.00~1379.00
25	ZK6		1395.02					188.72	1375.00~1380.00
						1347.02 无充填	0.2		
								24.31	1329.00~1338.00
						1324.02 无充填	<0.2		
						1298.02~1302.52 充填碎石红黏土	4.5		
26	ZK23	左岸	1400.73	158.3	1322.83	1396.53~1397.03 全充红黏土	0.5	≥74.21	1341.73~1395.00
						1384.73~1387.13 方解石重结晶	2.4		
								>600	1309.85~1318.75
						1242.43~1262.73 密集裂隙, 喀斯特发育	20.3		
								>600	1300.75~1305.04
								≥11.59	1276.45~1295.86
								>600	1256.34~1262.21
27	ZK25	右岸	1400.69	120.10	1323.69	1385.69~1398.89	13.2	80.75~88.36	1384.82~1394.79
								80.87	1374.66~1379.49
						1300.33~1310.09	9.76	173	1305.62~1310.37

续表

编号	钻孔编号	位置	孔口高程/m	孔深/m	地下水位高程/m	喀斯特洞或喀斯特裂隙分布高程/m	洞高/m	透水率/Lu	高程/m
28	ZK28		1396.34	102.65				22.59～46.57	1364.31～1374.92
					1315.34			≥12.89	1302.60～1342.50
29	ZK29	坝址	1406.11	142.51				>600	1369.76～1379.99
								>600	1339.31～1349.68
					1322.01			>600	1319.07～1329.30
								>600	1288.79～1304.08
30	ZK35	坝址	1465.07	163.09				>600	1454.00～1459.10
								≥17.42	1448.90～1357.70
								>600	1347.46～1332.28
					1328.42			>600	1322.35～1317.067
31	ZK39		1398.32	120.05				≥57.82	1376.40～1394.28
								>600	1368.56～1371.20
								4.5～37.17	1330.99～1346.43
					1325.52				

段发育高达 10m 的巨型喀斯特洞，表明两个喀斯特带发育的继承性和阶段性；这与野外调查的 C23、C25、C5、C1、C3 喀斯特洞、管道、通道的继承、连通是一致的。此外，钻孔岩体透水率也明显高于中层喀斯特带及高层喀斯特带；如 ZK27 孔在 1326～1330m 不起压，ZK3、ZK5 孔岩体透水率大于 100Lu，JZK3 孔在 1321～1351m 段透水率为 24.31～483.87Lu，JZK5 孔在 1310～1336m 段透水率为 19.83～303.25Lu。

（5）高程 1320.00～1323.00m，为盘龙河期喀斯特，在地下水位附近，为地下水位的季节变动带，喀斯特发育最为强烈，大致相当于现代河床喀斯特带，为表层喀斯特下带。大致相当于德厚河河床高程（1320.00m），或德厚河枯季与丰水期水面变动范围，钻孔遇洞率最高，并且洞穴的规模最大，洞穴高度为 0.5～39m。典型的如 ZK30 孔，地下水位附近 1318.95～1328.92m 段见高度约 10m 的喀斯特洞；ZK19 孔在地下水位附近（高程 1318.60～1331.50m）见连续喀斯特洞，高 12m 以上。地下水位附近及以下的钻孔遇洞率高达 65%～70%，即便未见喀斯特洞，也有很高的岩体透水率，表明该段喀斯特发育强烈。

6.2.4 喀斯特发育深度

（1）钻孔揭示的喀斯特发育深度。关于在地下水位以下喀斯特发育深度，鉴于大多数钻孔在河流两岸，孔深一般在 100m 左右，多数钻孔只到水位附近，仅分布在河床、坝址附近的少部分钻孔的深度较大。根据图 6.2-12 及表 6.2-14，在地下水位以下一般发育有 2～4 层喀斯特洞或强透水岩体，分别为高程 1318.00～1324.00m、1298.00～

1310.00m、1276.00～1290.00m 和 1230.00～1250.00m；如 ZK30 钻孔发育 3 层喀斯特洞。钻孔揭示总体上在水位以下 70m 以下喀斯特发育微弱，表现在喀斯特洞遇见率低，透水率一般在 5Lu 以下（可作为弱喀斯特发育的标志）；例如，近坝左岸喀斯特洞发育最低高程为 1250.00m，近坝右岸喀斯特洞发育高程多为 1250.00m（深部喀斯特上带喀斯特洞约占 68%）。但由于喀斯特发育的各向异性，在局部地段（如断层、节理密集带、碳酸盐岩与非碳酸盐岩接触带）水位以下 70m 更深处仍有喀斯特发育。例如，位于德厚河附近河床的 ZK32 钻孔，在河床（地下水位）以下 20～97m 发育 5 层喀斯特洞，尤其在河床以下 97m 仍然见高达 14.2m 的规模巨大的洞，尽管该喀斯特洞已经胶结，但至少反映喀斯特曾比较发育；近坝右岸部分喀斯特洞发育高程为 1200.00～1250.00m（深部喀斯特中带喀斯特洞约占 32%）；近坝右岸灰岩与玄武岩接触带，并发育 F_2 断层，在河水位以下 120m 左右仍见高约 5m 的喀斯特洞（最低高程 1197.50m）；咪哩河库区喀斯特洞发育高程多为 1260.00m（深部喀斯特上带喀斯特洞约占 89%），低于咪哩河河床约 100m，低于盘龙河河床约 40m；部分喀斯特洞发育高程为 1210.00～1260.00m（深部喀斯特中带喀斯特洞约占 11%），低于咪哩河河床约 150m，低于盘龙河河床约 90m。

坝址区河床布置 BZK26、BZK27 两个钻孔，高程为 1322.31m、1320.92m，孔深为 200.46m、200.17m。BZK26 孔（靠左岸）发育 4 层喀斯特洞：①高程 1303.71～1303.11m 为喀斯特洞，洞高约 0.60m，全充填，充填物为砂卵砾石；②高程 1294.69～1293.40m 为喀斯特洞，洞高约 1.29m，半充填，充填物为砂卵砾石；③高程 1273.05～1268.51m 为喀斯特洞，洞高约 4.54m，半充填，充填物为砂卵砾石；④高程 1265.11～1262.83m 为喀斯特洞，洞高约 2.28m，全充填，充填物为黏土。以上 4 层喀斯特洞均为深部喀斯特上带；$q \leqslant 5Lu$ 顶界线高程为 1239.00m，1239.00m 为弱喀斯特带的顶界。BZK27 孔（靠右岸）发育 3 层喀斯特洞：①高程 1301.52～1300.82m 为喀斯特洞，洞高约 0.70m，全充填，充填物为砂砾石；②高程 1277.92～1275.92m 为喀斯特洞，洞高约 2.00m，全充填，充填物为砂卵砾石；③高程 1244.92～1244.32m 为喀斯特洞，洞高约 0.60m，无充填；前 2 层喀斯特洞为深部喀斯特上带，最后 1 层喀斯特洞为深部喀斯特中带；$q \leqslant 5Lu$ 顶界线高程为 1221.00m，1221.00m 为弱喀斯特带的顶界。

钻孔揭示喀斯特发育带，大致与地面调查的层状喀斯特地貌相对应，并且具有自河床（地下水位附近）向上、向下减弱的趋势。以高程 1320.00～1330.00m、地下水位附近（1298.00～1320.00m）两个高程段喀斯特最为发育，并且相互连通，继承性和阶段性明显。例如，C23 隐伏喀斯特洞高约 39m（高程 1284.00～1323.00m），其透水率一般在 100Lu 以上。

近坝左岸、近坝右岸以岩体透水率 5Lu 作为强喀斯特发育的下限，岩体透水率大于 5Lu 作为强喀斯特发育的标志；而岩体透水率 1～5Lu 的喀斯特总体上发育弱，基本无喀斯特洞或喀斯特现象少见，作为弱喀斯特发育的标志；岩体透水率小于 1Lu 作为微喀斯特发育的标志。

咪哩河库区以岩体透水率 10Lu 作为强喀斯特发育的下限，岩体透水率大于 10Lu 作为强喀斯特发育的标志；而岩体透水率为 1～10Lu 的喀斯特总体上发育弱，基本无喀斯特洞或喀斯特现象少见，作为弱喀斯特发育的标志；岩体透水率小于 1Lu 作为微喀斯特发育的标志。

（2）喀斯特水化学揭示的喀斯特水循环深度。德厚水库区喀斯特泉的水温度、TDS、Ca^{2+}、HCO_3^-、F^- 浓度子普遍偏低或一般，属于典型的冷水喀斯特作用产物，喀斯特没有大的深部喀斯特水循环。其中，咪哩河喀斯特水系统除大红舍龙洞地下河出口流量较大外，其余地下水出露水点的流量均比较小，虽然其以高 TDS、Ca^{2+}、HCO_3^- 离子浓度为特征，部分喀斯特泉还具有上升泉性质，但其地下水温度低，高 SO_4^{2-} 浓度表明地下水主要来源于 P_2l 煤系地层分布区，反映为一种水岩交互作用较充分的喀斯特慢速裂隙流的地下水化学特征，其没有明显的深部喀斯特带水循环。坝址附近库区的"八大碗"喀斯特泉群地下水温度为 $22\sim23.8℃$，明显高于周边其他喀斯特泉水温度，也高于当地多年平均气温。但其 TDS 仅为 $260\sim323mg/L$、Ca^{2+} 浓度仅 $94\sim118mg/L$、HCO_3^- 浓度为 $109\sim298mg/L$，总体较低，可能反映为非承压的喀斯特管道水性质，不存在深部喀斯特带地下水循环通道。即便是热水寨温泉，虽然其泉水温度稍高，但其他各项指标均低于或相当于本区域的喀斯特泉的平均指标，可能反映了其补给区距离出口较近，喀斯特发育深度较浅，地下水运行速度较快，水岩交互作用不充分所致。

综上所述，德厚水库库区和坝址区不存在深部喀斯特地下水循环，喀斯特发育深度主要受区域排泄基准面、"八大碗"喀斯特泉群地下水动力条件的控制或影响。一般深部喀斯特上带位于排泄面以下约 70m，是喀斯特最为发育的地带；深部喀斯特中带喀斯特发育一般较弱，当遇断层、碳酸盐岩与非碳酸盐岩接触带、排泄型、补排交替型喀斯特水动力类型时，深部喀斯特中带喀斯特仍然发育；深部喀斯特下带喀斯特一般不发育。

6.2.5 第四纪喀斯特垂直分带

水库正常蓄水位 1377.50m，库水位以下的喀斯特均为盘龙河期喀斯特，形成于第四纪（Q），与渗漏密切相关，喀斯特强烈发育区段是勘察的重点和难点，也是防渗处理的重点和难点，因此研究盘龙河期喀斯特空间分布规律是十分必要的，第四纪喀斯特垂直分带也反映了喀斯特时间上、空间上的分布规律，作者以补给型、补排交替型喀斯特水动力类型为依托，阐述德厚水库第四纪喀斯特垂直分带及其特征。

（1）补给型喀斯特水动力类型。德厚河及近坝库岸、咪哩河、坝址区多为补给型喀斯特水动力类型，从上到下将盘龙河期喀斯特划分为：表层喀斯特带、浅部喀斯特带、深部喀斯特带 3 个带，见图 6.2-14。

1）表层喀斯特带。表层喀斯特带又划分为表层喀斯特上带、表层喀斯特下带；表层喀斯特上带高程为 1323.00～1400.00m，水动力条件为垂直渗流带，位于雨季时期地下水位以上的地带，以垂直喀斯特形态为主，将大气降水及地表水导入地下，水以垂直运动为主，包含了高层喀斯特带、中层喀斯特带、低层喀斯特带。表层喀斯特下带高程为 1320.00～1323.00m，水动力条件为季节变动带，位于由于季节变化引起地下水位升级波动地带，以水平喀斯特形态为主，地下水位升降频繁，雨季水以水平运动为主，枯季水以垂直运动为主，为现代河床喀斯特带。

2）浅部喀斯特带。浅部喀斯特带高程为 1310.00～1320.00m，水动力条件为水平渗流带，位于枯季地下水位以下、喀斯特地下水排泄口影响带以上地带，以水平喀斯特形态

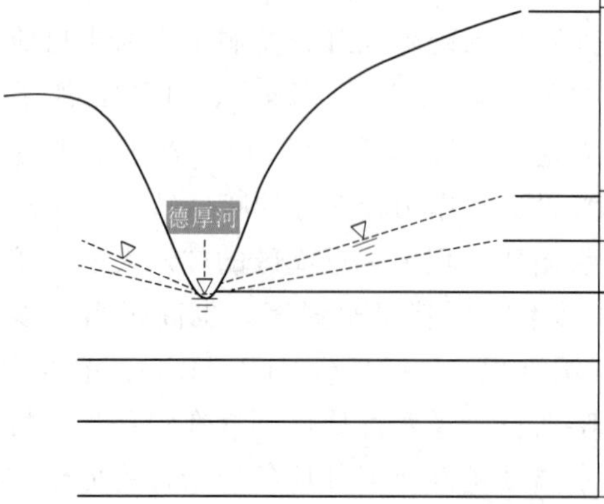

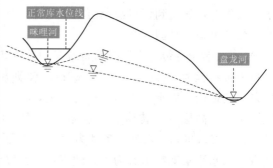

水动力类型	喀斯特垂直分带	高程/m
垂直渗流带	表层喀斯特上带	1400.00～1325.00
季节变动带	表层喀斯特下带	1325.00～1320.00
水平渗流带	浅部喀斯特带	1320.00～1310.00
虹吸渗流带	深部喀斯特上带	1310.00～1250.00
	深部喀斯特中带	1250.00～1200.00
	深部喀斯特下带	1200.00以下

图 6.2-14　补给型喀斯特水动力类型喀斯特垂直分带示意

为主，地下水以水平运动为主，为现代河床以下的喀斯特带。

3）深部喀斯特带。深部喀斯特带分为深部喀斯特上带（1250.00～1310.00m）、深部喀斯特中带（1200.00～1250.00m）、深部喀斯特下带（1200.00m 以下），深部喀斯特带水动力条件为虹吸渗流带，以水平喀斯特形态为主，局部垂直喀斯特形态发育，地下水以"倒虹吸"水流状态向河床运动，形成深部喀斯特，为现代河床以下的喀斯特带。

（2）补排交替型喀斯特水动力类型。咪哩河库尾右岸荣华—罗世鲊一带为补排交替型喀斯特水动力类型，从上到下将盘龙河期喀斯特划分为：表层喀斯特带、浅部喀斯特带（1320.00～1330.00m）、深部喀斯特带 3 个带；表层喀斯特带又分为表层喀斯特上带（1325.00～1400.00m）、表层喀斯特下带（1330.00～1370.00m）；深部喀斯特带又分为：深部喀斯特上带（1260.00～1320.00m）、深部喀斯特中带（1210.00～1260.00m）、深部喀斯特下带（1210.00m 以下），见图 6.2-15。

水动力类型	喀斯特垂直分带	高程/m
垂直渗流带	表层喀斯特上带	1325.00～1400.00
季节变动带	表层喀斯特下带	1330.00～1370.00
水平渗流带	浅部喀斯特带	1320.00～1330.00
虹吸渗流带	深部喀斯特上带	1260.00～1320.00
	深部喀斯特中带	1210.00～1260.00
	深部喀斯特下带	1210.00以下

图 6.2-15　补给交替型喀斯特水动力类型喀斯特垂直分带示意图

（3）防渗处理区喀斯特垂直分带特征。德厚水库需要进行防渗处理有 3 个区段：①近坝左岸渗漏段（简称"近坝左岸"）；②坝基绕坝渗漏及右岸渗漏段（简称"近坝右岸"）；③咪哩河库尾右岸荣华—罗世鲊渗漏段（简称"咪哩河库区"）。

1）近坝左岸。地层岩性为 C_2、C_3 灰岩，揭露喀斯特洞 116 个，钻孔单位进尺遇洞数量 0.10 个/100m，其中表层喀斯特带、浅部喀斯特带、深部喀斯特带的喀斯特洞分别为 61 个、19 个、36 个，见图 6.2-16，所占比例分别为 52.59%、16.38%、31.03%。表层喀斯特带喀斯特洞数量最多，喀斯特发育最强烈；浅部喀斯特带喀斯特洞数量最少，喀斯特发育相对较弱；深部喀斯特带喀斯特洞数量介于二者之间。深部喀斯特带揭露洞喀斯特洞数量 36 个，分布高程在 1250.00m 以上，为深部喀斯特上带，中带、下带无喀斯特洞发育，见图 6.2-17。

2）近坝右岸。地层岩性为 C_3、P_1 灰岩，揭露喀斯特洞数量 235 个，钻孔单位进尺遇洞数量 0.26 个/100m，其中表层喀斯特带、浅部喀斯特带、深部喀斯特带的喀斯特洞数量分别为 46 个、27 个、162 个，见图 6.2-15，所占比例分别为 19.57%、11.50%、68.93%。深部喀斯特带喀斯特洞数量最多，喀斯特发育最强烈；浅部喀斯特带喀斯特洞数量最少，喀斯特发育相对较弱；表层喀斯特带喀斯特洞数量介于二者之间。有近坝左岸喀斯特洞数量少、近坝右岸喀斯特洞数量多的特点，表明近坝右岸喀斯特发育更强烈，主要原因右岸是发育 F_2 断层带、辉绿岩与灰岩接触带、玄武岩与灰岩接触带，沿此 3 带喀斯特强烈发育。深部喀斯特带揭露喀斯特洞数量 162 个，深部喀斯特上带、中带喀斯特洞数量为 111 个、51 个，所占比例为 68.52%、31.48%，分布高程在 1200.00m 以上，仅玄武岩与灰岩接触带附近喀斯特洞的最低高程为 1197.50m；深部喀斯特下带基本无喀斯特洞发育，见图 6.2-17。

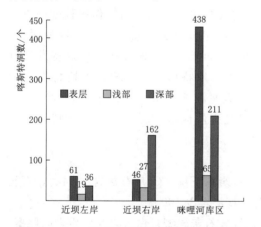

图 6.2-16　垂直分带喀斯特洞数量统计图

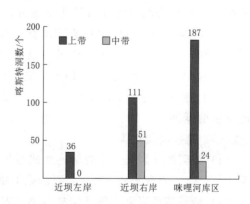

图 6.2-17　深部喀斯特带喀斯特洞数量统计图

3）咪哩河库区。$T_1 y$ 泥质灰岩、$T_2 g^1$ 白云岩段喀斯特弱—中等发育，以喀斯特裂隙为主要形态。$T_2 g^2$ 灰岩段揭露喀斯特洞数量为 714 个，钻孔单位进尺遇洞数量 0.99 个/100m，其中表层喀斯特带、浅部喀斯特带、深部喀斯特带的喀斯特洞数量分别为 438 个、65 个、211 个，见图 6.2-15，所占比例分别为 61.34%、9.10%、29.56%。表层喀斯特带喀斯特洞数量最多，喀斯特发育最强烈；浅部喀斯特带喀斯特洞数量最少，喀斯特发育相对较弱；深部喀斯特带喀斯特洞数量介于二者之间。深部喀斯特带揭露喀斯特洞数量 211 个，深部喀斯特上带、中带喀斯特洞数量为 187 个、24 个，所占比例为 88.63％、11.37％，分布高程在 1235.00m 以上；深部喀斯特下带无喀斯特洞穴发育，见图 6.2－16。

　　综上所述，无论是近坝左岸、近坝右岸，还是咪哩河库区，深部喀斯特上带的喀斯特洞数量最多，喀斯特最发育；深部喀斯特中带的喀斯特洞数量次之，喀斯特发育相对较强；深部喀斯特下带基本没有揭露喀斯特洞，喀斯特发育微弱。随着深度增加，喀斯特发育程度减弱。

6.3　影响喀斯特发育演化的主要因素

　　不同成分、结构与层厚差异的碳酸盐岩中，喀斯特发育具有明显的差异性。地质构造可决定喀斯特水的流动方向，控制喀斯特发育的延伸方向，也控制喀斯特地下水的补给、径流、排泄关系。排泄基准面位于地下水的排泄区，既有水平渗流，又有虹吸渗流，利于喀斯特的形成与发育。新构造运动中整体抬升具有多期性、间歇性特征，当地壳运动处于相对稳定时，地下水既有水平渗流为主，也有虹吸渗流，利于水平喀斯特的发育；当地壳隆升时，地下水以垂直渗流为主，利于垂直喀斯特的形成。上期的水平喀斯特与下期的垂直喀斯特具有继承性特点，易形成统一的喀斯特管道系统。因此，新构造运动控制了喀斯特发育程度。

6.3.1　岩性对喀斯特发育的影响

　　碳酸盐岩是水岩交互作用的物质基础，岩石的可溶性是判别喀斯特作用程度的重要依据。碳酸盐岩的可溶性与其化学成分、结构及层组组成有关，就岩石化学成分而言，通常可用岩石中的 CaO 含量来衡量其可溶性。不同 CaO 含量的碳酸盐岩喀斯特发育有明显差异，表现在地表喀斯特形态及其组合、个体喀斯特形态及规模、喀斯特发育程度（通常用喀斯特率表征）、地下水富水性和泉点数量与规模等。可以说，岩性对喀斯特发育的影响体现在不同成分的碳酸盐岩喀斯特发育的区域差异，或是喀斯特发育程度分区的标准。

　　（1）喀斯特层组类型。

　　1）纯碳酸盐岩类。主要为连续式石灰岩型，石炭系下统（C_1）石灰岩占 91％，石炭系中统（C_2）石灰岩占 100％，石炭系上统（C_3）石灰岩占 100％。

　　2）纯碳酸盐岩夹不纯碳酸盐岩类。主要为连续式石灰岩型、白云岩与硅质岩间层型，泥盆系中统东岗岭组（D_2d）石灰岩占 100％，泥盆系中统坡折落组（D_2p）白云岩约占 60％、硅质岩约占 40％，下段（D_2p^1）为白云岩夹硅质白云岩亚型。

　　3）非碳酸盐岩夹纯碳酸盐岩类。主要为连续式石灰岩型，二叠系下统（P_1）石灰岩占 100％。

　　4）非碳酸盐岩与不纯碳酸盐岩和纯碳酸盐岩间层类。主要为石灰岩与白云岩间层型、泥质灰岩与石灰岩间层型。个旧组（T_2g）：灰岩约占 42％、白云质灰岩或灰质白云岩约占 5％、白云岩约占 48％、不纯碳酸盐岩约占 5％，为石灰岩与白云岩间层型；可进一步分为上、下两段，其中上段（T_2g^2）石灰岩比例 100%（连续式石灰岩亚型），下段（T_2g^1）白云岩比例约 83%（白云岩夹泥质灰岩亚型）。永宁镇组（T_1y）：不纯碳酸盐岩（泥质灰岩夹泥灰岩）约占 78%、纯灰岩约占 22%，为泥质灰岩与石灰岩间层型；上段（T_1y^3）和下段（T_1y^3）为泥质灰岩与石灰岩间层亚型；中段（T_1y^2）页岩夹泥质灰岩亚型。

（2）岩石矿物成分。

1）石灰岩：主要矿物成分为方解石（$CaCO_3$），含量大于 95%。

2）白云质灰岩：主要矿物成分为方解石（$CaCO_3$），含量 75%～95%；次要矿物为白云石 $CaMg(CO_3)_2$，含量 5%～25%。

3）硅质灰岩：主要矿物成分为方解石（$CaCO_3$），含量 75%～95%；次要矿物为石英（SiO_2，含量 5%～25%）。

4）泥质灰岩：主要矿物成分为方解石（$CaCO_3$），含量 75%～95%；次要矿物为黏土矿物（含量 5%～25%）。

5）泥灰岩：主要矿物成分为方解石（$CaCO_3$），含量 50%～75%；次要矿物为黏土矿物（含量 25%～50%）。

6）白云岩：主要矿物成分为白云石 $CaMg(CO_3)_2$，含量大于 95%。

（3）岩石化学成分。德厚水库区不同地层时代碳酸盐岩的岩石化学成分见表 6.3-1。从表中看出：石灰岩的 CaO 含量为 50.3%～55.4%，MgO 含量为 0.2%～1.3%，酸不溶物含量为 0.2%～4.4%；白云质灰岩的 CaO 含量为 50.9%，MgO 含量为 3.6%，酸不溶物含量为 1.8%；硅质灰岩的 CaO 含量为 50.3%，MgO 含量为 0.3%，酸不溶物含量为 9.9%；泥质灰岩的 CaO 含量为 43.2%～46.5%，MgO 含量为 0.6%～0.8%，酸不溶物含量为 13.9%～21.3%；泥灰岩的 CaO 含量为 37.5%，MgO 含量为 1.3%，酸不溶物含量为 24.7%；白云岩的 CaO 含量为 31.9%，MgO 含量为 16.5%，酸不溶物含量为 3.9%。从石灰岩、白云质灰岩到白云岩，CaO 含量逐渐减小，MgO 含量逐渐增大，酸不溶物含量变化不大；从石灰岩、泥质灰岩到泥灰岩，CaO 含量逐渐减小，酸不溶物含量逐渐增大，MgO 含量变化不大；体现了岩石化学成分与矿物成分的协调性、一致性。

表 6.3-1　　　　　　　　　岩 石 化 学 成 分 表　　　　　　　　　　%

地层岩性	CaO	MgO	酸不溶物
T_2g 石灰岩	54.9	0.5	1.4
T_2g 白云质灰岩	50.9	3.6	1.8
T_2g 白云岩	31.9	16.5	3.9
T_2g 泥质灰岩	43.2	0.6	21.3
T_1y 泥灰岩	37.5	1.3	24.7
T_1y 泥质灰岩	46.5	0.8	13.9
T_1y 石灰岩	50.3	1.3	4.4
P_1 石灰岩	54.9	0.3	0.6

续表

地层岩性	CaO	MgO	酸不溶物
P_1 硅质灰岩	50.3	0.3	9.9
C_3 石灰岩	55.4	0.3	0.2
C_2 石灰岩	55.2	0.2	0.7
C_1 石灰岩	54.0	0.6	1.8

（4）碳酸盐岩喀斯特发育程度特点。碳酸盐岩的可溶程度一般用比溶解度表示，比溶解度随岩石中方解石含量的增加而增大，随白云石含量的增大而减小。从矿物成分及岩性分析，喀斯特发育程度有：石灰岩＞白云质灰岩＞灰质白云岩＞白云岩＞不纯（泥质、硅质等）灰岩（白云岩）＞泥灰岩的特点。从碳酸盐岩与非碳酸盐岩的关系分析，喀斯特发育程度有：连续厚层碳酸盐岩＞夹层型碳酸盐岩＞互层型碳酸盐岩＞非碳酸盐岩夹碳酸盐岩的特点。从岩石结构及构造分析，喀斯特发育程度有：厚层块状碳酸盐岩＞薄至中层状碳酸盐岩的特点。不同层组类型、不同岩性的喀斯特发育特征见表 6.3-2，CaO 含量大于 50％的碳酸盐岩喀斯特强烈发育，MgO 含量大于 10％的碳酸盐岩喀斯特弱—中等发育，酸不溶物含量大于 5％的碳酸盐岩喀斯特弱—中等发育。

1）碳酸盐岩中 D_2p 为岩性不纯、CaO 含量最低（约 17.5％）、MgO 含量高（约 14.2％）、酸不溶物含量高（约 33.3％）、间层型的硅质白云岩，喀斯特发育微弱，地表为半喀斯特的侵蚀山地地貌，地表水系发育，泉点少与流量小，径流模数仅 4.23L/（s·km^2）。

2）岩性单纯、连续、CaO 含量高的喀斯特层组，如二叠系下统（P_1）、石炭系（C）及泥盆系东岗岭组（D_2d）连续石灰岩型喀斯特层组，CaO 含量高达 52.4％～55.6％，MgO 含量低（0.3％～1.6％），酸不溶物低（0.2％～2.7％），厚层连续，其喀斯特发育强烈，地表以典型峰丛洼地、喀斯特高原、石牙和石林为主，其上洼地、漏斗、落水洞密布，地下喀斯特形态多为喀斯特洞、管道、通道，多喀斯特大泉或地下河，典型的如"八大碗"喀斯特泉群、白鱼洞地下河、打铁寨地下河、母鲁白地下河、方解石管道系统、上倮朵地下河、坝址住人洞、坝址 C23 管道系统等，地下径流模数多大于 10L/（s·km^2）。

3）三叠系下统永宁镇组（T_1y）为泥质灰岩与灰岩、泥灰岩、页岩间层型喀斯特层组，其 CaO 含量低（37.5％～45.4％），MgO 含量低（0.8％～1.3％），酸不溶物高（13.9％～24.7％），喀斯特弱—中等发育，地表喀斯特形态以峰顶较圆滑的峰丘谷地、峰丘洼地为主，喀斯特洼地、漏斗以浅碟形为主，地下喀斯特发育以喀斯特裂隙为主，页岩限制了喀斯特发育，地下水以喀斯特裂隙泉的方式排泄，数量多，单个泉点流量少，地下径流模数在 3.5～10.0L/（s·km^2）。

4）三叠系中统个旧组下段（T_2g^1）白云岩夹泥质灰岩亚型，CaO 含量低（31.9％～35.0％），MgO 含量高（约 16.5％）、酸不溶物低（约 3.9％），地表喀斯特形态以峰丘谷地或峰丘洼地为主，地下喀斯特形态多为喀斯特裂隙，多出露中、小流量的泉水，如大红舍泉、黑末大寨泉，地下径流模数为 4.0～5.8L/（s·km^2）。

表6.3-2　岩性对喀斯特发育的影响

地层	喀斯特层组类	喀斯特层组型	岩性	采样地点	CaO/%	MgO/%	酸不溶物/%	喀斯特发育特征	面喀斯特率/%	径流模数/[L/(s·km²)]
T_2g^2	非碳酸盐岩、不纯碳酸盐岩和纯碳酸盐岩间层类	石灰岩与白云岩间层型	灰岩	开远大庄驻马哨	51.8	1.9	3.4	喀斯特发育强烈：峰林平原或谷地、积水洼地、漏斗、溶斗洞、地下河管道发育，中等—强，中、小流量泉常见，如八家寨喀斯特泉群、热水寨泉群和路泉群等	17.0	8.9
				蒙自草坝碧色寨	55.2	0.28	0.46			
T_2g^1	非碳酸盐岩、不纯碳酸盐岩和纯碳酸盐岩间层类		白云岩	罗世鲊剖面LS-01	54.6	0.56	0.54	喀斯特发育中等：地表喀斯特形态以峰丛洼地或峰丛峰地为主，地下河少见，多中、小泉，如大红含泉、黑末大寨泉	9.1	3.95~5.77
			泥质灰岩	罗世鲊剖面LS-02C	31.9	16.5	3.9			
			白云质灰岩	罗世鲊剖面LS-01	43.2	0.57	21.33			
T_1y	纯碳酸盐岩类	泥质灰岩（泥灰岩）与石灰岩间层型	灰岩、泥质灰岩		50.9	3.6	1.77	喀斯特发育中等，长条形洼地、平底大洼地，峰窝状落穴、漏斯状裂隙泉、流量一般3~20L/s（如黑末大龙潭、河尾子左岸田中泉等），局部泉大量（大红含地下河3000L/s）		3.53~10.0
			泥质条带灰岩	文平路咪哩河桥边	50.3	1.3	4.4			
			泥质灰岩	布烈东剖面DH-1	45.4	0.91	15.24			
			泥质灰岩	布烈东剖面DH-3	37.5	1.28	24.69			
					45.6	0.81	13.86			
P_1	纯碳酸盐岩类	连续式石灰岩型	灰岩	马塘花村D23C	52.4	1.6	1.7	喀斯特发育强烈，岛状峰丛残丘高原、峰丛（洼）地，大泉少见，仅见S19，丛台1~5L/s	9.6	
			硅质灰岩	土锅寨东D28-1C	54.9	0.32	0.60			
					50.3	0.31	9.86			
C_3	纯碳酸盐岩类	连续式石灰岩型	灰岩、生物灰岩	马塘红石崖	52.4	0.9	1.0	喀斯特发育强烈，波状夷平高原面、多石林和石牙、孤峰，地下河，碟形洼地或溶漏斗普遍、深切喀斯特峡谷及层状洞穴，地表沟溪不发育，多溶蚀大龙罩，地下河，如"八大碗"喀斯特泉等	13.2	>10.0
			生物碎屑灰岩	马塘红石崖D6-1C	55.4	0.30	0.17			
C_2	纯碳酸盐岩类	连续式石灰岩型	灰岩	坝址区	54.6	0.6	1.1	喀斯特发育强烈，深切喀斯特峡谷，溶蚀残丘高原，碟形洼地或漏斗、深切喀斯特峡谷发育，多喀斯特泉，打铁寨地下河等	6.3	
			生物碎屑灰岩	马塘土锅寨D4-1C	55.6	0.24	0.72			
C_1	纯碳酸盐岩类	石灰岩与白云岩间层型	生物灰岩	坝址区	54.0	0.6	1.8	喀斯特发育强烈，波状夷平高原面、碟形洼地、地下河、碟形洼地，深切漏斗普遍，深切喀斯特峡谷及层状洞穴，地表沟溪发育，多石林和石牙，地下河，如"八大碗"喀斯特泉，打铁寨地下河等	11.5	

5）三叠系中统个旧组上段（T_2g^2）为连续石灰岩亚型，CaO 含量高（51.8%～55.2%）、MgO 含量低（0.3%～1.9%）、酸不溶物低（0.5%～3.4%），地表喀斯特形态以峰林平原或谷地、积水洼地、漏斗、漏水洞为主，地下喀斯特形态以喀斯特洞、管道为主，中、小流量泉常见，如八家寨喀斯特泉群、热水寨泉群、务路泉群和路梯泉群、咪哩河库区的 3 条隐伏喀斯特管道等。地下径流模数为 8.5～10.0L/(s·km²)。

（5）碳酸盐岩与非碳酸盐岩接触带喀斯特发育特点。岩性对喀斯特发育的影响还表现在岩性接触界面，包括性能不同的喀斯特层组之间及碳酸盐岩与非碳酸盐岩之间的接触界面，尤其后者，喀斯特发育最为强烈。典型的如位于小红舍—荣华村一线的 T_2g 石灰岩与 T_2f 砂页岩交界处，由于来自地形高处的外源水的喀斯特作用，形成地形低洼的边缘喀斯特谷地，在谷地底部分布有串珠状的洼地、塌坑、积水潭，规模大小不一；与此类似的还有沿薄竹镇落水洞—以哈底一线的 T_1f/T_1y 界面发育的落水洞、以哈底落水洞等，以及位于西南五色冲西北的 D_2d/C 界面的五里冲沟串珠状落水洞，乃至沿阿尾下寨—马脚基—以诺多一线的 D_2p/D_2d 岩性接触界面发育的众多边缘喀斯特谷地、洼地和落水洞；而"八大碗"喀斯特泉群、打铁寨地下河沿 C_1/C_2 接触界面出露或沿界面发育；在银海凹子—海尾—小耳朵一线的 T_2g 石灰岩与 T_2f 砂页岩交界处，也发育地形平缓的边缘喀斯特谷地，由于喀斯特地下水自北向南运移受 T_2f 砂页阻挡后，地下水蓄积并使地下水位抬升至地表，在边缘谷地形成众多的喀斯特潭（湖）及沼泽。此外，白云岩、石灰岩与玄武岩接触部位有利于喀斯特发育，出露喀斯特泉，如近坝右岸隐伏喀斯特洞、龙树山 S32 泉、近坝右岸辉绿岩与玄武岩之间的石灰岩地下水呈"倒虹吸"形式径流等。

6.3.2　构造对喀斯特发育的影响

构造对喀斯特发育的影响主要表现在区域构造对喀斯特发育及喀斯特地下水运移（补、径、排、蓄）格局的控制，以及具体断层、褶皱和节理对个体喀斯特形态的控制或影响。

（1）区域构造对喀斯特发育格局的控制。受西南部薄竹山岩体和杨柳山背斜（核部为碎屑岩）的构造"隆起"的影响，区域构造特征表现为南升北降，不仅造成南高北低的地形格局，地下水自南向北运移，也控制了区域喀斯特发育格局。工程区西、南部位为补给区，地下水深埋，喀斯特作用以垂直作用为主，地表发育起伏大的峰丛洼地、边缘谷地、落水洞、竖井，以及密集喀斯特塌陷坑等；而工程区东北部布烈—倮朵一带，为喀斯特地下水排泄区，并在新构造抬升作用下，盘龙河溯源侵蚀、下切，发育深切喀斯特峡谷、层状喀斯特洞穴和管道、通道、喀斯特大泉（泉群）和地下河。在峡谷两岸喀斯特地貌以喀斯特高原为主。季里寨山字型总体呈北西西向，前弧转向东西向和北东向，其南端被北西向文麻断裂所切，其总体上控制了区内泥盆系、石炭系、二叠系及三叠系等喀斯特地层的区域分布、走向以及地下水流向，也成为喀斯特地下水排泄的主要控制因素。鸣就 S 形构造在工程区内表现为在大黑山—荣华一带为一系列发育在三叠系中的轴向北东向转东西向再转北东向的向斜与背斜（如跑马塘向斜与背斜、大黑山向斜与背斜），以及东西走向的逆断层（如大红舍—罗世鲊断层 f_9）组成，其总体上控制了咪哩河流域的地表水与喀斯特地下水运移与喀斯特发育。

（2）褶皱对喀斯特发育的影响。

1）沿褶皱核（轴）部或转折端喀斯特发育强烈。工程区背斜核部发育的喀斯特现象主要表现在沿背斜核部发育有地下河，密集喀斯特洞、喀斯特大泉（泉群）等。典型的如沿牛作底—白牛厂背斜轴部，在铁则附近出露的双龙潭地下河及其沿途的落水洞、竖井；白鱼洞地下河比较复杂，但地下河喀斯特管道主要沿向斜核部发育，并且发育有众多的落水洞、密集喀斯特塌陷坑群、竖井等；此外，"八大碗"喀斯特泉群地下水也主要沿季里寨山字型（背斜）轴部运移并在褶皱转折端（倾伏端）出露地表等。

在大黑山—荣华一带，为一系列发育在三叠系中的轴向东西的向斜与背斜，形成复式褶曲，如跑马塘向斜与背斜、他德向斜、麻栗树背斜及向斜、大黑山向斜与背斜组成；复式褶曲在罗世鲊—大龙潭倾伏，形成喀斯特河谷地貌（咪哩河支流），并使河谷由东西向转向南北向，形成咪哩河—盘龙河隐伏喀斯特管道（GD1、GD2、GD3 三条管道），控制隐伏喀斯特管道的发育方向及地下水流向，使咪哩河库尾段为补排交替型喀斯特水动力类型。

2）沿褶皱两翼喀斯特发育。工程区内褶皱两翼喀斯特发育，代表性的如穿越祭天坡—马塘向斜西部抬起端，沿向斜北翼发育的大红舍大龙洞地下河；牛作底—白牛厂背斜东翼的发育羊皮寨地下河；路梯喀斯特泉群也是沿卡莫背斜的西翼发育和出露。

（3）断层对喀斯特发育的影响。工程区断裂构造发育，控制喀斯特发育的断层或断裂带有北东、北西、近北南和近东西向四组，以北西、北东向两组表现最为明显。断层对喀斯特发育的影响表现在，沿断层破碎带或在断层（一般压性断层）的一侧喀斯特发育强烈；典型的如文麻断裂（F_1）为压性断层，断层带宽 $80 \sim 300m$，断裂带本身阻水，在断层的北东盘有地下水溢出，地下水受阻蓄积后水位抬高，形成地下储水体，如八家寨附近的喀斯特地下水受阻溢出地表形成八家寨泉群，而在断层的另一盘，岩石破碎，喀斯特发育强烈，发育串珠状落水洞，如打铁寨落水洞、母鲁白落水洞、八家寨落水洞、茅草冲落水洞、上倮朵收鱼塘落水洞、上倮朵落水洞等。北北东向的 F_2 断层对喀斯特发育的影响表现在，咪哩河喀斯特谷地大致沿 F_2 断层发育，沿断层带有串珠状喀斯特泉发育，控制了近坝右岸喀斯特洞发育底界（最低高程 1197.50m）。此外，德厚河喀斯特谷大致沿近北南、北东和北西向断层发育，白鱼洞地下河也在断层带出露。近东西向断层对喀斯特发育的影响主要体现在沿横塘子—小红舍断层分布有串珠状洼地、边缘喀斯特谷、咪哩河上游河谷，以及沿断层分布的龙洞地下河、喀斯特潭和喀斯特泉。

（4）节理对喀斯特发育的影响。德厚水库发育北东、北西和近北南向 3 组节理，对喀斯特发育的影响十分明显，主要表现在沿这三组节理发育规模较大的洞穴和管道、通道、喀斯特裂隙。例如，C25 通道系统（伏流），洞体单一，沿北东向节理发育；C5 方解石管道系统，洞道较简单，呈弧形，整体上沿北西向延伸，与北西向节理大体一致，可能受叽哩寨山字型构造的影响；C3 打铁寨通道（伏流）系统，洞道较简单，走向由北南向转向北东，表明其沿北东、近北南向节理发育；C1 母鲁白通道系统，洞道较简单，走向由北东向转向南北向，表明其沿北东、近南北向节理发育；C21 洞穴系统，洞道较复杂，主洞

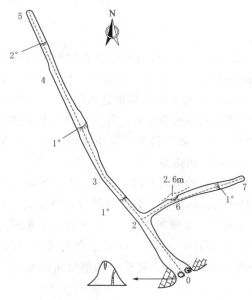

图6.3-1　C21洞穴系统

走向北西，支洞走向北东，体现了其发育受北西节理控制为主、北东向节理为辅，见图6.3-1；坝址区C23管道系统，洞道复杂，由主洞和2条支洞组成，主洞长80余米，走向北东，支洞2条，一条支洞走向北西向，长约75m；另一条支洞走向东西转北西向，长约25m，北西向与北东向节理共同作用控制了其形成；坝址附近的住人洞（C22）则是受北东、北西和近北南3组节理的共同作用，在节理的交合部发育2层喀斯特洞，见图6.3-2。此外，"八大碗"喀斯特泉群分布在C₁、C₂岩性接触界面附近，与季里寨山字型构造前弧的放射状节理有关。

综上所述，北西向、北东向、近南北向构造节理的单一作用或者复合作用对喀斯特洞、管道、通道系统的形成发挥了重要的控制作用。

（a）在北东、北西和近北南向三组构造裂隙交会处发育溶洞（坝址住人洞）

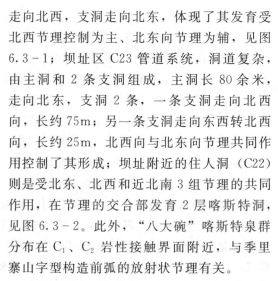

（b）坝址附近沿北东、北西两组构造裂隙发育的溶蚀裂隙

（c）沿节理发育的溶蚀裂隙

（d）坝址附近沿近北南向构造裂隙发育的溶沟

图6.3-2　坝址附近节理对喀斯特发育的影响

6.3.3　现代排泄基准面对喀斯特发育的影响

工程区位于红河水系盘龙河流域与珠江水系的南盘江流域的分水岭地带靠红河流域，红河水系总体上具有向北袭夺的趋势，因此，区域喀斯特发育总体上受盘龙河侵蚀基准面的影响和控制。工程区受季里寨山字型构造、F_1 区域阻水断层、$P_2\beta$ 与 T_1f 隔水岩层（玄武岩、砂泥岩等）构成的封闭喀斯特地下水的影响，咪哩河、德厚河以及两河交汇后的河床（高程约 1314.00m）是本区的排泄基准面。咪哩河荣华—罗世鲊一带的地下水排泄基准面为盘龙河（高程约 1295.00m），例如，盘龙河右岸的 S1、S2 泉水枯季接受咪哩河河水补给。调查结果表明，区内主要的喀斯特地下水都是在河水面附近排出地表，如"八大碗"泉（群）在咪哩河河床河水面下或高于河水面几米的位置出露，咪哩河河谷两岸地下水也主要排向咪哩河谷并沿河谷以串珠状喀斯特泉方式排出地表，表明排泄基准面控制了喀斯特的形成与发育。

工程区在现代排泄基准面以下 100m 左右仍然揭示有喀斯特现象，喀斯特发育具明显的分层性，随深度增加喀斯特发育已呈现出明显减弱的趋势，这应该与区域水动力条件有关。至于钻孔揭示的河床下深部洞穴充填物具有胶结现象，除表明向下喀斯特发育已经减弱外，推测可能该地区经历过地壳抬升—下沉的构造旋回，造成早期形成的洞穴深埋河床以下。特别是位于坝址右岸玄武岩与灰岩接触带附近的喀斯特洞，高约 5m，底板高程 1197.50m，低于坝址河床约 125m；地下水位低于下游河床约 6.6m，低于坝址德厚河河水位 14.37.00m，地下水接受咪哩河河水补给，呈"倒虹吸"形式径流，有利于地下水向深部运移，形成深部喀斯特洞，该洞是受 F_2 断层、玄武岩与灰岩接触带的共同控制和影响。

6.3.4　新构造运动对喀斯特发育的影响

新构造运动主要是指喜马拉雅运动中新近纪和第四纪（前 23Ma 至现代）时期内发生的垂直升降运动，新构造运动隆起区现在是山地或高原，沉降区是盆地或平原。工程区新构造运动特征主要为间歇性掀斜抬升运动，工程区位于云南高原南缘，呈现为浅—中等切割中山山地高原地貌，总体地势北高南低、西高东低，主要发育Ⅰ、Ⅱ级夷平面及Ⅲ级阶地，除Ⅰ级夷平面外，其余都是新构造运动的产物。

（1）Ⅰ级夷平面。高程为 1800.00～2200.00m，由西向东、由南向北降低，主要分布在工程区西部的牛作底、白牛厂、乌鸦山、大尖坡一带，仅局部残留，西北部大山脚—烧瓦冲—卡西一带有古近纪（E）的沉积岩（砾岩、砂岩、泥岩），是燕山期构造运动晚期的产物。

（2）Ⅱ级夷平面。高程为 1400.00～1600.00m，由北向南逐渐降低，广泛分布，例如北部平远盆地高程为 1470.00～1500.00m，中部感古盆地及德厚河与咪哩河之间的夷平面高程均为 1430.00～1450.00m，南部德厚盆地及母鲁白—平坝盆地高程均为 1400.00～1420.00m，西部德厚河上游的白鱼洞、羊皮寨地下河两岸及咪哩河两岸夷平面残留峰顶高程为 1500.00～1600.00m；局部有新近纪（N）的沉积物，如母鲁白盆地的砂岩、含砾砂岩、砾岩、泥岩、粉砂细砂岩、泥灰岩夹褐煤为新近纪的岩石，是新构造运动的产物。

（3）阶地。德厚河及咪哩河阶地发育，是新构造运动的产物。其中，Ⅲ级阶地，高于河床 40～60m，坝址区高程为 1360.00～1380.00m，仅局部残留；Ⅱ级阶地，多为基座阶地，高于河床 10～30m，坝址区高程为 1330.00～1350.00m，分布较广；Ⅰ级阶地，多为堆积阶地，高于河床 3～5m，坝址区高程为 1323.00～1325.00m，分布较广。

Ⅰ级夷平面及Ⅲ级阶地的存在，说明工程区新构造运动中整体抬升具有多期性、间歇性特征。当地壳运动处于相对稳定时，形成了夷平面和阶地，地下水以水平渗流为主，也有虹吸渗流运动，相对稳定的时间越长，虹吸循环带喀斯特越发育，从而控制了地下水的排泄高程，控制了喀斯特的发育程度和深度，以水平喀斯特形态为主；当地壳隆升时，地下水以垂直渗流为主，主要形成垂直喀斯特形态；上期的水平喀斯特与下期的垂直喀斯特具有继承性特点，易形成统一的喀斯特管道系统。例如，德厚水库与Ⅱ级阶地相对应的水平喀斯特、与Ⅰ级阶地相对应的水平喀斯特、两者之间的垂直喀斯特互相连通。典型的有：母鲁白管道系统（C1）、打铁寨管道系统（地下河，C3）、方解石洞管道系统（C5）、坝址区住人洞管道系统（C22）、上倮朵管道系统（地下河，C25）等；又例如，浅部喀斯特带与深部喀斯特带也连通，典型的有：坝址区 C23 喀斯特管道、咪哩河库区的 3 条隐伏喀斯特管道系统、近坝右岸的隐伏喀斯特洞。

第7章　德厚水库喀斯特水文地质

7.1 含水层组类型及其空间分布

工程区水文地质条件复杂，地下含水层组类型较齐全，包括松散岩类孔隙水、非碳酸盐岩类基岩裂隙水和碳酸盐岩喀斯特水3种地下水含水层组类型，见表7.1-1。

表 7.1-1　　　　　　　　　　　　含水层组分类及特征

含水层组类型	地层岩性组代号	地层岩性	水文地质特征
松散岩类孔隙水	Q	坡积、湖积、残积黏性土；冲积或洪积砂砾石层	冲积或洪积砂砾石层富水性强，含水性均匀，常与下伏基岩地下水有水力联系；坡积、湖积、残积黏性土富水性弱，常被视为隔水层，在F_1断层上因第四系泥沙淤积，形成多个积水喀斯特潭
非碳酸盐岩类基岩裂隙水	$\in_1$、D_1c、D_1p、$P_2\beta$、P_2l、T_1f、T_2f、T_3n、T_3h、$\beta\mu$、η_5^2、E、N	砂岩、粉砂岩、泥岩、页岩等碎屑岩类；玄武岩、花岗岩和基性岩等岩浆岩体等	地下水主要赋存于构造裂隙、层间裂隙、风化裂隙中。含水性较均匀，多分散小泉点出露，或沿裂隙线状溢出，泉流量小（一般为0.3～2L/s或更小），泉分布高程无规律。常成为阻隔地下水（尤其喀斯特地下水）运移促使地下水出露地表的隔水岩层或水文地质边界
碳酸盐岩喀斯特水	T_1y、T_2g、C、$\in_2$、$\in_3$、D_2g、D_2d、D_1b、P_1、P_2w	灰岩、白云岩、白云质灰岩、泥质灰岩等，或夹碎屑岩，或与碎屑岩成互层状	喀斯特发育程度不一，地下水多赋存于喀斯特裂隙、孔洞或地下河管道中，含水性较丰富但地下水空间分布不均匀。喀斯特地下水多以地下河、喀斯特泉方式出露地表，泉（地下河）流量较大。泉分布高程受喀斯特侵蚀基准面控制，成层性明显

（1）第四系（Q）松散堆积物含水层组类型。该类型包括分布在河流谷地中的河床相冲积砂砾石层、黏土层和分布在喀斯特高原面上的残坡积红黏土、分布在各种非碳酸盐岩分布区的风化残坡积黏土，厚度一般为0～20m。其中，河床相冲积砂砾石层、黏土层主要分布在河床两岸，具有含水性均匀、透水性强等特点；分布在喀斯特地区的残坡积红黏土具有一定的隔水性能，使大气降水汇集成地表沟溪，并通过喀斯特漏斗（落水洞）集中补给地下水；而分布在各种非碳酸盐岩分布区的风化残坡积黏土厚度大，隔水性能强，常形成密集的地表沟谷水系，其中部分入渗补给下伏基岩含水层，并集中以基岩裂隙泉方式排出地表。典型基岩裂隙泉如八家寨泉群、平坝上寨泉及下寨泉、母鸡冲—新寨沟中泉、横塘子—大红舍之间田中泉等，均出露于低洼沟谷中，流量一般在0.1～3.0L/s之间。

（2）非碳酸盐岩基岩裂隙水含水层组类型。该类型包括构造裂隙水、风化裂隙水、层间裂隙水等。除规模较大的张性断层或破碎带、裂隙带附近地下水循环较深外，其余构造裂隙和风化裂隙水均赋存于地表3～5m的表层，或沿裂隙线状溢出，形成的泉水规模小，一般流量为0.3～5.0L/s，流量较稳定但分布高程无规律。区内出露最多的是$P_2\beta$、P_2l中出露的风化裂隙泉和T_2f中的构造裂隙泉，在德厚卡西以西、扯格白—菠萝腻一带等地集中出露。如德厚南部$P_2\beta$玄武岩中出露的清水塘泉，属构造裂隙泉，其枯季流量在1.5L/s左右，雨季流量在3.0L/s左右；菠萝腻南部$P_2\beta$、P_2l中出露两个风化裂隙泉，流量分别为 0.14L/s、0.26L/s。此外，分布在德厚河与鸣就分水岭地带大山脚—卡西一带 T_2f/E 接触界面附近，出露有多个小泉点，其流量在 0.04~0.89L/s 之间。而分布在小红舍南面（后山）T_2f 碎屑岩中的构造裂隙泉，属于断层泉，沿 F_2 断层现状出露，总流量较大，在 5L/s 左右。总体上看，非碳酸盐岩类基岩裂隙水含水层组通常成为相邻喀斯特地下水系统边界。属于此类的有下寒武统（$\in_1$），下泥盆统翠峰山组（D_1c）和坡脚组（D_1p），上二叠统峨眉山组（$P_2\beta$）和龙潭组（P_2l），三叠系飞仙关组（T_1f）、法朗组（T_2f）、鸟格组（T_3n）和火把冲组（T_3h），古近系（E）和新近系（N），以及侏罗纪燕山期侵入岩（$\eta\gamma_5^2$）和二叠纪华力西期基性侵入岩（$\beta\mu$）。地层岩性、水文地质特征、泉水特征见见表 7.1-2、表 7.1-3。

表 7.1-2　　　　　　　　　非碳酸盐岩基岩裂隙水含水层组特征

含水层组名称	地层代号	地层岩性	水文地质特征
下寒武统	$\in_1$	紫红色、浅黄色页岩夹薄层状粉砂岩；厚大于 71.50m，仅测区西南零星出露	地下水赋存于构造裂隙中，水量贫乏，未见泉水出露
下泥盆统翠峰山组	D_1c	灰色、棕黄色细砂、粉砂岩，厚 91.07~1333.89m，分布于测区南部	地下水赋存于构造裂隙中，水量贫乏，未见泉水出露
下泥盆统坡脚组	D_1p	薄—中厚层泥岩，局部夹细砂岩及粉砂岩，厚 43.11~264.80m，分布于测区东南	地下水主要赋存于构造裂隙中，出露零星，未见泉水出露
上二叠统峨眉山组	$P_2\beta$	以玄武岩为主	地下水主要赋存于构造裂隙和浅层风化裂隙中，或沿裂隙线状溢出，含水性较均匀。风化裂隙泉点数量多、流量小；构造裂隙泉流量稍大，如德厚清水塘枯季流量在 1.5L/s。地下水径流模数小于 0.1L/s。常成为邻近喀斯特地下水系统稳定边界
上二叠统龙潭组	P_2l	顶部为硅质岩，中部为粉砂岩、页岩夹煤层，底部为铝土岩，厚 29.20~168.00m，分布于测区东南一带	地下水主要赋存于构造裂隙中。其中，煤层松散，含水性较丰富，但因出露面积少，泉点出露少
三叠系飞仙关组	T_1f	暗紫色粉砂岩及页岩夹泥质灰岩，厚 230.00m，分布于测区东南及东北	
三叠系法朗组	T_2f	薄—中厚层状粉砂岩粉砂质页岩，含锰矿层，厚 151.1~704.9m，分布于测区东北及北部	地下水主要赋存于风化裂隙中。泉点数量多，但单个泉流量小，泉流量一般在 0.5L/s，常成为邻近喀斯特地下水系统稳定边界
三叠系鸟格组	T_3n	黄褐色、黄色薄—中层钙质粉细砂岩与粉砂质页岩、砾岩及含砾砂岩，厚 386.80m，分布于测区西北部	富水性贫乏，未见泉水出露，常与 T_2f 一起组成邻近喀斯特地下水系统稳定边界
三叠系火把冲组	T_3h	灰色、浅黄色粉细砂岩、粉砂质页岩、灰色页岩互层，局部夹砾状粗砂岩、灰岩及煤层，厚 214.40~441.60m，分布于测区西部	富水性贫乏，未见泉水出露

续表

含水层组名称	地层代号	地 层 岩 性	水 文 地 质 特 征
侏罗纪燕山期火山侵入岩	$\eta\gamma_5^2$	中粒黑云二长花岗岩，仅分布于测区南部	地下水主要赋存于风化裂隙中，未见泉水出露，分布区外
二叠纪华力西期基性侵入岩	$\beta\mu$	浅层基性侵入岩（辉绿岩），仅分布于坝址区右岸及库区局部地带	分布坝址右岸，地下水主要赋存于风化裂隙、构造裂隙中，水量贫乏，未见泉水出露，是"八大碗"泉出露的主要原因
古近系、新近系	E、N	砾岩、砂岩、粉砂岩和泥岩，局部夹煤。厚度654.00～1123m，分布于测区中部	多风化裂隙水，泉点多，流量小，对喀斯特地下水运移影响小

表 7.1-3 部分非碳酸盐岩基岩裂隙水出露泉点特征

序号	水点名称	出露地层代号	构造部位	流量/(L/s)	测流时间
1	龙古寨泉	$P_2\beta$		0.71	1979年4月
2	哈鲆底泉	C_3		0.26	1979年4月
3	新寨（母鸡冲）泉1	Q、D_2p		1.24	1979年4月
4	新寨（母鸡冲）泉2	Q、D_2p		1.83	1979年4月
5	衣格坡泉1	Q、$\in_3$	断层附近	7.73	1979年4月
6	衣格坡泉2	Q、O_1	断层附近	1.70	1979年4月
7	水头坡泉	$P_2\beta$		0.20	1979年4月
8	石头寨泉	$P_2\beta$		0.16	1979年3月
9	菠萝腻泉1	$P_2\beta$		0.26	1979年3月
10	菠萝腻泉2	$P_2\beta$		0.14	1979年3月
11	德厚旧寨泉	T_2f		0.04	1980年3月
12	德厚大山脚北泉	E		0.89	1980年3月
13	德厚烧瓦冲北泉	E		0.04	1980年3月
14	德厚旧寨—卡西间泉1	T_2f		0.48	1980年3月
15	德厚旧寨—卡西间泉2	T_2f		0.26	1980年3月
16	德厚旧寨—卡西间泉3	T_2f		0.04	1966年6月
17	卡西西北泉	E		0.04	1966年8月
18	木期得西南清水寨泉1	D_2p/D_2d	断层	1.50	2007年9月
19	木期得下寨泉	T_1f/C_3	断层	5.50	1979年3月
20	小红舍后山泉	T_2f	F_2断层	3.0～5.0	2012年8月11日

（3）碳酸盐岩喀斯特含水层组类型。碳酸盐岩喀斯特含水层组在工程区分布最广，大气降水以或分散、或集中（包括从碎屑岩分布区汇入喀斯特区的）补给的方式进入喀斯特

含水层，在含水层中通过喀斯特裂隙、管道、通道等方式汇集后在适宜地点排出地表，形成典型的"三水"转换，有喀斯特水甚至经过地表水—地下水多次循环转化。地下水集中富集并主要赋存在地下喀斯特裂隙、管道、通道中，但在空间分布不均匀，水文动态变化大；区内典型的喀斯特泉点（地下河）包括德厚河谷上游的白鱼洞地下河、大红舍龙洞地下河、坝址附近的"八大碗"喀斯特泉群、打铁寨地下河、上倮朵地下河等。不同喀斯特含水层因岩性及组合的不同，其导水性、含水性、透水性差异较大。

7.2　喀斯特含水层组及其富水性强度划分

7.2.1　喀斯特水含水层组及其富水性

7.2.1.1　喀斯特含水层组划分

喀斯特含水层组指能赋存喀斯特水的碳酸盐岩体（组），由各类碳酸盐岩地层单位组成。与其他含水层组相比，喀斯特含水层组具有赋存喀斯特地下水丰富，但地下水具有分布极不均匀、含水介质具有含水和透水（渗漏）的双重功能。而且不同碳酸盐岩岩石地层单元或其组合的含（富）水性、透水性有较大差异。本次根据各岩性单位的厚度与岩石层组结构（岩性组合）、喀斯特发育程度，将喀斯特含水层组类型划分为：纯碳酸盐岩喀斯特含水层组、碳酸盐岩夹非碳酸盐岩喀斯特含水层组、碳酸盐岩与非碳酸盐岩互（间）层型喀斯特含水层组和非碳酸盐岩夹碳酸盐岩喀斯特含水层组 4 种类型。

（1）纯碳酸盐岩喀斯特含水层组。为单一岩性连续厚度较大、质地较纯的石灰岩或白云岩；德厚水库主要分布有二叠系（P_1）、石炭系（C_1、C_2、C_3）、三叠系（T_2g）等石灰岩、白云岩或白云质灰岩。纯碳酸盐岩含水层组喀斯特发育，地下水主要赋存于喀斯特裂隙、管道或通道中，为喀斯特裂隙水、管道水或通道水的两重或三重含水介质，富水性强但分布不均匀，是德厚水库库区及汇水区的主要喀斯特水的层组，同时，也是喀斯特水库渗漏的主要层组。其中，石炭系、二叠系石灰岩在坝址和库区分布最广，尤其是德厚河流域两岸，是德厚水库库区及汇水区的主要喀斯特含水层组，大部分喀斯特大泉和地下河、规模较大洞、管道、通道都分布在石炭系灰岩分布区，如"八大碗"喀斯特泉群、白鱼洞喀斯特泉、母鲁白管道系统、方解石管道系统、打铁寨地下河、上倮朵地下河等，均发育在石炭系、二叠系石灰岩含水层组中。其次是分布在咪哩河库尾及上游、马塘镇和 F_1 断层东北盘（打铁寨、母鲁白）的三叠系上统个旧组上段（T_2g^2）石灰岩也是区内喀斯特发育最强烈的含水层组，如大红舍附近的龙洞地下河即在该含水层组中出露；小红舍—荣华村碳酸盐岩分布区，喀斯特发育并形成典型的边缘喀斯特峰林谷地；咪哩河库区的 3 条隐伏喀斯特管道、牛腊冲北部的地下河（S27、S28 泉水）也在该含水层组中出露。

（2）碳酸盐岩夹非碳酸盐岩喀斯特含水层组。以连续厚度较大的纯碳酸盐岩为主，间夹非碳酸盐岩的喀斯特含水层组。其中，碳酸盐岩连续厚度大，占含水层总厚度的比例大；非碳酸盐岩呈夹层状，连续厚度较小，在整个层组总厚度中所占比例小（10%～30%）。工程区内此类含水层组主要有泥盆系中统东岗岭组（D_2d）、三叠系下统永宁镇组

（T_1y）、三叠系上统个旧组下段（T_2g^1）。其中，个旧组下段为白云岩夹白云质灰岩、泥灰岩、砂泥岩，喀斯特发育为弱—中等，在其与 T_1y 界面常有小规模泉水出露。永宁镇组为薄—中厚层状泥质灰岩夹泥灰岩、灰岩、页岩，主要分布在咪哩河库区，喀斯特发育弱—中等，地下水多赋存于喀斯特裂隙、孔洞中，个别地方有规模较大的喀斯特洞发育，地下水分布较均匀，泉点数量多，泉水规模中等，流量多在 $5\sim20L/s$；典型喀斯特泉如黑末大寨龙潭、黑末大龙潭、河尾子田间泉、砒霜厂抽水泉等；由于本含水层组中含厚度较大的页岩夹层（相对隔水层），对德厚水库蓄水有着十分重要的意义。

（3）碳酸盐岩与碎屑岩互（间）层型喀斯特含水层组。碳酸盐岩与非碳酸盐岩相间分布，碳酸盐岩与非碳酸盐岩地层累计厚度大体相当。喀斯特地下水赋存于碳酸盐岩地层中，被上、下非碳酸盐岩夹持，喀斯特发育较弱，没有大的喀斯特泉出露，空间上或形成相互平行、流域面积较少的狭长条带状（地层产状较陡）或层叠状但含水层厚度有限（地层产状较缓）的相互独立的喀斯特泉域系统。工程区内属于此种类型的喀斯特含水层组主要有中寒武统（$\in_2$）、上寒武统（$\in_3$）灰岩与碎屑岩互层或不等厚互层。

（4）非碳酸盐岩夹碳酸盐岩喀斯特含水层组。以非碳酸盐岩为主，碳酸盐岩夹于非碳酸盐岩之间或仅分布于其中某段，碳酸盐岩连续厚度多在 $5\sim20m$ 之间，累计厚度占该含水层组地层总厚度的 30% 以下。喀斯特地下水赋存于碳酸盐岩中，顺层面径流，地下水系统规模小，喀斯特发育弱。与许多非碳酸盐岩一样，在区域地下水流格局中以阻水性能为主，多成为较大喀斯特地下水系统的边界。属于此类型的含水层组有下奥陶统（O_1）、中泥盆统坡折落组（D_2p）等，坡折落组仅分布于西北德厚街—木期德和西南部阿伟下寨以西和南部所作底一带，无泉水出露。

7.2.1.2 喀斯特含水层组的富水性划分

富水性指含水层中地下水的富集程度，喀斯特含水层组的含（富）水性受岩石成分与结构、地形地貌、气候、大气降水与汇水区面积、水化学性质、水文格局以及喀斯特发育程度等多因素影响。富水性有较大的差异，甚至同一喀斯特含水层组，因其空间出露（裸露、覆盖和埋藏等）情况不同，富水性也不相同。一般将喀斯特含水层组划分为强、中等、弱、极弱（非喀斯特含水层）几个定性的等级。富水性差异通常用泉水流量、钻孔涌水量、地下水径流模数等来表征，其在地表与地下喀斯特形态上也通常有明显的反映。但目前对碳酸盐岩地层的富水性能的强弱等级的认定没有统一标准，通常根据以下几个方面（指标）进行划分。

（1）喀斯特发育形态与规模。包括喀斯特地貌组合形态和个体地貌形态。喀斯特地貌组合形态中，以峰林平原、峰丛洼地为主体的塔状喀斯特地貌通常被认为是典型热带、亚热带喀斯特地貌，其地表水系不发育，多洼地、漏斗、落水洞等，但地下多发育规模较大的喀斯特管道、通道（伏流、暗河），被认为属于强富水性喀斯特含水层组的喀斯特形态。而喀斯特丘洼地通常作为中等富水喀斯特含水层组的喀斯特形态。而地表喀斯特形态发育不明显的侵蚀半喀斯特地貌，通常被认为属于弱富水性喀斯特含水层组的喀斯特形态。在定量上，通常采用喀斯特漏斗、洼地、落水洞等负地貌的密度（单位面积内个数），或洞穴、管道、通道等地下喀斯特形态的规模（洞穴总长度或最大洞穴长度等）作为定量表征喀斯特含水层组富水性强弱的标准。

（2）含水层喀斯特水流量。是喀斯特含水层富水性强弱的最直接的证据，定量上通常采用分布于单一喀斯特含水层组的地下水排泄（地下河或喀斯特大泉）的个数、流量或径流模数，或钻孔涌（出）水量来区分。

（3）地下喀斯特空间及其连通性。主要用钻孔的喀斯特洞、孔或喀斯特裂隙率遇见率（线喀斯特率）来表征；而喀斯特洞、孔或喀斯特裂隙的连通性通常采用入渗系数来表征。

考虑到喀斯特大泉或暗河流量还受流域汇水区面积、降水量、外源水（非碳酸盐岩区等）补给等的影响，采用单位面积地下水流量（地下水径流模数，或钻孔单位进尺出水量）来表征喀斯特含水层富水性更为科学，而钻孔的喀斯特洞、孔或裂隙受喀斯特发育不均匀性影响较大，因此，喀斯特含水层组类型（含水层）的富水性划分主要采用径流模数或入渗系数作为富水性强弱的划分标准，而将喀斯特发育形态及规模、地下河（泉）数量和流量等作为参考指标。对埋藏、覆盖喀斯特含水层，则采用钻孔单位涌水量作为富水性划分主指标体系；如果在钻孔较少的地区，富水性划分参照裸露区同岩性含水层组，其钻孔涌水量只作为划分的参考指标。由于喀斯特含水层具有储（富集）水和透水的双重性质，富水性强的喀斯特含水层其喀斯特透水性也强，两者成正相关关系；透水性越强，渗漏量也越大，因此，富水性等级也是判别喀斯特水库渗漏的主要指标。根据德厚水库汇水区喀斯特水文地质现状，喀斯特含水层组富水性划分指标体系见表 7.2-1。

表 7.2-1　　　　　　　　德厚水库喀斯特含水层组富水性划分指标体系

喀斯特含水层组分类	主指标体系		参考指标体系			
	地下水径流模数 /[L/(s·km²)]	入渗系数	暗河或大泉（泉）流量 /(L/s)	钻孔单井单位涌水量 /[L/(s·m)]	洼地或漏斗密度 /(个/100km²)	洞穴或暗河规模 /(m/100km²)
强喀斯特含水层组	>10.0	>0.4	>100	>5	>70	>100
中等喀斯特含水层组	5.0~10.0	0.2~0.4	10~100	3~5	30~70	100~20
弱喀斯特含水层组	5.0~1.0	0.1~0.2	10~1	1~3	10~30	20~5
极弱（非）喀斯特含水层/组	<1.0	<0.1	<1	<1	<10	<5

7.2.2　德厚水库喀斯特含水层组特征

德厚水库库区及汇水区碳酸盐岩分布广泛，从寒武系到三叠系不同时代的岩石地层单位中均有厚度不一的海相碳酸盐岩，碳酸盐岩出露面积占水库区面积的 79% 左右，不同喀斯特含水层组富水性差异明显。根据表 7.2-1 确定的喀斯特含水层组富水性划分指标体系，将区内含水层组富水性划分为强、中等、弱 3 个等级（以下分别称为强、中、弱喀斯特含水层组）共 12 个主要岩喀斯特水层组，见表 7.2-2。D_2p、O_1、D_1b、$\in_3$、P_2w 等含水层组在区内分布零星、出露水点少甚至无水点出露，或分布在水库喀斯特水系统外围，对水库区地下水运移、水文地质格局及德厚水库渗漏分析和评价影响不大，因此，以下仅对主要分布在德厚水库坝址区及库区、对德厚水库建设有重要影响的几个主要含水层组进行阐述。

表 7.2-2   德厚水库喀斯特含水层组富水性等级划分

含水层组名称及富水性	地层代号	岩性、厚度及分布	喀斯特发育及水文地质特征	备 注
强喀斯特含水层组 · 泥盆系东岗岭组	D_2d	灰色—深灰色中层—块状隐晶和细晶石灰岩夹白云岩，厚 333.70~1149.20m，主要分布于测区南部、西南部	喀斯特发育强烈，喀斯特管道水和喀斯特裂隙水，地表发育溶丘谷地，多落水洞、喀斯特盲谷、地下河，地表渗漏现象明显，有喀斯特泉、地下河出露，流量大，$M=5.16~15.00L/(s·km^2)$	羊皮寨地下河流量为 875.15~988.36L/s，双龙潭泉流量为 2.00~77.93L/s
石炭系	C	厚层块状结晶石灰岩、生物碎屑灰石岩，底部硅质含量较高，在土锅寨附近见石牙、石林中的铁锰矿，厚 284.4~1041.4m	喀斯特发育强烈，地表以喀斯特高原面为主，地形平坦，埋藏石牙、石林分布普遍，多大型平缓浅洼地，洼地底部有落水洞、竖井和天窗等，地下有多层洞穴、管道、通道系统，多伏流，含丰富管道喀斯特裂隙水，喀斯特泉、地下河发育，$M>10.0L/(s·km^2)$	"八大碗"喀斯特泉群总流量为 566.36L/s，白鱼洞地下河流量为 707.50~1652.42L/s；母鲁白管道系统、打铁寨地下河、方解石管道系统、坝址住人洞等
二叠系下统	P_1	块状隐晶和细晶石灰岩，局部夹硅质条带或砾状灰岩，厚 896.3m	水文地质特征与石炭系灰岩相同，在区内形成统一含水岩体，有规模较大洞穴和地下河，$M>10.0L/(s·km^2)$	上倮朵地下河区内最长，枯季流量为 1~5L/s
三叠系个旧组上段	T_2g^2	厚层块状隐晶—细晶灰岩，厚度 420~813.3m，分布于库区东北、北部及咪哩河上游	喀斯特发育强烈，地表多形成典型的峰林，以小红舍—荣华村一带最为典型。喀斯特发育，含丰富喀斯特裂隙水、管道水，$M=8.90~40.72L/(s·km^2)$	八家寨泉、务路泉、务路大坡泉（2 个）、热水寨温泉及冷水泉（2 个）、路梯泉群等；咪哩河库区 3 条隐伏喀斯特管道
中等喀斯特含水层组 · 二叠系吴家坪组	P_2w	下部为厚层块状生物灰岩夹硅质条带及泥质灰岩；上部厚层白云岩及白云质灰岩，厚 167.06~266.27m。仅零星分布于以切、秉烈东部的林角塘—丫科格山一带	根据区域水文地质资料，$M=4.54~14.76L/(s·km^2)$	区内主要有以切电厂清水泉、浑水泉等，流量为 3~10L/s
三叠系个旧组下段	T_2g^1	灰色中厚层块状隐晶—细晶白云岩，底部夹砂泥岩、泥灰岩，厚度 740.00~1686.30m，分布于库区东北及中部咪哩河上游	喀斯特发育弱—中等，地表多为溶丘地貌，含中等溶蚀裂隙空洞水，泉流量小—中等，流量稳定，钻孔成井率高，$M=3.95~5.77L/(s·km^2)$	大红舍流量为 2~3L/s，大红舍路边泉流量为 5~2.0L/s，黑末大寨泉流量为 3~5L/s

含水层组名称及富水性	地层代号	岩性、厚度及分布	喀斯特发育及水文地质特征	备　注
中等喀斯特含水层组	三叠系永宁镇组 T_1y	薄—中厚层状泥质灰岩夹泥灰岩、页岩、灰岩，下部含泥质较多，厚 881.70m，主要分布在咪哩河库区	地表以喀斯特洼地、谷地为主，多落水洞。喀斯特发育弱—中等，除局部发育规模较大的洞穴外，地下水多赋存于喀斯特裂隙、孔洞中。地下水分布较均匀，泉点多，流量中等（一般为 3~20L/s），泉水动态变化小，形成相互独立喀斯特水系统，$M=3.53~10.00$L/$(s \cdot km^2)$	由页岩等分隔成多个喀斯特水系统，各系统之间水力联系微弱，有利于德厚水库库区蓄水。主要泉：大红舍龙洞地下河（3000L/s）、黑末大泉、黑末机井泉、矻霜厂抽水泉、河尾子左岸泉、河尾子右岸田间泉、河尾子右岸路边泉、河尾子拦河坝泉等
	寒武系中统 $\in_2$	上部页岩、细砂岩夹灰岩、白云质灰岩或两者互层；下部为白云质灰岩与页岩互层；总厚 693.32m，分布于测区西南	仅分布在西部龙树作—牛作底一带，组成背斜核部。地下水主要赋存于背斜核部张性喀斯特裂隙中，喀斯特发育弱—中等，富水性中等，泉点流量中等，$M=3.59~5.19$L/$(s \cdot km^2)$	龙树脚泉，流量为 5.37L/s、22.87L/s
弱喀斯特含水层组	寒武系上统 $\in_3$	砂岩、细砂岩夹白云质灰岩与细晶灰岩互层，厚 715.5m，分布于测区西南	仅在南部烂泥洞花岗岩体旁零星出露，喀斯特发育弱，$M=2.66~7.88$L/$(s \cdot km^2)$	在断层旁上覆第四系覆盖层上有小泉出露，流量为 7.72L/s
	奥陶系下统 O_1	石英砂岩夹灰岩、页岩，厚 505.6m。出露零星	含中等风化裂隙水、构造裂隙水为主。未见泉点出露，$M=2.57$L/$(s \cdot km^2)$	
	泥盆系坡折落组 D_2p	灰色、深灰色薄—厚层状细砂岩及页岩，局部夹有钙质泥岩和薄层泥灰岩、硅质灰岩，厚 315.3m，分布于西北德街—木期德一带、西南牛作底和南部所作底一带	整体上地下水富水性弱，地下水主要赋存于构造裂隙、喀斯特裂隙中，可视为区域隔水层。但局部岩夹层中喀斯特发育弱—中等，形成喀斯特大泉出露，$M=4.23$L/$(s \cdot km^2)$	西部西冲子泉1、泉2，流量分别为 6.20~60.39L/s、40.18L/s

（1）石炭系强喀斯特含水层组。石炭系为一套厚层块状结晶石灰岩，底部硅质含量较高，包括下统（C_1）、中统（C_2）、上统（C_3），在土锅寨及红石崖附近以生物碎屑灰岩为主，灰岩中含大量的生物化石（图 7.2 - 1）及铁锰质结核，风化后局部铁锰质富集成矿（图 7.2 - 2）。石炭系石灰岩总厚为 284.4~1041.4m，由于连续分布岩性接近并且地下水联系密切，在本次研究中统一归为石炭系喀斯特含水层组。石炭系地层主要分布在德厚河流域，占德厚河流域内碳酸盐岩出露面积的一半以上，尤其是在坝址及水库蓄水区德厚河谷，其岩性单纯、连续厚度大，质纯（CaO 含量高）、层组结构以厚层—巨厚层状为主，属喀斯特发育最强烈的连续纯碳酸盐岩类强喀斯特含水层组。在土锅寨—红石崖附近，形成典型的波状起伏的喀斯特夷平面（图 7.2 - 3），其上分布有喀斯特丘、孤峰、大型喀斯特洼地（碟形浅洼地为主）或漏斗、竖井、落水洞，偶有孤立石峰。高原面上有较厚的土

层，在沟谷或坡地、或矿山开挖处可见揭露出的埋藏型石林、石牙、喀斯特沟等；如在土锅寨因开矿揭露石林高 2～10m，在红石崖德厚河斜坡地带也有被地表水冲刷后揭露的石林（图 7.2-4）。在德厚街以上河流左岸，主要表现为典型的喀斯特峰丛洼地、峰丛谷地地貌。喀斯特地下形态有规模较大的洞、管道、通道（伏流）、宽大喀斯特裂隙，典型地下喀斯特形态如打铁寨伏流、德厚河和咪哩河两河交汇处的水平洞穴、坝址住人洞、方解石管道系统、母鲁白管道系统、坝址区 C23 管道系统等。石炭系喀斯特含水层组喀斯特最发育和地下水富水性最强，是水库库区最重要的喀斯特含水层组，也是最主要的潜在喀斯特渗漏岩组。大气降水多直接入渗地下，或在地表短暂汇集后通过洼地底部落水洞、喀斯特裂隙进入地下含水层，主要赋存于较大的喀斯特裂隙、管道、通道中，并以地下河、喀斯特大泉或泉群的方式排泄出地表。代表性的喀斯特泉（地下河）有白鱼洞地下河、双龙洞喀斯特泉群、"八大碗"喀斯特泉群、打铁寨地下河等。地下水径流模数大于 10L/$(s \cdot km^2)$。

图 7.2-1　土锅寨附近石炭系灰岩及生物化石

图 7.2-2　土锅寨附近石炭系灰岩中的铁锰结核

图 7.2-3　土锅寨附近石炭系波状喀斯特夷平面

图 7.2-4　红石崖后山石林

（2）二叠系下统强喀斯特含水层组。二叠系下统（P_1）为连续厚层块状隐晶和细晶石灰岩，局部夹硅质条带或砾状灰岩，厚 896.3m。属于含水性丰富的纯碳酸盐岩连续强喀斯特含水层组，主要分布在德厚水库坝址及以下—菠萝腻上寨—白虎山一带、德厚清水寨—石头寨一线。石灰岩喀斯特发育强烈，地表喀斯特形态以峰丛洼地、谷地为主，发育有规模较大洞穴、漏斗、竖井和地下河，如在坝址下游左岸发育的上保朵（C25）地下河和众多洞穴。但在坝址下游右岸没有泉点出露，可能与受土锅寨基性岩体的阻水有关，但仍可见有规模较大的洞穴发育。由于与石炭系碳酸盐岩为连续沉积，两者形成统一的喀斯特水系，地下水集中在咪哩河河口的石炭系灰岩中排泄，形成"八大碗"喀斯特泉群，其水文地质特征与石炭系灰岩相同，地下水径流模数大于 $10L/(s \cdot km^2)$。

（3）泥盆系东岗岭组强喀斯特含水层组。泥盆系东岗岭组（D_2d）为灰色—深灰色中层—块状隐晶和细晶石灰岩夹白云岩，为连续沉积，厚 333.70～1149.20m，主要分布于测区南部、西南部的杨柳河背斜两翼和北东倾伏端附近的里白克、羊皮寨、阿尾一带。此外，在德厚街东部的乐熙、木期得一带也有较大面积出露。喀斯特发育强烈，地表以峰丛谷地为主，多喀斯特干谷、落水洞、漏斗、竖井。大气降水有两种补给方式：直接入渗地下含水层（地表水系不发育），或外源水（主要源自薄竹山、龙树脚—牛作底背斜核部）以地表沟溪的方式在东岗岭组灰岩分布区边缘通过落水洞方式集中入渗补给含水层，为喀斯特裂隙、管道、通道含水介质，地下水主要沿背斜倾伏端放射性节理、破裂面或 $D_2d/$ C 接触界面运移，以喀斯特大泉或地下河方式出露地表，流量大，如羊皮寨地下河流量雨季流量达 875.15～988.36L/s，双龙潭泉流量为 77.93L/s，属于连续纯碳酸盐岩类强喀斯特含水层组，地下水径流模数为 5.16～15.0L/($s \cdot km^2$)。

（4）三叠系永宁镇组中等喀斯特含水层组。三叠系永宁镇组（T_1y）为薄—中厚层状泥质灰岩夹泥灰岩、灰岩、页岩，厚 881.70m，主要分布在祭天坡—马塘向斜两翼，尤其是北翼的咪哩河流域。永宁镇组含水层组是除石炭系喀斯特含水层组以外，工程区内最为重要、在德厚水库库区分布最广泛的层组，也是对水库蓄水有影响的喀斯特含水层组。地表多发育喀斯特丘陵、喀斯特洼地。由于夹数层页岩，将该喀斯特层组分隔成多个相互独立的较小的喀斯特水系（或泉域系统），属于碳酸盐岩夹非碳酸盐岩类喀斯特含水层组，喀斯特发育弱—中等。地下水主要含水介质为喀斯特裂隙、中小型孔洞，富水性弱—中等。地下水沿裂隙、喀斯特裂隙中运移，并在地形低洼的咪哩河河谷以喀斯特泉方式出露地表，单个喀斯特泉的流量较小（一般在 20L/s 以下），但相对稳定。典型喀斯特泉有黑末大泉、黑末大寨泉、黑末机井泉、砒霜厂抽水泉、河尾子左岸泉、河尾子右岸田间泉、河尾子右岸路边泉、河尾子拦河坝泉等。沿 T_1y/T_2g 边缘出露的大红舍龙洞地下河的补给、径流区也主要分布在 T_1y 泥质灰岩分布区内，地下水径流模数为 3.53～10.0L/($s \cdot km^2$)。

（5）三叠系个旧组中等—强喀斯特含水层组。三叠系个旧组属于纯碳酸盐连续岩喀斯特含水层组，其下段（T_2g^1）为灰色中厚层白云岩夹白云质灰岩、泥灰岩、砂泥岩，厚度为 740.00～1686.30m，分布于咪哩河上游、北部的明湖—双宝，以及东部跑马塘背斜两翼。其上段（T_2g^2）为灰色厚层块状隐晶—细晶灰岩，厚度 420～813.3m，主要分布在咪哩河库尾以哈底—大红舍—小红舍—白沙—荣华村—罗世鲊一线，跑马塘背斜核部和汤坝—热水寨一带，以及八家寨、海尾等地。个旧组灰岩总体上喀斯特中等—强烈发育，但不同岩性段的喀斯特发育或富水性强弱有较大差异。如个旧组下段（T_2g^1）喀斯特弱—中等发育，在大部分地区地表多表现为喀斯特丘地貌，地下水主要赋存在喀斯特裂隙介质中，多出露喀斯特小泉，如大红舍泉流量为 2～3L/s，大红舍路边泉 0.5～2L/s，黑末大寨泉 3～5L/s。但在测区北部的明湖—双宝一带，由于有外源水的补给，喀斯特发育强烈，形成典型的边缘喀斯特谷地，谷地底部发育喀斯特塌陷、渗漏坑等，在牛腊冲小河右岸有地下河（S27、S28 流量在 30L/s 以上）出露。个旧组上段（T_2g^2）喀斯特发育强烈，地表发育典型的峰林平原（坡立谷）或边缘喀斯特谷地地貌，以八家寨、小红舍等地最为典型；地下洞穴、隐伏管道发育，例如，在大黑山—荣华一带，为一系列发育在三叠系中的轴向东西的向斜与背斜，复式褶曲在罗世鲊—大龙潭倾伏，形成喀斯特河谷地貌（咪哩河支流），并使河谷由东西向转向南北向，形成跨越咪哩河与盘龙河地形分水岭的3 条隐伏喀斯特管道（GD1、GD2、GD3）；含丰富喀斯特裂隙水、管道水，有喀斯特大泉出露，如八家寨泉喀斯特泉群（流量可达 60L/s 左右）、热水寨冷水泉（S1、S2 流量可达 30～35L/s 左右）、路梯泉群等。在母鲁白—务路一带，以峰丘洼地为主，喀斯特发育中等，含喀斯特裂隙水，泉流量小，典型喀斯特泉有务路泉、务路大坡泉（流量约5.5L/s）等。个旧组灰岩为中等—强喀斯特含水层组，地下水径流模数为 3.95～40.72L/$(s \cdot km^2)$。

7.3 喀斯特水文地质特征

7.3.1 区域水流格局

德厚水库位于盘龙河上游支流——德厚河，属红河水系，其北部、西部与珠江水系分界。汇入水库的地表河有德厚河及其支流咪哩河、牛腊冲河。水库坝址位于德厚河与支流咪哩河交汇口的下游峡谷段，咪哩河库区沿咪哩河从白沙村及以西、荣华村、罗世鲊村、黑末村、花庄村播烈村，经"八大碗"泉群与德厚河库区汇合；德厚河库区沿德厚河从牛腊冲村及以西、红石岩下寨、打铁寨喀斯特通道系统、方解石喀斯特管道系统，与咪哩河库区汇合；之后沿德厚河至坝址区（C23 喀斯特管道系统）。德厚水库汇水区为典型喀斯特区，碳酸盐岩分布区约占水库区面积的 79%。库区两条主要河流（德厚河及其支流咪哩河）主要接受喀斯特地下水的补给，地表水、地下水主要受西南薄竹山岩体及杨柳山背斜、老寨大黑山向斜、德厚向斜、巨美（阿尤）背斜和文麻断裂（F_1）的控制，尤其受薄竹山岩体的影响，区内背斜或向斜轴向均具有围绕该岩体自北东转北东东，再转向近东西方向的弧形变化格局。特别是薄竹山岩体及杨柳山背斜（核部为碎屑岩）的构造"隆起"，不仅造成区内"南高北低、西高东低"的地形格局，而且造就了泥盆系—三叠系喀斯特含水层组及碳酸盐岩"底板"或"夹层"总体由北向南、由西向东倾伏的水文地质格局（在西南烂泥洞可见老寨大黑山向斜轴部抬起），是地表水、地下水先由南向北，后由西向东径流的主要原因。而文麻断裂带良好的阻（隔）水性能，以及红河水系总体由南向北袭夺的新构造格局使地表水、地下水在文麻大断裂带以西汇集后最终自北向南径流，汇入盘龙河。这种地表水、地下水先由南向北，后由西向东，最终向南径流的水文地质格局在德厚河及其支流咪哩河、牛腊冲河均表现明显，即河流总体上为自南向北径流，然后转向东流，在牛腊冲、岔河口（德厚河与咪哩河）等汇合后经峡谷向南汇入盘龙河，盘龙河干流上游稼依河流域也具有类似的水径流格局。

7.3.2 喀斯特地下水的补径排关系

德厚水库喀斯特水补给、径流、排泄和赋存（喀斯特水运移或水循环）受大气降水、地形地貌、植被、岩性与构造等众多因素的影响，总体上具有先由南向北，后由西向东，然后向南径流，途中历经地表水—地下水—地表水的循环转换，最终在特殊的构造-岩性-地形条件下排出地表，其中，地形地貌、地层岩性和构造是控制喀斯特地下水循环的主导因素。

（1）喀斯特水补给。水库区喀斯特地下水主要接受大气降水补给，补给强度受降雨量空间分布的差异、入渗系数和补给方式的影响，大气降水包括分散补给和集中补给两种补给方式。前者大气降水直接通过土壤较薄或地表裸露、喀斯特发育强烈区（如分布于土锅寨一带喀斯特发育强烈的裸露喀斯特高原面，或德厚以西的封闭喀斯特洼地区）的喀斯特裂隙、孔洞或竖井、漏斗、落水洞等垂直入渗进入地下含水层，一般称为垂直入渗补给，在裸露喀斯特区十分普遍。后者在喀斯特发育较差的峰（岭）丘谷地或非喀斯特区，或土壤较厚的喀斯特区，大气降水在地表汇集成地表沟溪后，在进入喀斯特发育区，尤其是碎屑岩与碳酸盐岩接触带附近，以落水洞的方式集中入渗补给地下含水层，可称为侧向入渗补给；典型的如西部杨柳河背斜核部龙树脚—牛作底附近和薄竹山北咪哩河的源头，大气降水在或碎屑岩分布区汇集成地表河，进入碳酸盐岩分布区后，一般在碎屑岩与碳酸盐岩接触边界附近通过落水洞（如牛作底—龙树脚以东的大黑山东山山麓发育的串珠状落水洞，薄竹镇落水洞、白租革落水洞等）入渗地下，见图7.3－1和图7.3－2。此外，德厚河在德厚镇上游段河道属补排型河流，即左岸为排泄型、右岸为补给型，也反映了地下水自西向东运移的特点。

图7.3－1　地表水通过落水洞集中
补给地下含水层

图7.3－2　地表水通过落水洞集中
补给地下含水层

（2）喀斯特地下水运移。区内喀斯特地下水的运移主要受地形、地层岩性（喀斯特层组或喀斯特含水层组类型）、地质构造的控制。地下水以沿喀斯特管道方式运移为主，在喀斯特发育中等或较弱的喀斯特含水层组中则主要沿喀斯特裂隙或喀斯特裂隙与管道双重介质或喀斯特裂隙、管道、通道三重介质运移，区内喀斯特地下水的水力坡度较大，一般可达到1‰～2‰。西南薄竹山岩体和大黑山背斜构造就的西南构造隆起和自西南向北东掀斜，形成本区西南高、北东低的地形格局和碳酸盐岩底板或边围（含夹层，控制地下水运移方向、喀斯特发育深度）的西南高、北东低的构造格局，加上区内最低排泄基准面位于坝址下游的盘龙河，盘龙河自南向北袭夺，决定了喀斯特地下水总体自南向北→转向东→转向南运移的总体水流格局。但地下水的具体径流方向和途径（主径流带）主要受岩性和构造控制，尤其是受碳酸盐岩与非碳酸盐岩的岩性接触界面、构造（褶皱轴部或两翼、断层）的控制。如羊皮寨喀斯特通道（伏流）主要沿北北东向的杨柳河背斜东翼东岗岭组石灰岩与石炭系石灰岩接触界面发育，地下水主要自南部薄竹山岩体向北运移，沿途汇集了来自牛作底—白牛厂、通过串珠状落水洞自西向东以伏流方式补给的外源水，这也与德厚河右岸的 P_2l、$P_2\beta$ 隔水岩层对地下水的运移控制有着一定的影响。白鱼洞地下河和双龙洞地下河的喀斯特水运移主要沿杨柳河背斜西北翼，尤其是沿 C_1 与 C_2、D_2d 与 C_1 的接触界面，自西向东（背斜倾伏端）运移。"八大碗"喀斯特泉群的地下水运移主要受 F_5 断层（阻水）与山字型构造南翼的 P_2l、$P_2\beta$ 隔水岩层的夹持，沿季里寨山字型构造南翼石炭系地层走向自西北向东南方向运移。大红舍龙洞地下河源于水头坡、老寨一带地表河，地下水主要沿 T_1y 与 T_2g 接触界面经落水洞、双包潭、大凹子，绕老寨大黑山（祭天坡—马塘）向斜中间抬起端自南向北转向东径流。牛腊冲右岸地下河主要发育于个旧组石灰岩，地下水沿岩层界面自西部明湖经双宝至牛腊冲方向径流。坝址下游上倮朵地下河、打铁寨地下河、八家寨大泉均自沿岩层面、节理面发育。位于云峰—海尾—平坝一线，沿 T_2f 与 T_2g 岩性接触界面的碳酸盐岩一侧喀斯特发育强烈，形成典型的边缘喀斯特谷地，地下水直接出露地表形成湖泊湿地，地下水也主要沿 T_2f 与 T_2g 岩性接触界面自西北向东南径流。黑末大龙潭泉沿跑马塘向斜轴部发育，地下水自东向西运移。库区地下水沿断层发育和运移的仅见于砒霜厂供水泉，沿 f_8 断层自东向西径流。喀斯特水运移及控制因素见表 7.3-1。

表 7.3-1　　　　　　　　　　　　喀斯特水运移及控制因素

地下水系统名称	径流路径	发育层组	受控因素
羊皮寨地下河	烂泥洞（分水岭→乐诗冲）→五色冲→伏流入口→羊皮寨地下河出口；坝心落水洞（阿尾岩峰窝落水洞、田尾巴落水洞）→羊皮寨地下河出口	D_2d、C_1 沿 D_2d/C_1 界面	杨柳河背斜东翼
双龙潭地下河	马脚基→以哈→双龙潭	D_2d、C_1 沿 D_2d/C_1 界面	杨柳河背斜西翼
白鱼洞地下河	以奈黑→大龙村→白鱼洞	C_1 沿 C_1/C_2 界面	杨柳河背斜西翼
大红舍龙洞地下河	水头坡→老寨→落水洞（野龙树→白租革）→以哈底落水洞→双包潭（大凹子）→龙洞	T_1y、T_2g；沿 T_1y/T_2g 接触界面	老寨大黑山向斜中间抬起端
"八大碗"喀斯特泉群	乐农→土锅寨→岔河口	C、P_1q+m；沿季里寨山字型构造轴部	F_5、F_1 阻水断层与山字型构造南翼 P_2 隔水岩层夹持
八家寨喀斯特泉群	小红甸→平坝→八家寨	T_1y、T_2g；沿 T_1y/T_2g^1 或 T_2g^1/T_2g^2 接触界面	F_1、f_3 阻水断层夹持

续表

地下水系统名称	径流路径	发育层组	受控因素
云峰—海尾—平坝地下水富水块段	云峰村→海尾→平坝	T_2f、T_2g；沿 T_2f/T_2g^2 接触界面	F_1、f_3 阻水断层夹持并阻水
牛腊冲右岸地下河	明湖→双宝→牛腊冲左岸地下河出口	T_1y、T_2g，沿 T_2g 层面发育	北西向断层与岩性接触界面夹持
打铁寨地下河	打铁落水洞→三家界→地下河出口（德厚河左岸悬崖）	C，沿 C 层面、节理面发育	季里寨山字型构造
方解石洞地下河	上倮朵鱼塘→方解石洞口（德厚河左岸悬崖）	C，沿 C 层面、节理面发育	季里寨山字型构造
母鲁白地下河	母鲁白地表河→母鲁白溶洞（导水洞）→母鲁白地下河出口	C，沿 C 层面、节理面发育	季里寨山字型构造
上倮朵地下河	上倮朵落水洞→大坝下左岸洞口	P_1，沿 P_1 层面、节理面发育	季里寨山字型构造
砒霜厂供水泉	砒霜厂→砒霜厂供水泉	T_1y，沿 f_8 断层发育	f_8 断层
黑末大泉	跑马塘→黑末大龙塘	T_1y，沿跑马塘向斜轴部发育	跑马塘向斜、T_1y 隔水夹层
河尾子田间泉	精怪塘→河尾子田间泉	T_1y，沿层面	季里寨山字型构造，单斜灰岩

本区喀斯特水运移在局部地区可能历经地表水—地下水的多次循环，但根据区内出露的喀斯特泉、地下河的水化学和同位素分析，除热水寨温泉外，其余地下水系统均为冷水泉，推测各喀斯特泉运移路径较近、较浅，没有规模较大的深部喀斯特地下水循环。

（3）喀斯特地下水排泄。根据本次调查，德厚水库流域内共有发现规模不等、类型多样的喀斯特泉或地下河共 60 余个（表 7.3-2），集中分布在羊皮寨—德厚街河谷、横塘子—大红舍咪哩河河谷、黑末—河尾子咪哩河河谷、牛腊冲附近河谷、德厚河与咪哩河口段等几个主要的地下水集中排泄带。喀斯特地下水排泄主要受构造（阻水断裂）、隔水岩层、喀斯特发育演化（侵蚀基准面）的控制。从河流发育演化史看，区内喀斯特地下水主要以喀斯特泉和地下河的方式在德厚河、咪哩河当前河床或峡谷底部或两侧出露地表。有多个分布在不同高程的地下水排泄口，反映区内喀斯特发育经历了多个不同的喀斯特发育期。当前地下水排泄高程主要受当地当前侵蚀基准面（位于坝址区下游盘龙河，高程大约为 1295.00m）控制。从地下水出露的地质条件分析，区内的喀斯特地下水主要受阻水界面（隔水岩层、阻水断层或结构面）的阻挡而出露并排出地表。区内大多数断层为压扭性逆断层或逆冲断层，具有良好的阻水性能，典型的阻水断层有 F_1、F_3、f_9 等断层，其中，以 F_1 深大断裂带对区域地下水的运移、排泄影响最大。阻水断层大致可以分成：压扭性断层阻水、非碳酸盐岩或弱喀斯特碳酸盐岩或断层含水层阻水、褶皱转折端或褶皱轴部与断层复合阻水、多种界面复合或多原因、富水块段 5 种地下水排泄类型，见表 7.3-3。

表 7.3-2

德厚水库流域喀斯特水点统计表

编号1	编号2	水点名称	地理位置	喀斯特含水层组代号	所处构造部位	水点性质	流量/(L/s)	所属喀斯特水系统
			咪哩河喀斯特水系统					
W-24	S8	黑末大龙潭泉	马塘镇黑末寨	T_1y	阻水断层交会处附近	下降泉	20.0	
W-29		河尾子右岸田间泉	马塘镇河尾子河边、咪哩河田间	T_1y	F_2阻水断层带	上升泉	8.48	
W-25	S25	河尾子大坝泉	马塘镇河尾子拦河坝咪哩河右岸	T_1y	F_2阻水断层带	上升泉	10.02	
W-27	S11	河尾子路边泉	马塘镇河尾子一黑末小寨之间、咪哩河右岸路边、山脚	T_1y	页岩/灰岩界面	下降泉	4.3	
W-28		河尾子左岸田间泉	马塘镇河尾子咪哩河左岸、水田中	T_1y	F_2阻水断层带	上升泉	4.9	咪哩河谷喀斯特水子系统（I2）
W-32		黑末机井泉	马塘镇黑末大寨、左岸、路边机井	T_1y	F_2阻水断层带	上升泉	0.5	
W-33	S9	黑末田间泉	马塘镇黑末大寨、大龙潭对岸	T_1y	F_2阻水断层带	上升泉	5	
W-30	S26	河尾子桥边泉	马塘镇河尾子河边、桥边	T_1y	灰岩、页岩界面	下降泉	1	
W-31	S10	黑末大寨泉	马塘镇黑末大寨村南边、咪哩河左岸	T_1y/T_2g	岩性接触界面	下降泉	5	
W-34		砒霜厂抽水泉	马塘镇文平路咪哩河大桥上游、公路边	T_1y	阻水断层交会处附近	上升泉	15	
W-23		收鱼塘积水洼地	马塘镇河尾子"收鱼塘"	T_1f	背斜核部	地表积水	—	
W-37		塘子寨积水潭	马塘镇塘子寨、人潭河流、积水潭	T_1y/T_2g	岩性界面	地表水	2~3	
W-36	S4	下倮朵对岸泉	马塘镇下倮朵对岸河边	T_1y	断层与岩性接触界面	下降泉	18	
W-26		咪哩河	马塘镇河尾子大坝	T_1y	F_2阻水断层带	河水	1386	地表水
W-21		小红舍后山泉	马塘镇小红舍后山(南山)	T_2f	断层	下降泉	3.0~5.0	
W-12		以哈底双龙包潭	薄竹镇白租革村镇以哈底	T_2g	断层	地表水	—	大龙洞喀斯特水子系统（I1）
W-15		横塘子后山饮用泉	横塘子村西边山坳口	T_2f/T_1y	断层、岩性界面	下降泉	0.3	
W-16		横塘子一大红舍田中泉	横塘子村一大红舍村间田中	T_1y	断层带	上升泉	4	

编号1	编号2	水点名称	地理位置	喀斯特含水层组代号	所处构造部位	水点性质	流量/(L/s)	所属喀斯特水系统
W-18	S18	大红舍村后泉	大红舍村北沟	T_2g	F_2断层、裂隙	下降泉	3	大龙洞喀斯特水系统（I1）
W-20		打磨冲泉	大红舍与打磨冲之间、咪哩河右岸	T_2g	小断层	下降泉	8	
W-35	S16	大红舍龙洞地下河	大红舍—横塘子之间、咪哩河主要地下水源	T_2g	断层、岩性界面	地下河	1500	
W-11		大回子潭（水外）	老回龙水外村采石场、积水洼地	T_1y/T_2g	岩性界面	地表水	—	
W-13		薄竹镇落水洞	薄竹镇落水洞村	T_1f/T_1y	岩性界面、断层、向斜拾起端	地表水	145.6	
W-14		横塘子积水潭	德厚乡横塘子西边	T_2g	断层、岩性界面	地表水	—	
W-17	S17	大红舍西间泉	大红舍村西	T_1y/T_2g	岩性界面	下降泉	5	
W-19		大红舍西山坳湿地	大红舍村西	T_2g	岩性界面	下降泉	5	
W-42		白租革落水洞	文山市老回龙乡白租革、公路边	T_1y	向斜拾起端	地表水	467	
德厚河喀斯特水系统								
Q-1	S31	"八大碗"泉群1	马塘镇咪哩河河口段	C	山字型弧顶	泉	100	"八大碗"喀斯特水子系统（II3）
Q-1′		"八大碗"泉群1′	马塘镇咪哩河河口段	C	山字型弧顶	泉	3	
Q-2	S30	"八大碗"泉群2	马塘镇咪哩河河口段	C	山字型弧顶	泉	140	
Q-3	S24	"八大碗"泉群3	马塘镇咪哩河河口段	C	山字型弧顶	泉	18	
Q-4		"八大碗"泉群4	马塘镇咪哩河河口段	C	山字型弧顶	泉	3	
Q-5		"八大碗"泉群5	马塘镇咪哩河河口段	C	山字型弧顶	泉	6	
Q-6		"八大碗"泉群6	马塘镇咪哩河河口段	C	山字型弧顶	泉	70	
Q-6′	S22	"八大碗"泉群6′	马塘镇咪哩河河口段	C	山字型弧顶	泉	5~8	
Q-12	S21	"八大碗"泉群12	马塘镇咪哩河河口段	C	山字型弧顶	泉	155	
Q-13	S23	"八大碗"泉群13	马塘镇咪哩河河口段	C	山字型弧顶	泉	104	
Q-14	S29	"八大碗"泉群14	马塘镇咪哩河河口段	C	山字型弧顶	泉		

续表

编号1	编号2	水点名称	地理位置	喀斯特含水层组代号	所处构造部位	水点性质	流量/(L/s)	所属喀斯特水系统
Q-15	S35	"八大碗"泉群15	马塘镇哩哩河口口段	C	山字型弧顶	泉	72.93	
Q-16	S13	木期德清水寨泉	德厚乡木期德南清水寨	D_2d/D_2p	岩性界面	泉	4.67	
Q-17	S12	木期德泉	德厚乡木期德	$D_2d/C/P_2\beta$	岩性界面、断层交会	泉	5.5	
W-50		木期德清水寨西断层旁岩性界面泉	木期德清水寨南德断层旁岩性界面上	D_2d/D_2p	岩性界面、断层	泉	1.5	
W-9		打铁寨地下河	打铁寨西南（对应C3通道）	C	F_1阻水断层带	地下伏流	26.4	
W-10		牛腊冲下游泉	牛腊冲东500m德厚河左岸、山边	C	裂隙	下降泉	26.4	
J-1		坝址左岸井水	马塘镇岔河德厚水库	C	喀斯特裂隙	井水	—	
RD-1	S19	坝址下游地下河	坝址下游地下河（水渠下方）	P_1	裂隙	地下河	1	"八大碗"喀斯特水子系统（II3）
C23	S20	坝址左岸地下河	马塘德厚水库坝址左岸、人工开挖隆洞尽头揭示	C	山字型弧顶	地下河		
ZK29		ZK29	坝址左岸坡顶钻孔	C	山字型弧顶	钻孔		
BZK9		BZK9	坝址左岸钻孔	C	山字型弧顶	钻孔		
ZK30		ZK30	坝址右岸钻孔（山腰玉米地、取样浑浊）	P_1	山字型弧顶	钻孔		
W-6		溢水带	牛腊冲东1200m德厚河左岸	C	裂隙、层面	泉水	0.5	
W-7		德厚河	牛腊冲东1500m、德厚河拦河坝	C	德厚断裂带	河水	6400	
HL-1		岔河	德厚水库坝址下游拦河坝	P_1	山字型弧顶	河水	13550	
Q-19		白鱼洞地下河	德厚河白鱼洞（1360m）	C	背斜倾伏端、断层	地下河	1652.4	白鱼洞喀斯特水子系统（II2）
Q-20		双龙泉群清水	德厚河谷双龙村	C	背斜倾伏端、断层、岩性界面	泉	1.5	杨柳河东翼喀斯特水子系统（II1）
Q-21		双龙泉群浑水	德厚河谷双龙村	C	背斜倾伏端、断层、岩性界面	泉	77.93	

续表

编号1	编号2	水点名称	地 理 位 置	喀斯特含水层组代号	所处构造部位	水点性质	流量/(L/s)	所属喀斯特水系统
Q-22		羊皮寨地下河	德厚乡羊皮寨	D_2d/C	岩性界面，背斜倾伏端	地下河	875.15	白鱼洞喀斯特水子系统（杨柳河东翼喀斯特水子系统（Ⅱ1）
Q-23		白牛厂泉1	德厚乡白牛厂南	$\in_2$	背斜核部张裂	泉	22.78	
Q-24		白牛厂泉2	德厚乡白牛厂南	$\in_2$	背斜核部张裂	泉	5.37	
Q-25		西冲子泉1	德厚乡西冲子南	D_2p	单斜构造	泉	64.39～6.2	杨柳河东翼喀斯特水子系统（Ⅱ2）
Q-26		西冲子泉2	德厚乡西冲子南	D_2p	单斜构造	泉	40.18	
W-2		平坝西山后水库水	文山德厚乡山后旧寨西南1000m，小尖山北	T_2g	断层与岩性接触界面	地表水		
W-38	S28	牛腊冲河右岸地下河	牛腊冲河右岸、牛腊冲—茅草冲间公路下边	T_2g/T_1y	阻水断层交会	地下河		明湖—双宝喀斯特水子系统（Ⅱ4）
W-39	S27	牛腊冲河左岸泉	牛腊冲河左岸、牛腊冲—茅草冲间公路边对岸	T_2g	断层带	下降泉		
W-1		山后旧寨泉	红甸乡平坝寨村山后旧寨	T_2g	断层带	下降泉	24.8	
W-47		茅草冲洛水洞	文山德厚乡平塘寨—八家寨附近	C	断层带附近	地表水		
Q-7	S33	牛腊冲桥边泉	德厚乡德厚镇牛腊冲老石拱桥河边	C	构造裂隙、断层交会点附近	下降泉	5	
Q-8		八家寨泉群1	平坝八家寨	T_2g/Q	阻水断层交会处附近	上升泉	18	海尾—平坝喀斯特水子系统（Ⅱ5）
Q-9		八家寨泉2	文山八家寨	T_2g	阻水断层带交会	上升泉	41.17	
Q-10		平坝上寨喀斯特井	红甸乡平坝寨上寨	T_1y/T_2g	岩层界面	井水		
Q-11		平坝下寨泉	红甸乡平坝寨下寨	T_1y/T_2g	岩层界面	上升泉	2	
SK-1		后山山库	红甸乡平坝上寨西后山山库	T_2g	岩层界面	地表水		
		稼依河下游喀斯特水系统						
W-3		上保朵洛水洞	文山马塘上保朵屯东北300m	$T_2f/C/P_1$	F_2阻水断层带，岩性界面	地表水	101	稼依河下游喀斯特水系统（Ⅲ）
W-8		母鲁白隧洞水	文山德厚母鲁白村正南排水隧洞	C	F_1阻水断层带	地表水	163.8	
LSD-1		打铁寨落水洞	文山德厚镇打铁寨	$C/T_2g/T_3n$	F_1阻水断层带	地表水	12.54	

178

续表

编号1	编号2	水点名称	地理位置	喀斯特含水层组代号	所处构造部位	水点性质	流量/(L/s)	所属喀斯特水系统
W－44		路梯浑水泉	马塘镇路梯对岸，盘龙江左岸泉群（浑水泉）	T_2f/T_2g	导水断层/岩性界面	下降泉	80	
S－1	S6	务路电站左岸泉	务路电站北50m，稼依河右岸（清水）	P_2w	稼依河断层/岩性界面	下降泉	3	
S－2		务路电站左岸泉	务路电站北50m，稼依河左岸（浑水）	P_2w	稼依河断层/岩性界面	下降泉	20	
S－3	S7	以切中寨泉	文山秉烈以切中寨稼依河对岸山沟	T_2f/T_2g	稼依河断层/岩性界面	下降泉	2	
S－4	S18	下务路饮水泉	文山秉烈下务路西南山坡	T_2f/T_2g	岩性界面	表层喀斯特泉	15	稼依河下游喀斯特水系统（Ⅲ）
W－45	S34	路梯清水泉	文山马塘镇路梯对岸，盘龙江左岸泉群（清水泉）	T_2f/T_2g	导水断层与阻水断层交会/岩性界面	上升泉	560	
W－4		积水潭	马塘镇上保朵积水洼地（收鱼塘）	T_2f/C	F_1阻水断层带	地表水	—	
W－5		积水潭	马塘镇上保朵屯积水洼地	T_2f/C	F_1阻水断层带	地表水	—	
BZK12	BZK12		打铁寨积水潭旁，怀疑与地表水潭有关	T_2g	F_1阻水断层带附近	地下水	—	
ZK38	ZK38		上保朵大水潭旁，坡上玉米地中，地下水位高于潮水关	T_2f/T_2g	F_1阻水断层带/岩性界面	地下水	—	
BZK13	BZK13		新打钻孔，抽水取样	T_2g		地下水	—	
热水寨喀斯特水系统								
W－41	S1	热水寨河边冷水泉2	马塘镇热水寨西北，盘龙江右岸，河边	T_2f/T_2g	F_1阻水断层带	上升泉	20（估）	热水寨喀斯特水系统（Ⅳ）
W－40	S2	热水寨河边冷水泉1	马塘镇热水寨西北，盘龙江右岸，河边	T_2f/T_2g	F_1阻水断层带	上升泉、间隙	15（估）	
S－6	S3	热水寨温泉	马塘镇热水寨西北，盘龙江右岸，河边	T_2f/T_2g	导水断层与阻水断层交会/岩性界面	上升泉	20（估）	

表7.3-3　　　　　　　　喀斯特地下水主要喀斯特泉（地下河）排泄特征

水点名称	出露位置	出露地质条件
羊皮寨地下河	德厚镇羊皮寨东1.2km，德厚河河谷底，无色冲喀斯特盲谷北端	杨柳河背斜倾伏端，北西向断层阻水与德厚河下切
双龙潭地下河	德厚乡铁则北，德厚河谷左岸	杨柳河背斜倾伏端，北西向断层阻水与德厚河下切
白鱼洞地下河	德厚街道南2km，德厚河河谷左岸	杨柳河背斜倾伏端，北西向断层阻水与德厚河下切
大红舍龙洞地下河	大红舍—横塘子之间，咪哩河溶蚀谷地源头靠南边。老寨大黑山向斜中间抬起端北翼	f_9 断层、T_1y 与 T_2g 岩性接触界面联合阻水
"八大碗"泉群	咪哩河与德厚河交汇口至以上2km咪哩河河段，季里寨山字型构造弧顶	F_1 与 F_2 断层、辉绿岩体、C_1 和 C_2 地层接触界面、T_1f 碎屑岩联合阻水
八家寨泉群	平坝八家寨喀斯特谷地中央	F_1、f_3 阻水断层联合阻水、地下水富集形成富水块段
云峰—海尾—平坝地下水富水块段	云峰—海尾附近的老乌海（德厚河流域）和差黑海（稼依河流域）	F_1、f_3 及 T_2f 联合阻水、地下水富集形成富水块段
牛腊冲右岸地下河	牛腊冲村北西方向1km公路下，牛腊冲河左岸	北西向断层、T_1y 与 T_2g 岩性接触界面联合阻水，牛腊冲沟深切
打铁寨地下河	德厚河峡谷左岸三家界附近悬崖边	德厚河峡谷深切
方解石洞地下河	德厚河峡谷左岸，咪哩河与德厚河交汇口北700m，方解石洞口	德厚河峡谷深切
母鲁白地下河	母鲁白南1.5km积水潭附近，人工导水洞口，F_1 断层东南盘，德厚河峡谷左岸悬崖边（电厂对岸）	德厚河峡谷深切
上倮朵地下河	德厚水库坝址下游约300m，德厚河左岸洞口，季里寨山字型构造弧顶转折端	$P_2\beta$ 与 F_2 阻水、德厚河峡谷深切
砒霜厂供水泉	文山—平坝公路与咪哩河交汇点（公路桥）上游300m，咪哩河右岸	f_8 与 F_2 断层联合阻水
黑末大龙潭泉	黑末小寨北300m，咪哩河右岸，跑马塘向斜轴部	F_2 断层阻水，咪哩河下切
黑末机井泉、黑末田中泉	咪哩河捏黑支流于公路交汇口附近（黑末机井泉）、大龙潭泉对岸	F_2 断层阻水
河尾子田间泉	黑末小寨—河尾子之间，咪哩河右岸	T_1y 砂页岩夹层阻水
大红舍西层间泉、大红舍西山坳湿地泉	大红舍西2km，咪哩河北拐处	T_1f 顶部与 T_1y 下部砂页岩夹层阻水

1）压扭性断层阻水。因压扭性断层对地下水运移的阻挡而造成喀斯特地下水以喀斯特泉（泉群）或地下河方式出露地表的在本工程区内最典型或具有代表性，属于此类的喀斯特泉、地下河的有大红舍龙洞地下河、黑末机井泉、黑末田中泉、河尾子左岸田中泉、河尾子右岸田中泉、打磨冲泉、八家寨泉群、牛腊冲右岸地下河、牛腊冲左岸泉、热水寨冷水泉群、热水寨温泉、白鱼洞地下河、路梯喀斯特泉群、砒霜厂供水泉（图7.3-3）、以切电站清水泉、以切电站浑水泉和大红舍龙洞地下河等，地下水

通常在压扭性断层一侧或在压扭性断层交会处出露地表。其中，砒霜厂供水泉、八家寨泉群为压扭性断层交会联合阻水；以切电站清水泉和以切电站浑水泉位于导水断层与阻水断层交会处。

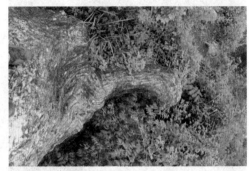

图 7.3-3　砒霜厂供水泉及附近断层对岩层的挤压褶皱

2）非碳酸盐岩或弱喀斯特碳酸盐岩或断层含水层阻水。喀斯特地下水运移受非碳酸盐岩或喀斯特不甚发育的弱喀斯特碳酸盐岩阻挡，在有利地形条件（河谷）下而以喀斯特泉或地下河方式排出地表，排泄点多位于碳酸盐岩含水层组与非碳酸盐岩的岩性接触界面（或断层接触界面）处。典型的如黑末大寨泉、八家寨喀斯特泉群、务路大坡喀斯特泉（2个）、大红舍村西部山坳泉、横塘子后山山坳泉、河尾子右岸路边泉、河尾子桥边泉、下倮朵对岸泉、热水寨温泉和路梯喀斯特泉群等。造成上述地下水出露的非碳酸盐岩（阻水）岩层包括 T_2f 碎屑岩（如务路大坡 2 个季节性喀斯特泉、热水寨温泉和路梯喀斯特泉群）、T_1y 中砂页岩夹层（河尾子右岸路边泉、河尾子田中承压泉见图 7.3-4、下倮朵对岸泉）、T_2g 底部接触界面附近的红色泥页岩（黑末大寨泉见图 7.3-5，大红舍村后泉见图 7.3-6）。

图 7.3-4　河尾子右岸田中承压泉及附近的 T_1y 薄层泥质灰岩

3）褶皱转折端或褶皱轴部与断层复合阻水。喀斯特地下水沿向斜或背斜轴部或翼部运移过程中，遇深切河流或被阻水断层阻挡出露地表。典型的如地下水沿杨柳河背斜核部、两翼向北、北东运移过程中，在背斜轴部遇北西走向断层阻挡出露地表（龙树脚泉1、龙树脚泉 2）；或在背斜倾伏端受北西走向断层阻挡而出露地表（羊皮寨地下河、双龙

图 7.3-5　黑末大寨泉及附近的 T_2g 红色泥页岩

图 7.3-6　大红舍村后泉及附近的 T_2g 红色泥页岩

潭地下河、白鱼洞地下河）；黑末大龙潭泉则是沿跑马塘向斜轴部自东向西运移，遇 F_2 断层阻挡而出露地表；大红舍龙洞地下河则发育于沿老寨大黑山向斜南翼，绕过向斜在大凹子附近向斜抬起端后，沿北翼运移，受 f_9 断层阻挡出露地表。

4）多种界面复合或多原因。在 C_1 与 C_2、D_2d 与 C_1 岩层接触界面附近由于喀斯特发育的差异性，也是地下水排泄的重要地段，出露的喀斯特泉以"八大碗"泉群、羊皮寨地下河、白鱼洞及双龙洞地下河为代表。"八大碗"喀斯特泉群地处季里寨山字型构造弧顶转折端，又是华力西期浅成基性侵入岩（辉绿岩体）与 C_1、C_2 地层接触界面，并位于石灰岩与玄武岩界面复合处附近，加上新构造运动抬升造成河谷深切，河流水位低于喀斯特地下水位，而在河谷交汇处地下水出露地表形成喀斯特泉群。

5）富水块段。主要赋存于喀斯特管道或喀斯特裂隙中，在云峰—海尾—平坝—八家寨一线，因受 F_1、F_3 阻水断层与隔水岩层 T_2f 联合阻水，地下水位较高，赋存丰富喀斯特地下水，成为富水块段，大部分时间地表积水成湖，成为典型的喀斯特湿地（图 7.3-7），雨季易产生内涝现象。

图 7.3-7　海尾—平坝地下水
溢出的喀斯特湿地

7.4 喀斯特水系统研究

喀斯特水系统是指有相对固定的边界、汇流范围、蓄积空间，具有独立的补给、径流、排泄关系和统一的水力联系所构成的水文地质单元，是喀斯特系统中最活跃、最积极的地下水流系统。喀斯特水系统研究是指应用喀斯特水的系统理论，根据喀斯特水文地质场中的结构场、水动力场、水化学场、水温度场、水同位素场等资料和信息，研究他们之间的内在联系，分析喀斯特发育与发展的时空变化，演绎出地下水补给、径流、排泄关系。德厚河和咪哩河流域均为典型喀斯特区，碳酸盐岩分布区约占水库区面积的79%，枯季汇水大部分来源于喀斯特地下水。根据德厚水库流域内喀斯特地下水点（泉、地下河）的空间分布及其补、径、排、蓄及水文地质边界，结合喀斯特泉之间的相互关系、含水层组类型及组合关系、水点的水文动态变化、水温度、水化学、水同位素特征等综合分析，将喀斯特水系统划分为4大喀斯特水系统，再分为9个喀斯特水子系统，见表7.4－1。

表 7.4－1 德厚水库流域区喀斯特水系统分区表

序号	喀斯特水系统名称	
1	Ⅰ咪哩河喀斯特水系统	Ⅰ1大龙洞喀斯特水子系统
2		Ⅰ2咪哩河河谷喀斯特水子系统
3	Ⅱ德厚河喀斯特水系统	Ⅱ1杨柳河背斜喀斯特水子系统
4		Ⅱ2白鱼洞喀斯特水子系统
5		Ⅱ3"八大碗"喀斯特水子系统
6		Ⅱ4明湖—双宝岩溶水子系统
7		Ⅱ5海尾—平坝岩溶水子系统
8	Ⅲ稼依河下游喀斯特水系统	
9	Ⅳ热水寨喀斯特水系统	

7.4.1 咪哩河喀斯特水系统

7.4.1.1 结构场

咪哩河喀斯特水系统（Ⅰ）位于咪哩河流域，地质构造上位于老寨大黑山向斜中部抬起端及北翼。系统北部与西部边界大致位于上保朵—布烈—花庄—菠萝腻—址格白—水头树大坡—水头坡—老尖坡一线，地表水分水岭与地下水分水岭之间不一致，地下水水文地质边界以二叠系玄武岩（$P_2\beta$）、煤系地层（P_2l）作为系统隔水边界与德厚河喀斯特水系统（Ⅱ）为界，边界稳定。南部边界位于老尖坡—白石岩—老回龙（薄竹镇）—祭天坡—荣华村后山，大致以老寨大黑山向斜轴部的T_2f碎屑岩组成的地表分水岭与南部的马过河流域为界，边界稳定。东部边界位于荣华村—罗世鲊东部尖山—河尾子—石桥坡以东的地表分水岭，T_1y泥质灰岩库段以地表分水岭为界，与东部的热水寨喀斯特水系统（Ⅳ）为界，边界稳定；T_2g灰岩、白云岩库段，由于T_2g地层及f_9断层由西向东延伸至热水寨喀斯特水系，在地表分水岭西侧（咪哩河）存在地下水低槽区段，分析其与热水寨喀斯特水系之间可能存在某种程度的水力联系，边界不清晰。咪哩河喀斯特水系汇水总面积为 $105km^2$，其中，喀斯特区面积约占 50%。咪哩河喀斯特水系主要喀斯特含水层组为永宁镇组（T_1y）薄—中层状泥质灰岩夹泥灰岩、灰岩、页岩，喀斯特发育弱—中等；个旧组（T_2g）厚层隐晶—细晶石灰岩、白云岩、泥灰岩、砂泥岩，喀斯特发育中等—强烈。

（1）永宁镇组（T_1y）为中等喀斯特含水层组。永宁镇组（T_1y）泥质灰岩夹泥灰岩、灰岩、页岩喀斯特发育弱—中等，富水性弱—中等。地下水主要赋存于并沿喀斯特裂隙运移，流速缓慢。由于存在相对隔水的页岩、泥灰岩及阻水断层，使该含水层地下水被分隔成较多的相互相对独立、规模较小的喀斯特水泉域系统，造成喀斯特泉出露数量多、泉流量少。除位于西南向斜抬起端、咪哩河源头的大红舍龙洞地下河外，其余单个泉点泉水流量一般在 5～20L/s 之间，总体上各泉点的水文动态变化较稳定。大红舍龙洞地下河因有发源于薄竹山花岗岩体的非饱和、具有强烈侵蚀和喀斯特能力的外源水的补给，主要补给、径流区位于 T_1y 泥质灰岩分布区，地下水在喀斯特裂隙、管道、通道三重介质中运移、赋存，地下河流量较大，最大流量约为 3000L/s。

（2）个旧组（T_2g）为中—强喀斯特含水层组。该组仅分布于横塘子—荣华村—罗世鲊—黑末一带的咪哩河河床两岸。下段（T_2g^1）岩性白云岩为主，夹白云质灰岩、泥灰岩、砂泥岩。喀斯特发育弱—中等，水文地质特征与永宁镇组含水层组类似，地下水主要赋存于小孔洞、喀斯特裂隙中，喀斯特泉数量少、规模也小，如大红舍村中泉，流量约为 2L/s，大红舍西山腰泉以及黑末大寨泉，流量均在 3～5L/s 之间。上段（T_2g^2）岩性以厚层块状灰岩为主，在咪哩河库区仅分布于咪哩河南（右）岸小红舍—荣华村—罗世鲊一带，由于来源于碎屑岩非饱和的外源水的侵蚀和喀斯特作用，喀斯特发育强烈，地表常形成典型的边缘喀斯特谷地和线性排列的孤立石峰。地下水主要赋予喀斯特管道中（如大红舍龙洞地下河、打磨冲泉，白沙村喀斯特塌陷，穿越地表分水岭的隐伏喀斯特管道 GD1、GD2、GD3 等）；地下水点（咪哩河左岸）少但单个水点流量大，水文动态变化也大。咪哩河右岸无泉水出露。由于其向东延伸至热水寨喀斯特水系，是咪哩河库区主要的喀斯特渗漏地段。

7.4.1.2　水动力场

咪哩河发源于测区南部薄竹山花岗岩体南缘的老寨、水头坡一带，受花岗岩岩体、杨柳河背斜构造隆起造成的南高北低地形格局和碳酸盐岩底板（碎屑岩夹层，控制地下水运移方向、喀斯特发育深度）自南向北东掀斜的地质格局的影响，地表水、地下水总体自南向北、自西向东运移，最终汇入北部的德厚河。喀斯特发育受区内最低排泄基准面（咪哩河、德厚河、盘龙河）控制，具体径流方向和途径主要受老寨大黑山（祭天坡—马塘）向斜自西南—北东转向东的 S 形扭曲及其在老寨大黑山的抬起，以及伴随的南西—北东走向的 $F_2 \backslash F_3$ 断层的控制。咪哩河喀斯特水系又分为大龙洞喀斯特水子系统和咪哩河河谷喀斯特水子系统。

（1）大龙洞喀斯特水子系统。大龙洞喀斯特水子系统（Ⅰ1）来源于南部薄竹山北麓碎屑岩（P_2l、$P_2\beta$、T_1f）分布区的地表水（外源水）通过水头坡→老寨→落水洞、野龙树→白租革落水洞、三岔冲→童子营→以哈底落水洞 3 条地表沟溪在穿越 T_1y/T_1f 接触界线后不远处通过位于向斜抬起端（轴部、南翼）的落水洞集中补给 T_1y 喀斯特含水层，地下水从东南翼绕过向斜抬起端转向向斜东翼，后顺层面（T_1y/T_2g 接触界面运移），通过双包潭、大凹子至龙洞附近，在 T_1y/T_2g 接触界面与 f_9 断层交会处受阻排出地表，见图 7.4-1。系统属开放性喀斯特水系统，地下水流量大，水文动态变化约

图 7.4-1 大红舍龙洞地下河出口（雨季）

10 倍，一般在大雨后第二天达到峰值，地下水浑浊，洪峰流量在 5000L/s 以上，洪峰过后流量快速衰减，枯季不足 500L/s，地下水径流模数为 $8.9\sim40.72L/(s\cdot km^2)$。关于以哈底落水洞与龙洞地下河之间的水力联系，不仅在地表可见两点间沿 T_1y/T_2g 接触界线呈线状展布的串珠状深大洼地，大多数洼地底部常年积水成潭，如双包潭、大凹子、横塘子，属于典型喀斯特潭或地下河天窗；而且，对上游作为矿山尾水、尾渣排放地（图 7.4-2）的双包潭与大红舍龙洞地下河出口的水质检测表明，两者具有良好的相关性，前者如 K^+（6.42mg/L）、Na^+（13.65mg/L）、SO_4^{2-}（315.1mg/L）、永久硬度（314.83mg/L）、固形物（502.4mg/L）、电导率（766.4μS/cm）等均远远超过周边地表水和地下水同类指标及国家饮用水水质标准，属于重度污染源。大红舍龙洞地下河出口虽然因有源头外源水及沿途地下水汇合、稀释，但上述指标仍然远远高于其他泉水，如永久硬度达 44.64mg/L、SO_4^{2-} 为 43.22mg/L、K^+ 为 1.26mg/L、Na^+ 为 3.45mg/L，表明两点具有良好的水力联系。此外，大红舍龙洞地下河出口地下水中 Al、Cd、Mn、Hg 指标也远超该地区背景值，也应该是双包潭矿山污染所致。大龙洞喀斯特水子系统的地下水最低排泄面为咪哩河，为补给型喀斯特水动力类型。

（a）双包潭污染水体

（b）尾矿渣

图 7.4-2 双包潭污染水体与拟排放的尾矿渣

（2）咪哩河河谷喀斯特水子系统。咪哩河河谷喀斯特水子系统（Ⅰ2），是德厚水库区的主要喀斯特水系统，为典型单斜层叠式半封闭储水型喀斯特水系统，地表水、地下水自咪哩河两岸向河谷径流。其中，受杨柳河背斜、季里寨山字型构造的影响，咪哩河左岸的

横塘子北边小河、捏黑支流发源于水结一带高程约 1600.00m 的二叠系玄武岩剥蚀高原面上，地表水汇集后自西向东径流，进入石灰岩含水层后部分沿层面、喀斯特裂隙入渗地下，成为本喀斯特水子系统的主要补给源，地下水顺层面倾向（受不透水夹层夹持）或喀斯特裂隙自西向东、向下运移，受 F_2 断层或含 T_1y/T_2g 灰岩层间隔水层阻挡出露于咪哩河河谷的断层带及两侧。由于 $T_1f/T_1y/T_2g$ 中或碎屑岩夹灰岩、或灰岩中夹碎屑岩，造成含水层组被夹持，地下水相互独立形成独立的喀斯特水泉域系统，地下水出露泉点多、单个泉点流量小（一般为 3～20L/s）、水文动态稳定，并具有一定的承压性（一般高出周边水田水面 30～50cm），典型的如黑末机井泉、河尾子右岸田间泉、河尾子左岸田间泉等（图 7.4-3）。发源于咪哩河右岸的 T_1y 喀斯特地下水受走向与河流平行的隔水碎屑岩下层的阻挡，地下水也主要垂直岩层面的裂隙，或沿次级构造面岩层走向方向运移（如黑末大龙潭泉沿跑马塘背斜核部发育），或沿喀斯特裂隙、自东向西运移，受咪哩河下切出露，属于开放喀斯特水系统，循环深度较浅，不承压，水文动态变化大，雨季常出浑水，旱季多干枯。典型泉如沿节理发育的河尾子右岸路边泉（S25），见图 7.4-4。位于文山—平远街公路边、咪哩河右岸的砒霜厂供水泉为承压泉，水文地质调查表明，该泉可能来源于咪哩河右岸的砒霜厂（位于公路北的峰丛洼地中，洼地原来积水）附近，大致沿 f_8 断层北东盘自北东向南西运移，受 F_2 断层阻挡出露地表。泉水水质分析检测到 Cd（0.022mg/L）、Mn（0.0022mg/L）、As（1.110mg/L）和 Se（0.001mg/L）的含量明显高于周边其他泉水，尤其是 As 高达 1.11mg/L，超过《生活饮用水卫生标准》（GB 5749—2006）的110 倍，证实地下水来自砒霜厂附近并被污染。咪哩河中下游喀斯特水子系统地下水主要出露于黑末—河尾子咪哩河河谷两岸，共有喀斯特泉点 20 余个，总流量为 270.1L（调查期间雨季），雨季地下水径流模数为 6.0L/(s·km^2)。咪哩河左岸喀斯特含水层、咪哩河右岸 T_1y 喀斯特含水层的地下水以咪哩河为最低排泄面，属补给型喀斯特水动力类型。

　　咪哩河右岸荣华—罗世鲊一带，岩性为 T_2g 石灰岩、白云质灰岩，发育 3 条隐伏喀斯特管道，其走向与褶皱轴部走向、断层走向、岩层走向局部一致，3 条管道在盘龙河右岸相交，长约 6250m，并在盘龙河右岸河边出露 S1、S2 泉水（热水寨喀斯特水系统）。咪哩河库区右岸 T_2g 喀斯特含水层无泉水出露，咪哩河河水高程为 1360.00～1380.00m；河间地块 T_2g 灰岩地下水位枯季为 1321.00～1371.00m，雨季为 1365.00～1405.00m；ZK2、ZK15 钻孔地下水位最低分别为 1342.00m、1326.00m，低于咪哩河河水 23m、39m；盘龙河右岸 S1、S2 泉水高程 1300.00～1302.00m。河间地块（咪哩河与盘龙河）的灰岩仅雨季（8 月至次年 1 月，有滞后现象）存在地下水分水岭，含水介质为双重介质（喀斯特裂隙、隐伏喀斯特洞及管道），雨季接受降雨补给，分水岭西侧地下水向咪哩河排泄（咪哩河河谷喀斯特水子系统），分水岭东侧地下水向盘龙河排泄（热水寨喀斯特水系统）。枯季（2—7 月，有滞后现象）河间地块无地下水分水岭，接受降雨及咪哩河河水补给，通过喀斯特裂隙及管道径流，向盘龙河排泄，咪哩河右岸地下水等值线见图 7.4-5，与热水寨喀斯特水系统（Ⅳ）的水力联系密切。咪哩河库区右岸（荣华—罗世鲊一带）为补排交替型喀斯特水动力类型。

7.4.1.3　水化学场

　　喀斯特水化学特征受多种因素的影响，尤其与喀斯特作用关系密切，一般来说，地下

（a）河谷田间泉

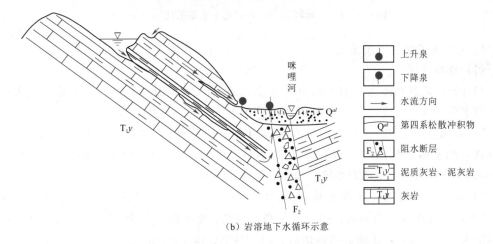

（b）岩溶地下水循环示意

图 7.4-3 咪哩河河谷田间泉（上）及河谷喀斯特地下水循环示意图

图 7.4-4 河尾子右岸路边泉（S25）

水作用越强烈，水中的钙、镁、HCO_3^-、溶解性固体总量（TDS）和硬度等值越高；反之，地下水作用越弱，水中的钙、镁、HCO_3^-、溶解性固体总量（TDS）和硬度等值越低。对雨水、地表水、河水、地下水了现场测试、阳离子与阴离子试验、微量元素试验、特殊项目与同位素试验，成果分别见表 7.4-2～表 7.4-5。

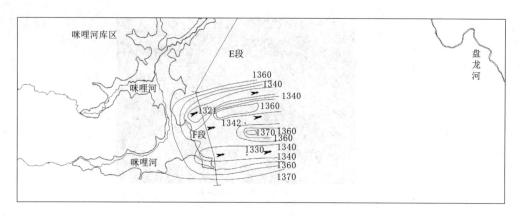

图 7.4 - 5   咪哩河库区右岸地下水等值线图（枯季）

1. 大龙洞喀斯特水子系统

（1）现场测试。

1）pH：地表水体为 7.48～8.96，泉水、地下河为 7.21～8.28，两者相差不大；咪哩河河水为 7.66，总体上位于前面两种水体偏下限。

2）氧化还原电位（ORP）：地表水体为 222～240mV，泉水、地下河一般为 181～263mV，两者相差不大；但横塘子后山饮用泉仅为 31mV，低了很多，表明氧化性弱；咪哩河河水为 226mV，与地表水体、泉水、地下河接近。

3）氧分压（p_{O_2}）：地表水体一般为 88.00%～95.90%，其中以哈底双龙包潭为 33.70%，受洗矿场污染影响，CO_2 不饱和；泉水、地下河一般为 58.50%～90.50%；咪哩河河水为 85.60%，比地表水体略低，位于泉水、地下河之间。

4）电导率：地表水体一般为 116.9～284.8μS/cm，其中以哈底双龙包潭为 766.4μS/cm，受洗矿场污染影响，水的导电性明显变好；泉水、地下河一般为 302.5～723.3μS/cm，明显高于地表水体，其中白租革落水洞仅为 94.5μS/cm，低了很多，且低于地表水体；咪哩河河水为 448.1μS/cm，与泉水、地下河基本一致，高于地表水体。

5）叶绿素：地表水体一般为 3.89～9.58μg/L，其中以哈底双龙包潭仅为 0.70μg/L；泉水、地下河一般为 1.01～4.50μg/L，低于地表水体，其中横塘子—大红舍间田中泉、大红舍村后泉为负值；咪哩河河水为 1.82μg/L，与泉水、地下河基本一致，低于地表水体。

6）蓝绿藻：地表水体一般为 441～521μg/L，其中以哈底双龙包潭为 272μg/L，略低一点；泉水、地下河一般为 193～577μg/L，与地表水体差别不大，其中横塘子后山饮用泉、薄竹镇落水洞为负值；咪哩河河水为 1706μg/L，明显高于地表水体、泉水、地下河。

（2）阳离子。

1）钾离子（K^+）浓度：地表水体（以哈底双包潭）为 6.42mg/L，受洗矿场污染影响升高；泉水一般为 0.56～1.13mg/L，其中打磨冲泉为 9.08mg/L，明显变高，表明地下水径流区地层岩性富钾或有农业面源污染；地下河为 0.65～1.26mg/L，与泉水基本一致。

表 7.4-2

水点水文特征指标野外测试分析结果表

编号	水点名称	流量/(L/s)	喀斯特水系统	水温/℃	pH	ORP/mV	氧分压/%	电导率/(μS/cm)	HCO₃⁻/(mg/L)	Ca²⁺/(mg/L)	NO₂⁻/(mg/L)	NO₃⁻/(mg/L)	NH₄⁺/(mg/L)	HDO/(mg/L)	叶绿素/(μg/L)	蓝绿藻/(μg/L)	浊度/NUT	调查、测量和取样时间
									野外测试结果									
W-24	黑末龙潭泉	20		20.2	7.31	245	67.40	851.7	408.7	—	—	10.2	0.3	6.09	1.61	272.5	2.92	2012 年 8 月 20 日
W-29	河尾子右岸田间泉	8.48		20.29	7.23	242	67.70	762.5	402.6	—	—	13.9	0.3	6.1	0.15	348	0.98	2012 年 8 月 21 日
W-25	河尾子大坝泉	10.02		20.29	7.2	265	62.80	728.5	372.1	—	—	25.1	0.2	5.67	−0.12	191	2.3	2012 年 8 月 21 日
W-27	河尾子右岸路边泉	4.3		20.02	7.17	235	66.30	722.1	—	—	—	11.4	0	6.02	−0.22	227	31.6	2012 年 8 月 21 日
W-28	河尾子左岸田间泉	4.9	咪哩河喀斯特水系统 I	20.46	7.21	233	47.10	774.5	433.1	—	—	8.7	0.3	4.24	0.48	−2093	1.27	2012 年 8 月 21 日
W-33	黑末田间泉	5		20.16	7.22	274	66.20	704.3	427	—	—	11.3	0.1	5.99	1019	536	1.18	2012 年 8 月 21 日
W-30	河尾子桥边泉	1		22.8	7.52	225	90.90	755.2	420.9	—	—	11.8	0.5	7.8	0.97	−1490	10.4	2012 年 8 月 21 日
W-31	黑末大箐泉	5		19.3	7.29	262	66.75	723.7	445.3	—	0.027	10.7	0.1	6.62	−0.22	174.2	3.46	2012 年 8 月 21 日
W-34	硫磺厂抽水井	15		20.45	7.18	254	63.90	740.1	420.9	—	0.01	12.5	0.2	5.75	0.126	115.3	9.5	2012 年 8 月 21 日
W-22	荣华水库	—		28.88	8.48	203	109.9	183.2	33	—	—	3.5	1.3	8.46	19.22	1032	115	2012 年 8 月 20 日
W-37	塘子箐积水潭	2~3		26.34	9.02	192	138.1	251.1	97.6	—	—	10.7	1.6	11.1	0.62	364	46.7	2012 年 8 月 22 日
W-36	下果朵对岸泉	18		20.08	7.27	231	48.60	639.2	359.9	—	—	7.2	0.2	4.42	−0.1	289.2	35.6	2012 年 8 月 22 日
W-26	咪哩河	1386	地表水	21.55	7.66	226	85.60	448.1	115.9	—	—	8.5	0.9	1.69	1.82	1706	超限	2012 年 8 月 21 日
W-21	小红舍后山泉	3.0~5.0	咪哩河喀斯特水系统 I	19.56	7.11	268	72.30	65	42	—	—	2.6	0.6	6.63	0.8	274	22.1	2012 年 8 月 20 日
W-12	以哈底双龙包潭	—		26.24	7.48	222	33.70	766.4	—	132	0.039	1.3	2.1	2.72	0.7	271.6	9.95	2012 年 8 月 17 日
W-15	横塘子后山饮用泉	0.3		21.45	7.5	31	62.30	590.6	—	110	0.027	3.9	0.4	5.51	0.95	−1368	0.89	2012 年 8 月 17 日
W-16	横塘子-大红舍田中泉	4		19.69	7.23	241	58.50	723.3	—	140	—	15	0.3	5.34	−0.18	193.3	2.09	2012 年 8 月 17 日
W-18	大红舍村后泉	3		19.59	7.21	221	66.00	719.3	445.3	—	0.022	11.2	0.2	6.05	−0.006	210.2	1.39	2012 年 8 月 19 日
W-20	打磨冲泉	8		22.83	7.77	263	73.10	302.5	189.1	—	—	4.5	3.2	6.28	4.5	370.7	78.3	2012 年 8 月 20 日

续表

编号	水点名称	流量/(L/s)	喀斯特水系统	野外测试结果														调查、测量和取样时间
				水温/℃	pH	ORP/mV	氧分压/%	电导率/(μS/cm)	HCO_3^-/(mg/L)	Ca^{2+}/(mg/L)	NO_2^-/(mg/L)	NO_3^-/(mg/L)	NH_4^+/(mg/L)	HDO/(mg/L)	叶绿素/(μg/L)	蓝绿藻/(μg/L)	浊度/NUT	
W-35	大红舍龙洞地下河	1500	喽哩河喀斯特水系Ⅰ	20.33	7.36	238	73.70	462	—	92	—	5.9	0.3	6.65	0.31	355	76.6	2012年8月17日
W-11	水外积水洼地	—		26.08	8.96	240	95.90	116.9	—	20	—	0.8	0.2	7.77	9.584	521	13.5	2012年8月17日
W-13	薄竹镇落水洞	145.6		24.92	8.43	183	90.80	304.7	—	36	0.027	2.6	0.4	7.5	1.01	−230	71.9	2012年8月17日
W-14	横塘子积水潭	—		29.43	7.91	236	88.00	284.8	—	43	—	1.6	2.4	6.71	2.6	440.5	24.2	2012年8月17日
W-17	大红舍层间泉	5		23.31	8.28	234	87.60	315.5	170.8	—	—	6.8	0.7	7.46	3.89	577	323	2012年8月19日
W-42	白租革落水洞	467		18.32	7.74	181	90.5	94.5	49	—	—	2.2	0.5	8.51	1.063	521	39.7	2012年8月23日
Q-1	"八大碗"泉群1	100	德厚河喀斯特水系Ⅱ	22	7.47	250	65.20	497.6	—	102	0.023	3.7	0.2	5.71	−0.23	271	1.59	2012年8月10日
Q-2	"八大碗"泉群2	140		22.45	7.5	262	60.10	516.9	—	96	0.012	3.7	0.2	5.21	0.86	631	3.68	2012年8月10日
Q-3	"八大碗"泉群3	18		23.18	7.48	251	54.90	547	—	102	0.037	4.0	0.2	4.69	0.75	421.6	10.1	2012年8月10日
Q-4	"八大碗"泉群4	3		23.39	7.48	249.2	52.70	575	—	110	0.018	4.1	0.2	4.48	−0.16	551	16.5	2012年8月10日
Q-5	"八大碗"泉群5	6		23.36	7.41	238	41.63	574.8	—	118	0.034	4.0	0.2	3.90	−0.4	245.3	14.9	2012年8月10日
Q-6	"八大碗"泉群6	70		23.38	7.43	234	46.70	576.2	—	118	0.030	4.2	0.2	3.97	0.12	291.7	16.6	2012年8月10日
W-9	打铁寨地下河	26.4		24.09	8.43	221	—	273	—	64	—	6.6	0.9	0	4.39	758	165	2012年8月15日
W-10	牛腊冲下游泉	26.4		20.09	7.17	289	39.70	688.9	—	138	0.035	10.2	0.1	3.6	0.23	387	87.1	2012年8月15日
J-1	坝址左岸井水	—		22.66	7.40	252	58.40	546.5	—	108	0.026	5.3	0.3	5.05	−0.22	216	4.42	2012年8月11日
RD-1(SI9)	坝址下游地下河	1		22.3	8.18	245	89.80	439.5	—	74	—	10.8	0.7	7.79	0.97	577	12.8	2012年8月11日
W-7	德厚河	6400	地表河流	20.62	8.54	255	91.10	417.6	—	74	0.063	5.3	0.4	8.17	0.93	472	228	2012年8月15日
HL-1	盆河	13550		21.89	8.32	265	94.40	436.1	—	78	—	6.1	0.3	8.26	1.264	666	702	2012年8月11日

续表

编号	水点名称	流量/(L/s)	喀斯特水系统	野外测试结果														调查、测量和取样时间
				水温/℃	pH	ORP/mV	氧分压/%	电导率/(μS/cm)	HCO₃⁻/(mg/L)	Ca²⁺/(mg/L)	NO₂⁻/(mg/L)	NO₃⁻/(mg/L)	NH₄⁺/(mg/L)	HDO/(mg/L)	叶绿素/(μg/L)	蓝绿藻/(μg/L)	浊度/NUT	
W-2	平坝西山后水库水	—	德厚喀斯特水系统Ⅱ	26.36	7.74	257.6	49.20	300.7	—	54	0.121	3.9	1.1	3.977	9.435	418.3	29.5	2012年8月13日
W-38	牛腊冲河右岸地下河	192		22.96	7.68	220	77.5	472.1	231.8	—	—	4.0	1.3	6.65	2.08	419.4	170	2012年8月22日
W-39	牛腊冲河左岸泉	490		22.17	7.41	223	71.5	362	152.5	—	1	6.2	0.9	6.22	5.75	450	157	2012年8月22日
W-1	山后旧寨边泉	24.8		21.37	7.49	309	24.50	387.6	—	74	0.023	9.1	0.7	2.17	45.26	299	43.1	2012年8月13日
Q-7	牛腊冲桥边泉	5		20.38	7.25	332.7	54	696.8	—	128	0.029	8.6	0.2	4.87	−0.25	187	7.91	2012年8月12日
Q-8	八家寨泉群1	18		21.12	7.31	244	58.10	615.2	—	118	0.026	9.6	0.3	5.16	5.55	244	1.26	2012年8月12日
Q-9	八家寨泉群2	41.17		24.88	8.07	212	80.20	570.1	—	114	0.02	1.9	0.1	6.64	4.04	313	5.81	2012年8月12日
Q-10	平坝上寨溶井	—		25.14	8.12	229	100	559.7	—	86	0.018	21.4	2.7	8.23	5.452	958	4.12	2012年8月12日
Q-11	平坝下寨泉	2		20.25	7.48	224	26.40	655.8	—	112	0.009	15.8	0.4	2.38	1.84	216	4.05	2012年8月12日
SK-1	后山水库	10		26.98	7.54	273	78.00	264.2	—	40	0.038	10.2	1.2	6.21	1.616	1242	6.75	2012年8月12日
W-3	上堡朵落水洞	10		25.89	8.4	245	93.30	185.6	—	22	—	7.3	0.9	7.58	15.14	1036	494	2012年8月14日
W-8	母鲁白隆洞水	163.8		25.11	8.28 (8.43)	212	91.2 (39.7)	352.4	—	64	—	8.645	0.6	7.51	26.61	962.2	348	2012年8月15日
LSD-1	打铁寨落水井	12.54		24.2		—	—	56.0	—	—	—	—	—	—	—	—	—	2012年8月13日
W-46	路梯清水泉	409.2	稼依河下游喀斯特水系统Ⅲ	23.83	7.49	215	50.5	486	286.7	—	—	4.0	0.5	4.26	−0.26	201.6	7.8	2012年8月24日
W-45	路梯清泉（中）	159.8		23.82	7.47	233	49.9	486.3	292.8	—	—	3.7	0.4	4.21	−0.25	209.5	8.8	2012年8月24日
W-44	路梯浑水泉	142.45		23.1	7.51	220	65	515.3	323.3	—	—	6.1	0.5	5.5	−0.1	115.6	22.7	2012年8月24日
S-1	务路电站右岸泉	5.16		19.1		—	—	223～450	427	130	—	—	—	—	—	—	—	2012年8月28日
S-2	务路电站左岸泉	5.0		20.8		—	—		396.5	112	—	—	—	—	—	—	—	2012年8月28日
S-3	以切中寨泉	1.0		19.9		—	—	1425?	427	140	—	—	—	—	—	—	—	2012年8月28日
S-4	下务路泉	0.5		28.5		—	—	749	244	80	—	—	—	—	—	—	—	2012年8月28日
S-5	八家寨东洗矿塘			25.1		—	—	736	231.8	48	—	—	—	—	—	—	—	2012年8月29日
W-4	上堡朵收鱼潭	—		29.7	7.81	221	56.60	235.1	—	32	—	4.3	1.1	4.32	2.06	2126	92.1	2012年8月14日

续表

编号	水点名称	喀斯特水系统	流量/(L/s)	水温/℃	pH	ORP/mV	氧分压/%	电导率/(μS/cm)	HCO₃⁻/(mg/L)	Ca²⁺/(mg/L)	NO₂⁻/(mg/L)	NO₃⁻/(mg/L)	NH₄⁺/(mg/L)	HDO/(mg/L)	叶绿素/(μg/L)	蓝绿藻/(μg/L)	浊度/NUT	调查、测量和取样时间
W-41	热水寨河边冷水泉2	热水寨喀斯特水系	14+4寸管抽水	20.64	7.33	251	66.7	646.4	390.4	—	0.034	6.9	0.1	5.98	−0.19	182	8.13	2012年8月22日
W-40	热水寨河边冷水泉1	热水寨喀斯特水系	113.2/2	20.72	7.4	248	63.9	644	414.8	—	—	6.8	0.1	5.72	−0.2	217	37.9	2012年8月22日
S-6	热水寨温泉	喀斯特水系统Ⅳ	32.0	30.0	—	—	—	922	427	90	—	—	—	—	—	—	—	2012年8月22日

表7.4-3 水点水化学（阴、阳离子）室内测试结果　　　　　单位: mg/L

编号	水点名称	喀斯特水系统	阳离子							阴离子						
			K⁺	Na⁺	Ca²⁺	Mg²⁺	NH₄⁺	T_Fe	ΣK	Cl⁻	SO₄²⁻	HCO₃⁻	F⁻	NO₃⁻	NO₂⁻	ΣA/TDS
W-0	雨水样		0.22	0.09	3.53	0.46	0.72	0.01	5.03	1.11	12.91	13.00	0.50	4.83	0.01	32.36/30.89
W-24	黑末大龙潭泉	喀哩	0.83	3.44	153.70	17.30	<0.02	0.02	175.29	2.47	92.58	424.58	0.14	17.50	<0.002	537.27/500.27
W-29	河尾子右岸田间泉	河喀河尾斯特水系统Ⅰ	0.75	1.84	140.60	12.15	<0.02	0.01	155.36	3.87	22.52	422.41	0.15	44.95	0.01	493.91/438.06
W-25	河尾子大坝泉		0.64	1.32	146.90	4.96			153.82	8.22	12.27	376.92	0.19	49.78		447.19/418.55
W-27	河尾子右岸路边泉		0.53	0.20	143.50	8.56			152.79	1.42	10.61	431.08		28.53		471.64/408.89
W-28	河尾子左岸田间泉		0.62	4.00	150.50	10.12			165.24	4.85	55.74	398.58		23.74		482.91/448.85
W-32	黑末机井泉		1.06	4.35	164.40	12.18			181.99	4.48	90.25	411.58		27.24		533.55/509.75
W-33	黑末田间泉	喀斯特水系统Ⅰ	0.42	1.15	149.50	3.57			154.64	1.29	9.54	428.91		21.15		460.89/401.07
W-31	黑末大寨泉		0.42	0.42	112.65	28.42	0.03	0.04	141.94	0.15	12.41	446.24	0.15	18.99	0.01	477.95/396.55
W-34	砒霜厂抽水泵		0.49	0.53	147.90	2.83	0.02	0.02	151.77	3.10	17.34	428.91	0.16	25.16	<0.002	474.67/411.98
W-36	下保朱对岸泉		0.42	1.07	129.60	3.77	<0.02	0.05	134.86	0.34	35.47	372.59	0.18	11.35	0.00	419.93/368.49

续表

编号	水点名称	喀斯特水系统	阳离子							阴离子						∑A/TDS
			K^+	Na^+	Ca^{2+}	Mg^{2+}	NH_4^+	T_{Fe}	∑K	Cl^-	SO_4^{2-}	HCO_3^-	F^-	NO_3^-	NO_2^-	
W-21	小红舍后山泉		1.27	2.26	16.23	2.97	0.05	0.18	22.96	0.34	6.92	62.82	0.13	3.90	<0.002	74.11/65.66
W-12	以哈底双龙包潭	咪哩河喀斯特水系统 I	6.42	13.65	121.50	10.54			152.11	4.04	315.10	38.99		2.67		360.80/493.41
W-15	横塘子后山饮用泉		1.13	4.11	114.00	7.58			126.82	1.15	25.86	346.59		8.27		381.87/378.23
W-16	横塘子—大红舍同田中泉		0.86	4.42	142.50	5.96			153.74	7.35	12.45	398.58		37.11		455.49/450.15
W-18	大红舍后泉		0.56	1.84	150.50	4.55			157.45	1.27	6.62	441.90		21.05		470.84/407.29
W-20	打磨冲泉		9.08	5.08	44.17	4.95			63.28	4.83	25.42	134.30		7.79		172.34/168.47
W-35	大红舍龙洞地下河		1.26	3.45	68.43	7.76	0.08	0.078	80.98	1.94	43.22	192.8	0.16	8.14	<0.002	246.26/230.84
W-42	白租革落水洞		0.65	2.98	10.10	3.94			17.67	1.32	4.71	47.66		4.85		58.54/52.38
Q-1	"八大碗"泉群 1		0.59	1.03	95.20	5.64	0.04	0.01	102.50	0.09	6.90	316.27	0.10	5.31	<0.002	328.67/273.03
Q-1′	"八大碗"泉群 1′		0.54	0.50	105.02	4.53			110.59	1.74	4.10	320.60		4.22		330.66/280.95
Q-2	"八大碗"泉群 2		0.68	1.20	97.44	6.84	0.02	0.01	106.18	0.10	10.76	314.10	0.10	6.12	<0.002	331.18/280.31
Q-3	"八大碗"泉群 3	德厚河喀斯特水系统 II	0.70	1.17	103.90	8.73			114.50	1.67	10.83	333.59		5.53		351.62/299.32
Q-4	"八大碗"泉群 4		0.70	1.13	108.70	9.79			120.32	1.84	10.88	355.26		5.97		373.95/316.64
Q-5	"八大碗"泉群 5		0.70	1.14	108.70	9.77			120.31	1.83	10.57	350.92		5.82		369.14/313.99
Q-6	"八大碗"泉群 6		0.71	1.13	106.80	9.49	0.60	0.09	118.73	0.48	10.88	372.59	0.12	6.77	<0.002	390.84/323.27
Q-6′	"八大碗"泉群 6′		0.80	0.69	108.63	9.22			119.34	2.15	10.22	342.26		6.42		361.05/309.26
Q-12	"八大碗"泉群 12		0.54	0.93	94.07	5.04	<0.02	0.00	100.58	1.22	4.79	298.94	0.12	4.32		309.27/260.38
Q-13	"八大碗"泉群 13		0.74	1.16	106.35	8.74	<0.02	0.00	116.99	0.47	13.04	342.26	0.10	3.85	0.03	359.77/305.63
Q-14	"八大碗"泉群 14		0.66	1.10	98.70	6.36	<0.02	0.04	106.82	0.12	9.75	316.27	0.10	8.63	<0.002	334.87/283.56
Q-15	"八大碗"泉群 15		0.66	1.22	94.9	6.42	<0.02	0.009	103.2	1.42	6.93	311.93	0.09	4.69	<0.002	325.06/272.29
W-9	打铁兼地下河		3.63	2.98	42.32	5.24			54.17	2.56	13.82	138.64		7.79		162.81/147.66

续表

编号	水点名称	喀斯特水系统	阳　离　子							阴　离　子						ΣA/TDS
			K^+	Na^+	Ca^{2+}	Mg^{2+}	NH_4^+	T_{Fe}	ΣK	Cl^-	SO_4^{2-}	HCO_3^-	F^-	NO_3^-	NO_2^-	
W-10	牛腊冲下游泉		0.56	0.50	135.10	4.81			140.97	1.69	13.81	411.58		17.01		444.09/392.35
J-1	坝址左岸井水		0.88	1.29	105.80	6.91			114.88	1.56	7.92	337.93		7.09		354.50/300.41
RD-1(S19)	坝址下游地下河	德厚河喀斯特水系统II	2.68	5.86	52.00	8.88	0.05	0.03	69.47	0.23	14.98	192.80	0.24	10.08	<0.002	218.33/191.4
C-23(S20)	坝址左岸地下河		1.48	1.54	77.60	8.81	<0.02	0.03	89.43	1.78	8.05	257.78	0.11	17.70	<0.002	285.42/246.06
W-2	平坝西山后水库水		3.29	1.54	44.53	7.22			56.58	1.98	19.07	142.97		10.60		174.62/159.71
W-38(S28)	牛腊冲河右岸地下河		2.75	1.87	67.25	9.24	0.05	0.01	81.16	0.70	15.54	223.12	0.26	10.12	<0.002	249.74/219.34
W-39(S27)	牛腊冲河左岸泉		2.17	1.23	33.87	3.72			40.99	2.35	34.60	60.65		14.02		111.62/122.28
W-47	茅草冲落水洞		2.25	2.30	65.18	7.87			77.60	3.18	66.23	138.64		8.21		216.26/224.54
Q-7(S33)	牛腊冲桥边泉		0.88	1.28	125.10	16.00	0.66	0.01	143.26	2.54	8.46	435.40		14.98		461.38/386.94
Q-8	八家寨泉群	稼依河下游喀斯特水系统III	0.48	1.79	109.00	13.43			125.36	4.71	8.74	368.25	0.11	17.78	<0.002	399.59/340.82
W-3	上保寨落水洞		4.07	4.55	21.13	6.12			35.87	1.57	14.25	82.32		13.56		111.70/106.41
W-8	母鲁白隧洞洞水		2.67	1.94	56.58	7.67			68.86	2.31	16.59	184.12		7.63		210.65/187.45
LSD-1	打铁寨落水洞		3.81	2.43	43.38	4.80			54.42	2.83	12.57	132.14		12.41		159.95/148.3
W-44	路梯洋水泉		1.16	2.10	89.04	12.60			104.90	1.93	10.26	333.59		9.76		355.54/293.64
S-1	务路电站右岸泉		0.60	0.82	135.30	12.43	<0.02	0.01	149.15	1.20	7.91	441.90	0.12	2.29	3.79	457.21/385.41
S-2	务路电站左岸泉		0.82	0.36	123.17	6.82			131.17	1.84	6.35	394.25		12.26		414.70/348.74
S-3	以切中寨泉		3.17	2.73	158.70	15.40			180	1.64	85.88	426.74		3.62		517.88/484.51
S-4	下务路路饮水泉		2.16	1.54	84.63	3.24			91.57	2.34	15.68	236.12		7.69		261.83/235.34
W-45	路梯清井泉		0.97	2.39	79.80	12.52	0.04	0.01	95.72	0.56	10.76	303.27	0.15	4.66	0.32	319.72/263.81
W-41	热水寨冷水泉2	热水寨喀斯特水系统IV	0.43	0.41	105.90	20.45	<0.02	0.03	127.19	0.15	7.23	398.58	0.14	22.87	<0.002	428.97/356.87
W-40	热水寨冷水泉1		0.49	0.45	108.60	21.31			130.85	1.66	7.20	394.25		23.33		426.44/360.16
S-6	热水寨温泉		1.26	3.11	95.25	23.82	<0.02	0.03	123.44	1.33	5.42	407.25	0.16	2.70	<0.002	416.86/336.67

表 7.4-4　水点水化学（微量元素）室内测试结果

单位：mg/L

编号	水点名称	喀斯特水系统	Al	Cu	Pb	Zn	Cr	Ni	Co	Cd	Mn	As	Hg	Se
W-0	雨水样		0.10	0.0023	0.026	0.055	<0.002	<0.002	<0.002	0.0017	0.2600	0.002	<0.0001	0.0006
W-24	黑末大龙潭泉	咪哩河喀斯特水系统I	<0.02	<0.001	<0.005	<0.002	<0.002	<0.002	<0.002	<0.0006	0.0013	<0.002	<0.0001	0.0005
W-29	河尾子右岸田间泉		<0.02	<0.001	<0.005	<0.002	<0.002	<0.002	<0.002	<0.0006	<0.001	<0.002	<0.0001	0.0003
W-31	黑末大寨泉		<0.02	<0.001	<0.005	<0.002	<0.002	<0.002	<0.002	<0.0006	0.0010	<0.002	<0.0001	0.0011
W-34	砒霜厂抽水泉		<0.02	<0.001	<0.005	<0.002	<0.002	<0.002	<0.002	0.0220	0.0022	1.110	<0.0001	0.0010
W-36	下倮朵对岸水泉		<0.02	<0.001	<0.005	<0.002	<0.002	<0.002	<0.002	<0.0006	0.0020	<0.002	<0.0001	0.0007
W-21	小红舍后山泉		0.16	<0.001	<0.005	<0.002	<0.002	<0.002	<0.002	<0.0006	0.0036	<0.002	<0.0001	<0.0002
W-35	大红舍龙洞地下河		0.023	<0.001	<0.005	<0.002	<0.002	<0.002	<0.002	0.0006	0.017	<0.002	0.001	0.0011
Q-1	"八大碗"泉群1	德厚河喀斯特水系统II	<0.02	<0.001	<0.005	<0.002	<0.002	<0.002	<0.002	<0.0006	0.0012	<0.002	<0.0001	<0.0002
Q-2	"八大碗"泉群2		<0.02	<0.001	<0.005	<0.002	<0.002	<0.002	<0.002	<0.0006	0.0016	<0.002	<0.0001	0.0002
Q-6	"八大碗"泉群6		0.03	<0.001	<0.005	<0.002	<0.002	<0.002	<0.002	<0.0006	0.0086	<0.002	<0.0001	0.0004
Q-13	"八大碗"泉群13		<0.02	<0.001	<0.005	<0.002	<0.002	<0.002	<0.002	<0.0006	0.0015	<0.002	<0.0001	0.0004
Q-14	"八大碗"泉群14		<0.02	<0.001	<0.005	<0.002	<0.002	<0.002	<0.002	<0.0006	0.0028	<0.002	<0.0001	0.0002
Q-15	"八大碗"泉群15		<0.02	<0.001	<0.005	<0.002	<0.002	<0.002	<0.002	<0.0006	<0.001	<0.002	0.0002	0.0007
RD-1	坝址下游地下河		<0.02	0.0014	<0.005	<0.002	<0.002	<0.002	<0.002	<0.0006	0.0012	<0.002	<0.0001	0.0016
C-23	坝址左岸地下河		<0.02	0.0012	<0.005	<0.002	<0.002	<0.002	<0.002	<0.0006	0.0045	0.0023	0.0003	0.0003
W-38	牛腊冲河右岸地下河		<0.02	<0.001	<0.005	<0.002	<0.002	<0.002	<0.002	<0.0006	0.0014	<0.002	<0.0001	0.0004
Q-8	八家寨泉群		<0.02	<0.001	<0.005	<0.002	<0.002	<0.002	<0.002	<0.0006	0.0010	<0.002	<0.0001	0.0004
S-1	务路电站右岸泉	稼依河下游喀斯特水系统III	<0.02	<0.001	<0.005	<0.002	<0.002	<0.002	<0.002	<0.0006	<0.001	<0.002	<0.0001	0.0010
W-45	路梯清水泉		<0.02	<0.001	<0.005	<0.002	<0.002	<0.002	<0.002	<0.0006	0.0030	<0.002	0.002	<0.0002
W-41	热水寨河边冷水泉2	热水寨喀斯特水系统IV	<0.02	<0.001	<0.005	<0.002	<0.002	<0.002	<0.002	<0.0006	0.0030	<0.002	0.002	0.0007
S-6	热水寨温泉		<0.02	<0.001	<0.005	<0.002	<0.002	<0.002	<0.002	<0.0006	0.0022	<0.002	0.001	0.0004

微量元素

表 7.4-5　水点水化学（特殊项目及同位素）室内测试结果

编号	水点名称	喀斯特水系统	二氧化硅 (SiO_2)	固形物	固定 CO_2	游离 CO_2	耗氧量 (COD_{Mn})	磷酸根 (PO_4^{3-})	总硬度 ($CaCO_3$)	总碱度 ($CaCO_3$)	总酸度 ($CaCO_3$)	永久硬度 ($CaCO_3$)	暂时硬度 ($CaCO_3$)	负硬度 ($CaCO_3$)	$\delta D_{(V-SMOW)}$ /‰	$\delta^{18}O_{(V-SMOW)}$ /‰	^3H/TU
W-0	雨水样		0.74	31.62	4.69	4.05	<0.5	0.18	10.71	10.66	4.61	0.05	10.66	0.00	-62.8	-9.4	9.97
W-24	黑末大龙潭泉		9.42	509.67	153.19	5.39	0.67	<0.02	455.11	348.46	6.13	106.65	348.46	0.00			
W-29	河尾子右岸田间泉		6.80	444.85	152.42	5.39	<0.5	<0.02	401.16	346.71	6.13	54.45	346.71	0.00	-68.4	-8.98	4.73
W-25	河尾子大坝泉		7.38	419.93	135.98	13.49			387.25	309.33	15.34	77.92	309.33	0.00			
W-27	河尾子右岸路边泉		6.35	415.24	155.54	13.49	<0.5	0.18	393.60	353.82	15.34	39.78	353.82	0.00			
W-28	河尾子左岸田间泉		9.60	458.46	143.81	10.79			417.53	327.14	12.27	90.39	327.14	0.00			
W-32	黑末机井泉	咪哩河喀斯特水系 I	11.35	521.10	148.50	10.79			460.71	337.80	12.27	122.91	337.80	0.00			
W-33	黑末田间泉		8.05	409.13	154.75	8.09			388.05	352.02	9.20	36.03	352.02	0.00			
W-31	黑末大寨泉		6.59	403.36	161.00	4.05	0.52	<0.02	398.36	366.23	4.61	32.13	366.23	0.00			
W-34	矾霜厂抽水泉		6.75	418.74	154.75	5.39	<0.5	0.18	380.99	352.02	6.13	28.97	352.02	0.00	-63.7	-8.68	2.33
W-36	下篆朵对岸泉		7.06	375.56	134.42	4.05	<0.5	<0.02	339.15	305.77	4.61	33.38	305.77	0.00			
W-21	小红舍后山泉		11.30	76.78	22.66	4.05	1.42	<0.02	52.75	51.55	4.61	1.20	51.55	0.00			
W-12	以哈底双龙包潭		8.98	502.40	14.06	5.39			346.81	31.98	6.13	314.83	31.98	0.00			
W-15	横塘子后山饮用泉		22.33	357.73	125.05	10.79			315.93	284.46	12.27	31.47	284.46	0.00			
W-16	横塘子—大红舍田中泉		11.61	421.55	143.81	8.09			380.44	327.14	9.20	53.30	327.14	0.00			
W-18	大红舍村后泉		9.86	417.20	159.43	13.49			394.55	362.68	15.34	31.87	362.68	0.00			
W-20	打磨冲泉		9.86	178.33	48.47	5.39	0.60		130.67	110.25	6.13	20.42	110.25	0.00			
W-35	大红舍龙洞地下河		11.67	242.51	69.56	5.39		<0.02	202.88	158.24	6.13	44.64	158.24	0.00	-77.8	-10.1	8.9
W-42	白租革水洞		17.95	70.33	17.20	2.70			41.44	39.14	3.07	2.30	39.14	0.00			

续表

编号	水点名称	喀斯特水系统	特殊项目 二氧化硅 (SiO_2)	固形物	固定 CO_2	游离 CO_2	耗氧量 (COD_{Mn})	磷酸根 (PO_4^{3-})	总硬度 $(CaCO_3)$	总碱度 $(CaCO_3)$	总酸度 $(CaCO_3)$	永久硬度 $(CaCO_3)$	暂时硬度 $(CaCO_3)$	负硬度 $(CaCO_3)$	$\delta D_{(V-SMOW)}$ /‰	$\delta^{18}O_{(V-SMOW)}$ /‰	$^3H/TU$
Q-1	"八大碗"泉群1	德厚河喀斯特水系统Ⅱ	10.10	283.14	114.11	4.05	1.05	0.02	260.93	259.58	4.61	1.35	259.58	0.00	−74.6	−9.9	<2
Q-1'	"八大碗"泉群1'			280.95	115.68	5.39			280.90	263.14	6.13	17.76	263.14	0.00			
Q-2	"八大碗"泉群2		9.89	290.20	113.32	4.05	<0.5	<0.02	271.49	257.78	4.61	13.71	257.78	0.00	−74	−10.1	<2
Q-3	"八大碗"泉群3		10.68	310.01	120.36	5.39			295.42	273.80	6.13	21.62	273.80	0.00			
Q-4	"八大碗"泉群4		9.75	326.39	128.17	8.09			311.78	291.56	9.20	20.22	291.56	0.00			
Q-5	"八大碗"泉群5		10.06	324.05	126.61	8.09			311.68	288.01	9.20	23.67	288.01	0.00			
Q-6	"八大碗"泉群6		10.15	333.43	134.42	4.05	<0.5	<0.02	305.77	305.77	4.61	0.00	305.77	0.00	−68.9	−9.74	<2
Q-6'	"八大碗"泉群6'			309.26	123.49	5.39			309.28	280.90	6.13	28.38	280.90	0.00			
Q-12	"八大碗"泉群12		9.13	269.51	107.87	5.39			255.68	245.37	6.13	10.31	245.37	0.00			
Q-13	"八大碗"泉群13		8.74	314.37	123.49	5.39	0.67	<0.02	301.57	280.90	6.13	20.67	280.90	0.00	−68.5	−9.86	<2
Q-14	"八大碗"泉群14		10.20	293.76	114.11	4.05	<0.5	<0.02	272.65	259.58	4.61	13.07	259.58	0.00			
Q-15	"八大碗"泉群15		10.64	282.94	112.55	4.05	0.67	0.03	263.44	256.03	4.61	7.41	256.03	0.00			
W-9	打铁寨地下河		5.99	153.65	50.03	10.79			127.26	113.80	12.27	13.46	113.80	0.00			
W-10	牛腊冲下游泉		5.84	385.11	148.50	5.39			357.17	337.80	6.13	19.37	337.80	0.00			
J-1	坝址左岸井水		10.78	311.20	121.92	10.79			292.66	277.35	12.27	15.31	277.35	0.00			
RD-1	坝址下游地下河		5.81	197.21	69.56	4.05	1.64	<0.02	166.45	158.24	4.61	8.21	158.24	0.00	−63.3	−9.07	2.27
C-23	坝址左岸地下河		12.19	258.15	93.02	4.05	0.52	0.12	230.06	211.59	4.61	18.47	211.59	0.00	−71.1	−10.4	<2

续表

编号	水点名称	喀斯特水系统	二氧化硅(SiO_2)	固形物	固定CO_2	游离CO_2	耗氧量(COD_{Mn})	磷酸根(PO_4^{3-})	总硬度($CaCO_3$)	总碱度($CaCO_3$)	总酸度($CaCO_3$)	永久硬度($CaCO_3$)	暂时硬度($CaCO_3$)	负硬度($CaCO_3$)	$\delta D_{(V-SMOW)}$/‰	$\delta^{18}O_{(V-SMOW)}$/‰	^3H/TU
W-2	平坝西山后河库水	德厚河喀斯特水系统II	4.55	164.27	51.59	8.09			140.93	117.36	9.20	23.57	117.36	0.00			
W-38	牛腊冲河地下河		5.34	224.68	80.50	4.05	1.50	<0.02	205.99	183.11	4.61	22.88	183.11	0.00	-72.2	-9.71	9.97
W-39	牛腊冲河左岸泉		3.83	126.12	21.89	5.39			99.89	49.79	6.13	50.10	49.79	0.00			
W-47	茅草冲落水洞		3.57	228.11	50.03	5.39			195.18	113.80	6.13	81.38	113.80	0.00			
Q-7	牛腊冲桥边泉		6.15	393.09	157.10	8.09			378.29	357.37	9.20	20.92	357.37	0.00			
Q-8	八家寨泉群		9.42	350.25	132.86	4.05	<0.5	<0.02	327.49	302.22	4.61	25.27	302.22	0.00	-65	-9.24	<2
W-3	上堡朵落水洞	稼依河下游喀斯特水系统III	5.01	111.42	29.70	5.39			77.97	67.56	6.13	10.41	67.56	0.00			
W-8	母鲁白隧洞水		5.27	192.72	66.44	8.09			172.86	151.14	9.20	21.72	151.14	0.00			
LSD-1	打铁寨落水洞		8.67	156.97	47.67	2.70			128.12	108.45	3.07	19.67	108.45	0.00			
W-44	路梯哗水泉		12.02	305.67	120.36	5.39			274.25	273.80	6.13	0.45	273.80	0.00			
S-1	务路电站右岸泉		9.76	395.17	159.43	5.39	0.60		389.05	362.68	6.13	26.37	362.68	0.00			5.5
S-2	务路电站左岸泉			348.75	142.25	14.83		<0.02	335.65	323.59	16.87	12.06	323.59	0.00	-77	-9.6	
S-3	以切中寨泉			484.51	153.98	9.44			459.71	350.26	10.74	109.45	350.26	0.00			
S-4	下务寨饮水泉			235.34	85.18	2.70			224.70	193.77	3.07	30.93	193.77	0.00			
W-45	路树清水泉	热水寨喀斯特水系统IV	13.81	277.62	109.43	4.05	<0.5	<0.02	250.83	248.92	4.61	1.91	248.92	0.00	-71.3	-9.95	3.72
W-41	热水寨河边冷水泉2		6.18	363.05	143.81	4.05	<0.5	<0.02	348.66	327.14	4.61	21.52	327.14	0.00	-73.8	-9.1	<2
W-40	热水寨河边冷水泉1		6.76	366.93	142.25	10.79			358.97	323.59	12.27	35.38	323.59	0.00			
S-6	热水寨温泉		15.34	352.02	146.94	4.05	0.90	<0.02	335.95	334.25	4.61	1.70	334.25	0.00	-63.7	-9.86	<2

2）钠离子（Na^+）浓度：地表水体（以哈底双包潭）为 13.65mg/L，受洗矿场污染影响升高；泉水一般为 4.11～5.08mg/L，其中大红舍村后泉为 1.84mg/L，略偏低，表明地下水径流区地层岩性缺钠或钠离子不易被交换；地下河为 2.98～3.45mg/L，与泉水基本一致。

3）钙离子（Ca^{2+}）浓度：地表水体（以哈底双包潭）为 121.5mg/L，与泉水基本一致；泉水一般为 114.00～150.50mg/L，其中打磨冲泉（44.17mg/L）、小红舍后山泉（16.23mg/L）明显变低，可能有大量非碳酸盐岩的地下水补给；地下河（大红舍龙洞地下河）为 68.43mg/L，低于泉水，表明有非碳酸盐岩的地表水补给；白租革落水洞仅为 10.10mg/L，明显低于地表水体、泉水、大红舍龙洞地下河，仅比雨水高，有大量非碳酸盐岩的地表水补给；表明泉水的径流区岩性多为石灰岩。

4）镁离子（Mg^{2+}）浓度：地表水体（以哈底双包潭）为 10.54mg/L，高于泉水、地下河；泉水一般为 4.55～7.58mg/L；地下河为 3.94～7.76mg/L，与泉水基本一致；表明地下水径流区岩性多为石灰岩、白云质灰岩。

5）阳离子总浓度：地表水体（以哈底双包潭）为 152.11mg/L，高于地下河；泉水一般为 126.82～157.45mg/L，其中打磨冲泉（63.28mg/L）、小红舍后山泉（22.96mg/L）明显变小，可能有大量非碳酸盐岩的地下水补给；地下河（大红舍龙洞地下河）为 80.98mg/L，明显低于泉水，表明有非碳酸盐岩地表水补给；白租革落水洞仅为 17.67mg/L，表明有大量非碳酸盐岩的地表水补给。

（3）阴离子。

1）氯离子（Cl^-）浓度：地表水体（以哈底双包潭）为 4.04mg/；泉水一般为 1.15～4.83mg/L，其中横塘子—大红舍间田中泉为 7.35mg/L，明显变高，表明地下水径流区地层岩性富含氯化物或有外源水补给；地下河为 1.32～1.94mg/L，与泉水基本一致。

2）硫酸根离子（SO_4^{2-}）浓度：地表水体（以哈底双包潭）为 315.10mg/L，受洗矿场污染影响明显升高；泉水一般为 12.45～25.86mg/L，其中大红舍村后泉（6.62mg/L）、小红舍后山泉（6.92mg/L）偏低，表明地下水径流区地层岩性缺硫化物或硫化物不易被交换或有外源水补给；地下河（大红舍龙洞地下河）为 43.22mg/L，比泉水高；白租革落水洞仅为 4.71mg/L，与大红舍村后泉基本一致，表明有外源水补给。

3）碳酸氢根离子（HCO_3^-）浓度：地表水体（以哈底双包潭）为 38.99mg/L，与泉水基本一致，明显低于泉水、大红舍龙洞地下河；泉水一般为 346.59～398.58mg/L，表明喀斯特作用强烈，其中打磨冲泉（134.30mg/L）、小红舍后山泉（62.82mg/L）明显变小，可能有大量非碳酸盐岩地下水的补给；地下河（大红舍龙洞地下河）为 192.80mg/L，明显低于泉水，表明有非碳酸盐岩的地表水补给；白租革落水洞仅为 47.66mg/L，明显低于泉水、大红舍龙洞地下河，有大量非碳酸盐岩的地表水补给。

4）硝酸根离子（NO_3^-）浓度：地表水体（以哈底双包潭）为 2.67mg/L，低于泉水；泉水一般为 7.79～21.05mg/L，其中横塘子—大红舍间田中泉（2.67mg/L）、小红舍后山泉（3.90mg/L）明显偏低；地下河为 4.85～8.14mg/L，低于泉水。

5）阴离子总浓度：地表水体（以哈底双包潭）为 360.80mg/L，低于泉水；泉水一般为381.87~470.84mg/L，其中打磨冲泉（172.34mg/L）、小红舍后山泉（74.11mg/L）明显变小（可能有大量非碳酸盐岩的地下水补给）；地下河（大红舍龙洞地下河）为242.46mg/L，明显低于泉水，表明有非碳酸盐岩地表水补给；白租革落水洞仅为58.54mg/L，表明有大量非碳酸盐岩的地表水补给。

地表水体（以哈底双包潭）的水化学类型为硫酸钙（Ca—SO₄），受洗矿场污染影响，总溶解性固体总量（TDS）为493.41mg/L。泉水的水化学类型为重碳酸钙（Ca—HCO₃），溶解性固体总量（TDS）为378.23~450.15mg/L，打磨冲泉（168.47mg/L）、小红舍后山泉（65.66mg/L）明显变小（可能有大量非碳酸盐岩的地下水补给）。地下河（大红舍龙洞地下河）的水化学类型为重碳酸钙（Ca—HCO₃），溶解性固体总量（TDS）为230.84mg/L，明显低于泉水，表明有非碳酸盐岩地表水补给；白租革落水洞的水化学类型为重碳酸钙（Ca—HCO₃），溶解性固体总量（TDS）为52.38mg/L，明显低于泉水、大红舍龙洞地下河，表明有大量非碳酸盐岩的地表水补给。

（4）微量元素。

1）铝（Al）浓度：泉水为0.16mg/L，地下河为0.02mg/L，泉水是地下河的8倍。

2）铜（Cu）浓度：泉水小于0.001mg/L，地下河小于0.001mg/L，二者基本一致。

3）铅（Pb）浓度：泉水小于0.005mg/L，地下河小于0.005mg/L，二者基本一致。

4）锌（Zn）浓度：泉水小于0.002mg/L，地下河小于0.002mg/L，二者基本一致。

5）铬（Cr）浓度：泉水小于0.002mg/L，地下河小于0.002mg/L，二者基本一致。

6）镍（Ni）浓度：泉水小于0.002mg/L，地下河小于0.002mg/L，二者基本一致。

7）钴（Co）浓度：泉水小于0.002mg/L，地下河小于0.002mg/L，二者基本一致。

8）镉（Cd）浓度：泉水小于0.0006mg/L，地下河为0.0006mg/L，相差不大。

9）锰（Mn）浓度：泉水为0.004mg/L，地下河为0.017mg/L，地下河是泉水的4.25倍。

10）砷（As）浓度：泉水小于0.002mg/L，地下河小于0.002mg/L，二者基本一致。

11）汞（Hg）浓度：泉水小于0.0001mg/L，地下河为0.001mg/L，地下河是泉水的10倍以上。

12）硒（Se）浓度：泉水小于0.0002mg/L，地下河为0.0011mg/L，地下河是泉水的5倍以上。

（5）特殊项目。

1）二氧化硅（SiO₂）浓度：地表水体（以哈底双包潭）为8.98mg/L；泉水一般为9.86~11.30mg/L，低于地下河，其中横塘子后山饮用泉为22.33mg/L，明显变高；地下河为11.67~17.95mg/L，略高于泉水，表明有外源水补给。

2）固形物浓度：地表水体（以哈底双包潭）为502.40mg/L，高于泉水、地下河；泉水一般为357.73~421.55mg/L，其中打磨冲泉为178.33mg/L，明显偏低，小红舍后山泉为76.78mg/L，数值更低；地下河（大红舍龙洞地下河）为242.51mg/L，低于泉水，表明有非碳酸盐岩地表水补给；白租革落水洞仅为70.33mg/L，表明有大量非碳酸盐岩的地表水补给。

3）固定二氧化碳（CO_2）浓度：地表水体（以哈底双包潭）为 14.06mg/L，低于泉水、地下河；泉水一般为 125.05～159.43mg/L，其中打磨冲泉为 48.47mg/L，明显偏低，小红舍后山泉为 22.66mg/L，数值更低；地下河（大红舍龙洞地下河）为 69.56mg/L，低于泉水，表明有非碳酸盐岩的地表水补给；白租革落水洞仅为 17.20mg/L，明显低于泉水、大红舍龙洞地下河，有大量非碳酸盐岩的地表水补给。

4）游离二氧化碳（CO_2）浓度：地表水体（以哈底双包潭）为 5.39mg/L；泉水一般为 4.05～10.79mg/L，其中大红舍村后泉为 13.49mg/L，略偏高；地下河为 2.70～5.39mg/L，大红舍龙洞地下河与泉水基本一致，白租革落水洞略低于泉水。

5）总硬度：地表水体（以哈底双包潭）为 346.81mg/L，与泉水基本一致，高于地下河；泉水一般为 315.93～394.55mg/L，其中打磨冲泉为 130.67mg/L，明显变小，小红舍后山泉仅为 52.75mg/L，数值更小；地下河（大红舍龙洞地下河）为 202.88mg/L，明显低于泉水；白租革落水洞仅为 41.44mg/L，数值更低。

6）总碱度：地表水体（以哈底双包潭）为 31.98mg/L，低于泉水、地下河；泉水一般为 284.46～362.68mg/L，其中打磨冲泉为 110.25mg/L，明显变小，小红舍后山泉仅为 51.55mg/L，数值更小；地下河（大红舍龙洞地下河）为 158.24mg/L，明显低于泉水；白租革落水洞仅为 39.14mg/L，数值更低。

7）总酸度：地表水体（以哈底双包潭）为 6.13mg/L，低于泉水；泉水一般为 9.20～15.34mg/L，其中打磨冲泉为 6.13mg/L，明显变小，小红舍后山泉仅为 4.61mg/L，数值更小；地下河（大红舍龙洞地下河）为 6.13mg/L，明显低于泉水；白租革落水洞仅为 3.07mg/L，数值更低。

8）永久硬度：地表水体（以哈底双包潭）为 314.83mg/L，远高于泉水、地下河；泉水一般为 20.42～53.30mg/L，其中小红舍后山泉仅为 1.20mg/L，明显变小；地下河（大红舍龙洞地下河）为 44.64mg/L，与泉水基本一致；白租革落水洞仅为 2.30mg/L，明显小于泉水、大红舍龙洞地下河。

9）暂时硬度：地表水体（以哈底双包潭）为 31.98mg/L，远低于泉水、地下河；泉水一般为 284.46～362.68mg/L，其中打磨冲泉为 110.25mg/L，明显变小，小红舍后山泉仅为 51.55mg/L，数值更小；地下河（大红舍龙洞地下河）为 158.24mg/L，低于泉水；白租革落水洞仅为 39.14mg/L，明显小于泉水、大红舍龙洞地下河。

2. 咪哩河河谷喀斯特水子系统

（1）现场测试。

1）pH：地表水体为 8.48～9.02，泉水为 7.17～7.52，地表水体大于泉水；咪哩河河水为 7.66，污染地下水为 7.18（与泉水基本一致，低于咪哩河河水及地表水体）。

2）氧化还原电位（ORP）：地表水体为 192～203mV，泉水为 231～274mV，泉水略高于地表水体；咪哩河河水为 226mV，略高于地表水体，略低于泉水；污染地下水为 254mV，与泉水基本一致，高于地表水体、咪哩河河水。

3）氧分压（p_{O_2}）：地表水体为 109.90%～138.10%，泉水为 47.10%～90.90%，地表水体高于泉水；咪哩河河水为 85.60%，比泉水略高，但低于地表水体；污染地下水为 63.90%，与泉水基本一致，低于咪哩河河水、地表水体。

4）电导率：地表水体为 $183.2\sim251.1\mu S/cm$，泉水为 $639.2\sim851.7\mu S/cm$，泉水明显高于地表水体；咪哩河河水为 $448.1\mu S/cm$，高于地表水体、低于泉水；污染地下水为 $740.1\mu S/cm$，与泉水基本一致，高于地表水体、咪哩河河水。

5）碳酸氢根离子（HCO_3^-）浓度：地表水体为 $33.0\sim97.6mg/L$，泉水为 $359.9\sim433.1mg/L$，泉水明显高于地表水体、咪哩河河水，喀斯特作用明显；咪哩河河水为 $115.9mg/L$，略高于地表水体，远低于泉水；污染地下水为 $420.9mg/L$，与泉水基本一致，高于地表水体、咪哩河河水。

6）硝酸根离子（NO_3^-）浓度：地表水体为 $3.5\sim10.7mg/L$，泉水一般为 $7.2\sim13.9mg/L$，泉水略高于地表水体、咪哩河河水，其中河尾子大坝泉为 $25.1mg/L$，明显偏高；咪哩河河水为 $8.5mg/L$，与地表水体、泉水基本一致；污染地下水为 $12.5mg/L$，略高于地表水体、泉水、咪哩河河水。

7）铵离子（NH_4^+）浓度：地表水体为 $1.3\sim1.6mg/L$，泉水一般为 $0.1\sim0.5mg/L$，泉水低于地表水体、咪哩河河水；咪哩河河水为 $0.9mg/L$，低于地表水体、高于泉水；污染地下水为 $0.2mg/L$，与泉水基本一致，低于地表水体、咪哩河河水。

8）叶绿素：地表水体（荣华水库）为 $19.22\mu g/L$，塘子寨积水潭仅为 $0.62\mu g/L$，二者相差 30 余倍；泉水一般为 $0.15\sim1.61\mu g/L$，低于荣华水库，与塘子寨积水潭基本一致，其中河尾子大坝泉、河尾子右岸路边泉、黑末大寨泉、下倮朵对岸泉为负值，黑末田间泉为 $1019\mu g/L$（明显大很多）；咪哩河河水为 $1.82\mu g/L$，高于泉水、塘子寨积水潭，低于荣华水库；污染地下水为 $0.13\mu g/L$，低于地表水体、泉水、咪哩河河水。

9）蓝绿藻：荣华水库为 $1032\mu g/L$，塘子寨积水潭仅为 $364\mu g/L$，二者相差约 3 倍；泉水一般为 $174\sim348\mu g/L$，低于地表水体，其中河尾子左岸田间泉、河尾子桥边泉为负值；咪哩河河水为 $1706\mu g/L$，明显高于地表水体、泉水；污染地下水为 $115\mu g/L$，低于泉水，远低于地表水体、咪哩河河水。

（2）阳离子。

1）钾离子（K^+）浓度：泉水为 $0.42\sim1.06mg/L$，污染地下水（砒霜厂抽水泉）为 $0.49mg/L$，二者基本一致。

2）钠离子（Na^+）浓度：泉水一般为 $0.42\sim3.44mg/L$，其中河尾子左岸田间泉为 $4.00mg/L$（偏高），黑末机井泉为 $4.35mg/L$（偏高）；污染地下水（砒霜厂抽水泉）为 $0.53mg/L$，与泉水基本一致。

3）钙离子（Ca^{2+}）浓度：泉水一般为 $112.65\sim164.40mg/L$；污染地下水（砒霜厂抽水泉）为 $147.90mg/L$，与泉水基本一致。

4）镁离子（Mg^{2+}）浓度：泉水（黑末大龙潭泉、河尾子右岸田间泉、河尾子左岸田间泉、黑末机井泉、黑末大寨泉）为 $12.15\sim28.42mg/L$，表明地下水径流区岩性多为白云岩、灰质白云岩；泉水（河尾子大坝泉、河尾子右岸路边泉、黑末田间泉、下倮朵对岸泉）为 $3.57\sim8.56mg/L$，表明地下水径流区岩性多为石灰岩、白云质灰岩；污染地下水（砒霜厂抽水泉）为 $2.83mg/L$，多低于泉水。

5）阳离子总浓度：泉水一般为 $134.86\sim181.99mg/L$；污染地下水（砒霜厂抽水泉）为 $151.77mg/L$，与泉水基本一致。

（3）阴离子。

1）氯离子（Cl^-）浓度：泉水一般为 0.15～4.85mg/L，其中河尾子大坝泉为 8.22mg/L，明显变高，表明地下水径流区地层岩性富含氯化物或有外源水补给；污染地下水（砒霜厂抽水泉）为 3.10mg/L，与泉水基本一致。

2）硫酸根离子（SO_4^{2-}）浓度：泉水一般为 9.54～35.97mg/L，其中黑末大龙潭泉（92.58mg/L）、河尾子左岸田间泉（55.74mg/L）、黑末机井泉（90.25mg/L）明显偏高，表明地下水可能接受 P_2l 煤系地层的地下水补给；污染地下水（砒霜厂抽水泉）为 17.34mg/L，与泉水基本一致。

3）碳酸氢根离子（HCO_3^-）浓度：泉水一般 372.59～446.24mg/L，喀斯特作用明显；污染地下水（砒霜厂抽水泉）为 428.91mg/L，与泉水基本一致。

4）硝酸根离子（NO_3^-）浓度：泉水一般为 11.36～28.53mg/L，其中，河尾子右岸田间泉（44.95mg/L）、河尾子大坝泉（49.78mg/L）明显偏高；污染地下水（砒霜厂抽水泉）为 25.16mg/L，略高于泉水。

5）阴离子总浓度：泉水一般为 419.93～537.27mg/L；污染地下水（砒霜厂抽水泉）为 474.67mg/L，与泉水基本一致。

泉水的水化学类型为重碳酸钙（Ca—HCO_3），溶解性固体总量（TDS）为 368.49～509.75mg/L。污染地下水（砒霜厂抽水泉）的水化学类型为重碳酸钙（Ca—HCO_3），溶解性固体总量（TDS）为 411.98mg/L。

综上所述，T_1y 泥质灰岩夹石灰岩、泥灰岩、砂页岩的地下水具有三高的特点：钙离子浓度高（112.65～164.40mg/L）、碳酸氢根离子浓度高（372.59～446.24mg/L）、溶解性固体总量（TDS）高（368.49～509.75mg/L），主要原因是喀斯特层组的含水介质为喀斯特裂隙，地下水的流速缓慢、径流时间长，使得地下水能充分与岩石产生喀斯特作用。另外，黑末大龙潭泉、河尾子左岸田间泉、黑末机井泉硫酸根离子高（55.74～92.58mg/L），表明地下水接受 P_2l 煤系地层的地下水补给。

（4）微量元素。

1）铝（Al）浓度：泉水小于 0.02mg/L，污染地下水（砒霜厂抽水泉）小于 0.02mg/L，二者基本一致。

2）铜（Cu）浓度：泉水小于 0.01mg/L，污染地下水（砒霜厂抽水泉）小于 0.01mg/L，二者基本一致。

3）铅（Pb）浓度：泉水小于 0.005mg/L，污染地下水（砒霜厂抽水泉）小于 0.005mg/L，二者基本一致。

4）锌（Zn）浓度：泉水小于 0.002mg/L，污染地下水（砒霜厂抽水泉）小于 0.002mg/L，二者基本一致。

5）铬（Cr）浓度：泉水小于 0.002mg/L，污染地下水（砒霜厂抽水泉）小于 0.002mg/L，二者基本一致。

6）镍（Ni）浓度：泉水小于 0.002mg/L，污染地下水（砒霜厂抽水泉）小于 0.002mg/L，二者基本一致。

7）钴（Co）浓度：泉水小于 0.002mg/L，污染地下水（砒霜厂抽水泉）小于

0.002mg/L，二者基本一致。

8）镉（Cd）浓度：泉水小于 0.0006mg/L，污染地下水（砒霜厂抽水泉）为 0.022mg/L，后者是前者 36 倍以上，地下水受到镉（Cd）污染。

9）锰（Mn）浓度：泉水为 0.0010～0.0020mg/L，污染地下水（砒霜厂抽水泉）为 0.0022mg/L，略大于泉水。

10）砷（As）浓度：泉水小于 0.002mg/L，污染地下水（砒霜厂抽水泉）为 1.110mg/L，后者是前者 555 倍以上，地下水受到砷（As）污染。

11）汞（Hg）浓度：泉水小于 0.0001mg/L，污染地下水（砒霜厂抽水泉）小于 0.0001mg/L，二者基本一致。

12）硒（Se）浓度：泉水为 0.0003～0.0011mg/L，污染地下水（砒霜厂抽水泉）为 0.0010mg/L，与泉水差别不大。因此，砒霜厂抽水泉受到了砷（As）、镉（Cd）污染。

（5）特殊项目。

1）二氧化硅（SiO_2）浓度：泉水为 6.35～11.35mg/L，污染地下水（砒霜厂抽水泉）为 6.75mg/L，总体上略低于泉水。

2）固形物浓度：泉水为 375.56～521.50mg/L，污染地下水（砒霜厂抽水泉）为 418.74mg/L，二者基本一致。

3）固定二氧化碳（CO_2）浓度：泉水为 134.42～161.00mg/L，污染地下水（砒霜厂抽水泉）为 154.75mg/L，二者基本一致。

4）游离二氧化碳（CO_2）浓度：泉水为 4.05～13.49mg/L，污染地下水（砒霜厂抽水泉）为 5.39mg/L，二者基本一致。

5）总硬度：泉水为 339.15～460.71mg/L，污染地下水（砒霜厂抽水泉）为 380.99mg/L，二者基本一致。

6）总碱度：泉水为 305.77～366.23mg/L，污染地下水（砒霜厂抽水泉）为 352.02mg/L，二者基本一致。

7）总酸度：泉水为 4.61～15.34mg/L，污染地下水（砒霜厂抽水泉）为 6.13mg/L，二者基本一致。

8）永久硬度：泉水一般为 32.13～90.39mg/L，黑末大龙潭泉（106.65mg/L）、黑末机井泉（122.91mg/L）明显偏高；污染地下水（砒霜厂抽水泉）为 28.97mg/L，略偏低。

9）暂时硬度：泉水为 305.77～366.23mg/L，污染地下水（砒霜厂抽水泉）为 352.02mg/L，二者基本一致。

7.4.1.4　水温度场

1. 大龙洞喀斯特水子系统

地表水体的温度为 26.08～29.43℃，高于泉水；泉水的温度为 19.56～22.83℃，低于地表水体；地下河的温度一般为 18.32～20.33℃，略低于泉水，明显低于地表水体，其中薄竹镇落水洞的水温为 24.92℃，高于其余 2 条地下河、泉水，低于地表水体。总体来看，地表水体的水温最高，泉水最低，地下河位于二者之间；主要原因是静止或流动性差的水体受气温影响最大，而泉水影响最小，地下河位于二者之间，地下河还受外源水温的影响。地下水属于浅部地下水循环的喀斯特裂隙水、管道水，水温受大气降雨温度的影响较大。

2. 咪哩河河谷喀斯特水子系统

地表水体的温度为 26.34～28.88℃，高于泉水；泉水的温度为 19.30～22.80℃，低于地表水体。总体来看，地表水体的水温高，泉水低，主要原因是静止或流动性差的水体受气温影响大，而泉水影响小。属于浅部地下水循环的喀斯特裂隙水，水温受大气降雨温度的影响较大。

7.4.1.5　水同位素场

1. 大龙洞喀斯特水子系统

仅对大红舍龙洞地下河取水样进行同位素测试，氢同位素 $\delta D_{(V-SMOW)}$ 值为 $-77.8‰$，比雨水（$-62.8‰$）小；氧同位素 $\delta^{18}O_{(V-SMOW)}$ 值为 $-10.10‰$，比雨水（$-9.40‰$）小。从图 7.4-6 可以看出，$\delta D-\delta^{18}O$ 的关系基本上构成一条直线，它表征着区内的地下水属大气降水成因；根据昆明气象站的相关数据资料显示，其降水 $\delta^{18}O$ 的多年平均值为 $-10.30‰$，区域降水 $\delta^{18}O$ 的高度效应为 $-0.24‰/100m$。大红舍龙洞地下河 $\delta^{18}O$ 的为 $-10.10‰$，结合文山实际，高度效应按 $-0.34‰/100m$ 计算，由此得出地下水的补给高程约为 1800.00m，高于咪哩河河水位（大红舍龙洞地下河出口）约 400m。

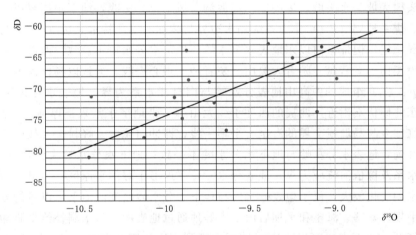

图 7.4-6　工作区岩溶地下水及地表水 δD 与 $\delta^{18}O$ 关系图

大红舍龙洞地下河氚同位素（^3H）为 8.90TU，比雨水（9.97TU）略小，表明多为现代大气降水直接补给大红舍龙洞地下河，并混合有少量地下径流时间短的地下水。

2. 咪哩河河谷喀斯特水子系统

对河尾子右岸田间泉、砒霜抽水泉取水样进行同位素测试，河尾子右岸田间泉氢同位素 $\delta D_{(V-SMOW)}$ 值为 $-68.4‰$，砒霜抽水泉氢同位素 $\delta D_{(V-SMOW)}$ 值为 $-63.7‰$，均比雨水（$-62.8‰$）小。河尾子右岸田间泉氧同位素 $\delta^{18}O_{(V-SMOW)}$ 值为 $-8.98‰$，砒霜抽水泉氧同位素 $\delta^{18}O_{(V-SMOW)}$ 值为 $-8.68‰$，均比雨水（$-9.40‰$）略大。从图 7.4-6 可以看出，$\delta D-\delta^{18}O$ 的关系基本上构成一条直线，它表征着区内的地下水属大气降水成因；根据昆明气象站的相关数据资料显示，其降水 $\delta^{18}O$ 的多年平均值为 $-10.30‰$，区域降水 $\delta^{18}O$

的高度效应为 $-0.24‰/100m$。河尾子右岸田间泉 $\delta^{18}O$ 的为 $-8.98‰$，结合文山实际，高度效应按 $-0.34‰/100m$ 计算，由此得出地下水的补给高程约为 $1500.00m$，高于咪哩河水位约 $150m$；砒霜抽水泉 $\delta^{18}O$ 的为 $-8.68‰$，结合文山实际，高度效应按 $-0.34‰/100m$ 计算，由此得出地下水的补给高程约为 $1400.00m$，高于咪哩河水位约 $55m$。

河尾子右岸田间泉氚同位素（^3H）为 $4.73TU$，砒霜抽水泉氚同位素（^3H）为 $2.33TU$，均比雨水（$N_0=9.97TU$）小，表明地下水为现代大气降水与多年地下水的混合水，主要原因是 T_1y 泥质灰岩的含水介质为喀斯特裂隙，地下水的流速缓慢、径流时间长。氚同位素的半衰期（$T_{1/2}$）为 12.5 年，随时间增加地下水中的氚同位素产生了衰减。根据试验样品的同位素值，按照式（4.2-19）和式（4.2-20）进行计算，不考虑雨水补给，地下水的年龄约为 $13.5\sim26.2$ 年，实际地下水的年龄会更大。

7.4.2　德厚河喀斯特水系统

7.4.2.1　结构场

德厚河喀斯特水系统（Ⅱ）位于德厚河流域，地质构造上位于季里寨山字型构造区、杨柳河背斜北部倾伏端。其南部、东南部边界大致位于上倮朵—布烈—花庄—菠萝赋—址格白—水头树大坡—水头坡—老尖坡—烂泥洞（风丫口）一线，地下水边界以二叠系玄武岩（$P_2\beta$）、煤系地层（P_2l）作为系统隔水边界与咪哩河喀斯特水系统（Ⅰ）、马过河流域为界，边界稳定，但址格白以东地表水分水岭与地下水分水岭不一致。西部边界位于分水岭—老寨大黑山—老营盘—颇者大黑山—楚者冲—坝心一线，大致以杨柳河背斜轴部的碎屑岩（D_2p、$\in_2$）组成的中高山地表分水岭与南盘江水系为界，地表水与地下分水岭一致（背斜东北倾伏端附近，西翼的西冲子—大山脚一带地下水汇入德厚河）。北部地下水边界位于红甸乡与马塘镇交界的海尾—平坝一线，即冲白拉—云峰村—九架山—小耳朵—小红甸—红甸，地表水分水岭与地下水分水岭不一致；地下水分水岭大致以 T_2f 碎屑岩与南盘江水系及稼依河流域为界，地表分水岭位于地形平缓的平原区，为可变边界线，丰水期与枯水期变化较大，位于地表分水岭与地下水分水岭之间的地下水以泉的方式出露地表后，在平坝八家寨、海尾和平坝后山水库等地通过地表沟、落水洞补给牛腊冲河；北东边界较为复杂，地下水主要以文麻区域深大断裂（F_1）阻水断裂、N、T_2f 及 T_3n 碎屑岩和德厚河谷作为其与稼依河下游喀斯特水系统（Ⅲ）的边界，但地表水分水岭位于 F_1 断裂的东部，即系统还接受母鲁白—务路山以西的地表水（通过母鲁白河、打铁寨河、上倮朵收鱼塘和地表河）的补给。德厚河流域总面积为 $521km^2$，德厚河喀斯特水系统为典型的喀斯特区，碳酸盐岩分布面积占 80% 以上。喀斯特含水层组主要为石炭系灰岩（C_1、C_2、C_3），遍布全区，占整个水系统的 70% 以上，其次是东岗岭组（D_2d）灰岩，集中分布在杨柳河背斜北东倾伏端马脚基—铁则—羊皮寨—阿尾下寨一带；个旧组（T_2g）灰岩则主要呈条带状分布于明湖—双宝—茅草冲一线，被北西走向断层所夹持。

大气降水是地下水主要补给来源，外源水通过落水洞集中补给地下含水层和背斜倾伏端储水（包括杨柳河背斜北东倾伏端、八角寨附近的背斜轴部破碎带、季里寨山字型弧顶）是本喀斯特水系统的主要特征。此外，东北部还接受稼依河下游喀斯特水系统来自母鲁白—务路大坡地表分水岭以西的地表水补给；北部接受海尾、平坝地表水和喀斯特泉水补给。地下水主要赋存于背斜两翼的喀斯特裂隙、洞及管道、通道双重或三重含水介质中，以顺构造线或地层走向运移为主，地下水运移快，并在背斜倾伏端富集、排泄，出露水点少，但单个水点的流量大，水文动态变化也大。喀斯特地下水以地下河、泉（泉群）的方式集中在杨柳河背斜倾伏端（羊皮寨—铁则—白鱼洞一带）、季里寨山字型构造弧顶转折端（德厚河与咪哩河交汇口段）、海尾—八角寨和牛腊冲以北沟溪两岸排泄；出露大小水点（泉、地下河）共30余个，总流量约为3600L/s（不含来自东北务路地表水，德厚上游为枯季流量），地下水径流模数为7.5～10.0L/(s·km²)。重要水点包括羊皮寨地下河、双龙潭地下河、白鱼洞地下河、"八大碗"喀斯特泉群、牛腊冲右岸地下河、牛腊冲左岸泉、八角寨泉群等；单个泉、地下河流量一般在50～1500L/s，雨季最大流量在3000L/s以上，并且地下水的发育演化历经多个阶段，在规模较大的地下河出口通常可见2～3层水平洞穴。德厚河喀斯特水系统又分为5个喀斯特水子系统，其中，海尾—平坝喀斯特水子系统（Ⅱ5）地下水赋存于构造断块山、边缘喀斯特谷地（总体为背斜倾伏端，轴部被F_1断层穿越，岩石破碎）的T_2g石灰岩、白云质灰岩和T_1y泥质灰岩，属于喀斯特裂隙、管道双重含水介质中。受F_1、F_3、北西向明湖阻水断层及T_2f隔水岩层的夹持，为南部、东部和西部相对封闭、北部开放（地表、地下水分水岭）的半封闭地下水系统，地下水位高，富水性强（局部形成富水块段），喀斯特发育总体强烈，地表形成典型的喀斯特谷地（边缘谷地）和峰林平原地貌。尤其在南部T_2f/T_2g接触界面低洼的边缘谷地积水，形成典型的喀斯特湿地，代表性的湿地如海尾凹子、后山水库。出露的喀斯特泉点较少，包括牛腊冲左岸泉、八家寨喀斯特泉群等，地下水总流量约为61.17L/s。

7.4.2.2 水动力场

德厚河发源于南部薄竹山附近，受西南部薄竹山花岗岩体、西部杨柳河背斜隆起造成的西南高北东低地形格局和碳酸盐岩底板（碎屑岩夹层，控制地下水运移方向、喀斯特发育深度）自南向北东掀斜的地质格局、盘龙河自南向北袭夺的控制，地表水、地下水总体自南向北、再转向东、东南方向运移，即德厚河自烂泥洞向北经母鸡冲、羊皮寨向德厚街方向流动，沿途接受喀斯特地下水的补给，在德厚街以北急转90°，向东经木期德流向牛腊冲村；在牛腊冲村与牛腊冲河汇合后转向东南方向，流向坝址所在的德厚河峡谷河段，具体径流方向和途径主要受背斜或岩层走向、断层控制。

1. 杨柳河背斜喀斯特水子系统

杨柳河背斜喀斯特水子系统（Ⅱ1）位于薄竹山南缘、杨柳河背斜核部及东翼，是德厚河源头，系统主要接受大气降水补给，主要喀斯特含水层组为东岗岭组（D_2d）石灰岩，其次为中寒武统（$\in_2$）碎屑岩与石灰岩互层、石炭系（C）石灰岩。除碳酸盐岩裸露区地下水直接接受大气降水补给外，地下水主要接受来源于非碳酸盐岩地区的外源水补给，有多个补给径流途径。①地下河主径流：来源于薄竹山的地表汇水→分水岭→烂泥洞→母鸡冲→五色冲落水洞→顺杨柳河背斜东翼D_2d/C_1接触界面→羊皮寨地下河出口D_2d/C_1接触界面出露地表；在五色冲落水洞至羊皮寨地下河出口，发育典型的喀斯特干谷，为早期的德厚河河床；②来源于老寨大黑山向斜核部的外源水→大桥冲→乐诗冲→汇入五色冲；③来源于杨柳河背斜核部（牛作底—白牛厂）的外源水，汇集成洋羊街子→坝心、大尖坡→阿尾、龙树脚（乌鸦山→白牛厂→牛作底）三条地表沟溪，分别通过坝心、阿尾上寨岩峰窝和菲古小塘子落水洞入渗地下，然后顺背斜东翼岩层走向（D_2d/C_1 接触界面）向北或背斜倾伏端的放射性节理面（垂直岩层走向）向东运移，在五色冲附近及喀斯特干谷底汇入羊皮寨地下水主管道；④杨柳河背斜倾伏端 2123 高地→中寨→田尾巴落水洞→沿背斜倾伏端放射状节理→铁则双龙潭出露地表；⑤位于杨柳河背斜核部牛作底—白牛厂—带中寒武统中等喀斯特含水层组分布区，喀斯特水循环历经地表水→地下水→地表水→地下水→地表水的多次转换，其中，中寒武统喀斯特地下水在牛作底、白牛厂附近龙树脚出露的 2 个喀斯特泉（龙树脚泉 1、龙树脚泉 2），流量为 30L/s 左右，并在牛作底、阿尾附近形成 2 个较大的湖泊，成为系统稳定的补给源。杨柳河背斜喀斯特水子系统的 2 个主要排泄点羊皮寨地下河出口和双龙潭地下河出口的枯季流量分别为 875.15L/s、77.93L/s（1979 年 4 月）；地下水径流模数为 $3.59\sim15.00$L/(s·km^2)，地下水以德厚河为最低排泄面，属补给型或排泄型喀斯特水动力类型。

2. 白鱼洞喀斯特水子系统

白鱼洞喀斯特水子系统（Ⅱ2）位于杨柳河背斜西翼与德厚向斜分布区，主要喀斯特含水层组为石炭系（C）石灰岩，其次为东岗岭组（D_2d）石灰岩，系统主要接受大气降水补给和来源于非碳酸盐岩地区的外源水的补给，大气降水在五里冲、西子冲、龙包寨一带汇集成地表沟溪，至马脚基进入喀斯特区，雨季部分（枯季全部）入渗地下，沿杨柳河背斜与德厚向斜之间（大致顺层面）自西向东从马脚基—以奈黑—大龙一线至白鱼洞，受近南北向断层的阻挡而出露地表；白鱼洞另一支流源自岩子脚、楚者冲一带，地表沟溪自西南至北东方向至坝心逐渐深入地下，地下水沿 E 与 C 接触接面运移，途经以诺多、长山村至白鱼洞，白鱼洞地下河出口流量约为 1004L/s；白鱼洞喀斯特水子系统地下水径流模数为 $5.19\sim15.00$L/(s·km^2)，地下水以德厚河为最低排泄面，属补给型喀斯特水动力类型。

3. "八大碗"喀斯特水子系统

"八大碗"喀斯特水子系统（Ⅱ3），是德厚水库区的主要喀斯特水系统，位于季里寨山字型构造西翼，季里寨山字型西翼呈弧形，自德厚街西北的感古一带地层走向和断层等呈北西走向，到花庄、土锅寨一带转向东西向，至水库坝址附近转北东走向，并被文麻区域深大断裂带切割，弧形不完整，整体上呈现为一不完整弧形背斜。背斜核部位于德厚乐熙—木期德—卡左一线，由泥盆系坡折落组（D_2p）碎屑岩及东岗岭组（D_2d）石灰岩组成，喀斯特发育弱—中等，德厚河自西向东穿越背斜核部。背斜核部被北西走向断层切断，南翼较完整。地下水主要接受大气降水的直接入渗补给，或通过位于乐农—土锅寨一带高原面上的落水洞集中补给，地下水主要沿夹于近东西走向的背斜核部坡折落组（包括核部北西向 F_5 阻水断层）及南翼南部的上二叠统（P_2l、$P_2\beta$）隔水岩层之间，即季里寨山字型构造西翼（背斜南翼）的 C、P_1 石灰岩强喀斯特含水层组层面自西向东径流，在花庄、土锅寨以东的背斜倾伏端因咪哩河深切而出露地表。其中，布烈以西的基性岩体及 F_2 断层对地下水运移起阻挡作用，是地下水主要出露于下石炭统石灰岩中的主要原因；德厚河岸边泉水出露较少，其中，咪哩河右岸及附近出露"八大碗"喀斯特泉群，各类大小泉点 15 个，见图 7.4-7，泉水总流量约 700L/s，地下水动态变化较大。"八大碗"喀斯特水子系统地下水径流模数大于 $10.00L/(s \cdot km^2)$，德厚河左岸地下水以德厚河为排泄面，德厚河右岸地下水以德厚河与咪哩河交汇口的咪哩河为排泄面，多为补给型喀斯特水动力类型。

图 7.4-7 "八大碗"喀斯特泉群主要泉点

4. 明湖—双宝喀斯特水子系统

明湖—双宝喀斯特水子系统（Ⅱ4）位于德厚河以北、牛腊冲西北的明湖、双宝、茅草冲一线，主要喀斯特含水层组个旧组（T_2g）石灰岩呈北西走向条带展布，北东、西南两边分别被北西向断层（F_1）及 T_2f、T_1f（$P_2\beta$）等隔水岩层所夹持，形成北西走向的条带型边缘喀斯特谷地，喀斯特水系具有典型的双层结构。雨季大气降水在西北 T_2f 碎屑岩山区汇集成地表沟溪，自北向南汇入喀斯特谷地，在碳酸盐岩与碎屑岩接触界线附近喀斯特洼地积水形成大明湖、小明湖和双宝附近的水库，地表水、地下水自西北沿谷地向东南径流（其中，地表水沿途入渗补给地下水，在平坝旧寨南有落水洞集中入渗地下），在牛腊冲河谷受 F_1 断层阻挡和牛腊冲下切而以地下河形式于牛腊冲河右岸（公路边）出露地表，见图 7.4-8。水文动态变化大，一般在下雨后 3～5h 即出现洪峰，洪峰流量最大可达 300L/s 以上，但一天后流

图 7.4-8 牛腊冲河右岸（公路边）的地下河出口

量可衰减到 30~50L/s，变幅可达 5~10 倍，地下河的水质浑浊，水化学特征等表现出明显的地表河流特征。明湖—双宝喀斯特水子系统地下水径流模数为 5.00~15.00L/(s·km²)，地下水以湖泊为临时排泄面，最终向德厚河排泄，属补给型喀斯特水动力类型。

5. 海尾—平坝喀斯特水子系统

海尾—平坝喀斯特水子系统（Ⅱ5）受盘龙河自南向北袭夺的影响，区内地表水、下水总体自北向南或自西向东南径流。其中，平坝子系统自小红甸，经平坝上寨，至八家寨喀斯特谷地中央，以喀斯特泉群的方式出露地表，再通过地表沟溪向南运移，越过八家寨与茅草冲之间的 F_1 断层带，再通过落水洞入渗地下，最后于牛腊冲左岸泉出露于地表。与此类似，来源于煤厂沟的地表沟水自北向南至 F_1 断层带后，转向沿断层向北西方向运移，穿越 F_1 断层后于茅草冲公路边的落水洞入渗地下，也于牛腊冲左岸泉出露于地表。海尾沿 T_2f 与 T_2g 岩性接触界面的碳酸盐岩一侧喀斯特发育强烈，形成典型的边缘喀斯特谷地，地表水、地下水总体自北向南运移，遇 T_2f/T_2g 岩性接触界面阻挡，顺层面向东南方向运移，至茅草冲、平坝附近再次受阻于 F_1 断层，地下水富集形成富水块段（喀斯特地下水储水盆地）。由于地下水位高于洼地，地下水在洼地溢出并积水成潭，即形成典型的喀斯特湿地，例如，海尾大凹子、后山水库等。喀斯特地下水通过这些喀斯特地下水储水盆地在地表的"窗口"向南部茅草冲沟径流，成为牛腊冲河的主要水源。明湖—双宝喀斯特水子系统地下水径流模数为 5.00~10.00L/(s·km²)，地下水以泉水为临时排泄面，最终向德厚河排泄，属补给型喀斯特水动力类型。

海尾—平坝喀斯特水子系统与北部的稼依河的地下水之间没有明显的分水岭，两者之间的地下水、地表分水岭随季节（降雨量与后山水库排泄量）变动，特大洪水季节海尾积水可能通过差黑海向北排向稼依河。

7.4.2.3　水化学场

喀斯特水化学特征受多种因素的影响，尤其与喀斯特作用关系密切，一般来说，地下水作用越强烈，水中的钙、镁、HCO_3^-、溶解性固体总量（TDS）和硬度等值越高；反之，地下水作用越弱，水中的钙、镁、HCO_3^-、溶解性固体总量（TDS）和硬度等值越低。通过现场测试、阴离子与阳离子试验、微量元素试验、特殊项目与同位素试验，成果分别见表 7.4-2~表 7.4-5。由于杨柳河背斜喀斯特水子系统、白鱼洞喀斯特水子系统位于德厚水库库盆区的上游，对研究水库渗漏的作用不大，因此，本书仅对"八大碗"喀斯特水子系统、明湖-双宝喀斯特水子系统、海尾-平坝喀斯特水子系统的水化学场进行分析和研究。

1. "八大碗"喀斯特水子系统

（1）现场测试。

1）pH：泉水为 7.17~7.50，低于地下河、德厚河河水；地下河为 8.18~8.43，高于泉水，略低于德厚河河水；德厚河河水为 8.32~8.54，高于泉水、地下河。

2）氧化还原电位（ORP）：泉水为 234~262mV，略高于地下河、略低于德厚河河水；地下河为 221~245mV，略低于泉水、德厚河河水；德厚河河水为 255~265mV，略高于泉水、地下河。

3）氧分压（p_{O_2}）：泉水为 39.70%~65.20%，低于地下河、德厚河河水；地下河为

89.80%，高于泉水，略低于德厚河河水；德厚河河水为91.10%～94.40%，高于泉水，略高于地下河。

4）电导率：泉水为497.6～688.9μS/cm，高于地下河、德厚河河水；地下河为273μS/cm、439.5μS/cm，二者相差较大，打铁寨地下河低于泉水、德厚河河水，坝址下游地下河低于泉水、与德厚河河水基本一致；德厚河河水为417.6～436.1μS/cm，低于泉水、与坝址下游地下河基本一致，高于打铁寨地下河。

5）钙离子（Ca^{2+}）浓度：泉水为96～138mg/L，高于地下河、德厚河河水；地下河64～74mg/L，低于泉水、略低于德厚河河水，表明有非碳酸盐岩的地下水或地表水补给地下河；德厚河河水为74～78mg/L，略高于地下河，低于泉水，表明有非碳酸盐岩的地下水或地表水补给德厚河河水。

6）亚硝酸根离子（NO_2^-）浓度：泉水为0.012～0.035mg/L，低于德厚河河水；德厚河河水为0.063mg/L，高于泉水。

7）硝酸根离子（NO_3^-）浓度：泉水一般为3.7～4.2mg/L，低于地下河、德厚河河水，其中牛腊冲下游泉为10.2mg/L，明显变大；地下河为6.6～10.8mg/L，高于泉水、德厚河河水；德厚河河水为5.3～6.1mg/L，低于地下河，高于泉水。

8）铵离子（NH_4^+）浓度：泉水为0.1～0.3mg/L，低于地下河、德厚河河水；地下河为0.7～0.9mg/L，高于泉水、德厚河河水；德厚河河水为0.3～0.4mg/L，低于地下河，高于泉水。

9）叶绿素：泉水一般为0.23～0.86μg/L，低于地下河、德厚河河水，其中"八大碗"泉群1、"八大碗"泉群4、"八大碗"泉群5、坝址左岸井水为负值；地下河为0.97～4.39μg/L，高于泉水、德厚河河水；德厚河河水为0.93～1.26μg/L，高于泉水，低于地下河。

10）蓝绿藻：泉水为271～663μg/L，略低于地下河、德厚河河水；地下河为577～758μg/L，略高于泉水、德厚河河水；德厚河河水为472～666μg/L，略高于泉水、略低于地下河。

（2）阳离子。

1）钾离子（K^+）浓度：泉水为0.54～0.88mg/L，地下河为2.68～3.63mg/L，后者大于前者，可能是农业面源污染造成。

2）钠离子（Na^+）浓度：泉水为0.50～1.29mg/L，地下河为2.98～5.86mg/L，后者大于前者。

3）钙离子（Ca^{2+}）浓度：泉水为94.07～135.10mg/L，地下河为42.32～52.00mg/L，后者小于前者，有非碳酸盐岩地下水或地表水补给。

4）镁离子（Mg^{2+}）浓度：泉水为4.53～9.49mg/L，地下河为5.24～8.88mg/L，二者基本一致，表明地下水径流区的地层岩性为石灰岩、白云质灰岩。

5）阳离子总浓度：泉水为100.58～140.97mg/L，地下河为54.17～69.47mg/L，后者小于前者，表明有非碳酸盐岩的地下水或地表水补给。

（3）阴离子。

1）氯离子（Cl^-）浓度：泉水为0.09～2.15mg/L，地下河为1.78～2.56mg/L，后

者略大于前者。

2）硫酸根离子（SO_4^{2-}）浓度：泉水为 4.10～13.81mg/L，地下河为 13.82～14.98mg/L，后者大于前者。

3）碳酸氢根离子（HCO_3^-）浓度：泉水为 311.93～411.58mg/L，喀斯特作用明显；地下河为 138.64～257.78mg/L，低于泉水，表明有非碳酸盐岩的地下水或地表水补给。

4）硝酸根离子（NO_3^-）浓度：泉水一般为 3.85～8.65mg/L，其中，牛腊冲下游泉为 17.01mg/L，明显偏高，表明有外源水补给；地下河为 7.79～17.70mg/L，高于泉水。

5）阴离子总浓度：泉水为 309.27～444.09mg/L，地下河为 162.81～218.33mg/L，后者小于前者，表明有非碳酸盐岩的地下水或地表水补给。

泉水的水化学类型为重碳酸钙（Ca—HCO_3），溶解性固体总量（TDS）为 260.38～392.35mg/L。地下河的水化学类型为重碳酸钙（Ca—HCO_3），溶解性固体总量（TDS）为 147.66～191.41mg/L。

综上所述，C、P_1 石灰岩的地下水具有三高的特点：钙离子浓度高（94.07～135.10mg/L）、碳酸氢根离子浓度高（311.93～411.58mg/L）、溶解性固体总量（TDS）高（260.38～392.35mg/L），主要原因是 C、P_1 石灰岩的含水介质为喀斯特裂隙、管道、通道，喀斯特作用十分强烈，产生大量的钙离子、碳酸氢根离子。

（4）微量元素。

1）铝（Al）浓度：泉水一般小于 0.02mg/L，其中"八大碗"泉群 6 为 0.03mg/L，地下河小于 0.02mg/L，二者基本一致。

2）铜（Cu）浓度：泉水小于 0.001mg/L，地下河为 0.0012～0.0014mg/L，后者大于前者。

3）铅（Pb）浓度：泉水小于 0.005mg/L，地下河小于 0.005mg/L，二者基本一致。

4）锌（Zn）浓度：泉水小于 0.002mg/L，地下河小于 0.002mg/L，二者基本一致。

5）铬（Cr）浓度：泉水小于 0.002mg/L，地下河小于 0.002mg/L，二者基本一致。

6）镍（Ni）浓度：泉水小于 0.002mg/L，地下河小于 0.002mg/L，二者基本一致。

7）钴（Co）浓度：泉水小于 0.002mg/L，地下河小于 0.002mg/L，二者基本一致。

8）镉（Cd）浓度：泉水小于 0.0006mg/L，地下河小于 0.0006mg/L，二者基本一致。

9）锰（Mn）浓度：泉水为 0.0012～0.0086mg/L，地下河为 0.0012～0.0045mg/L，二者基本一致。

10）砷（As）浓度：泉水小于 0.002mg/L，地下河小于 0.0023mg/L，二者基本一致。

11）汞（Hg）浓度：泉水一般小于 0.0001mg/L，其中"八大碗"泉群 15 为 0.0002mg/L，地下河小于 0.0003mg/L，后者略大于前者。

12）硒（Se）浓度：泉水为 0.0002～0.0007mg/L，地下河为 0.0003～0.0016mg/L，后者略大于前者。

（5）特殊项目。

1）二氧化硅（SiO_2）浓度：泉水为 5.84～10.78mg/L，地下河为 5.81～5.99mg/L，

总体上略低于泉水。

2）固形物浓度：泉水为 280.95～385.11mg/L，地下河为 153.65～197.21mg/L，后者小于前者。

3）固定二氧化碳（CO_2）浓度：泉水为 107.87～148.50mg/L，地下河为 50.03～69.56mg/L，后者小于前者。

4）游离二氧化碳（CO_2）浓度：泉水为 4.05～8.09mg/L，地下河为 4.05～10.79mg/L，二者基本一致。

5）总硬度：泉水为 255.68～357.17mg/L，地下河为 127.26～166.45mg/L，后者小于前者。

6）总碱度：泉水为 245.37～337.80mg/L，地下河为 113.80～158.24mg/L，后者小于前者。

7）总酸度：泉水为 4.61～9.20mg/L，地下河为 4.61～12.27mg/L，二者基本一致。

8）永久硬度：泉水一般为 10.31～23.67mg/L，"八大碗"泉群 1（1.35mg/L）、"八大碗"泉群 6（0.00mg/L）、"八大碗"泉群 15（7.41mg/L）、牛腊冲下游泉（6.13mg/L）明显偏低；地下河为 4.61～13.46mg/L，低于泉水。

9）暂时硬度：泉水为 245.37～337.80mg/L，地下河为 113.80～158.24mg/L，后者小于前者。

2. 明湖—双宝喀斯特水子系统

（1）现场测试。

1）pH：地表水体为 7.74，略高于泉水和地下河；泉水为 7.25～7.49，略低于地表水体，略低于地下河；地下河为 7.68，低于地表水体，高于泉水。

2）氧化还原电位（ORP）：地表水体为 258mV，略低于泉水，略高于地下河；泉水为 223～323mV，略高于地表水体、地下河；地下河为 220mV，低于地表水体、泉水。

3）氧分压（p_{O_2}）：地表水体为 49.20%，与泉水基本一致，低于地下河；泉水为 24.50%～71.50%，与地表水体一致，低于地下河；地下河为 77.50%，高于地表水体、泉水。

4）电导率：地表水体为 300.7μS/cm，低于泉水、地下河；泉水一般为 362～387μS/cm，高于地表水体、低于地下河，其中牛腊冲桥边泉为 696.8μS/cm，明显偏高；地下河为 472.1μS/cm，高于地表水体、泉水。

5）硝酸根离子（NO_3^-）浓度：地表水体为 3.9mg/L，低于泉水，与地下河基本一致；泉水为 6.2～9.1mg/L，高于地表水体、地下河；地下河为 4.0mg/L，低于泉水，与地表水体基本一致。

6）铵离子（NH_4^+）浓度：地表水体为 1.1mg/L，高于泉水，与地下河基本一致；泉水为 0.2～0.9mg/L，低于地表水体、地下河；地下河为 1.3mg/L，高于泉水，与地表水体基本一致。

7）叶绿素：地表水体为 9.44μg/L，与泉水基本一致，高于地下河；泉水一般为 5.75～45.26μg/L，变幅较大，与地表水体基本一致，高于地下河，其中牛腊冲桥边泉为负值；地下河为 2.08μg/L，低于地表水体、泉水。

8）蓝绿藻：地表水体为418μg/L，高于泉水，与地下河基本一致；泉水为187～299μg/L，低于地表水体、地下河，其中牛腊冲河左岸泉为450μg/L，明显变大；地下河为419μg/L，高于泉水，与地表水体基本一致。

（2）阳离子。

1）钾离子（K^+）浓度：地表水体为3.29mg/L，高于泉水、地下河；泉水为0.88～2.17mg/L，低于地表水体、地下河；地下河为2.25～2.75mg/L，低于地表水体、高于泉水。

2）钠离子（Na^+）浓度：地表水体为1.54mg/L，高于泉水、低于地下河；泉水为1.23～1.28mg/L，低于地表水体、地下河；地下河为1.87～2.30mg/L，高于地表水体、泉水。

3）钙离子（Ca^{2+}）浓度：地表水体为44.53mg/L，低于地下河、牛腊冲桥边泉、而高于牛腊冲河左岸泉；泉水（牛腊冲河左岸泉）为33.87mg/L，泉水（牛腊冲桥边泉）为125.10mg/L，二者相差较大，前者低于地表水体、地下河，后者高于地表水体、地下河；地下河为65.18～67.25mg/L，高于地表水体、牛腊冲河左岸泉、而低于牛腊冲桥边泉，表明有非碳酸盐岩的地下水或地表水补给。

4）镁离子（Mg^{2+}）浓度：地表水体为7.22mg/L，低于地下河、牛腊冲桥边泉、而高于牛腊冲河左岸泉；泉水（牛腊冲河左岸泉）为3.72mg/L，泉水（牛腊冲桥边泉）为16.00mg/L，二者相差较大，前者低于地表水体、地下河，后者高于地表水体、地下河，表明地下水（牛腊冲河左岸泉）径流区岩性多为石灰岩，表明地下水（牛腊冲桥边泉）径流区岩性多为白云岩；地下河为7.87～9.24mg/L；高于地表水体、牛腊冲河左岸泉、而低于牛腊冲桥边泉。

5）阳离子总浓度：地表水体为56.58mg/L，低于地下河、牛腊冲桥边泉、而高于牛腊冲河左岸泉；泉水（牛腊冲河左岸泉）为40.99mg/L，泉水（牛腊冲桥边泉）为143.26mg/L，二者相差较大；前者低于地表水体、地下河，表明有大量非碳酸盐岩的地下水或地表水补给；后者高于地表水体、地下河；地下河为77.60～81.16mg/L，高于地表水体、牛腊冲河左岸泉、而低于牛腊冲桥边泉，表明有非碳酸盐岩的地下水或地表水补给。牛腊冲河左岸泉、牛腊冲桥边泉的地下水径流区的地层岩性为T_2g石灰岩、白云岩，其中牛腊冲河左岸泉有大量非碳酸盐岩的地下水或地表水补给。

（3）阴离子。

1）氯离子（Cl^-）浓度：地表水体为1.98mg/L，低于泉水、茅草冲落水洞、而高于牛腊冲河右岸地下河；泉水为2.35～2.54mg/L，高于地表水体、牛腊冲河右岸地下河、而低于茅草冲落水洞；地下河（牛腊冲河右岸地下河）为0.70mg/L，地下河（茅草冲落水洞）为3.18mg/L，二者相差较大，前者低于地表水体、泉水，后者高于地表水体、泉水。

2）硫酸根离子（SO_4^{2-}）浓度：地表水体为19.07mg/L，高于牛腊冲河右岸地下河、牛腊冲桥边泉、而低于牛腊冲河左岸泉、茅草冲落水洞；泉水（牛腊冲河左岸泉）为34.60mg/L，泉水（牛腊冲桥边泉）为8.46mg/L，二者相差较大，前者高于地表水体、牛腊冲河右岸地下河、而低于茅草冲落水洞，后者低于地表水体、地下河；地下河（牛腊冲河右岸地下河）为 15.54mg/L，地下河（茅草冲落水洞）为 66.23mg/L，二者相差较大，前者低于地表水体、牛腊冲河左岸泉、而高于牛腊冲桥边泉，后者高于地表水体、泉水。

3）碳酸氢根离子（HCO_3^-）浓度：地表水体为 142.97mg/L，高于牛腊冲河左岸泉、茅草冲落水洞，而低于牛腊冲桥边泉、牛腊冲河右岸地下河；泉水（牛腊冲河左岸泉）为 60.65mg/L，泉水（牛腊冲桥边泉）为 435.40mg/L，二者相差较大，前者低于地表水体、地下河（表明有大量非碳酸盐岩的地下水或地表水补给），后者高于地表水体、地下河；地下河（牛腊冲河右岸地下河）为 223.12mg/L，地下河（茅草冲落水洞）为 138.64mg/L，二者相差较大，前者高于地表水体、牛腊冲河左岸泉，而低于牛腊冲桥边泉，后者低于地表水体、牛腊冲桥边泉，而高于牛腊冲河左岸泉（表明有非碳酸盐岩的地下水或地表水补给）。

4）硝酸根离子（NO_3^-）浓度：地表水体为 10.60mg/L，低于泉水，高于地下河；泉水为 14.02～14.98mg/L，高于地表水体、地下河；地下河为 8.21～10.12mg/L，低于地表水体、泉水。

5）阴离子总浓度：地表水体为 174.62mg/L，低于牛腊冲桥边泉、地下河，而高于牛腊冲河左岸泉；泉水（牛腊冲河左岸泉）为 111.62mg/L，泉水（牛腊冲桥边泉）为 461.38mg/L，二者相差较大，前者低于地表水体、地下河（表明有大量非碳酸盐岩的地下水或地表水补给），后者高于地表水体、地下河；地下河为 216.26～249.74mg/L，高于地表水体、牛腊冲河左岸泉、低于牛腊冲桥边泉，表明有非碳酸盐岩的地下水或地表水补给。

地表水体的水化学类型为重碳酸钙（$Ca—HCO_3$），溶解性固体总量（TDS）为 159.71mg/L。泉水（牛腊冲河左岸泉）的水化学类型为硫酸-重碳酸钙型（$Ca—SO_4 \cdot HCO_3$），溶解性固体总量（TDS）为 122.28mg/L，硫酸根离子（SO_4^{2-}）浓度为 34.60mg/L，分析有新近纪（N）层中褐煤地下水或地表水的补给；泉水（牛腊冲桥边泉）的水化学类型为重碳酸钙型（$Ca—HCO_3$），溶解性固体总量（TDS）为 386.94mg/L。地下河（牛腊冲河地下河）的水化学类型为重碳酸钙型（$Ca—HCO_3$），溶解性固体总量（TDS）为 219.34mg/L；地下河（茅草冲落水洞）的水化学类型为硫酸-重碳酸钙型（$Ca—SO_4 \cdot HCO_3$），溶解性固体总量（TDS）为 222.54mg/L，硫酸根离子（SO_4^{2-}）浓度为 66.23mg/L，分析有新近纪（N）层中褐煤地下水或地表水的补给。

综上所述，T_2g 石灰岩、白云岩的地下水与 C、P_1 石灰岩地下水相比，部分泉水的水化学性质基本一致，另一部分泉水有显著的差别。例如，牛腊冲河左岸泉钙离子浓度低（33.87mg/L）、碳酸氢根离子浓度低（60.65mg/L）、溶解性固体总量（TDS）低（122.28mg/L），主要原因是有非碳酸盐岩的地下水或地表水补给，使钙离子、碳酸氢根离子、溶解性固体总量（TDS）浓度降低。又如，牛腊冲桥边泉钙离子浓度高（125.10mg/L）、镁离子浓度高（16.00mg/L）、碳酸氢根离子浓度高（435.40mg/L）、溶解性固体总量（TDS）高（386.94mg/L），主要原因白云岩的含水介质为喀斯特裂隙，地下水的流速缓慢、径流时间长，喀斯特作用充分，使钙离子、镁离子、碳酸氢根离子、溶解性固体总量（TDS）浓度升高。

（4）微量元素。

1）铝（Al）浓度：地下河小于 0.02mg/L。

2）铜（Cu）浓度：地下河小于 0.001mg/L。

3）铅（Pb）浓度：地下河小于 0.005mg/L。

4）锌（Zn）浓度：地下河小于 0.002mg/L。

5）铬（Cr）浓度：地下河小于 0.002mg/L。

6）镍（Ni）浓度：地下河小于 0.002mg/L。

7）钴（Co）浓度：地下河小于 0.002mg/L。

8）镉（Cd）浓度：地下河小于 0.0006mg/L。

9）锰（Mn）浓度：地下河为 0.0014mg/L。

10）砷（As）浓度：地下河小于 0.002mg/L。

11）汞（Hg）浓度：地下河小于 0.0001mg/L。

12）硒（Se）浓度：地下河为 0.0004mg/L；微量元素无异常。

（5）特殊项目。

1）二氧化硅（SiO_2）浓度：地表水体为 4.55mg/L，与泉水、地下河基本一致；泉水为 3.83～6.15mg/L，与地表水体、地下河基本一致；地下河为 3.57～5.34mg/L，与地表水体、泉水基本一致。

2）固形物浓度：地表水体为 164.27mg/L，低于牛腊冲桥边泉、地下河，而高于牛腊冲河左岸泉；泉水（牛腊冲河左岸泉）为 126.12mg/L，泉水（牛腊冲桥边泉）为 393.09mg/L，二者相差较大，前者低于地表水体、地下河，后者高于地表水体、地下河；地下河为 224.68～228.11mg/L，高于地表水体、牛腊冲河左岸泉，而低于牛腊冲桥边泉。

3）固定二氧化碳（CO_2）浓度：地表水体为 51.59mg/L，高于牛腊冲河左岸泉、低于牛腊冲桥边泉、地下河；泉水（牛腊冲河左岸泉）为 21.89mg/L，泉水（牛腊冲桥边泉）为 157.10mg/L，二者相差较大，前者低于地表水体、地下河，后者高于地表水体、地下河；地下河为 50.03～80.50mg/L，略高于地表水体、高于牛腊冲河左岸泉，而低于牛腊冲桥边泉。

4）游离二氧化碳（CO_2）浓度：地表水体为 8.09mg/L，略高于泉水、地下河；泉水为 5.39～8.09mg/L，略低于地表水体，略高于地下河；地下河为 4.05～5.39mg/L，略低于地表水体、泉水。

5）总硬度：地表水体为 140.93mg/L，低于地下河、牛腊冲桥边泉，而高于牛腊冲河左岸泉；泉水（牛腊冲河左岸泉）为 99.89mg/L，泉水（牛腊冲桥边泉）为 378.29mg/L，二者相差较大，前者低于地表水体、地下河，后者高于地表水体、地下河；地下河为 195.18～205.99mg/L，高于地表水体、牛腊冲河左岸泉，而低于牛腊冲桥边泉。

6）总碱度：地下水体为 117.36mg/L，高于牛腊冲河左岸泉，低于牛腊冲桥边泉、略低于地下河；泉水（牛腊冲河左岸泉）为 49.79mg/L，泉水（牛腊冲桥边泉）为 357.37mg/L，二者相差较大，前者低于地表水体、地下河，后者高于地表水体、地下河；

地下河为 113.80～183.11mg/L，略高于地表水体、高于牛腊冲河左岸泉，而低于牛腊冲桥边泉。

7）总酸度：地表水体为 9.20mg/L，略高于泉水、高于地下河；泉水为 6.13～9.20mg/L，略低于地表水体，略高于地下河；地下河为 4.61～6.13mg/L，低于地表水体、略低于泉水。

8）永久硬度：地表水体为 23.57mg/L，高于牛腊冲桥边泉、牛腊冲河地下河，低于牛腊冲河左岸泉、茅草冲落水洞；泉水（牛腊冲河左岸泉）为 50.10mg/L，泉水（牛腊冲桥边泉）为 20.92mg/L，二者相差较大，前者高于地表水体、牛腊冲河地下河，而低于茅草冲落水洞，后者低于地表水体、牛腊冲河地下河、茅草冲落水洞；地下河（牛腊冲河地下河）为 22.88mg/L，地下河（茅草冲落水洞）为 81.38mg/L，二者相差较大，前者低于地表水体、牛腊冲河左岸泉、而高于牛腊冲桥边泉，后者高于地表水体、泉水。

9）暂时硬度：地表水体为 117.36mg/L，高于牛腊冲河左岸泉、茅草冲落水洞，低于牛腊冲桥边泉、牛腊冲河地下河；泉水（牛腊冲河左岸泉）为 49.79mg/L，泉水（牛腊冲桥边泉）为 357.37mg/L，二者相差较大，前者低于地表水体、地下河，后者高于地表水体、地下河；地下河（牛腊冲河地下河）为 183.11mg/L，地下河（茅草冲落水洞）为 113.80mg/L，二者相差较大，前者高于地表水体、牛腊冲河左岸泉，而低于牛腊冲桥边泉，后者低于地表水体、牛腊冲桥边泉，而高于牛腊冲河左岸泉。

3. 海尾—平坝喀斯特水子系统

（1）现场测试。

1）pH：地表水体为 7.54，与泉水基本一致，低于地下河；泉水为 7.31～8.07，与地表水体基本一致，略低于地下河；地下河为 8.12，高于地表水体、泉水。

2）氧化还原电位（ORP）：地表水体为 273mV，高于泉水、地下河；泉水为 212～244mV，低于地表水体，与地下河基本一致；地下河为 229mV，低于地表水体，与泉水基本一致。

3）氧分压（p_{O_2}）：地表水体为 78.00%，与泉水基本一致，低于地下河、高于平坝下寨泉；泉水一般为 58.10%～80.20%（与地表水体一致、低于地下河），平坝下寨泉为 26.40%（低于地表水体、地下河）；地下河为 100%，高于地表水体、泉水。

4）电导率：地表水体为 264.2μS/cm，低于泉水、地下河；泉水一般为 570.1～655.8μS/cm，高于地表水体，低于地下河；地下河为 559.7μS/cm，高于地表水体，低于泉水。

5）钙离子（Ca^{2+}）浓度：地表水体 40mg/L，低于泉水、地下河；泉水为 112～118mg/L，高于地表水体、地下河；地下河为 86mg/L，高于地表水体，低于泉水。

6）亚硝酸根离子（NO_2^-）浓度：地表水体为 0.04mg/L，高于泉水、地下河；泉水为 0.01～0.03mg/L，低于地表水体，与地下河基本一致；地下河为 0.02mg/L，低于地表水体，与泉水基本一致。

7）硝酸根离子（NO_3^-）浓度：地表水体为 10.2mg/L，与泉水基本一致，高于八家寨泉群 2，低于地下河；泉水一般为 9.6～15.8mg/L（与地表水体基本一致、低于地下河），八家寨泉群 2 为 1.9mg/L（低于地表水体、地下河）；地下河为 21.4mg/L，高于地表水体、泉水。

8）铵离子（NH_4^+）浓度：地表水体为 1.2mg/L，高于泉水，低于地下河；泉水为 0.1～0.4mg/L，低于地表水体、地下河；地下河为 2.7mg/L，高于地表水体、泉水。

9）叶绿素：地表水体为 1.62μg/L，低于泉水、地下河；泉水一般为 1.84～5.55μg/L，高于地表水体，略低于地下河；地下河为 5.45μg/L，高于地表水体，略高于泉水。

10）蓝绿藻：地表水体为 1242μg/L，高于泉水、地下河；泉水为 216～313μg/L，低于地表水体、地下河；地下河为 958μg/L，低于地表水体，高于泉水。

（2）阳离子。

1）钾离子（K^+）浓度：泉水为 0.48mg/L。

2）钠离子（Na^+）浓度：泉水为 1.79mg/L。

3）钙离子（Ca^{2+}）浓度：泉水为 109.00mg/L。

4）镁离子（Mg^{2+}）浓度：泉水为 13.43mg/L。

5）阳离子总浓度：泉水为 125.36mg/L；表明地下水径流区的地层岩性为 T_2g 灰质白云岩。

（3）阴离子。

1）氯离子（Cl^-）浓度：泉水为 4.71mg/L。

2）硫酸根离子（SO_4^{2-}）浓度：泉水为 8.74mg/L。

3）碳酸氢根离子（HCO_3^-）浓度：泉水为 368.25mg/L。

4）硝酸根离子（NO_3^-）浓度：泉水为 17.78mg/L。

5）阴离子总浓度：泉水为 399.59mg/L。

泉水的水化学类型为重碳酸钙（$Ca—HCO_3$），溶解性固体总量（TDS）为 340.82mg/L。T_2g 白云岩的地下水与 C、P_1 石灰岩地下水相比，除镁离子浓度外，其水化学性质基本一致，具有钙离子浓度高（109.00mg/L）、镁离子浓度高（13.43mg/L）、碳酸氢根离子浓度高（368.25mg/L）、溶解性固体总量（TDS）高（340.82mg/L）的特点，主要原因白云岩的含水介质为喀斯特裂隙，地下水的流速缓慢、径流时间长，喀斯特作用充分，使钙离子、镁离子、碳酸氢根离子、溶解性固体总量（TDS）浓度升高。

（4）微量元素。

1）铝（Al）浓度：泉水小于 0.02mg/L。

2）铜（Cu）浓度：泉水小于 0.001mg/L。

3）铅（Pb）浓度：泉水小于 0.005mg/L。

4）锌（Zn）浓度：泉水小于 0.002mg/L。

5）铬（Cr）浓度：泉水小于 0.002mg/L。

6）镍（Ni）浓度：泉水小于 0.002mg/L。

7）钴（Co）浓度：泉水小于 0.002mg/L。

8）镉（Cd）浓度：泉水小于 0.0006mg/L。

9）锰（Mn）浓度：泉水为 0.001mg/L。

10）砷（As）浓度：泉水小于 0.002mg/L。

11）汞（Hg）浓度：泉水小于 0.0001mg/L。

12) 硒（Se）浓度：泉水为 0.0004mg/L；微量元素无异常。

（5）特殊项目。

1) 二氧化硅（SiO_2）浓度：泉水为 9.42mg/L。

2) 固形物浓度：泉水为 350.25mg/L。

3) 固定二氧化碳（CO_2）浓度：泉水为 132.86mg/L。

4) 游离二氧化碳（CO_2）浓度：泉水为 4.05mg/L。

5) 总硬度：泉水 327.49mg/L。

6) 总碱度：泉水为 302.22mg/L。

7) 总酸度：泉水为 4.61mg/L。

8) 永久硬度：泉水为 25.27mg/L。

9) 暂时硬度：泉水为 302.22mg/L。

7.4.2.4 水温度场

由于杨柳河背斜喀斯特水子系统、白鱼洞喀斯特水子系统位于德厚水库库盆区的上游，对研究水库渗漏的作用不大，因此，本书仅对"八大碗"喀斯特水子系统、明湖—双宝喀斯特水子系统、海尾—平坝喀斯特水子系统的水温度进行分析和研究。

1. "八大碗"喀斯特水子系统

德厚河河水的温度为 20.62～21.89℃，低于"八大碗"泉群、地下河，高于牛腊冲下游泉。泉水的温度一般为 22.00～23.39℃，高于德厚河河水，低于地下河，而牛腊冲下游泉为 20.09℃（低于"八大碗"泉群 2～3℃）；与咪哩河河谷喀斯特水子系统泉水的温度 19.30～22.80℃相比，"八大碗"泉群的水温高 1～2℃；与大龙洞喀斯特水子系统泉水的温度 19.56～22.83℃相比，"八大碗"泉群的水温也高 1～2℃。

地下河的温度为 22.30～24.09℃，略高于泉水的温度，高于河水温度；与大龙洞喀斯特水子系统地下河的温度 18.32～20.33℃相比，"八大碗"喀斯特水子系统地下河的温度高 3～4℃。

总体来看，泉水的水温低，地下河的水温高，主要原因是地下河受地表水的影响较大，而泉水受地表水影响小。地下水属于浅部地下水循环的喀斯特裂隙水、管道、通道水，水温受大气降雨温度的影响较大。

2. 明湖—双宝喀斯特水子系统

地表水体的温度为 26.36℃，高于泉水、地下河。泉水的温度为 20.38～22.17℃，低于地表水体、地下河；与咪哩河河谷喀斯特水子系统泉水的温度 19.30～22.80℃相比，明湖—双宝喀斯特水子系统泉水的水温高 0～1℃；与大龙洞喀斯特水子系统泉水的温度 19.56～22.83℃相比，明湖—双宝喀斯特水子系统泉水的水温也高 0～1℃；与"八大碗"喀斯特水子系统泉水的温度 22.00～23.39℃相比，明湖—双宝喀斯特水子系统泉水的水温低 1～2℃。

地下河的温度为 22.96℃，高于泉水，低于地表水体；与大龙洞喀斯特水子系统地下河的温度 18.32～20.33℃相比，明湖—双宝喀斯特水子系统地下河的水温高 2～4℃；与"八大碗"喀斯特水子系统地下河的温度 22.30～24.09℃相比，明湖—双宝喀斯特水子系统地下河的水温低 0～1℃。

总体来看，地表水体的水温最高，泉水最低，地下河介于二者之间，主要原因是静止或流动性差的水体受气温影响大，而泉水影响小。地下水属于浅部地下水循环的喀斯特裂隙、管道、通道水，水温受大气降雨温度的影响较大。

3. 海尾—平坝喀斯特水子系统

地表水体的温度为26.98℃，高于泉水、地下河。泉水的温度一般为20.25～21.12℃，低于地表水体、地下河；八家寨泉群2为24.88℃（主要受地表水的影响）；与咪哩河河谷喀斯特水子系统泉水的温度19.30～22.80℃相比，海尾—平坝喀斯特水子系统泉水的水温高－1～1℃；与大龙洞喀斯特水子系统泉水的温度19.56～22.83℃相比，海尾—平坝喀斯特水子系统泉水的水温也高－1～1℃；与"八大碗"喀斯特水子系统泉水的温度22.00～23.39℃，海尾—平坝喀斯特水子系统泉水的水温低1～2℃；与明湖—双宝喀斯特水子系统泉水的温度20.38～22.17℃相比，泉水的水温基本一致。

地下河的温度为25.14℃，高于泉水，低于地表水体；与大龙洞喀斯特水子系统地下河的温度18.32～20.33℃相比，海尾—平坝喀斯特水子系统地下河的水温高5～7℃；与"八大碗"喀斯特水子系统地下河的温度22.30～24.09℃相比，海尾—平坝喀斯特水子系统地下河的水温高1～3℃；与明湖—双宝喀斯特水子系统地下河的温度22.96℃相比，海尾—平坝喀斯特水子系统地下河的水温高2～3℃。

总体来看，地表水体的水温最高，泉水最低，地下河位于二者之间，主要原因是静止或流动性差的水体受气温影响大，而泉水影响小。地下水属于浅部地下水循环的喀斯特裂隙、管道、通道水，水温受大气降雨温度的影响较大。

7.4.2.5 水同位素场

由于杨柳河背斜喀斯特水子系统、白鱼洞喀斯特水子系统位于德厚水库库盆区的上游，对研究水库渗漏的作用不大，因此，本书仅对"八大碗"喀斯特水子系统、明湖-双宝喀斯特水子系统、海尾-平坝喀斯特水子系统的水同位素场进行分析和研究。

1. "八大碗"喀斯特水子系统

对"八大碗"泉群1、2、6、13及坝址附近的地下河（坝址下游地下河、坝址左岸地下河）取水样进行同位素测试，结果如下。①"八大碗"泉群：氢同位素$\delta D_{(V-SMOW)}$值为－74.6‰～－68.5‰，平均值为－71.5‰，比雨水（－62.8‰）小；氧同位素$\delta^{18}O_{(V-SMOW)}$值为－10.10‰～－9.74‰，平均值为－9.90‰，比雨水（－9.40‰）小。②地下河：氢同位素$\delta D_{(V-SMOW)}$值为－71.1‰～－63.3‰，平均值为－67.2‰，比雨水（－62.8‰）小；氧同位素$\delta^{18}O_{(V-SMOW)}$值为－10.40‰～－9.07‰，平均值为－9.74‰，比雨水（－9.40‰）小。从图7.4-6可以看出，δD-$\delta^{18}O$的关系基本上构成一条直线，它表征着区内的地下水属大气降水成因；根据昆明气象站的相关数据资料显示，其降水$\delta^{18}O$的多年平均值为－10.30‰，区域降水$\delta^{18}O$的高度效应为－0.24‰/100m。"八大碗"泉群$\delta^{18}O$的为－9.90‰，结合文山实际，高度效应按－0.34‰/100m计算，由此得出地下水的补给高程约为1750.00m，高于咪哩河河水位约420.00m。地下河$\delta^{18}O$的为－9.74‰，结合文山实际，高度效应按－0.34‰/100m计算，由此得出地下水的补给高程约为1700.00m，高于德厚河河水位约380.00m。

"八大碗"泉群氚同位素（^3H）小于2TU，比雨水（$N_0=9.97$TU）小，表明地下水为现代大气降水与多年地下水的混合水，主要原因是 C、P_1 石灰岩地下水径流距离大（$10\sim12\text{km}$）、时间长。氚同位素的半衰期（$T_{1/2}$）为 12.5 年，径流过程中随时间增加地下水中的氚同位素产生了衰减，根据试验样品的同位素值，按照式（4.2-19）、式（4.2-20）进行计算，不考虑雨水补给，地下水的年龄大于 29 年，实际年龄会更大。坝址下游地下河氚同位素（^3H）值为 2.27TU，地下水的年龄约 26.7 年，实际年龄会更大；坝址左岸地下河氚同位素（^3H）值小于 2TU，与"八大碗"泉群一样，石灰岩地下水径流距离大、时间长，地下水的年龄大于 29 年，实际年龄会更大。

2. 明湖—双宝喀斯特水子系统

仅对牛腊冲河地下河取水样进行同位素测试，氢同位素 $\delta D_{(\text{V-SMOW})}$ 值为 $-72.2‰$，比雨水（$-62.8‰$）小，氧同位素 $\delta^{18}O_{(\text{V-SMOW})}$ 值为 $-9.71‰$，比雨水（$-9.40‰$）小。从图 7.4-6 可以看出，$\delta D\sim\delta^{18}O$ 的关系基本上构成一条直线，它表征着区内的地下水属大气降水成因；根据昆明气象站的相关数据资料显示，其降水 $\delta^{18}O$ 的多年平均值为 $-10.30‰$，区域降水 $\delta^{18}O$ 的高度效应为 $-0.24‰/100\text{m}$。牛腊冲河地下河 $\delta^{18}O$ 的为 $-9.71‰$，结合文山实际，高度效应按 $-0.34‰/100\text{m}$ 计算，由此得出地下水的补给高程约 1700.00m，高于牛腊冲河河水位约 300m。牛腊冲河地下河氚同位素（^3H）为 9.97TU，与雨水（9.97TU）一致，表明所取水样为多为现代大气降水、并混有非碳酸盐岩的地下水或地表水。

3. 海尾—平坝喀斯特水子系统

仅对八家寨泉群取水样进行同位素测试，泉水氢同位素 $\delta D_{(\text{V-SMOW})}$ 值为 $-65.0‰$，比雨水（$-62.8‰$）小；氧同位素 $\delta^{18}O_{(\text{V-SMOW})}$ 值为 $-9.24‰$，比雨水（$-9.40‰$）大。从图 7.4-6 可以看出，$\delta D-\delta^{18}O$ 的关系基本上构成一条直线，它表征着区内的地下水属大气降水成因；根据昆明气象站的相关数据资料显示，其降水 $\delta^{18}O$ 的多年平均值为 $-10.30‰$，区域降水 $\delta^{18}O$ 的高度效应为 $-0.24‰/100\text{m}$。八家寨泉群 $\delta^{18}O$ 的为 $-9.24‰$，结合文山实际，高度效应按 $-0.34‰/100\text{m}$ 计算，由此得出地下水的补给高程约 1570.00m，高于泉水约 150m。

八家寨泉群氚同位素（^3H）小于 2TU，比雨水（$N_0=9.97\text{TU}$）小，表明地下水为现代大气降水与多年地下水的混合水，主要原因是 T_2g 白云岩地下水含水介质多为喀斯特裂隙，地下水流速缓慢、径流时间长。氚同位素的半衰期（$T_{1/2}$）为 12.5 年，径流过程中随时间增加地下水中的氚同位素产生了衰减，根据试验样品的同位素值，按照式（4.2-19）和式（4.2-20）进行计算，不考虑雨水补给，地下水的年龄大于 29 年，实际年龄会更大。

7.4.3 稼依河下游喀斯特水系统

7.4.3.1 结构场

稼依河下游喀斯特水系统（Ⅲ）位于母鲁白—务路—以切一带的稼依河下游两岸，稼依河自北向南从中部穿越本喀斯特水系统，大致沿中保朵—打铁寨—母鲁白—八家寨煤厂—土锅寨—下务路—舍舍—下平坝西—热水寨—汤坝—下保朵一线，面积约 70km^2。西南边界以文麻区域深大断裂与 T_2f、T_3n 碎屑岩组成联合阻（隔）水边界，即德厚河喀斯特水系统（Ⅱ）边界，地表水与地下水分水岭不一致。北部、东部边界以 T_2f、T_3n 碎屑岩为界，地表水与地下水分水岭一致。主要喀斯特含水层组为 P_2w 石灰岩、T_1y 泥质灰岩、T_2g 石灰岩，在牛腊冲至坝址的德厚河左岸出露有石炭系（C）和二叠系（P_1）石灰岩，被断层和隔水岩层分隔成母鲁白、务路大坡、以切、德厚河左岸和汤坝山等几个独立的喀斯特水子系统。由于灰岩露头面积小，碎屑岩风化土层厚、疏松，易产生水土流失，

图 7.4-9　母鲁白水土流失

高泥沙含量的地表水进入喀斯特区影响其入渗地下喀斯特含水层。喀斯特发育弱—中等，地表以喀斯特峰丘谷地地貌为主，有地表河、季节性地表沟溪发育；但德厚河左岸的石炭系（C）和二叠系（P_1）石灰岩喀斯特发育强烈，例如，母鲁白地下河、打铁寨地下河、上倮朵地下河等。由于碳酸盐岩分布区周边的碎屑岩风化作用强烈，水土流失严重，见图 7.4-9，洼地常因泥沙淤积而积水成塘（湖），以沿 F_1 断层东北盘呈串珠状分布的积水潭、务路龙潭坝、务路水库等最为典型。由于碳酸盐岩呈岛状分布于碎屑岩

之中，大部分地区碳酸盐岩被覆盖于碎屑岩之下，共出露喀斯特水点 7 个（含打铁寨地下河进口、母鲁白积水潭、上倮朵地下河进口），地下水总流量约为 100L/s，地下水径流模数为 $3.0\sim5.0L/(s\cdot km^2)$。

7.4.3.2　水动力场

碎屑岩分布区大气降水汇集成地表沟溪，以外源水的形式汇入喀斯特区，在碎屑岩与碳酸盐岩接触边界形成边缘喀斯特谷地，并因泥沙的淤积形成积水潭，典型的如母鲁白积水潭。喀斯特含水层中地下水主要赋存于喀斯特裂隙中和规模较小的洞穴中，自务路大坡向东、西两边运移。德厚河地表水、地下水总体上自务路大坡（德厚河与稼依河分水岭）向德厚河河谷方向运移；其中，地下水向西径流至 F_1 断层带时受阻，在母鲁白积水潭、上倮朵收鱼塘附近溢出地表（图 7.4-10），然后汇入母鲁白河、打铁寨河、收鱼塘河和上倮朵河等地表河流，再分别通过母鲁白落水洞、打铁寨落水洞、收鱼塘渗漏带、上倮朵落水洞等入渗地下，经母鲁白地下河（包括人工开挖的泄洪洞）、打铁寨地下河、收鱼塘（方解石洞）地下河和上倮朵地下河排向德厚河，并在德厚河峡谷左岸形成瀑布或较大的落差的跌水和层状喀斯特洞穴景观，见图 7.4-11。

稼依河总体上受地形控制，在务路大坡以北，地表水、地下水总体自南向北运移，在 T_2g/T_2f 地层或断层接触界面附近出露地表，形成季节性喀斯特泉，如下务路饮水泉（S17、S18）等；在务路大坡以南，地表水、地下水总体沿北西走向断层向东南方向运移，在以切电站、以切中寨对岸受近南北向断层和碎屑岩阻挡而出露地表，典型泉点如务路电站右岸泉、以切中寨泉（S7）。在稼依河左岸，主要喀斯特含水层组为三叠系永宁镇组（T_1y）及二叠系（P_1）灰岩，地表水、地下水总体从务路山自东向西顺层面运移，在稼依河河谷受南北向断层阻挡而出露地表，典型喀斯特泉如务路电站左岸泉（S6）。汤坝

图 7.4 - 10　母鲁白附近 F_1 断层阻水造成地下水自东向西溢出形成水潭

（a）打铁寨落水洞　　　　　　　　　　（b）上倮朵落水洞

（c）打铁寨地下河出口　　　　　　　　（d）上倮朵地下河出口

（e）母鲁白水潭　　　　　　　　　　　（f）母鲁白河排涝

图 7.4 - 11　地表水、地下水向德厚河排泄

山喀斯特区比较特殊，大部分大气降水通过小汤坝地表沟溪排向盘龙河，但部分喀斯特地下水可能沿汤坝山-热水寨近南北向断层（f_{10}）穿越上覆的 T_2f 碎屑岩流向热水寨，形成路径较短的深部循环，在热水寨受 F_1 断层阻挡而出露地表，出露的热水寨温泉（S3）流量约 20L/s，水温约 30℃。稼依河下游喀斯特水系统的地下水以德厚河、稼依河为最低排泄面，德厚河与稼依河之间存在地下水分水岭，属补给型喀斯特水动力类型。

7.4.3.3 水化学场

喀斯特水化学特征受多种因素的影响，尤其与喀斯特作用关系密切，一般来说，地下水作用越强烈，水中的钙、镁、HCO_3^-、溶解性固体总量（TDS）和硬度等值越高；反之，地下水作用越弱，水中的钙、镁、HCO_3^-、溶解性固体总量（TDS）和硬度等值越低。进行了现场测试、阴离子与阳离子试验、微量元素试验、特殊项目与同位素试验，成果分别见表 7.4-2～表 7.4-5。

（1）现场测试。

1）pH：泉水为 7.47～7.51，低于地下河；地下河为 8.28～8.40，高于泉水。

2）氧化还原电位（ORP）：泉水为 215～233mV，与地下河基本一致；地下河为 212～245mV，与泉水基本一致。

3）氧分压（p_{O_2}）：泉水为 49.9%～65.0%，低于地下河；地下河为 91.2%～93.3%，高于泉水。

4）电导率：泉水一般为 450.0～515.3μS/cm（高于地下河），上倮朵落水洞（地下河进口）为 56.0μS/cm（低于地下河）；地下河一般为 185.6～352.4μS/cm（低于泉水），下务路泉（749μS/cm）明显偏高，高于泉水。

5）钙离子（Ca^{2+}）浓度：泉水为 80～140mg/L，高于地下河；地下河 22～64mg/L，低于泉水，表明有非碳酸盐岩的地下水或地表水补给地下河。

6）碳酸氢根离子（HCO_3^-）浓度：泉水一般为 286.7～427mg/L，高于地下河，下务路泉（244mg/L）明显偏小；地下河为 231.8mg/L，低于泉水。

7）硝酸根离子（NO_3^-）浓度：泉水为 3.7～6.1mg/L，略低于地下河；地下河为 7.3～8.6mg/L，略高于泉水。

8）铵离子（NH_4^+）浓度：泉水为 0.4～0.5mg/L，略低于地下河；地下河为 0.6～0.9mg/L，略高于泉水。

9）叶绿素：泉水为 −0.10～−0.26μg/L，为负值，低于地下河；地下河为 15.14～26.61μg/L，高于泉水。

10）蓝绿藻：泉水为 116～210μg/L，低于地下河；地下河为 962～1036μg/L，高于泉水。

（2）阳离子。

1）钾离子（K^+）浓度：泉水为 0.60～3.17mg/L，地下河为 2.67～4.07mg/L，后者略大于前者。

2）钠离子（Na^+）浓度：泉水为 0.36～2.73mg/L，地下河为 1.94～4.55mg/L，后者略大于前者。

3）钙离子（Ca^{2+}）浓度：泉水为 84.63～158.70mg/L，高于地下河；地下河一般为

43.38~56.58mg/L，低于泉水，有非碳酸盐岩地下水或地表水补给；上倮朵落水洞仅为21.13mg/L，为非碳酸盐岩地下水或地表水。

4）镁离子（Mg^{2+}）浓度：泉水一般为12.43~15.40mg/L，高于地下河，表明地下水径流区的地层岩性为灰质白云岩、白云岩；下务路饮水泉仅为3.24mg/L，表明地下水径流区的地层岩性为石灰岩；务路电站左岸泉为6.82mg/L，表明地下水径流区的地层岩性为白云质灰岩；地下河为4.80~7.67mg/L，多低于泉水，表明有非碳酸盐岩地下水或地表水补给。

5）阳离子总浓度：泉水为91.57~180.00mg/L，高于地下河；地下河为35.87~68.86mg/L，低于泉水，表明有非碳酸盐岩的地下水或地表水补给。

（3）阴离子。

1）氯离子（Cl^-）浓度：泉水为0.56~2.34mg/L，地下河为1.57~2.83mg/L，后者略大于前者。

2）硫酸根离子（SO_4^{2-}）浓度：泉水一般为7.91~15.68mg/L（略低于地下河），以切中寨泉为85.88mg/L明显偏高（有非碳酸盐岩的地下水或地表水补给）；地下河为12.57~16.59mg/L，略高于泉水。

3）碳酸氢根离子（HCO_3^-）浓度：泉水一般为303.27~441.90mg/L（高于地下河），下务路饮水泉（236.12mg/L）偏低；地下河为82.32~184.12mg/L，低于泉水，表明有非碳酸盐岩的地下水或地表水补给。

4）硝酸根离子（NO_3^-）浓度：泉水一般为2.29~7.69mg/L（低于地下河），务路电站左岸泉（12.26mg/L）明显偏高（与地下河基本一致）；地下河为7.63~13.56mg/L，高于泉水。

5）阴离子总浓度：泉水一般为319.72~517.88mg/L（高于地下河），下务路饮水泉（261.83mg/L）偏低；地下河为111.70~210.65mg/L，低于泉水，表明有非碳酸盐岩的地下水或地表水补给。

泉水的水化学类型为重碳酸钙（Ca—HCO_3），溶解性固体总量（TDS）一般为235.34~484.51mg/L。地下河的水化学类型为重碳酸钙（Ca—HCO_3），溶解性固体总量（TDS）为106.41~187.45mg/L。

综上所述，T_2g、P_2w白云岩、灰质白云岩、白云质灰岩的地下水具有三高的特点：钙离子浓度高（84.63~158.70mg/L）、碳酸氢根离子浓度高（303.27~441.90mg/L）、溶解性固体总量（TDS）高（235.34~484.51mg/L），主要原因是石灰岩的含水介质为喀斯特裂隙、管道、通道，喀斯特作用十分强烈，产生大量的钙离子、碳酸氢根离子；白云岩含水介质为喀斯特裂隙，地下水的流速缓慢、径流时间长，也会产生大量的钙离子、镁离子、碳酸氢根离子。

（4）微量元素。

1）铝（Al）浓度：泉水小于0.02mg/L。

2）铜（Cu）浓度：泉水小于0.001mg/L。

3）铅（Pb）浓度：泉水小于0.005mg/L。

4）锌（Zn）浓度：泉水小于0.002mg/L。

5）铬（Cr）浓度：泉水小于 0.002mg/L。

6）镍（Ni）浓度：泉水小于 0.002mg/L。

7）钴（Co）浓度：泉水小于 0.002mg/L。

8）镉（Cd）浓度：泉水小于 0.0006mg/L。

9）锰（Mn）浓度：泉水为 0.001～0.003mg/L。

10）砷（As）浓度：泉水小于 0.002mg/L。

11）汞（Hg）浓度：泉水为 0.0001～0.0002mg/L。

12）硒（Se）浓度：泉水为 0.0002～0.0010mg/L。

（5）特殊项目。

1）二氧化硅（SiO_2）浓度：泉水为 9.76～13.81mg/L，地下河为 2.70～8.09mg/L，后者低于前者。

2）固形物浓度：泉水一般为 235.34～395.17mg/L（高于地下河），以切中寨泉（484.51mg/L）明显偏高；地下河为 111.42～192.72mg/L，低于泉水。

3）固定二氧化碳（CO_2）浓度：泉水为 85.18～159.43mg/L，地下河为 29.70～66.44mg/L，后者低于前者。

4）游离二氧化碳（CO_2）浓度：泉水一般为 2.70～9.44mg/L（与地下河基本一致），务路电站左岸泉（14.83mg/L）明显偏高；地下河为 2.70～8.09mg/L（与泉水基本一致）。

5）总硬度：泉水为 224.70～459.71mg/L，地下河为 77.97～172.86mg/L，后者低于前者。

6）总碱度：泉水为 193.77～350.26mg/L，地下河为 67.56～151.14mg/L，后者低于前者。

7）总酸度：泉水一般为 3.07～10.74mg/L（与地下河基本一致），务路电站左岸泉（16.87mg/L）明显偏高；地下河为 3.07～9.20mg/L（与泉水基本一致）。

8）永久硬度：泉水一般为 12.06～30.93mg/L（略高于地下河），路梯浑水泉（0.45mg/L）、路梯清水泉（1.91mg/L）明显偏低，以切中寨泉（109.45mg/L）明显偏高；地下河为 10.41～21.72mg/L（略低于泉水）。

9）暂时硬度：泉水为 193.77～362.68mg/L，地下河为 67.56～151.14，后者低于前者。

7.4.3.4　水温度场

泉水的温度一般为 19.10～23.83℃，低于地下河，而下务路泉为 28.50℃，主要原因是流量小，受气温影响明显；与咪哩河河谷喀斯特水子系统泉水的温度 19.30～22.80℃相比，稼依河下游喀斯特水系统高 0～1℃；与大龙洞喀斯特水子系统泉水的温度 19.56～22.83℃相比，稼依河下游喀斯特水系统泉水的温度高 0～1℃；与"八大碗"喀斯特水子系统泉水的温度 22.00～23.39℃相比，稼依河下游喀斯特水系统泉水的温度低 1～2℃；与明湖—双宝喀斯特水子系统泉水的温度 20.38～22.17℃相比，稼依河下游喀斯特水系统泉水的温度高－1～1℃；与海尾—平坝喀斯特水子系统泉水的温度 20.25～21.12℃相比，稼依河下游喀斯特水系统泉水的温度高－1.5～1℃。

地下河的温度为 24.20～25.89℃，高于泉水的温度；与大龙洞喀斯特水子系统地下河的温度 18.32～20.33℃相比，稼依河下游喀斯特水系统地下河的温度高 5～6℃；与"八大碗"喀斯特水子系统地下河的温度 22.30～24.09℃相比，稼依河下游喀斯特水系统地下河的温度高 1～2℃；与明湖—双宝喀斯特水子系统地下河的温度 22.96℃相比，稼依河下游喀斯特水系统地下河的温度高 1～3℃；与海尾—平坝喀斯特水子系统地下河的温度 25.14℃相比，稼依河下游喀斯特水系统地下河的温度低 1～3℃。

总体来看，泉水的水温低，地下河的水温高，主要原因是地下河受地表水的影响较大，而泉水影响小。地下水属于浅部地下水循环的喀斯特裂隙水、管道、通道水，水温受大气降雨温度的影响较大。

7.4.3.5 水同位素场

对务路电站右岸泉水（S6）、路梯清水泉（S34）取水样进行同位素测试。①务路电站右岸泉水（S6）：氢同位素 $\delta D_{(V-SMOW)}$ 值为 $-77.0‰$，比雨水（$-62.8‰$）小；氧同位素 $\delta^{18}O_{(V-SMOW)}$ 值为 $-9.60‰$，比雨水（$-9.40‰$）小；②路梯清水泉（S34）：氢同位素 $\delta D_{(V-SMOW)}$ 值为 $-71.3‰$，比雨水（$-62.8‰$）小；氧同位素 $\delta^{18}O_{(V-SMOW)}$ 值为 $-9.95‰$，比雨水（$-9.40‰$）小。从图 7.4-6 可以看出，$\delta D-\delta^{18}O$ 的关系基本上构成一条直线，它表征着区内的地下水属大气降水成因；根据昆明气象站的相关数据资料显示，其降水 $\delta^{18}O$ 的多年平均值为 $-10.30‰$，区域降水 $\delta^{18}O$ 的高度效应为 $-0.24‰/100m$。务路电站右岸泉水（S6）$\delta^{18}O$ 的为 $-9.60‰$，结合文山实际，高度效应按 $-0.34‰/100m$ 计算，由此得出地下水的补给高程约为 1670.00m，高于稼依河河水位约 350m。路梯清水泉（S34）$\delta^{18}O$ 的为 $-9.95‰$，结合文山实际，高度效应按 $-0.34‰/100m$ 计算，由此得出地下水的补给高程约为 1780.00m，高于盘龙河河水位约 500m。

务路电站右岸泉水（S6）氚同位素（^3H）为 5.50TU，比雨水（9.97TU）小，表明地下水为现代大气降水与多年地下水的混合水，主要原因是 T_2g 石灰岩含水介质为喀斯特裂隙，地下水流速缓慢、径流时间长。氚同位素的半衰期为 12.5 年，径流过程中随时间增加地下水中的氚同位素产生了衰减，根据试验样品的同位素值，按照式（4.2-19）和式（4.2-20）进行计算，不考虑雨水补给，地下水的年龄约 10.7 年，实际年龄会更大。

路梯清水泉（S34）氚同位素（^3H）为 3.72TU，比雨水（9.97TU）小，表明地下水为现代大气降水与多年地下水的混合水，主要原因是 T_2g 石灰岩含水介质为喀斯特裂隙，地下水流速缓慢、径流距离长（6～8km）、径流时间长。氚同位素的半衰期为 12.5 年，径流过程中随时间增加地下水中的氚同位素产生了衰减，根据试验样品的同位素值，按照式（4.2-19）和式（4.2-20）进行计算，不考虑雨水补给，地下水的年龄约 17.8 年，而实际年龄会更大。

7.4.4 热水寨喀斯特水系统

7.4.4.1 结构场

热水寨喀斯特水系统（Ⅳ）位于咪哩河、盘龙河与马过河之间的三角形河间地块，其东部边界从下倮朵—汤坝—热水寨，以作为区域排泄基准面的盘龙河为界。西部边界位于荣华村—罗世鲊东部尖山—河尾子—石桥坡一线的地表分水岭，西部边界北段以 T_1y 顶部与 T_2g 底部的碎屑岩（泥岩、砂岩）夹层与东部的热水寨喀斯特水系统为界，边界条件稳定；西部边界南段由于 T_2g 石灰岩、白云岩地层及 f_9 断层由东向西延伸至咪哩河河谷喀斯特水子系统（I2），在荣华—罗世鲊地表分水岭以西的咪哩河右岸存在地下水低槽区，分析 2 个喀斯特水系统之间存在水力联系。南部边界位于荣华村—大铁山—马塘—热水寨一线，以 T_2f、T_3n 碎屑岩组成的地表分水岭与马过河流域为界，地表水与地下水分水岭一致，边界条件稳定。热水寨喀斯特水系统总面积为 $31km^2$，流域主要喀斯特含水层组为 T_2g 石灰岩、白云质灰岩、白云岩，喀斯特发育中等—强烈，地下水主要赋存在喀斯特裂隙、管道的双重介质中，地貌上围绕他德向斜（侵蚀丘陵）周边形成典型的喀斯特平原、喀斯特谷地或边缘喀斯特谷地（荣华—马塘镇）。热水寨喀斯特水系统出露泉点包括下倮朵对岸泉（S4）、热水寨冷水泉（S1、S2），地下水总流量约 55L/s。

7.4.4.2　水动力场

受地形和地质构造控制，地表水、雨季地下水主要围绕跑马塘背斜、他德向斜、麻栗树背斜及向斜、f_9 断层自西向东运移。地下水有多条主要运移途径，形成各自独立的水文系统。主要地表水系有五里桥沟溪、塘子寨沟。盘龙河左岸塘子寨—下倮朵，地表水、地下水沿 T_1y 与 T_2g 接触界面自南向北运移，具体运移途径从砒霜厂东→塘子寨沟→塘子寨水潭（落水洞）→下倮朵对岸，于 F_1 与 T_1y 与 T_2g 接触界面交会处出露地表。

为了研究咪哩河右岸荣华—罗世鲊喀斯特地下水与盘龙河的水力联系，进行了钻孔与泉水的连通试验工作，于 2015 年 7 月 4 日选择了 ZK2 孔投放石松粉 25kg，在盘龙河右岸的 S1、S2 进行监测。根据监测结果，于 2015 年 7 月 14—18 日在 S1、S2 接收到石松粉成分，见图 7.4-12 和图 7.4-13。石松粉示踪成果说明，ZK2 孔地下水与泉水 S1、S2 连通，泉水 S1、S2 属于同一个喀斯特管道水系统的 2 个出口。初步估算，从示踪剂投放到接受历时 10d，投放点到接收点直线距离约 6.2km，喀斯特地下水平均流速约为 620m/d。

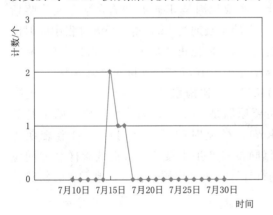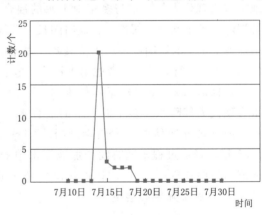

图 7.4-12　S1 监测点石松粉计数-时间过程线　　图 7.4-13　S2 监测点石松粉计数-时间过程线

河间地块（咪哩河右岸荣华—罗世鲊与盘龙河右岸）的石灰岩仅雨季（8 月至次年 1 月，有滞后现象）存在地下水分水岭，含水介质为双重介质（喀斯特裂隙、隐伏喀斯特洞及管道），雨季接受降雨补给，分水岭西侧地下水向咪哩河排泄［咪哩河河谷喀斯特水子系统（I2）］，分水岭东侧地下水向盘龙河排泄［热水寨喀斯特水系统（IV）］。枯季（2—7 月，有滞后现象）咪哩河与盘龙河之间无地下水分水岭，接受降雨及咪哩河河水补给，通过喀斯特裂隙及管道径流，向盘龙河排泄，咪哩河河谷喀斯特水子系统与热水寨喀斯特水系统（Ⅳ）的水力联系密切。因此，咪哩河库区右岸（荣华—罗世鲊）为补排交替型喀斯特水动力类型；盘龙河右岸、左岸均为补给型喀斯特水动力类型。

7.4.4.3 水化学场

喀斯特水化学特征受多种因素的影响，尤其与喀斯特作用关系密切，一般来说，地下水作用越强烈，水中的钙、镁、HCO_3^-、溶解性固体总量（TDS）和硬度等值越高；反之，地下水作用越弱，水中的钙、镁、HCO_3^-、溶解性固体总量（TDS）和硬度等值越低。进行了现场测试、阴离子与阳离子试验、微量元素试验、特殊项目与同位素试验，成果分别见表 7.4-2～表 7.4-5。

（1）现场测试。

1）pH：泉水为 7.33～7.40。

2）氧化还原电位（ORP）：泉水为 248～251mV。

3）氧分压（p_{O_2}）：泉水为 63.9%～66.7%。

4）电导率：泉水为 644.0～646.4μS/cm，温泉（S3）为 922μS/cm，温泉高于冷水泉。

5）碳酸氢根离子（HCO_3^-）浓度：泉水为 390.4～414.8mg/L，温泉为 427mg/L，温泉略高于冷水泉。

6）硝酸根离子（NO_3^-）浓度：泉水为 6.8～6.9mg/L。

7）铵离子（NH_4^+）浓度：泉水为 0.1mg/L。

8）叶绿素：泉水为 -0.19～-0.20μg/L，为负值。

9）蓝绿藻：泉水为 182～217μg/L。

（2）阳离子。

1）钾离子（K^+）浓度：泉水为 0.43～0.49mg/L，温泉（S3）为 1.26mg/L，后者高于前者。

2）钠离子（Na^+）浓度：泉水为 0.41～0.45mg/L，温泉为 3.11mg/L，后者高于前者。

3）钙离子（Ca^{2+}）浓度：泉水为 105.9～108.6mg/L，温泉为 95.3mg/L，后者略低于前者。

4）镁离子（Mg^{2+}）浓度：泉水为 20.45～21.31mg/L，温泉为 23.82mg/L，后者略高于前者，表明地下水径流区的地层岩性为白云岩。

5）阳离子总浓度：泉水为 127.19～130.85mg/L，温泉为 123.44mg/L，二者基本一致。

（3）阴离子。

1）氯离子（Cl^-）浓度：泉水为 0.15～1.66mg/L，温泉为 1.33mg/L，二者基本一致。

2）硫酸根离子（SO_4^{2-}）浓度：泉水为 7.20～7.23mg/L，温泉为 5.42mg/L，后者低于前者。

3）碳酸氢根离子（HCO_3^-）浓度：泉水为 394.25～398.58mg/L，温泉为 407.25mg/L，后者略高于前者。

4）硝酸根离子（NO_3^-）浓度：泉水一般为 22.87～23.33mg/L，温泉为 2.70mg/L，

后者低于前者。

5）阴离子总浓度：泉水为 426.44～428.97mg/L，温泉为 416.86mg/L，后者略低于前者。

泉水的水化学类型为重碳酸钙（Ca—HCO₃），溶解性固体总量（TDS）为 356.87～360.16mg/L。温泉的水化学类型为重碳酸钙（Ca—HCO₃），溶解性固体总量（TDS）为 336.67mg/L。

综上所述，T_2g 白云岩、石灰岩的地下水具有"三高"的特点：钙离子浓度高（95.30～108.6mg/L）、碳酸氢根离子浓度高（394.25～407.25mg/L）、溶解性固体总量（TDS）高（336.67～360.16mg/L），主要原因是 T_2g 白云岩含水介质为喀斯特裂隙，地下水流速缓慢、径流距离长（4～7km）、径流时间长；T_2g 石灰岩含水介质为喀斯特裂隙、洞、管道，喀斯特作用十分强烈，产生大量的钙离子、镁离子、碳酸氢根离子。

（4）微量元素。

1）铝（Al）浓度：泉水（冷水泉、温泉）小于 0.02mg/L。

2）铜（Cu）浓度：泉水（冷水泉、温泉）小于 0.001mg/L。

3）铅（Pb）浓度：泉水（冷水泉、温泉）小于 0.005mg/L。

4）锌（Zn）浓度：泉水（冷水泉、温泉）小于 0.002mg/L。

5）铬（Cr）浓度：泉水（冷水泉、温泉）小于 0.002mg/L。

6）镍（Ni）浓度：泉水（冷水泉、温泉）小于 0.002mg/L。

7）钴（Co）浓度：泉水（冷水泉、温泉）小于 0.002mg/L。

8）镉（Cd）浓度：泉水（冷水泉、温泉）小于 0.0006mg/L。

9）锰（Mn）浓度：泉水为 0.0030mg/L，温泉为 0.0022mg/L。

10）砷（As）浓度：泉水（冷水泉、温泉）小于 0.002mg/L。

11）汞（Hg）浓度：泉水为 0.0002mg/L，温泉为 0.0001mg/L。

12）硒（Se）浓度：泉水为 0.0002～0.0007mg/L，温泉为 0.0004mg/L。

（5）特殊项目。

1）二氧化硅（SiO₂）浓度：泉水为 6.18～6.76mg/L，温泉为 15.34mg/L，后者高于前者。

2）固形物浓度：泉水为 363.05～366.93mg/L，温泉为 352.02mg/L，后者略低于前者。

3）固定二氧化碳（CO₂）浓度：泉水为 142.25～143.81mg/L，温泉为 146.94mg/L，后者略高于前者。

4）游离二氧化碳（CO₂）浓度：泉水为 4.05～10.79mg/L，温泉为 4.05mg/L，后者低于前者。

5）总硬度：泉水为 348.66～358.97mg/L，温泉为 335.95mg/L，后者略低于前者。

6）总碱度：泉水为 323.59～327.14mg/L，温泉为 334.25mg/L，后者略高于前者。

7）总酸度：泉水为 4.61～12.27mg/L，温泉为 4.61mg/L，后者低于前者。

8）永久硬度：泉水一般为 21.52～35.38mg/L，温泉为 1.70mg/L，后者低于前者。

9）暂时硬度：泉水为 323.59～327.14mg/L，温泉为 334.25mg/L，后者略高于

前者。

根据咪哩河喀斯特水系统、德厚河喀斯特水系统、稼依河下游喀斯特水系统、热水寨喀斯特水系统的水化学成分中钙离子（Ca^{2+}）浓度的测试成果，结合雨水、非碳酸盐岩地下水中的钙离子（Ca^{2+}）浓度，划分喀斯特地下水与非碳酸盐岩区外源水的关系：①Ca^{2+}浓度小于30mg/L为非碳酸盐岩区的外源水；②30mg/L不大于Ca^{2+}浓度小于80mg/L为有外源地表水集中补给的喀斯特地下水或有喀斯特地下水补给的地表水；③Ca^{2+}浓度不小于80mg/L为喀斯特地下水。来源于三叠系（T_1y）泥质灰岩的喀斯特裂隙水（慢速流）与来源于石炭系及二叠系（C、P_1）石灰岩的喀斯特裂隙-管道地下水（快速流）的Ca^{2+}浓度差异明显。

根据咪哩河喀斯特水系统、德厚河喀斯特水系统、稼依河下游喀斯特水系统、热水寨喀斯特水系统的水化学成分中镁离子（Mg^{2+}）浓度的测试成果，划分出不同的碳酸盐岩类型：①Mg^{2+}浓度小于10mg/L为石灰岩，其中，Mg^{2+}浓度小于5mg/L为纯石灰岩，5mg/L≤Mg^{2+}浓度小于10mg/L为白云质灰岩；②Mg^{2+}浓度不小于10mg/L为白云岩，其中，10mg/L≤Mg^{2+}浓度小于15mg/L为灰质白云岩，Mg^{2+}浓度不小于15mg/L为纯白云岩。

7.4.4.4 水温度场

泉水的温度一般为20.64～20.72℃，低于温泉（S3）；与稼依河下游喀斯特水系统泉水的温度19.10～23.83℃相比，热水寨喀斯特水系统低－1.5～3.0℃；与咪哩河河谷喀斯特水子系统泉水的温度19.30～22.80℃相比，热水寨喀斯特水系统低－1.3～2℃；与大龙洞喀斯特水子系统泉水的温度19.56～22.83℃相比，热水寨喀斯特水系统泉水的温度低－1～2℃；与"八大碗"喀斯特水子系统泉水的温度22.00～23.39℃相比，热水寨喀斯特水系统泉水的温度低1.3～2.6℃；与明湖—双宝喀斯特水子系统泉水的温度20.38～22.17℃相比，热水寨喀斯特水系统泉水的温度低－0.3～1.5℃；与海尾—平坝喀斯特水子系统泉水的温度20.25～21.12℃相比，热水寨喀斯特水系统泉水的温度低－0.4～0.5℃。

温泉（S3）的温度为30.0℃，高于泉水（S1、S2）约9.4℃；按照地下水的地热增温一般规律2～3℃/100m计算，地下水的循环深度为310～470m；文麻断裂（F_1）为深大断裂，是形成地下水深部循环的主要原因，加上f_{10}张性断层切割，张性断层导水性强，沿f_{10}断层并沟通F_1断裂的深部地下水，从而形成温泉。

7.4.4.5 水同位素场

对盘龙河右岸泉水（S1）、左岸温泉（S3）取水样进行同位素测试。①盘龙河右岸泉水（S1）：氢同位素$\delta D_{(V-SMOW)}$值为－73.8‰，比雨水（－62.8‰）小；氧同位素$\delta^{18}O_{(V-SMOW)}$值为－9.10‰，比雨水（－9.40‰）大；②左岸温泉（S3）：氢同位素$\delta D_{(V-SMOW)}$值为－63.7‰，比雨水（－62.8‰）小；氧同位素$\delta^{18}O_{(V-SMOW)}$值为－9.86‰，比雨水（－9.40‰）小。从图4.2－34可以看出，$\delta D-\delta^{18}O$的关系基本上构成一条直线，它表征着区内的地下水属大气降水成因；根据昆明气象站的相关数据资料显示，其降水$\delta^{18}O$的多年平均值为－10.30‰，区域降水$\delta^{18}O$的高度效应为－0.24‰/100m。盘龙河右岸泉水（S1）$\delta^{18}O$的为－9.10‰，结合文山实际，高度效应按

231

－0.34‰/100m 计算，由此得出地下水的补给高程约为 1520.00m，高于盘龙河河水位约 220.00m。

盘龙河右岸泉水（S1）氚同位素（^{3}H）小于 2.00TU，比雨水（9.97TU）小，表明地下水为现代大气降水与多年地下水的混合水，主要原因是 T_2g 白云岩含水介质为喀斯特裂隙，地下水流速缓慢、径流距离长（4～6km）时间长；T_2g 石灰岩含水介质为喀斯特裂隙、洞及管道，喀斯特作用强烈，径流距离长（6～7km）；2 种含水介质的地下水混合形成泉水（S1、S2）。氚同位素的半衰期为 12.5 年，径流过程中随时间增加地下水中的氚同位素产生了衰减，根据试验样品的同位素值，按照式（4.2-19）、式（4.2-20）进行计算，不考虑雨水补给，地下水的年龄大于 29 年，实际年龄会更大。

盘龙河左岸温泉（S3）氚同位素（^{3}H）小于 2.00TU，比雨水（9.97TU）小，表明为深部（310～470m）地下水循环经 2 条断层导水而形成温泉，主要原因是 T_2g 白云岩含水介质为喀斯特裂隙，地下水流速缓慢、径流深度大、径流时间长。氚同位素的半衰期为 12.5 年，径流过程中随时间增加地下水中的氚同位素产生了衰减。根据试验样品的同位素值，按照式（4.2-19）、式（4.2-20）进行计算，不考虑雨水补给，地下水的年龄大于 29 年，实际年龄会更大。

第8章　德厚水库喀斯特渗漏分析

8.1 远低邻谷渗漏

德厚水库库区四周均有地形分水岭环绕，分水岭脊线位于务路大坡—红甸—银海凹子—卡西—老寨街—老尖坡—水头树大坡—田房—大汤坝一线，高程为1386.00～2700.00m，无地形缺口。

水库南部、西南约40km为南溪河支流那么果河（红河流域二级支流），属远低邻谷，分水岭宽厚，有砂泥岩、玄武岩、花岗岩等相对隔水层分布，分水岭两侧均有泉水分布，存在地下水分水岭，其高程远高于水库正常蓄水位（1377.50m），库水不会向那么果河渗漏。

水库西北、北部、东北约为南盘江（珠江流域），也属远低邻谷，分水岭宽厚，有砂泥岩等相对隔水层分布，分水岭两侧均有泉水分布，存在地下水分水岭，其高程远高于水库正常蓄水位（1377.50m），库水不会向南盘江渗漏。

水库东部约80km为南利河（红河流域），也属远低邻谷，分水岭宽厚，有砂泥岩等相对隔水层分布，存在地下水分水岭，其高程远高于水库正常蓄水位（1377.50m），库水不会向南利河渗漏。

综上所述，水库蓄水后，库水不会向远低邻谷（珠江水系南盘江、红河水系的支流南利河及那么果河）方向渗漏。

8.2 近低邻谷渗漏

（1）地形条件。水库东北部为稼依河，水库下游、咪哩河库区东部为德厚河及盘龙河，咪哩河库尾南部为马过河，稼依河、德厚河、盘龙河、马过河均为盘龙河流域，均是水库的近低邻谷。德厚河-稼依河河间地块宽4～7km，地表分水岭高程在1380.00～2700.00m之间，该段稼依河河床高程在1302.00～1377.50m之间。咪哩河—盘龙河河间地块宽2～6.5km，地表分水岭高程在1380.00～1450.00m之间，该段盘龙河（含德厚河）河床高程在1295.00～1310.00m之间。咪哩河—马过河河间地块平均宽度2.5km，地表分水岭高程在1540.00～1660.00m之间，该段马过河河床高程在1330.00～1377.50m之间。水库正常库水位与低邻谷河水位的水位差达0～82.5m，因此，水库蓄水后，库水存在越过河间地块向这三条近低邻谷（河流）渗漏的地形条件。

（2）岩性条件。库区德厚河左岸平坝寨—小六寨T_2g石灰岩及白云岩、T_1y泥质灰岩条带呈近南北向穿越流域地表分水岭至稼依河上游段，该灰岩条带地表平均出露宽度约2km（砂岩区下部地层存在灰岩的可能），岩层走向近南北，倾向东，倾角为60°～70°；往西，平坝寨—差黑海大面积T_2g石灰岩及白云岩穿越流域地表分水岭至稼依河；从地层岩性角度分析，两者成为水库区德厚河左岸向稼依河渗漏的可能途径。咪哩河库区右岸石桥坡—河尾子—黑末—罗世鲊—荣华—小红舍的T_2g石灰岩及白云岩、T_1y泥质灰岩，从咪哩河库区穿越流域地表分水岭至盘龙河低邻谷，成为咪哩河右岸库区向盘龙河渗漏的岩性条件。咪哩河库尾小红舍—荣华—罗世鲊T_2g石灰岩及白云岩，从咪哩河库区穿越流域地表分水岭至马过河低邻谷，也成为咪哩河右岸库尾向马过河渗漏的可能途径。因此，水库蓄水后，库水存在越过河间地块向这三条近低邻谷（河流）渗漏的岩性条件。

（3）水文地质条件。库周的相对隔水层为 $P_2\beta$、P_2l、T_1f、T_2f、T_3n 等岩组，由东、南、北三面对整个库盆形成不完全封闭状态，形成部分的可利用的阻水天然屏障。其中 $P_2\beta$、P_2l、T_1f 玄武岩、砂页岩地层斜贯咪哩河–盘龙河之河间地块，3套地层走向与近库段咪哩河道小角度相交，平均有效宽度大于300m，未遭受较大断裂穿插破坏，出露高程均在1400.00m以上，部分阻断了咪哩河库水与下游河段（盘龙河）的水力联系。下游盘龙河高程约1300.00m附近大面积出露粉砂岩、泥岩，控制了喀斯特的发育深度。两河交汇后的德厚河和盘龙河是咪哩河—盘龙河河间地块的排泄基准面，从而控制了咪哩河—盘龙河河间地块喀斯特的形成与发育。坝址左岸文麻断裂（F_1）及北东盘的 T_2f、T_3n 砂页岩斜穿德厚河与稼依河的河间地块，部分阻断了左岸库水与稼依河、德厚河的地下水力联系；再向北，T_2f、T_3n 隔水层随褶皱展布，部分阻断了库水与东部稼依河的地下水力联系。从库区两岸出露泉点及地层岩性、地质构造等分析，水库区河段（德厚河、咪哩河）多属补给型喀斯特水动力类型，部分河段属补排交替型喀斯特水动力类型（咪哩河右岸荣华—罗世鲊石灰岩及白云岩）、排泄型喀斯特水动力类型（近坝右岸辉绿岩与玄武岩之间的石灰岩），河间地块喀斯特水文地质条件十分复杂。

近坝左岸岩性为 C_3、P_1 石灰岩，地下水位远低于正常蓄水位，为补给型喀斯特水动力类型。近坝右岸岩性为 P_1 石灰岩，河床与辉绿岩之间石灰岩地下水位远低于正常蓄水位，多为补给型喀斯特水动力类型；辉绿岩与玄武岩之间石灰岩地下水位远低于正常蓄水位，为排泄型喀斯特水动力类型。咪哩河库区岩性为 T_2g 石灰岩及白云岩，地下水位低于正常蓄水位，为补排交替型喀斯特水动力类型。因此，水库蓄水后，库水存在越过河间地块向近低邻谷（河流）渗漏的水文地质条件。

（4）喀斯特条件。近坝左岸岩性为 C_3、P_1 石灰岩，喀斯特发育强烈，形态为喀斯特裂隙、洞及管道、通道；近坝右岸岩性为 P_1 石灰岩，喀斯特发育强烈，形态为喀斯特裂隙、洞及管道；咪哩河库区岩性为 T_2g 石灰岩及白云岩，喀斯特发育中等—强烈，形态为喀斯特裂隙、洞及管道、通道；因此，水库蓄水后，库水存在越过河间地块向近低邻谷（河流）渗漏的喀斯特条件。

综上所述，德厚水库可疑渗漏地段分为：德厚河左岸与稼依河右岸河间地块、咪哩河右岸与盘龙河（德厚河）右岸河间地块、咪哩河右岸—马过河左岸河间地块、近坝库岸及坝基段（近坝左岸、近坝右岸）4段，本书重点从渗漏段的地层岩性特征、地质构造特征、水文地质特征、喀斯特发育特征4个方面入手，分析和研究水库蓄水后库水的渗漏问题。

8.3 德厚河—稼依河河间地块渗漏

德厚河左岸与稼依河右岸河间地块的地表分水岭脊线位于务路大坡—红甸—银海凹子—卡西—老寨街—老尖坡—水头树大坡—田房—大汤坝一线，高程为 1380.00～

2700.00m，稼依河高程 1302.00～1377.50m 的河道长约 13km，低于正常蓄水位 0～75.50m。根据河间地块地层岩性特征、地质构造特征、水文地质特征及喀斯特发育特征将德厚河左岸库区分为 A1、B1、C1 共 3 段进行喀斯特水库渗漏研究。

8.3.1 A1 段渗漏研究

A1 段位于德厚河库尾平坝寨—八家寨—母鲁白（BZK11）一线，本段沿地形分水岭位置的长度约 4.2km，地表分水岭高程为 1520.00～1560.00m，河间地块宽厚，平均宽度超过 6km；德厚河河床高程在 1340.00～1377.50m 之间，稼依河灰岩段河床高程为 1335.00～1357.50m，低于水库正常蓄水位 20～42.5m；稼依河砂页岩段河床高程为 1357.50～1377.50m。

（1）地层岩性特征。德厚河左岸为 C_3 石灰岩、T_2g 石灰岩及白云岩；稼依河右岸为 T_2g 石灰岩及白云岩，T_2f 粉砂岩、页岩；库区 C_3 石灰岩与 T_2g 石灰岩及白云岩相连，且 T_2g 石灰岩及白云岩穿越地表分水岭至稼依河右岸，稼依河右岸岸坡多为 T_2f 粉砂岩、页岩，该层出露高程最高高于水库正常蓄水位（1377.50m），见图 8.3-1。

（2）地质构造特征。地表分水岭地段发育多级规模不等的褶皱，规模相对较大的是发育于母鲁白一带的母鲁白背斜，其核部为 T_2g 石灰岩及白云岩，两翼为 T_2f 砂页岩地层。文麻断裂（F_1）距离水库正常蓄水位线 170～750m 位置，未穿越分水岭，与库岸近于平行，走向南东，倾向南西，倾角 70°左右，断层破碎带宽 80～300m。破碎带成分主要为碎裂岩、断层角砾岩、糜棱岩、断层泥，碎裂岩的块径一般 1～6cm，断层角砾岩及碎裂岩的母岩为青灰色、灰黑色灰岩，不同位置断裂带物质组成有部分差异，断层性质为压扭性。其中糜棱岩、断层泥透水性较小，有隔水作用；碎裂岩、断层角砾岩有一定的喀斯特作用，透水性中等—强。

（3）水文地质特征。据激电测深的测试成果，德厚河为地表分水岭西侧石灰岩及白云岩地下水的最低排泄面，稼依河为地表分水岭东侧石灰岩及白云岩地下水的最低排泄面。BZK11 位于母鲁白新寨后山，2012 年 10 月 31 日（钻孔结束半月后）测得灰岩的最高水位为 1423.52m；2013 年地下水位总体呈下降趋势，最高水位约 1408.00m（2013 年1 月），最低水位 1385.00m（2013 年 8 月），年变幅大，约为 23m；2014 年最高水位约1416.00m（2014 年 11 月），最低水位约 1384.88m（2014 年 6 月），年变幅大，约为31m；2015 年 1—7 月地下水位呈下降趋势，最高水位约 1408.00m（2015 年 1 月），最低水位约 1391.50m（2015 年 7 月），变幅较大，约为 16.5m。据此分析，T_2g 石灰岩及白云岩地下水存在地下水分水岭，位置与地表分水岭基本一致，地下水最低高程为1384.88m，高于正常蓄水位（1377.50m），且 T_2f 粉砂岩、页岩阻隔了灰岩地下水与稼依河河水的水力联系，见图 8.3-2。A1 段属于补给型喀斯特水动力类型，地下分水岭西侧石灰岩及白云岩的地下水向德厚河排泄，东侧石灰岩及白云岩地下水向稼依河排泄。

（4）喀斯特发育特征。近库岸 C_3 石灰岩喀斯特发育强烈，形态为规模不等的喀斯特沟、喀斯特槽、石牙、石林、喀斯特洼地、落水洞、喀斯特裂隙、喀斯特洞或管道、通道等。地表面喀斯特率 15%～20%，较大规模的垂向喀斯特管道（落水洞）跨越文麻断裂发育于断层南西盘，并以喀斯特通道（地下河）与德厚河相连。T_2g 石灰岩及白云岩喀斯特发育中等—强烈，地表面喀斯特率 12%～18%，牛腊冲一带发育有落水洞、喀斯特洞及管道、通道（地下河），据 BZK11 资料统计，钻孔线喀斯特率在 4%～10% 区间，钻孔单位进尺遇洞率小，主要喀斯特形态为喀斯特裂隙、喀斯特洞。

虽然库内石灰岩及白云岩穿越地表分水岭延伸至稼依河右岸，但因存在高于水库正常蓄水位的地下水分水岭，且稼依河右岸多为砂页岩，阻隔了石灰岩及白云岩地下水与稼依河河水的水力联系，水库蓄水后，库水不会沿 A1 段石灰岩及白云岩向稼依河方向渗漏。

8.3.2 B1 段渗漏研究

B1 段位于 BZK11—BZK14—ZK40—BZK10 区段，北接 A1 段，沿地表分水岭长约 1.58km，地表分水岭高程为 1460.00～1520.00m，河间地平均宽度为 5～6km；德厚河河床高程大致在 1330.00～1340.00m 之间，稼依河河床高程为 1325.00～1335.00m，低于正常蓄水位 42.50～52.50m。

(1) 地层岩性特征。德厚河左岸为 C_3 石灰岩、T_2g 石灰岩及白云岩；地表分水岭地带多为 T_2f 粉砂岩、页岩；稼依河右岸为 T_2g 石灰岩及白云岩；T_2f 粉砂岩、页岩可视为相对隔水层，隔断了地表分水岭两侧 T_2g 石灰岩及白云岩，见图 8.3-3。

(2) 地质构造特征。地质构造复杂，Ⅰ、Ⅲ级断裂构造穿插（F_1、f_3、f_5、f_7）、小规模褶皱（母鲁白向斜）发育，文麻断裂（F_1）断层北东盘为个旧组（T_2g）石灰岩及白云岩，南西盘为上石炭系（C_3）石灰岩，断层走向南东，倾向南西，断层面陡倾，倾角为 60°～80°。文麻断裂在本段库岸地表出露宽度最窄处仅 75m，最宽处约为 110m，为库岸 F_1 断层出露最薄区段，断层带真厚度 64～95m。地表探槽揭露断层物质为断层角砾岩（母岩为灰岩）、断层泥（灰黄、灰褐色黏土）、糜棱岩等，断层性质为压扭性。其中糜棱岩、断层泥透水性较小，有隔水作用；断层角砾岩有一定的喀斯特作用，透水性中等—强。

(3) 水文地质特征。具有地层岩性组合多样、地质构造复杂的特点，造成了河间地块水文地质条件极为复杂，BZK11—BZK14—ZK40 段，存在 2 层地下水，上层为法郎组（T_2f）砂页岩地下水，水位高程在 1445.00～1459.00m 区间，地下分水岭与地表分水岭重合。下层为 T_2g 石灰岩及白云岩地下水，2013 年 BZK14 钻孔地下水位（T_2g）呈下降趋势，最高水位为 1476.00m（2013 年 7 月），最低水位为 1466.00m（2013 年 12 月），年变幅约 10m；2014 年 BZK14 钻孔最高水位 1463.00m（2014 年 1 月），最低水位为 1457.00m（2014 年 8 月），年变幅小，约 6m；2015 年 1—7 月地下水位呈下降趋势，BZK14 钻孔最高水位 1459.00m（2015 年 1 月），最低水位为 1457.00m（2015 年 7 月），年变仅 2m。因此，T_2g 石灰岩及白云岩地下水高（最低为 1457.00m），存在地下分水岭，并大致与地表分水岭重合，BZK14 钻孔水位观测见图 8.3-4。

ZK40—BZK10 钻孔之间为砂页岩（T_2f），阻隔了库内石灰岩及白云岩（德厚河方向）与库外石灰岩及白云岩（稼依河方向）的地下水水力联系，见图 8.3-3，沿砂页岩存在地下水分水岭，ZK40—BZK10 钻孔之间地下水分水岭沿砂页岩展布，与地表分水岭（位于东部的 T_2g 石灰岩及白云岩中）不一致；BZK10 孔地下水位为 1445.00m，其高程远高于正常蓄水位。

经过近 3 年的长期观测，ZK40 孔有 2 层地下水位，砂页岩地下水位约为 1459.00m，远高于正常蓄水位；地表分水岭西侧 T_2g 石灰岩及白云岩地下水位约 1348.00m 左右（高于德厚河河面约 8m）。而其南侧与之相距不足 400m 的 BZK10 钻孔，孔深 250m，全孔均在法郎组（T_2f）砂页岩中，钻孔稳定水位在 1445.00m 左右。

地表分水岭的东侧的 BZK13 钻孔（T_2g 灰岩地下水）2013 年最高水位为 1376.00m（2013 年 8 月），最低水位为 1374.50m（2013 年 2 月），年变幅仅 1.5m；2014 年最高水位为 1378.00m（2014 年 8 月），最低水位为 1373.00m（2014 年 11 月），年变幅仅 5m；2015 年 1—7 月最高水位为 1376.00m（2015 年 1 月），最低水位为 1375.00m（2014 年 7 月），变幅仅 1m；见图 8.3 - 5。

ZK40 孔所在的砂页岩层位稳定，厚度大，阻隔了地下分水岭两侧石灰岩及白云岩（德厚河左岸与稼依河右岸）地下水的水力联系，见图 8.3 - 3。BZK10 孔深约 250m，全孔均在法郎组（T_2f）砂页岩中，孔底高程为 1211.00m，低于坝址河床高程 110.00m，阻隔了分水岭两侧石灰岩及白云岩地下水的水力联系。因此，B1 段石灰岩及白云岩地下水属补给型喀斯特水动力类型，地下分水岭西侧石灰岩及白云岩地下水向德厚河排泄，东侧石灰岩及白云岩地下水向稼依河排泄，且两侧石灰岩及白云岩地下水无水力联系。

（4）喀斯特发育特征。文麻断裂南西盘 C_3 石灰岩喀斯特发育强烈，形态为规模不等的喀斯特沟、喀斯特槽、石牙、石林、喀斯特洼地、落水洞、喀斯特裂隙、喀斯特洞或管道、通道（地下河）等，地表面喀斯特率为 15%～20%，有较大规模的垂向喀斯特管道（落水洞）跨越文麻断裂发育于断层南西盘，并以水平喀斯特通道（地下河）与德厚河相连。据现有资料统计，T_2g 石灰岩及白云岩喀斯特发育为中等—强烈，钻孔线喀斯特率约为 9%，钻孔单位进尺遇洞率小，主要喀斯特形态为喀斯特裂隙、喀斯特洞。

库内石灰岩及白云岩与稼依河右岸石灰岩及白云岩之间为砂页岩，且 BZK10 孔均为砂页岩，孔底高程为 1211.00m，低于坝址河床高程约 110.00m，砂页岩宽厚、深埋，阻隔了地下分水岭两侧石灰岩及白云岩地下水的水力联系，水库蓄水后，库水不会沿 B1 段石灰岩及白云岩向稼依河方向渗漏。

8.3.3　C1 段渗漏研究

C1 段位于 BZK10—ZK37—ZK38 区段，北接 B1 段，本段直线长约 0.9km，地表分水岭高程为 1380.00～1460.00m，河间地平均宽度为 4～5km；德厚河河床高程大致在 1325.00～1330.00m 之间，稼依河河床高程为 1302.00～1325.00m，低于正常蓄水位 52.5～75.5m。

（1）地层岩性特征。德厚河左岸与文麻断裂之间为石炭系（$C_{1～3}$）石灰岩；文麻断裂与地表分水岭之间为出露 T_2f 粉砂岩、页岩及 T_3n 砂岩、含砾砂岩夹粉砂岩、细砂岩，稼依河右岸多为 T_2g 石灰岩及白云岩；经钻孔 BZK10 揭露（孔底高程 1211.00m），砂页岩深厚，低于坝址区德厚河河床约 110m，砂页岩从地表分水岭延伸至稼依河（1302～

1310m 河段）两岸，为连续性好的相对隔水层，隔断了地表分水岭两侧石灰岩及白云岩的联系，见图 8.3-6。

（2）地质构造特征。发育一小规模向斜（上倮朵向斜）构造，核部及两翼都为砂岩、页岩地层；文麻断裂（F_1）走向为南东，倾向南西，倾角为 60°～80°，地表最大出露宽度可超过 200m，断层带真厚度在 170m 左右，经平洞揭露，断裂带物质以断层泥夹碎裂岩及断层角砾岩为代表，断层性质为压扭性。其中糜棱岩、断层泥、断层角砾岩（下盘附近母岩多为粉砂岩）透水性较小，有隔水作用；碎裂岩、断层角砾岩（上盘附近母岩多为灰岩）有一定的喀斯特作用，透水性中等—强。

（3）水文地质特征。ZK37 为砂页岩，2010 年钻孔水位（砂页岩地下水）最高为 1397.00m（2010 年 10 月），最低水位为 1396.50m（2010 年 8 月），年变幅仅 0.5m；2011 年钻孔水位最高为 1396.70m（2011 年 7 月），最低水位为 1396.40m（2011 年 10 月），年变幅仅 0.3m；2012 年钻孔最高为 1398.00m（2012 年 9 月），最低水位为 1396.00m（2012 年 6 月），年变幅约 2.0m；2013 年钻孔最高为 1399.10m（2013 年 10 月），最低水位为 1397.00m（2013 年 3 月），年变幅约 2.1m；2014 年钻孔最高为 1399.80m（2014 年 8 月），最低水位为 1398.00m（2014 年 1 月），年变幅约 1.8m。ZK37 钻孔最低水位为 1396.40m，水位年变幅小，高于水库正常蓄水位，见图 8.3-7。

ZK38 位于文麻断裂（F_1）带上，断层物质多为断层角砾岩，母岩成分多为粉砂岩，2010 年钻孔水位（断层带地下水）最高为 1388.60m（2010 年 10 月），最低水位为 1387.50m（2010 年 8 月），年变幅仅 1.1m；2011 年钻孔水位最高为 1388.70m（2011 年 7 月），最低水位为 1388.10m（2011 年 5 月），年变幅仅 0.6m；2012 年钻孔最高为 1389.20m（2012 年 9 月），最低水位为 1384.90m（2012 年 2 月），年变幅约 4.3m；2013 年钻孔最高为 1388.20m（2013 年 10 月），最低水位为 1387.60m（2013 年 5 月），年变幅仅 0.6m；2014 年钻孔最高为 1389.80m（2014 年 12 月），最低水位为 1387.20m（2014 年 6 月），年变幅约 2.6m。ZK38 钻孔最低水位为 1384.90m，水位年变幅小，高于水库正常蓄水位，见图 8.3-8。

3 个钻孔（BZK10、ZK37、ZK38）终孔稳定最低水位分别为 1445.00m、1396.40m、1384.90m，均高于拟建水库正常蓄水位（1377.50m），砂页岩及断层带阻隔了分水岭两侧石灰岩及白云岩地下水的水力联系，见图 8.3-6。因此，C1 段石灰岩及白云岩地下水属补给型喀斯特水动力类型，地下分水岭西侧石灰岩地下水向德厚河排泄，东侧石灰岩及白云岩地下水向稼依河排泄，且两侧石灰岩地下水无水力联系。

库内石灰岩与稼依河右岸石灰岩及白云岩之间为砂页岩，且 BZK10 孔均为砂页岩，孔底高程为 1211.00m，低于坝址河床高程约 110.00m，砂页岩及断层带宽厚、深埋，阻隔了地下分水岭两侧石灰岩及白云岩地下水的水力联系，砂页岩及断层带最低地下水位为 1384.90～1445.00m，高于正常蓄水位，水库蓄水后，库水不会沿 C1 段石灰岩向稼依河方向渗漏。

综上所述，根据地层岩性特征、地质构造特征、水文地质特征、喀斯特发育特征等进行分析和研究，水库蓄水后，库水不会沿德厚河左岸石灰岩及白云岩向稼依河方向石灰岩及白云岩渗漏。

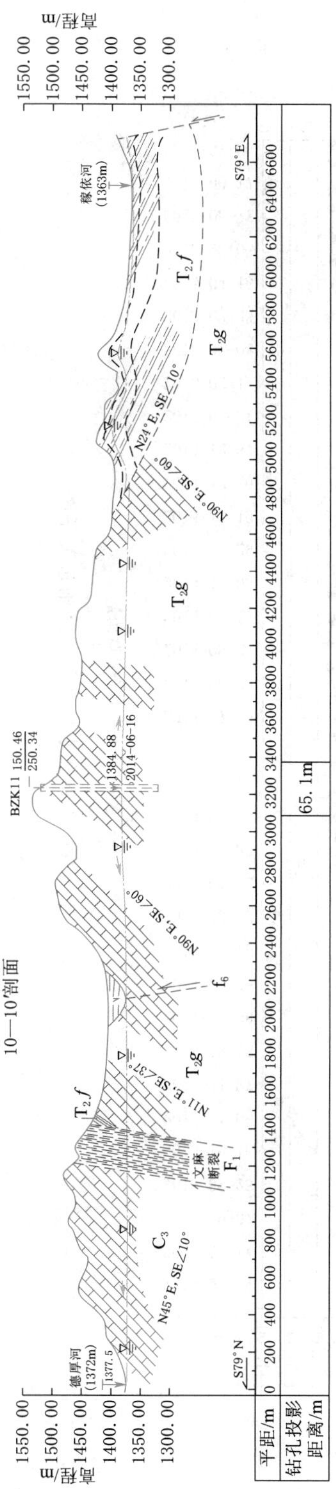

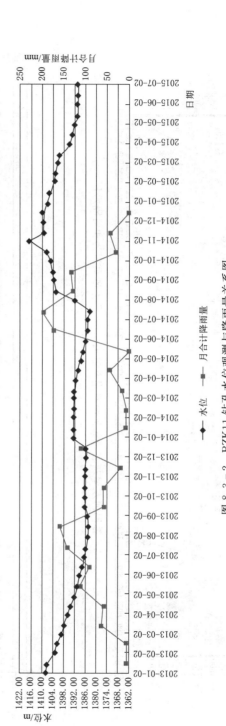

图 8.3-1 德厚河—稼依河地质剖面图

图 8.3-2 BZK11 钻孔水位观测与降雨量关系图

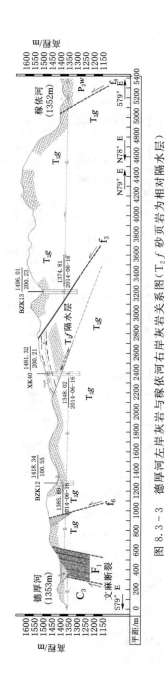

图 8.3 - 3 德厚河左岸灰岩与稼依河右岸灰岩关系图（T_2f 砂页岩为相对隔水层）

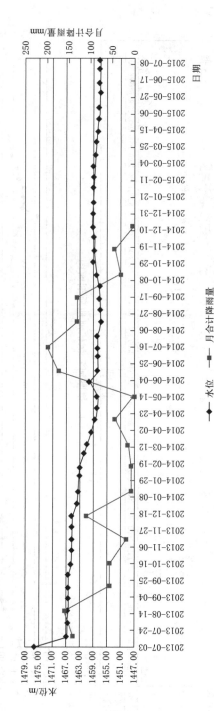

图 8.3 - 4 BZK14 钻孔水位观测与降雨量关系图

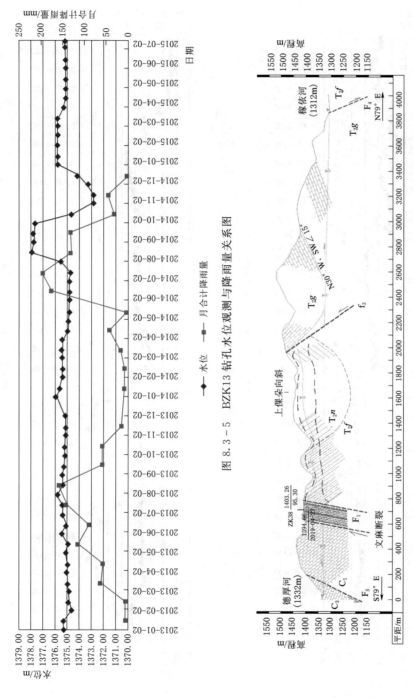

图 8.3-5 BZK13 钻孔水位观测与降雨量关系图

图 8.3-6 德厚河左岸灰岩与稼依河右岸灰岩关系图（T_2f、T_3n 砂页岩为相对隔水层）

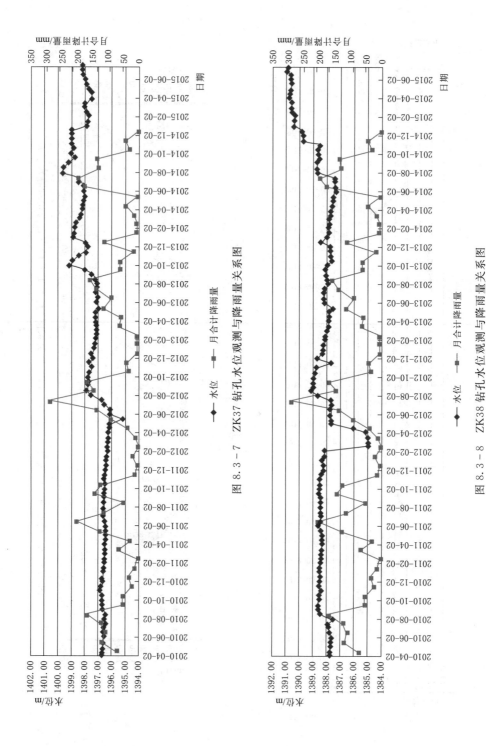

图 8.3－7　ZK37 钻孔水位观测与降雨量关系图

图 8.3－8　ZK38 钻孔水位观测与降雨量关系图

8.4　咪哩河—盘龙河河间地块渗漏

咪哩河右岸与盘龙河（德厚河）右岸河间地块宽为 2～6.5km，分水岭脊线起于近坝右岸库区渗漏段南端，沿播烈后山—石桥坡—精山—罗世鲊后山，至南部的砂泥岩区，高程为 1380.00～1510.00m，走向与咪哩河的走向基本一致，呈近南北向展布；盘龙河高程为 1295.00～1314.60m，低于正常蓄水位 67.50～82.50m，根据河间地块地层岩性特征、地质构造特征、水文地质特征、喀斯特发育特征将咪哩河库区分为 A2、B2、C2、D2、E2、F2 共 6 段进行喀斯特水库渗漏研究。

8.4.1　A2 段渗漏研究

A2 段以近坝右岸渗漏段南端为起点，至播烈南侧石桥坡一线，南部接 B2 段北端（T_1y^1 泥质灰岩），长约 1.5km，地表分水岭高程 1380.00～1480.00m，河间地块宽为 2～3.5km；咪哩河河床高程为 1340.00～1345.00m，德厚河河床高程为 1310.00～1314.60m，低于正常蓄水位 62.90～67.50m，咪哩河河床高于德厚河河床 25～35m。

（1）地层岩性特征。出露地层为 $P_2\beta$ 玄武岩及 T_1f 页岩夹细砂岩，局部为 P_2l 泥岩夹砂岩、煤层，地层按真倾角折算出的有效厚度超过 150m，从咪哩河左岸向北北东方向至咪哩河右岸，并穿越地表分水岭至德厚河两岸，玄武岩及砂页岩可视为相对隔水层。该层南东为 T_1y^1 薄—中厚层状泥质灰岩夹泥灰岩、灰岩，北西为 P_1 石灰岩，见图 8.4-1。

（2）地质构造特征。岩层呈单斜状产出，玄武岩流面总体倾向东、倾角 10°～36°，页岩倾向东及南东、倾角 30°～65°。区域性断裂 F_2 斜贯咪哩河及水库下游德厚河段，走向北东，倾向南东，倾角 50°～80°，断层带宽度超过 12m，由断层泥、糜棱岩、碎裂岩等组成，据 BZKY1 钻孔资料，断层带深部（埋深 135～185m）透水率为 0.7～2.3Lu，透水性微弱，可视为相对隔水层，属压扭性逆断层。

（3）水文地质特征。玄武岩区 ZK34 孔水位 1366.40m，低于正常蓄水位约 11.00m，正常蓄水位（1377.50m）以下岩体透水率（q）多小于 1Lu。页岩夹砂岩区 ZK10 钻孔 2011 年最高水位为 1355.00m（2011 年 2 月），最低水位为 1351.00m（2011 年 12 月），年变幅约 4m；2012 年最高水位为 1363.00m（2012 年 2 月），最低水位为 1350.00m（2012 年 5 月），年变幅较大，约 13m；2013 年最高水位为 1359.00m（2013 年 12 月），最低水位为 1350.00m（2013 年 5 月），年变幅较大，约 9m；2014 年最高水位为 1380.00m（2014 年 9 月），最低水位为 1368.00m（2014 年 5 月），年变幅较大，约 12m。ZK10 钻孔最低水位为 1350.00～1368.00m，低于正常蓄水位 9.50～27.50m，水位年变幅较大，见图 8.4-2；ZK10 钻孔正常蓄水位（1377.50m）以下岩体透水率（q）小于 1.5Lu。

虽然钻孔水位低于正常蓄水位 9.50～27.50m，但高程 1377.50m 以下岩体透水率（q）小于 1.5Lu，玄武岩及页岩可视为相对隔水层。水库蓄水后，A2 段为非碳酸盐岩库区，从库内延伸至库外，阻隔了库水与分水岭南东侧泥质灰岩（T_1y）地下水的水力联系，库水不会沿 A2 段的玄武岩及砂页岩向坝址下游的德厚河方向渗漏。

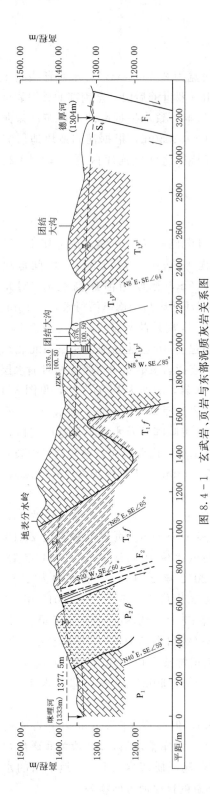

图 8.4 - 1　玄武岩、页岩与东部泥质灰岩关系图

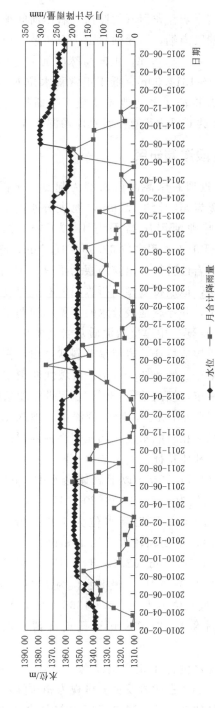

图 8.4 - 2　ZK10 钻孔水位观测与降雨量关系图

8.4.2 B2 段渗漏研究

B2 段位于播烈村南石桥坡一带（原砒霜厂），北部接 A2 段南端（砂页岩相对隔水层），南部接 C2 段北端（T_1y^2 砂页岩相对隔水层）。长约 0.621km，地表分水岭高程为 1400.00～1450.00m，河间地块宽为 3.9～4.4km，咪哩河河床高程为 1345.00～1347.00m，德厚河河床高程为 1302.00～1310.00m，低于正常蓄水位 67.50～75.50m，咪哩河河床高于德厚河河床 35～45m。

（1）地层岩性特征。库岸（咪哩河右岸）出露 T_1y^1 薄—中厚层状泥质灰岩夹泥灰岩、灰岩，呈北东向穿越地表分水岭至德厚河右岸；靠河床为 T_1f 页岩夹细砂岩。以 T_1y^2 砂页岩为南部边界，砂页岩厚为 30～80m，可视为相对隔水层。

（2）地质构造特征。受岩性控制及多期构造运动影响，小规模断层及褶皱较为发育，岩层产状凌乱，但岩层总体倾向东及南东，基本属单斜构造，T_1y^2 砂页岩盖于 T_1y^1 泥质灰岩之上。

（3）水文地质条件特征。BZK24 位于咪哩河与德厚河地表分水岭的咪哩河一侧，2014 年钻孔水位（T_1y^1 泥质灰岩地下水）最高为 1383.00m（2014 年 9 月），最低水位为 1359.00m（2014 年 5 月），年变幅大，约 24m，见图 8.4-3。

BZK25 位于咪哩河与德厚河的地表分水岭，2014 年钻孔水位（T_1y^1 泥质灰岩地下水）最高为 1405.00m（2014 年 9 月），最低为 1382.50m（2014 年 5 月），年变幅大，约 22.5m；2015 年 1—7 月钻孔水位最高为 1398.00m（2015 年 1 月），最低为 1392.00m（2015 年 6 月），变幅约 6m；上述最低水位为 1382.50～1392.00m，高于水库正常蓄水位（1377.50m）5～14.5m，高于咪哩河河床（高程 1345.00～1347.00m）、德厚河河床（高程 1302.00～1310.00m），见图 8.4-4。河间地块（咪哩河与德厚河）存在地下水分水岭，与地表分水岭基本一致，地下水位高于正常蓄水位，属补给型喀斯特水动力类型。地下分水岭西侧泥质灰岩地下水经喀斯特裂隙径流以泉点（S40）或散状流的形式向咪哩河排泄，地下水水力比降为 3.56%～5.80%；东侧泥质灰岩地下水经喀斯特裂隙径流以泉点（S4）或散状流的形式向德厚河排泄，地下水水力比降为 3.49%～4.89%。

（4）喀斯特发育特征。T_1y^1 泥质灰岩喀斯特弱—中等发育，地表难见喀斯特地貌，地表面喀斯特率不超过 6%；据 BZK24、BZK25 钻孔资料统计泥质灰岩线喀斯特率一般不超过 2%，喀斯特形态以喀斯特裂隙为主，钻孔单位进尺遇洞率也极低。

虽然库内泥质灰岩延伸至德厚河右岸，但因存在高于水库正常蓄水位的地下水分水岭，水库蓄水后，库水不会沿 B2 段泥质灰岩向德厚河方向渗漏。

8.4.3 C2 段渗漏研究

C2 段是指砒霜厂至河尾子村一线，北接 B2 段南端，南接 D2 段北端，长约 0.498km，地表分水岭高程为 1390.00～1430.00m，河间地块宽为 4.4～5.0km，咪哩河河床高程为 1347.00～1350.00m，盘龙河河床高程为 1301.00～1302.00m，低于正常蓄水位（1377.50m）75.50～76.50m，咪哩河河床高于盘龙河河床 45～49m。

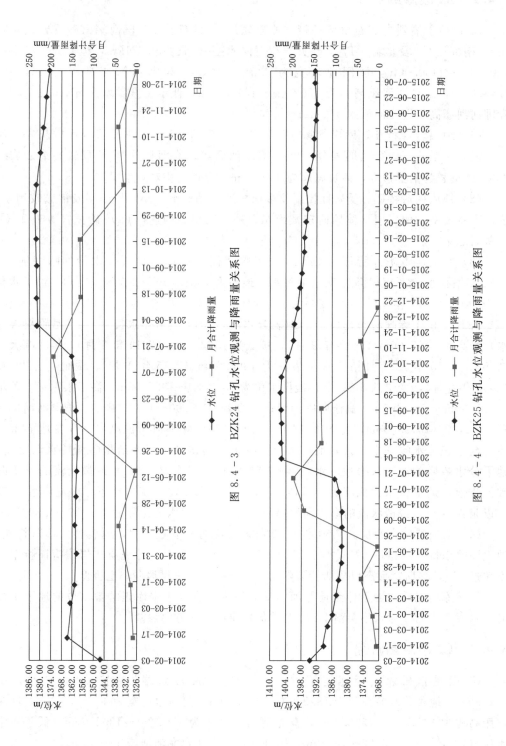

图 8.4 - 3　BZK24 钻孔水位观测与降雨量关系图

图 8.4 - 4　BZK25 钻孔水位观测与降雨量关系图

（1）地层岩性特征。库岸（咪哩河右岸）出露 T_1y^2 砂页岩夹泥质灰岩，层厚 30～200m；T_1f 页岩夹砂岩；局部为砂页岩从咪哩河库区延伸至地表分水岭。分水岭以东的河间地块地层为 T_2g 灰岩、白云岩及 T_1y^3 薄—中厚层状泥质灰岩夹泥灰岩、灰岩，与 T_1f 砂页岩呈断层（f_8）接触。

（2）地质构造特征。受多期构造运动影响，小规模断层及褶皱较为发育，但岩层总体倾向东及南东，f_8 断层斜贯本区段，走向北西—北北西，倾向南西—南南西，倾角 70°～80°，断层平面错距达 650m，破碎带宽度约 10m，断层物质为泥质胶结的角砾岩，断层带透水性微弱，属压扭性逆断层。

（3）水文地质特征。ZK8 钻孔位于咪哩河与德厚河地表分水岭附近，2010 年最高水位（T_1f 页岩夹砂岩地下水）为 1399.00m（2010 年 8 月），最低水位为 1360.00m（2014 年 5 月），年变幅很大，约 39m；2011 年最高水位为 1401.00m（2011 年 8 月），最低水位为 1362.00m（2011 年 12 月），年变幅很大，约 39m；2012 年最高水位为 1400.00m（2012 年 11 月），最低水位为 1362.00m（2012 年 2 月），年变幅很大，约 38m；2013 年最高水位为 1400.00m（2013 年 7 月），最低水位为 1338.00m（2013 年 11 月），年变幅很大，约 62m；2014 年最高水位为 1402.00m（2014 年 10 月），最低水位为 1333.00m（2014 年 5 月），年变幅极大，约 69m。上述最低水位为 1333.00～1362.00m，相差很大，低于正常蓄水位 15.50～44.50m；最高水位为 1399.00～1402.00m，高于正常蓄水位 20.00m 以上，与降雨关系非常明显，年变幅为 38～69m，高于正常蓄水位；见图 8.4－5。高程 1377.50m 以下岩体透水率小于 5Lu，钻孔仅一段（5m）为 10.7Lu，砂页岩可视为相对隔水层。

ZK9 钻孔位于咪哩河与德厚河地表分水岭以西，低于地表分水岭约 20m；2011 年最高水位（T_1y^2 砂页岩夹泥质灰岩地下水）为 1363.00m（2011 年 8 月），最低水位为 1351.00m（2011 年 3 月），年变幅较大，约 12m；2012 年最高水位为 1385.00m（2012 年 1 月），最低水位为 1355.00m（2012 年 10 月），年变幅很大，约 30m；2013 年最高水位为 1367.00m（2013 年 12 月），最低水位为 1359.00m（2013 年 4 月），年变幅小，约 8m；2014 年最高水位为 1378.00m（2014 年 8 月），最低水位为 1352.00m（2014 年 6 月），年变幅大，约 26m。上述最低水位为 1351.00～1359.00m，相差不大；最高水位为 1363.00～1385.00m，相差较大；见图 8.4－6。

BZK23 孔位于咪哩河与盘龙河的地表分水岭附近，2014 年最高水位（T_1y^3 泥质灰岩地下水）为 1400.00m（2014 年 9 月），最低水位为 1374.00m（2014 年 6 月），年变幅大，约 26m；2015 年 1—7 月最高水位为 1391.00m（2015 年 1 月），最低水位为 1386.00m（2015 年 6 月），变幅小，约 5m。上述最低水位约 1374.00m，低于正常蓄水位约 3.5m，高于咪哩河河床（高程 1347.00～1350.00m）；最高水位为 1391.00～1400.00m，相差不大，高于正常蓄水位 13.5～23.5m；见图 8.4－7。

东部 T_1y^3 泥质灰岩地下水属补给型喀斯特水动力类型，地下水经喀斯特裂隙以散状流的形式向盘龙河排泄，地下水水力比降为 3.49%～4.89%，见图 8.4－8。T_1f 裂隙水以泉（S37、S38）向咪哩河方向排泄。盘龙河右岸 T_2g 石灰岩及白云岩地下水（库区碎屑岩地下水的水力联系弱），属补给型喀斯特水动力类型，经喀斯特裂隙以散状流的形式向盘龙河排泄，地下水水力比降为 2.65%～3.50%，见图 8.4－8。

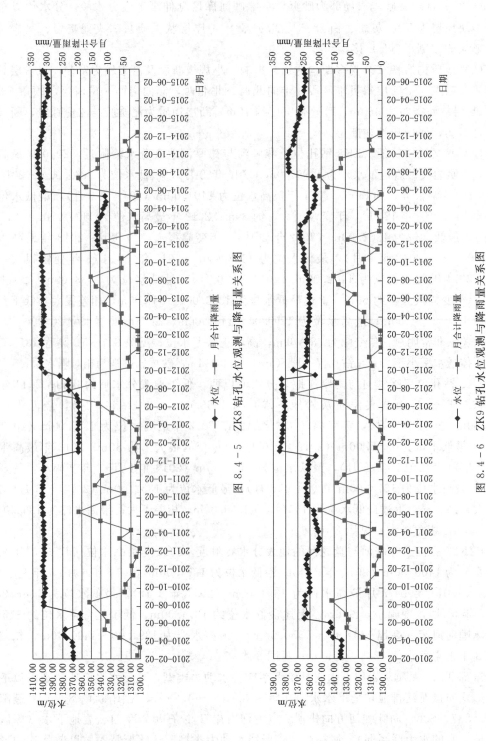

图 8.4 - 5 ZK8 钻孔水位观测与降雨量关系图

图 8.4 - 6 ZK9 钻孔水位观测与降雨量关系图

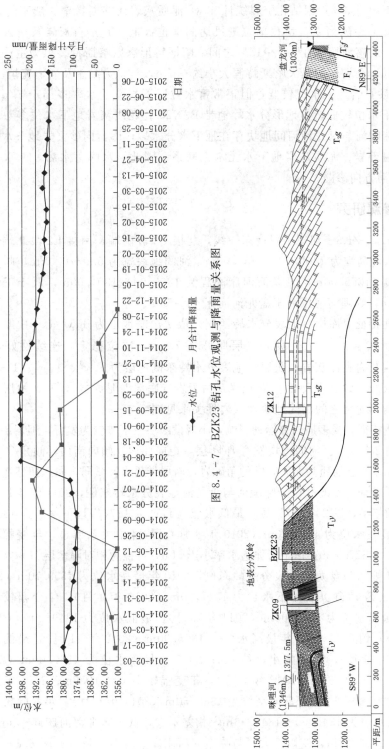

图 8.4-7 BZK23 钻孔水位观测与降雨量关系图

图 8.4-8 库内砂页岩（T_1y^2）地下水与库外石灰岩（T_2g）、泥质灰岩（T_1y^3）地下水关系图

（4）喀斯特发育特征。T_1y^3 泥质灰岩喀斯特弱—中等发育，地表难见喀斯特地貌，地表面喀斯特率不超过 6％；据钻孔资料统计 T_1y^3 泥质灰岩线喀斯特率一般不超过 2％，喀斯特形态以喀斯特裂隙为主，钻孔单位进尺遇洞率也极低。T_2g 石灰岩及白云岩喀斯特中等—强发育，线喀斯特率在 8％～13％之间，喀斯特形态以喀斯特裂隙为主；钻孔单位进尺遇洞率较低，已发现的最大喀斯特洞大小约 0.7m，且多为黏土及岩屑充填。

虽然 ZK8 孔砂页岩地下水位较低，但正常蓄水位以下岩体透水率多小于 5Lu；虽然 ZK9 孔砂页岩地下水位较低，但地形分水岭地带 BZK23 孔泥质灰岩地下水位多数时期高于正常蓄水位，咪哩河与盘龙河河间地块存在地下水分水岭，库盆内砂页岩地下水与盘龙河右岸石灰岩、白云岩、泥质灰岩地下水无水力联系；因此，水库蓄水后，库水不会沿 C2 段页岩向盘龙河方向渗漏。

8.4.4　D2 段渗漏研究

D2 段位于 ZK7—ZK6—河尾子村南东一线，北接 C2 段南端，南接 E2 段北端，长约 1.2km，地表分水岭高程为 1400.00～1450.00m，河间地块宽为 5.0～6.0km，咪哩河河床高程为 1350.00～1355.00m，盘龙河河床高程为 1300.00～1301.00m，低于正常蓄水位 76.50～77.50m，咪哩河河床高于盘龙河河床 49～55m。

（1）地层岩性特征。库岸（地表分水岭西侧）依次出露地层为 T_1y^1 薄—中厚层状泥质灰岩夹泥灰岩、灰岩；T_1y^2 砂页岩（层厚 25～70m），层位稳定，连续性好；T_1y^3 薄—中厚层状泥质灰岩夹泥灰岩、灰岩。地表分水岭东侧地层为 T_1y^1、T_1y^2、T_1y^3 泥质灰岩夹泥灰岩、灰岩、砂页岩及 T_2g 石灰岩及白云岩（底部夹泥页岩），T_2g 地层延伸至盘龙河；咪哩河与盘龙河之间河间地块地层岩性关系见图 8.4-9。

（2）地质构造特征。受多期构造运动影响，小规模断层及褶皱较为发育，但岩层总体倾向南及南东，倾角 20°～40°。河间地块发育 f_8 断层，走向北西，倾向南西，倾角 70°～80°，破碎带宽度约 10m，断层物质为泥质胶结的角砾岩，断层带透水性微弱，属压扭性逆断层。

（3）水文地质特征。ZK6 孔位于咪哩河与盘龙河地表分水岭东侧，2011 年 4 月后被破坏，观测时间约两年半，以 2010 年为例，最低水位（T_1y^3 泥质灰岩地下水）为 1360.30m（2010 年 4 月）；最高水位为 1370.20m（2010 年 8 月），与降雨关系明显，年变幅小，约 10m；正常蓄水位（1377.50m）以下岩体透水率小于 5Lu，可视为相对隔水层。

ZK7 孔位于咪哩河与盘龙河地表分水岭东侧，2010 年最高水位为 1359.70m（2010 年 8 月），最低水位（T_1y^2 砂页岩地下水）为 1347.90m（2010 年 4 月），年变幅较小，约 11.8m；2011 年最高水位为 1357.00m（2011 年 3 月），最低水位为 1349.00m（2011 年 11 月），年变幅小，约 8m；2012 年最高水位为 1355.00m（2012 年 11 月），最低水位为 1347.00m（2012 年 5 月），年变幅小，约 8m；2013 年最高水位为 1360.00m（2013 年 12 月），最低水位为 1349.50m（2013 年 5 月），年变幅较小，约 10.5m；2014 年最高水位为 1360.00m（2014 年 2 月），最低水位为 1345.50m（2014 年 6 月），年变幅较小，约 14.5m。上述最低水位为 1345.50～1349.50m，相差不大，低于咪哩河河床 0～5m；最高水位为 1355.00～1360.00m，变幅不大，与咪哩河河床高程基本一致；见图 8.4-10。正常蓄水位（1377.50m）以下岩体透水率小于 5Lu，砂页岩可视为相对隔水层。

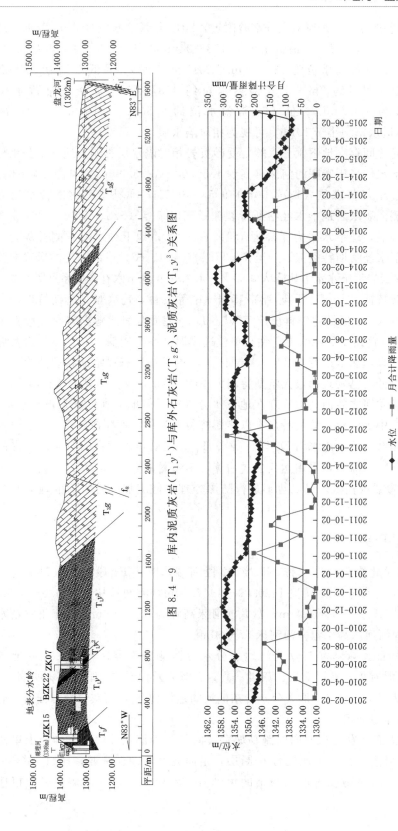

图 8.4-9 库内泥质灰岩（T_1y^1）与库外石灰岩（T_2g）、泥质灰岩（T_1y^3）关系图

图 8.4-10 ZK7 钻孔水位观测与降雨量关系图

BZK22 孔位于咪哩河与盘龙河地表分水岭附近，2014 年最高水位（T_1y^2 砂页岩地下水）为 1368.00m（2014 年 8 月），最低水位为 1336.94m（2014 年 3 月），年变幅很大，约 31m；2015 年 1—7 月最高水位为 1358.00m（2015 年 1 月），最低水位为 1351.00m（2015 年 5 月），变幅小，约 7m。上述最低水位约 1337.00m，低于正常蓄水位约 40.50m；最高水位为 1368.00m，低于正常蓄水位约 9.50m；见图 8.4 - 11。高程 1370.00m 以下岩体透水率均小于 10Lu，可视为相对隔水层。

咪哩河与盘龙河之间存在地下水分水岭，受砂页岩相对隔水层影响，地下水分水岭向东偏移，分水岭地下水位高于咪哩河河床（高程 1350.00~1355.00m），见图 8.4 - 9；但地下分水岭高程低于正常蓄水位（1377.50m）9.5~40.5m，属补给型喀斯特水动力类型。地下分水岭西侧泥质灰岩地下水经喀斯特裂隙径流以泉点（S25、S26、S11）或散状流的形式向咪哩河排泄，地下水水力比降为 1.4%~3.4%；地下分水岭东侧石灰岩、白云岩、泥质灰岩地下水经喀斯特裂隙、管道径流以泉点（S1、S2）或散状流的形式向盘龙河排泄，石灰岩及白云岩地下水水力比降为 0.77%~1.25%；地下水补排关系见图 8.4 - 9。

（4）喀斯特发育特征。T_1y^1、T_1y^3 喀斯特弱—中等发育，地表难见喀斯特地貌，地表面喀斯特率不超过 8%，据钻孔资料统计 T_1y^1、T_1y^3 泥质灰岩线喀斯特率一般在不超过 3%，喀斯特形态以喀斯特裂隙为主，钻孔单位进尺遇洞率也较低。T_2g 石灰岩及白云岩喀斯特中等—强发育，线喀斯特率 8%~13% 区间，喀斯特形态以喀斯特裂隙为主；钻孔单位进尺遇洞率较低，已发现的最大喀斯特洞大小约 0.7m，且多为黏土及岩屑充填。

虽然咪哩河与盘龙河之间河间地块存在地下水分水岭，但地下水位低于正常蓄水位，泥质灰岩喀斯特弱—中等发育，喀斯特形态以喀斯特裂隙为主，不存在贯穿地下水分水岭的喀斯特管道，水库蓄水后，库水沿 D2 段 T_1y^1、T_1y^3 泥质灰岩存在向盘龙河方向的渗漏，渗漏形式为喀斯特裂隙型，采用达西公式估算，年渗漏量为 15.6 万 m^3，占多年平均来水量的 0.09%，渗漏量轻微。建议暂不进行防渗处理，但应加强蓄水后的地下水长期监测。

8.4.5　E2 段渗漏研究

E2 段位于黑末村北东跑马塘一带，北接 D2 段南端，南接 F2 段北端（黑末村东冲沟），长约 0.63km，地表分水岭高程 1420.00~1467.00m，河间地块宽为 6.0~6.5km，咪哩河河床高程为 1355.00~1360.00m，盘龙河河床高程为 1300.00m，低于正常蓄水位 77.5~82.5m，咪哩河河床高于盘龙河河床 55~60m。

（1）地层岩性特征。咪哩河与盘龙河地表分水岭西侧（库盆区）依次出露地层为 T_1y^3 薄—中厚层状泥质灰岩夹泥灰岩、灰岩；T_2g 石灰岩及白云岩（底部夹泥页岩），正常蓄水位以下库岸为 T_1y^3 地层。地表分水岭东侧河间地块为 T_2g 石灰岩及白云岩（底部夹泥页岩），并延伸至盘龙河。

（2）地质构造特征。发育东西向的跑马塘宽缓向斜，轴部从咪哩河延伸至十里桥道班以北，交于 f_8 断层上；河间地块发育 f_8 断层，走向北西，倾向南西，倾角 70°~80°，破碎带宽度约 10m，断层物质为泥质胶结的角砾岩，断层带透水性微弱，属压扭性逆断层。

（3）水文地质特征。咪哩河右岸于黑末村附近发育喀斯特泉 S8，泉水出露高程为 1359.00m，泉流量为 10～40L/s，在 2010—2012 年三年大旱期间枯季断流。

ZK05 孔位于咪哩河与盘龙河地表分水岭附近靠东侧，跑马塘向斜的南翼，为 T_2g 石灰岩及白云岩、T_1y^3 泥质灰岩地下水；2010 年最高水位为 1386.00m（2010 年 12 月），最低水位为 1369.50m（2010 年 6 月），年变幅较小，约 16.5m；2011 年最高水位为 1387.00m（2011 年 7 月），最低水位为 1380.50m（2011 年 12 月），年变幅小，约 6.5m；2012 年最高水位为 1389.50m（2012 年 10 月），最低水位为 1379.5m（2012 年 5 月），年变幅小，约 10m；2013 年最高水位为 1385.50m（2013 年 12 月），最低水位为 1379.50m（2013 年 8 月），年变幅较小，约 6m；2014 年最高水位为 1394.50m（2014 年 9 月），最低水位为 1375.50m（2014 年 6 月），年变幅较小，约 19m。上述最低水位为 1369.50～1380.50m，相差约 11m，低于正常蓄水位（1377.50m）0～8m，5 年观测仅 2 年的最低水位低于正常蓄水位，高于咪哩河河床（高程 1355.00～1360.00m）；最高水位为 1386.00～1394.50m，相差约 8.5m，高于正常蓄水位 8.5～17m，见图 8.4-12。

咪哩河与盘龙河之间存在地下水分水岭，与地表分水岭基本一致，多高于正常蓄水位（1337.50m），属补给型喀斯特水动力类型。地下分水岭西侧石灰岩及白云岩、泥质灰岩地下水经喀斯特裂隙径流以泉点（S8）或散状流的形式向咪哩河排泄，地下水水力比降 0.7%～1.35%；地下分水岭东侧石灰岩及白云岩地下水经喀斯特裂隙、管道径流以泉点（S1、S2）或散状流的形式向盘龙河排泄，地下水水力比降 1.28%～1.66%。

（4）喀斯特发育特征。据钻孔资料统计 T_1y^3 泥质灰岩喀斯特弱—中等发育，线喀斯特率一般在 1%～3% 之间，喀斯特形态以喀斯特裂隙为主；T_2g 石灰岩及白云岩喀斯特中等—强发育，线喀斯特率在 8%～13% 之间，喀斯特形态以喀斯特裂隙为主；钻孔单位进尺遇洞率较低，已发现的最大喀斯特洞大小约 0.7m，且多为黏土及岩屑充填。

咪哩河与盘龙河之间河间地块存在地下水分水岭，地下水位多高于正常蓄水位，正常情况下枯季地下水位高于正常蓄水位 0～2.5m，干旱的枯季地下水位低于正常蓄水位 0～8m，水库蓄水后，沿 E2 段泥质灰岩不存在向盘龙河方向渗漏。

8.4.6 F2 段渗漏研究

F2 段位于黑末村东分水岭至罗世鲊村南山坡，以下称为咪哩河库区段，北接 E2 段南端，南部至祭天坡向斜北翼（T_2f 砂泥岩），长约 3.06km，地表分水岭高程 1400.00～1510.00m，河间地块宽为 6.0～6.5km，咪哩河河床高程为 1360.00～1377.50m，盘龙河河床高程为 1295.00～1300.00m，低于正常蓄水位 77.5～82.5m，咪哩河河床高于盘龙河河床 75～82.5m。

（1）地层岩性特征。库岸及河间地块（盘龙河右岸）出露地层均为 T_2g 石灰岩及白云岩（底部夹泥页岩）；北部跑马塘背斜出露 T_1y^3 薄—中厚层状泥质灰岩夹泥灰岩、灰岩及 T_1y^2 砂页岩，见图 8.4-13；南端出露 T_2f 薄—中厚层状砂泥岩，可视为相对隔水层。

255

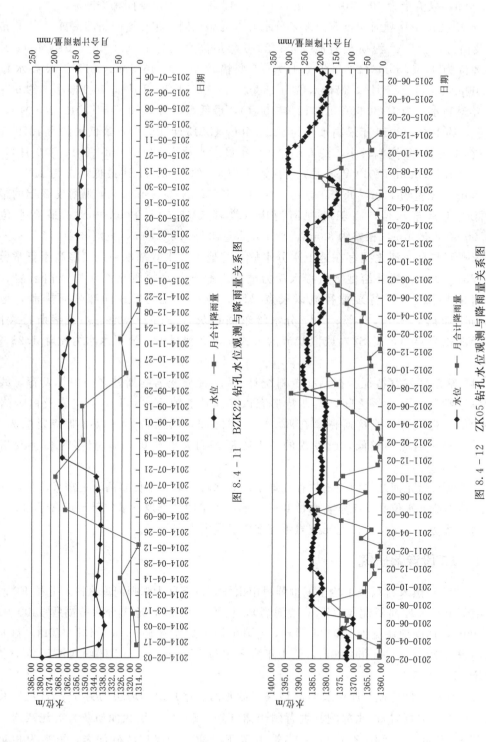

图 8.4-11　BZK22 钻孔水位观测与降雨量关系图

图 8.4-12　ZK05 钻孔水位观测与降雨量关系图

（2）地质构造特征。发育有跑马塘背斜、他德向斜、麻栗树背斜及向斜、f_9 断层，走向均为近东西向，基本贯通本段河间地块，构造控制了该段岩层产状、节理发育程度、延伸方向、组合形式等，岩层总体倾向南、南东，倾角 $30°\sim50°$，控制地下水的径流方向，也控制喀斯特发育。构造带岩石破碎（BZK21 钻孔揭露），节理发育也为地下水赋存运移提供了空间通道，从而促使喀斯特发育。f_9 断层从咪哩河库区向东穿越地表分水岭交于 f_8 断层，f_9 断层走向东西，倾向北，倾角 $70°\sim80°$，破碎带宽度约 10m，断层物质为碎裂岩、断层角砾岩，属张扭性断层。

（3）水文地质特征。

1）地表分水岭地下水。

a. 泉水。经地表地质测绘，本段咪哩河右岸无泉水点出露，主要与咪哩河右岸荣华—罗世鲊 T_2g 石灰岩、白云岩的特殊喀斯特地下水动力类型有关。

b. BZK21 钻孔。位于咪哩河与盘龙河地形分水岭位置，为 T_1y^3 泥质灰岩及 T_1y^2 砂页岩地下水；2014 年最高水位为 1385.00m（2014 年 8 月），最低水位为 1353.04m（2014 年 6 月），年变幅很大，约 32m；2015 年 1—7 月最高水位为 1375.00m（2015 年 1 月），最低水位为 1370.00m（2015 年 5 月），年变幅小，约 5m。上述最低水位为 1353.04m，低于正常蓄水位（1377.50m）约 24.46m，低于咪哩河河床（高程 1360.00m）约 7m；最高水位为 1385.00m，高于正常蓄水位（1377.50m）约 7.5m，高于咪哩河河床约 25m，见图 8.4-14。

雨季地下水位高于正常蓄水位，枯季地下水位低于正常蓄水位。

c. JZK16 钻孔。位于 BZK21 孔东侧，相距约 320m，为 T_1y^3 泥质灰岩地下水，地下水位为 1356.63m（2014 年 6 月），而 BZK21 孔地下水位为 1353.04m，分析地下分水岭在跑马塘背斜附近向东偏移至与 T_2g 地层分界线，地下水位高程高于 1360.00m（咪哩河河床高程）；T_1y^3 泥质灰岩地下水与 T_2g 白云岩地下水的水力联系弱。

d. BZK19 钻孔。位于咪哩河与盘龙河地表分水岭，为 T_2g 石灰岩地下水；2014 年最高水位为 1405.00m（2014 年 9 月），最低水位为 1365.64m（2014 年 6 月），年变幅很大，约 40m；2015 年 1—7 月最高水位为 1398.00m（2015 年 1 月），最低水位为 1392.00m（2015 年 6 月），年变幅小，约 6m。上述最低水位为 1365.64m，低于正常蓄水位（1377.50m）约 11.86m；最高水位为 1405.00m，高于正常蓄水位（1377.50m）约 27.5m；见图 8.4-15。

e. BZK20 钻孔。位于咪哩河与盘龙河地表分水岭，为 T_2g 白云岩、白云质灰岩地下水；2014 年最高水位为 1430.00m（2014 年 10 月），最低水位为 1368.67m（2014 年 5 月），年变幅极大，约 61.33m；2015 年 1—7 月最高水位为 1420.00m（2015 年 1 月），最低水位为 1415.00m（2015 年 6 月），年变幅小，约 5m。上述最低水位为 1368.67m，低于正常蓄水位（1377.50m）约 8.83m；最高水位为 1430.00m，高于正常蓄水位（1377.50m）约 52.5m，见图 8.4-16。

f. BZK29 钻孔。位于咪哩河与盘龙河地表分水岭，为 T_2g 石灰岩地下水；2014 年最高水位为 1400.00m（2014 年 10 月），最低水位为 1370.66m（2014 年 5 月），年变幅很大，约 31.33m；2015 年 1—7 月最高水位为 1389.50m（2015 年 1 月），最低水位为 1384.00m（2015 年 6 月），年变幅小，约 5.5m。上述最低水位为 1370.66m，低于正常蓄水位（1377.50m）约 6.84m；最高水位为 1400.00m，高于正常蓄水位（1377.50m）约 22.5m，见图 8.4-17。

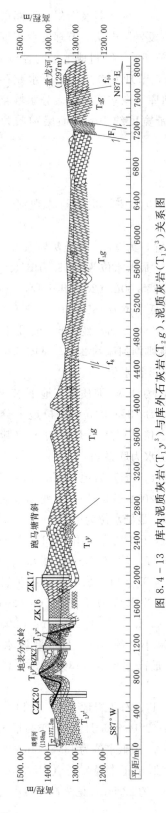

图 8.4－13　库内泥质灰岩（T_1y^3）与库外石灰岩（T_2g）、泥质灰岩（T_1y^3）关系图

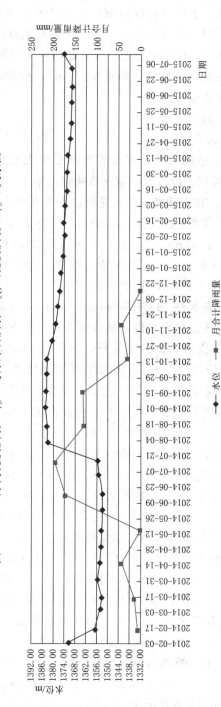

图 8.4－14　BZK21 钻孔水位观测与降雨量关系图

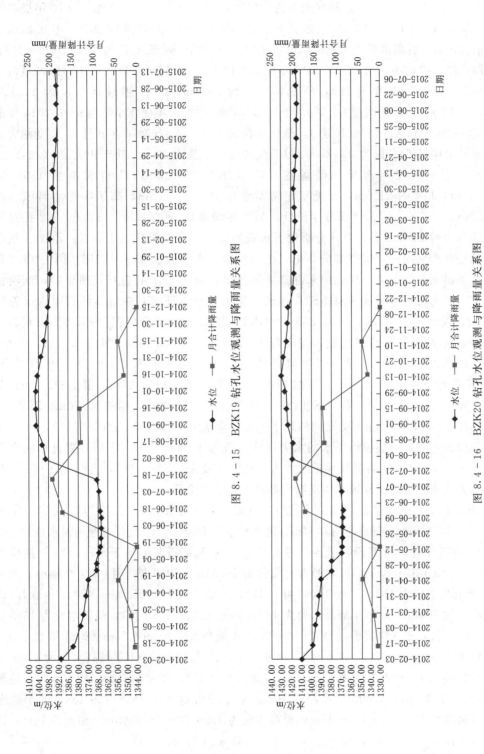

图 8.4-15 BZK19 钻孔水位观测与降雨量关系图

图 8.4-16 BZK20 钻孔水位观测与降雨量关系图

2) 库岸边地下水位。

a. ZK2 钻孔。位于罗世鲊村南东的库岸边，为 T_2g 石灰岩地下水；2010 年最高水位为 1358.00m（2010 年 12 月），最低水位为 1348.50m（2010 年 4 月），年变幅小，约 9.5m；2011 年最高水位为 1359.50m（2011 年 6 月），最低水位为 1343.50m（2011 年 12 月），年变幅较小，约 16m；2012 年最高水位为 1365.50m（2012 年 10 月），最低水位为 1342.00m（2012 年 6 月），年变幅大，约 23.5m；2013 年最高水位为 1365.00m（2013 年 12 月），最低水位为 1356.00m（2013 年 8 月），年变幅小，约 9m；2014 年最高水位为 1379.50m（2014 年 10 月），最低水位为 1350.00m（2014 年 6 月），年变幅大，约 29.5m。上述最低水位为 1342.00～1356.00m，相差约 14m，低于正常蓄水位 21.5～35.5m，低于咪哩河河床（高程约 1365.00m）9～23m；最高水位为 1358.00～1379.50m，相差约 21.5m，多低于正常蓄水位 12.5～19.5m，高于咪哩河河床（高程 1365.00m）—7～14.5m（部分年份低，另外年份高）；见图 8.4 - 18。与 ZK2 孔对应的为地表分水岭 BZK29 孔，对比分析地下水观测资料，前者明显低于后者；ZK2 孔枯季地下水低于咪哩河河床，雨季部分年份（干旱）地下水也低于咪哩河河床。因为 ZK2 孔地下水向下游无排泄通道，只能向东部盘龙河排泄；通过 ZK2 孔进行连通试验，证明钻孔地下水与盘龙河右岸泉水（S1、S2）连通，施工期间也证实存在喀斯特管道水（隐伏管道 GD2，设计里程 MGK1＋901.336～MGK1＋909.336）。GD2 管道的岩性为石灰岩，管道发育方向主要受 f_9 断层控制，洞高程为 1328.07～1334.50m，洞高 6.43m，无充填，地下水位高程 1331.50m，低于咪哩河河水位约 33.5m，见图 8.4 - 19。从图中可以看出，KⅡ167 孔地下水位 1331.50m，左侧 KⅡ147 孔地下水位 1363.27m，相差 31.77m，距离 40m，水力比降 79.43%；右侧 KⅡ183 孔地下水位 1365.20m，相差 33.70m，距离 32m，水力比降 105.31%；KⅡ167 孔两侧地下水力比降很大（79.43%～105.31%），而 T_2g 石灰岩、白云岩喀斯特裂隙地下水的水力比降一般为 10%～20%，喀斯特管道水的水力比降一般为 2%～10%，喀斯特通道水的水力比降一般为 0.5%～2%，表明 KⅡ167 孔两侧地下水为喀斯特管道或通道、喀斯特裂隙的双重含水介质。

ZK2 孔附近也发育隐伏喀斯特管道（GD2 的分支管道），岩性为石灰岩，高程为 1353.00～1358.54m，管道高约 5.54m，地下水水位 1358.00m，低于咪哩河河水位约 7m。

b. ZK3 钻孔。位于 ZK2 孔南部的库岸边，为 T_2g 石灰岩地下水；2010 年最高水位为 1360.00m（2010 年 12 月），最低水位为 1351.00m（2010 年 7 月），年变幅小，约 9m；2011 年最高水位为 1364.50m（2011 年 7 月），最低水位为 1355.00m（2011 年 5 月），年变幅小，约 9.5m；2012 年最高水位为 1371.00m（2012 年 10 月），最低水位为 1358.50m（2012 年 5 月），年变幅较小，约 12.5m；2013 年最高水位为 1366.50m（2013 年 12 月），最低水位为 1361.00m（2013 年 8 月），年变幅小，约 5.5m；2014 年最高水位为 1369.00m（2014 年 10 月），最低水位为 1351.00m（2014 年 7 月），年变幅较小，约 18m。上述最低水位为 1351.00～1361.00m，相差约 10m，低于正常蓄水位 16.5～26.5m，低于咪哩河河床（高程约 1368.00m）7～17m；最高水位为 1360.00～1371.00m，相差约 11m，低于正常蓄水位 6.5～17.5m，高于咪哩河河床（高程约 1368.00m）—8～3m（部分年份低，另外年份高）；见图 8.4 - 20。

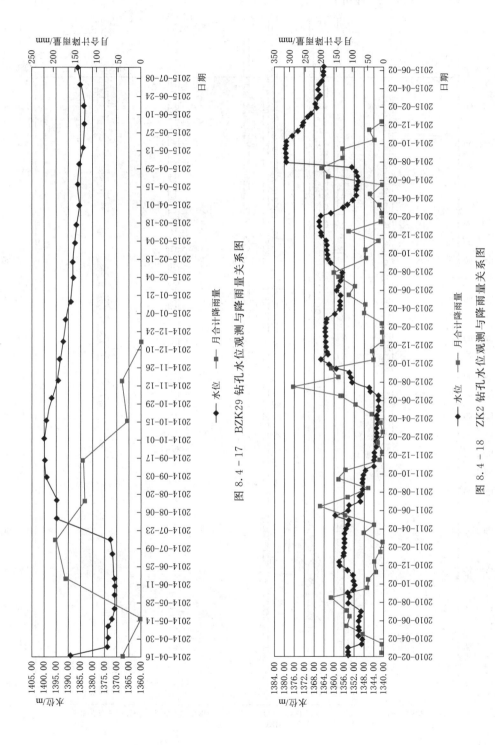

图 8.4－17 BZK29 钻孔水位观测与降雨量关系图

图 8.4－18 ZK2 钻孔水位观测与降雨量关系图

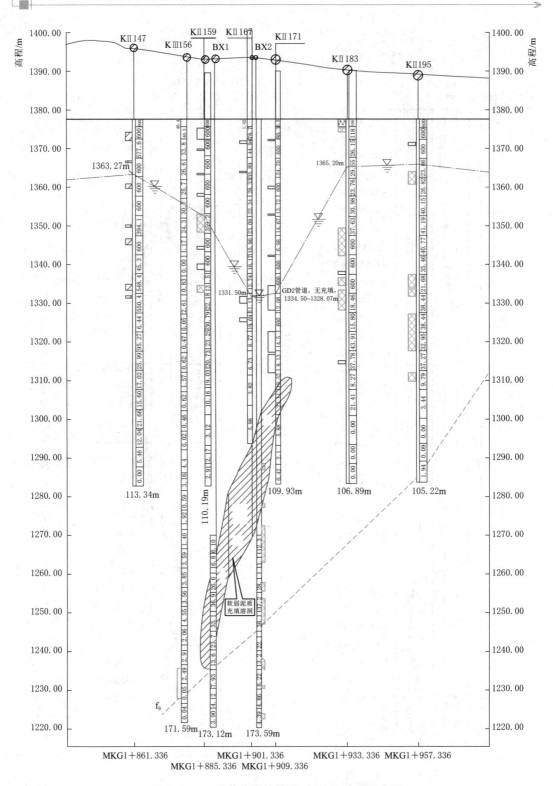

图 8.4-19　隐伏喀斯特管道（GD2）位置示意图

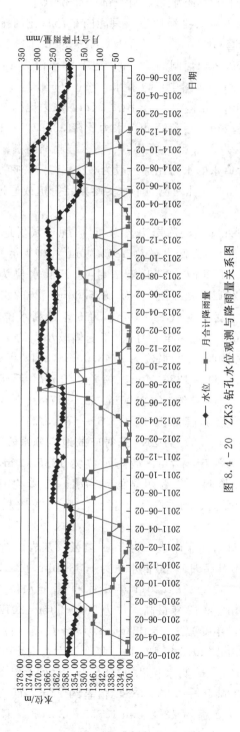

图 8.4 - 20 ZK3 钻孔水位观测与降雨量关系图

与 ZK3 孔对应的地表分水岭为 BZK19 孔，对比分析地下水观测资料，前者明显低于后者，ZK3 孔枯季地下水低于咪哩河河床，雨季部分年份（干旱）地下水也低于咪哩河河床。因为 ZK3 孔地下水向下游无排泄通道，只能向东部盘龙河排泄，施工期间也证实存在喀斯特管道水（隐伏管道 GD3，设计里程 MGK2＋346.764）。GD3 管道岩性为石灰岩，洞高程为 1359.40～1360.90m，洞高 1.5m，地下水水位为 1360.50m，低于咪哩河河水位约 7.5m，见图 8.4－21。从图中可以看出，KⅡ366 孔地下水位 1360.50m，左侧 KⅡ354 孔地下水位 1368.00m，相差 7.5m，距离 24m，水力比降 31.25％；右侧 KⅡ378 孔地下水位 1368.50m，相差 8m，距离 24m，水力比降 33.33％；KⅡ366 孔两侧地下水力比降大（31.25％～33.33％），而 T_2g 石灰岩、白云岩喀斯特裂隙地下水的水力比降一般为 10％～20％，喀斯特管道水的水力比降一般为 2％～10％，喀斯特通道水的水力比降一般为 0.5％～2％，表明 KⅡ366 孔两侧地下水为喀斯特管道或通道、喀斯特裂隙的双重含水介质。

c. ZK4 钻孔。位于营盘北部冲沟库岸边，为 T_1y^3 泥质灰岩地下水；2010 年最高水位为 1364.00m（2010 年 7 月），最低水位为 1355.00m（2010 年 6 月），年变幅小，约 9m；2011 年最高水位为 1361.00m（2011 年 7 月），最低水位为 1357.00m（2011 年 5 月），年变幅小，约 4m；2012 年最高水位为 1376.00m（2012 年 9 月），最低水位为 1358.00m（2012 年 7 月），年变幅较小，约 18m；2013 年最高水位为 1359.50m（2013 年 12 月），最低水位为 1348.00m（2013 年 8 月），年变幅较小，约 11.5m；2014 年最高水位为 1368.00m（2014 年 10 月），最低水位为 1343.00m（2014 年 6 月），年变幅大，约 25m。上述最低水位为 1343.00～1358.00m，相差约 15m，低于正常蓄水位 19.5～34.5m，低于咪哩河河床（高程约 1360.00m）2～17m；最高水位为 1359.50～1376.00m，相差约 16.5m，低于正常蓄水位 1.5～18m，高于咪哩河河床（高程约 1360.00m）0～16m；见图 8.4－22。与 ZK4 孔对应的地表分水岭为 BZK21 孔（最低水位为 1353.04m，低于咪哩河河床约 7m，最高水位为 1385.00m，高于咪哩河河床约 25m），对比分析地下水观测资料，前者明显低于后者，二者之间存在地下水分水岭，地下分水岭高程枯季低于咪哩河、雨季高于咪哩河，T_1y^3 泥质灰岩地下水向咪哩河河床排泄。

d. ZK15 钻孔。位于营盘南部库岸边，为 T_2g 白云质灰岩、白云岩地下水；2010 年最高水位为 1357.50m（2010 年 7 月），最低水位为 1353.50m（2010 年 7 月），年变幅小，约 4m；2011 年最高水位为 1358.00m（2011 年 6 月），最低水位为 1335.50m（2011 年 12 月），年变幅大，约 22.5m；2012 年最高水位为 1359.50m（2012 年 11 月），最低水位为 1331.50m（2012 年 5 月），年变幅大，约 28m；2013 年最高水位为 1360.50m（2013 年 11 月），最低水位为 1335.00m（2013 年 12 月），年变幅大，约 25.5m；2014 年最高水位为 1351.00m（2014 年 10 月），最低水位为 1326.50m（2014 年 6 月），年变幅大，约 24.5m。上述最低水位为 1326.50～1353.50m，相差约 27m，低于正常蓄水位 24.00～51.00m，低于咪哩河河床（高程约 1362.00m）8.5～35.5m；最高水位为 1351.00～1360.50m，相差约 9.5m，低于正常蓄水位 17.00～26.50m，低于咪哩河河床（高程约 1362.00m）1.5～11m；见图 8.4－23。与 ZK15 孔对应的地表分水岭为 BZK20 孔，对比

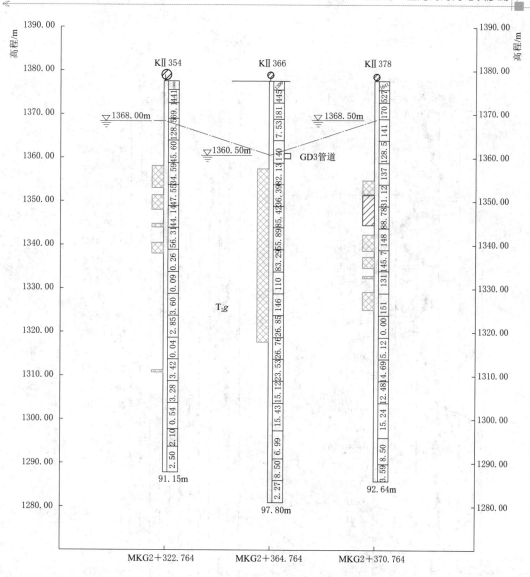

图 8.4-21 隐伏喀斯特管道（GD3）位置示意图

分析地下水观测资料，前者明显低于后者；ZK15 孔枯季、雨季地下水均低于咪哩河河床。因为 ZK15 孔地下水向下游无排泄通道，只能向东部盘龙河排泄，施工期间也证实存在喀斯特管道水（隐伏管道 GD1，设计里程 MGK1＋032）。GD1 管道岩性为白云质灰岩，高程为 1345.85～1350.85m，高约 5m，地下水位高程约 1349.50m，见图 8.4-24。从图中可以看出，KⅠ517 孔地下水位 1349.50m，左侧 KⅠ505 孔地下水位 1357.50m，二者相差 8m，距离 24m，水力比降 33.3％；右侧 KⅠ529 孔地下水位 1354.50m，相差 5m，距离 24m，水力比降 20.83％；KⅠ517 孔两侧地下水力比降大（20.83％～33.33％），而 T_2g 石灰岩、白云岩喀斯特裂隙地下水的水力比降一般为 10％～20％，喀斯特管道水的水力比降一般为 2％～10％，喀斯特通道水的水力比降一般为 0.5％～2％，表明 KⅠ517 孔两侧地下水为喀斯特管道或通道、喀斯特裂隙的双重含水介质。

265

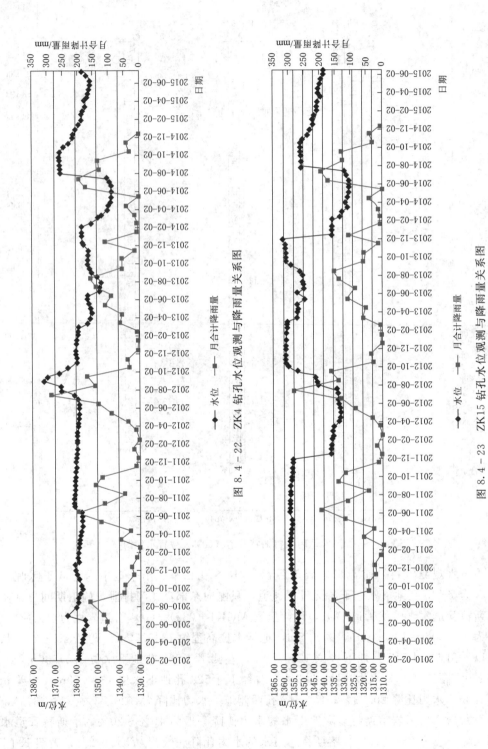

图 8.4－22 ZK4 钻孔水位观测与降雨量关系图

图 8.4－23 ZK15 钻孔水位观测与降雨量关系图

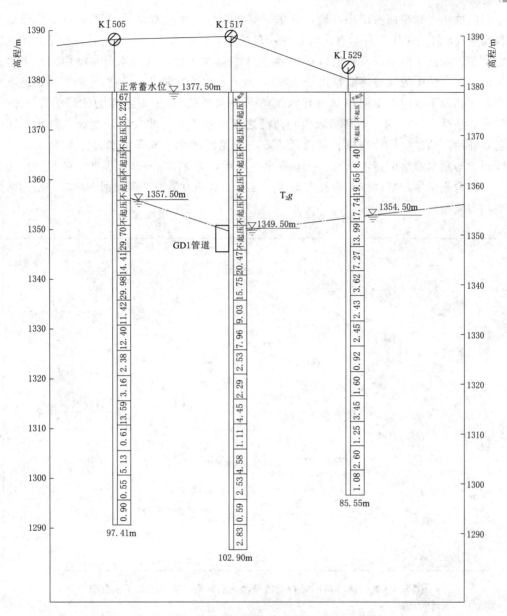

图 8.4-24 隐伏喀斯特管道（GD1）位置示意图

3）连通试验。从上面可以看出，地表分水岭钻孔地下水位与库岸边钻孔地下水位监测资料存在矛盾的情况，因此对咪哩河与盘龙河河间地块地下水进行了连通试验，于2015 年 7 月 4 日选择了 ZK2 孔（咪哩河库岸边）孔投放石松粉 25kg，在盘龙河右岸的泉水 S1、S2 进行监测，根据监测结果，于 2015 年 7 月 14—18 日在 S1、S2 接收到石松粉成分，石松粉示踪成果说明，ZK2 孔地下水与泉水 S1、S2 连通，S1、S2 属于同一个喀斯特水系的 2 个出口。初步估算，从示踪剂投放到接收历时 10d，按投放点到接收点直线距离 6.2km 计算，喀斯特地下水平均流速约为 620m/d，据此分析，地下水含水介质以喀斯特管道或通道为主。

河间地块（咪哩河右岸小红舍—荣华—罗世鲊与盘龙河右岸）的 T_2g 石灰岩及白云岩仅雨季（8月至次年1月，有滞后效应）存在地下水分水岭，含水介质为双重介质（喀斯特裂隙、隐伏喀斯特洞及管道），雨季接受大气降水补给，地下水分水岭西侧地下水向咪哩河排泄（咪哩河河谷喀斯特水子系统），地下水水力比降为 0.54%～3.29%；地下水分水岭东侧地下水向盘龙河排泄（热水寨喀斯特水系统），地下水水力比降为 1.41%～2.63%。枯季（2—7月，有滞后效应）两河之间无地下水分水岭，接受大气降水及咪哩河河水补给，通过喀斯特裂隙、管道径流，向盘龙河排泄，地下水水力比降为 0.55%～1.13%，与热水寨喀斯特水系统（Ⅳ）有水力联系，见图 8.4-25。因此，咪哩河库区右岸（小红舍—荣华—罗世鲊）为补排交替型喀斯特水动力类型，盘龙河右岸为补给型喀斯特水动力类型。

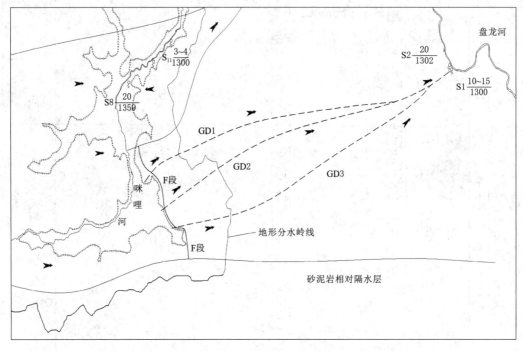

图 8.4-25　咪哩河库区右岸枯季地下水补给、径、排关系示意图

（4）喀斯特发育特征。T_2g^1 岩性为白云岩夹白云质灰岩、泥灰岩、泥页岩，地下喀斯特形态以喀斯特裂隙为主，喀斯特弱—中等发育；白云质灰岩发育喀斯特管道，喀斯特强烈发育。T_2g^2 岩性为石灰岩，钻孔线喀斯特率多为 7%～11%，地表面喀斯特率为 9%～17%，13个钻孔中9个钻孔揭露有喀斯特洞，遇洞率为 69.2%；钻孔单位进尺遇洞数量 1.6 个/100m；洞高度为 0.20～21.30m，多数小于2m。在孔深 100m 以下，1个钻孔发现喀斯特洞，最大高度为 21.30m，最低发育高程为 1269.53m；喀斯特强烈发育。勘察期揭示喀斯特洞数量为 24 个，最大高度 21.30m。

施工期在 T_2g 石灰岩及白云岩中揭示喀斯特洞（管道）数量为 714 个，洞高度为 0.20～75m，多数小于1m，最大高度 75m；勘察期洞数量仅为施工期 3.36%。充填状态为无充填、半充填、全充填；充填物质为红黏土夹碎块石。960 个钻孔中有 171 个钻孔遇喀斯特洞，遇洞率为 17.81%（明显低于勘察期的 69.2%）；钻孔单位进尺遇洞数量 0.99 个/100m（与勘察期基本接近）。喀斯特洞分布高程为 1235.00～1377.50m，为表层喀斯特带、浅部喀斯特带、深部喀斯特带，其中深部喀斯特下带基本没有揭示喀斯特洞。

咪哩河右岸小红舍—荣华—罗世鲊一带，T_2g 石灰岩、白云质灰岩发育 3 条隐伏喀斯特管道：①ZK15 孔附近隐伏喀斯特管道（GD1），设计里程 MGK1＋032，岩性为白云质灰岩，高程为 1345.85～1350.85m，洞高约 5m，地下水水位约 1349.50m，低于咪哩河河水位约 12.5m；②沿 f_9 断层带上盘的隐伏喀斯特管道（GD2），设计里程 MGK1＋901.336～MGK1＋909.336，岩性为石灰岩，管道发育方向主要受 f_9 断层控制，洞高程为 1328.07～1334.50m，洞高约 6.43m，地下水水位为 1331.50m，低于咪哩河河水位约 33.5m；ZK2 孔附近发育隐伏喀斯特管道（GD2 的分支管道），岩性为石灰岩，高程为 1353.00～1358.54m，洞高约 5.54m，地下水水位为 1358.00m，低于咪哩河河水位约 7m；③ZK3 孔附近的隐伏喀斯特管道（GD3），设计里程 MGK2＋346.764，岩性为石灰岩，高程为 1359.40～1360.90m，洞高约 1.5m，地下水水位为 1360.50m，低于咪哩河河水位约 7.5m。3 条管道在盘龙河右岸相交，管道长约 6200m，其中各有分支管道发育。

咪哩河库区段 T_2g 石灰岩及白云岩地下水为补排交替型喀斯特水动力类型；雨季（8 月至次年 1 月，有滞后效应）咪哩河与盘龙之间存在地下水分水岭，地下水分别向盘龙河、咪哩河排泄；枯季（2—7 月，有滞后效应）咪哩河与盘龙河之间不存在地下水分水岭，咪哩河河水补给地下水，沿东西向喀斯特裂隙及管道、层面向东径流，在盘龙河右岸排泄（S1、S2）。因此，水库蓄水后，库水沿咪哩河库区段石灰岩及白云岩存在向盘龙河方向的渗漏，形式为喀斯特裂隙-管道型，渗漏严重，渗漏量难以计算。

综上所述，水库蓄水后，库水沿 A2 段砂页岩、玄武岩不会向德厚河方向渗漏；库水沿 B2 段泥质灰岩不会向德厚河方向渗漏；库水沿 C2 段砂页岩不会向盘龙河方向渗漏；库水沿 E2 段泥质灰岩不会向盘龙河方向渗漏。库水沿 D2 段泥质灰岩向盘龙河方向产生喀斯特裂隙型渗漏，渗漏量小，暂不进行防渗处理，但运行期需要进行监测。库水沿咪哩河库区段（F2）石灰岩及白云岩向盘龙河方向产生喀斯特裂隙-管道型渗漏，渗漏严重，渗漏量难以计算，必须进行防渗处理。

8.5 咪哩河—马过河河间地块渗漏

咪哩河右岸—马过河左岸河间地块是指咪哩河右岸小红舍—荣华村南部与马过河左岸的河间地块，咪哩河河床高程为 1370.00～1377.50m；南部为马过河（盘龙河支流）的上游，河床高程为 1324.00～1377.50m 的河段长约 7.5km，咪哩河床高于马过河河床 0～53.5m。

咪哩河与马过河之间的地形分水岭高程为 1430.00～1570.00m，出露宽厚的砂页岩，

但库尾的 T_2g 石灰岩与马过河的 T_2g 石灰岩相连，是向斜的两翼；发育祭天坡向斜，核部地层为 T_2f、T_3n 砂页岩，两翼为 T_2g 石灰岩，向斜两翼较完整而对称，向斜为良好的储水构造，见图 8.5－1。咪哩河 T_2g 石灰岩地下水自西向东径流，与主要构造线（东西向）方向一致，咪哩河与马过河之间存在地下水分水岭，与地表分水岭基本重合，分水岭的地下水位高于正常蓄水位（1377.50m），属补给型喀斯特水动力类型，地下水分水岭南侧地下水向马过河排泄，地下水分水岭北侧地下水向咪哩河排泄。

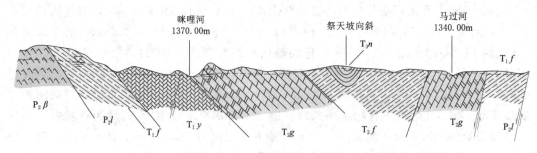

图 8.5－1　咪哩河右岸灰岩与马过河左岸灰岩关系示意图

咪哩河石灰岩与马过河石灰岩为祭天坡向斜的两翼，向斜两翼较完整而对称，是良好的储水构造，存在地下水分水岭，高于正常蓄水位，水库蓄水后，库水不会沿石灰岩向马过河方向渗漏。

8.6　近坝库岸及坝基渗漏

德厚水库近坝库岸及坝基渗漏从左岸到右岸分为：①近坝左岸渗漏段（以下简称"近坝左岸"段）；②左岸绕坝渗漏、坝基渗漏、右岸绕坝渗漏、右岸渗漏段（以下简称"近坝右岸"段）。石灰岩（C、P）地下水位低，喀斯特强烈发育，正常蓄水位（1377.50m）之下为盘龙河期喀斯特，从上到下可划分为表层喀斯特带、浅部喀斯特带、深部喀斯特带，喀斯特裂隙、喀斯特洞及管道、地下河（伏流、暗河）管道系统等形态发育，水库蓄水后，是库水的主要渗漏地段，也是防渗处理的重点地段。

8.6.1　近坝左岸段渗漏研究

北端起于 F_1 断层带，南端止于近坝右岸段的北端（左岸绕坝渗漏端点），下游德厚河高程为 1314.60～1320.00m，低于正常蓄水位为 57.50～62.90m，长约 1.4km。

（1）地层岩性、地质构造特征。近坝左岸段出露地层为石炭系上、中、下统（C_3、C_2、C_1）厚—巨厚层状细晶石灰岩，下游出露二叠系下统（P_1）厚层块状石灰岩。岩层基本呈单斜状展布，岩层走向北东、倾向南东，倾角 30°～60° 不等，局部位置岩层倾角大于 60°，走向北东、北西和近南北向的节理发育。文麻断裂断裂带物质为断层泥、断层角砾岩、碎块岩等，断层泥、糜棱岩、断层角砾岩（原岩为砂岩）、碎块岩（原岩为砂岩）透水性弱，可视为相对隔水层；断层角砾岩（原岩为灰岩）、碎块岩（原岩为灰岩）具有喀斯特作用，透水性中等；据地质测绘及钻探资料，至少有 2 层断层泥出露，每层厚度为 3～5m，是天然的相对隔水层。

（2）水文地质特征。近坝左岸段地下水位长期观测有 ZK38、BZK9、BZK8、ZK35 四个钻孔。ZK38 孔位于文麻断裂（F_1）带内，物质为断层角砾岩，原岩成分多为粉砂岩，最低水位为 1384.90～1388.10m，变幅小，高于正常蓄水位 7.4～10.6m；最高水位为 1388.20～1389.80m，变幅小，高于正常蓄水位 10.7～12.3m。

BZK9 孔位于左岸防渗轴线附近偏上游侧，ZK38 孔南部约 650m，岩性为 C_1 石灰岩；2013 年钻孔最高水位为 1324.90m（2013 年 9 月），最低水位 1321.90m（2013 年 5 月），年变幅小，约 4m；2014 年钻孔最高水位为 1327.60m（2014 年 8 月），最低水位 1322.80m（2014 年 5 月），年变幅小，约 4.8m；最低水位为 1321.90～1322.80m，水位变幅小，高于德厚河河水位（1322.37m）－0.47～0.43m，最大水力比降为 0.06%；最高水位为 1324.90～1327.60m，水位变幅小，高于德厚河河水位 2.53～5.23m，水力比降为 0.35%～0.72%；雨季水力比降缓，枯季更缓；地下水位远低于正常蓄水位（1377.50m）；BZK9 孔水位观测见图 8.6-1。

BZK8 孔位于左岸防渗轴线附近偏上游侧，BZK9 南部约 410m，岩性多为 C_2 石灰岩；2013 年钻孔最高水位为 1323.40m（2013 年 9 月），最低水位为 1320.90m（2013 年 5 月），年变幅小，约 2.5m；2014 年钻孔最高水位为 1324.9m（2014 年 10 月），最低水位 1321.10m（2014 年 5 月），年变幅小，约 3.8m。上述最低水位为 1320.90～1321.10m，水位变幅小，低于德厚河河水位（1322.37m）1.27～1.47m，枯季地下水呈"倒虹吸"形式运动；最高水位为 1323.40～1324.90m，水位变幅小，高于德厚河河水位 1.03～2.53m，水力比降为 0.32%～0.80%；地下水位远低于正常蓄水位（1377.50m），BZK8 孔水位观测见图 8.6-2。

ZK35 孔位于左岸防渗轴线附近偏下游侧，与 BZK8 近于对称，相距约 120m，岩性多为 C_2 石灰岩；2010 年钻孔水位最高水位为 1317.00m（2010 年 10 月），最低水位为 1316.60m（2010 年 7 月），年变幅仅 0.4m；2011 年钻孔水位最高水位为 1317.20m（2011 年 11 月），最低水位 1316.10m（2011 年 5 月），年变幅仅 1.1m；2012 年钻孔最高水位为 1320.80m（2012 年 8 月），最低水位 1316.10m（2012 年 5 月），年变幅约 4.7m；2013 年钻孔最高水位为 1318.70m（2013 年 9 月），最低水位 1317.00m（2013 年 3 月），年变幅仅 1.7m；2014 年钻孔最高水位为 1318.20m（2014 年 12 月），最低水位 1316.70m（2014 年 7 月），年变幅仅 1.5m。上述最低水位为 1316.10～1317.00m，水位变幅小，低于德厚河河水位（1322.37m）5.37～6.27m，枯季地下水呈"倒虹吸"形式运动；最高水位为 1317.00～1320.80m，水位变幅小，低于德厚河河水位 1.57～5.37m，雨季地下水呈"倒虹吸"形式运动；地下水位远低于正常蓄水位（1377.50m）；ZK35 孔水位观测见图 8.6-3。

CZK2 孔位于近坝左岸段南部端点附近绕坝渗漏段中，距离河床约 110m，雨季地下水位 1319.47m（2014 年 9 月），低于德厚河河床水位（1322.37m）约 2.9m，CZK2 孔枯季、雨季地下水呈"倒虹吸"形式运动。

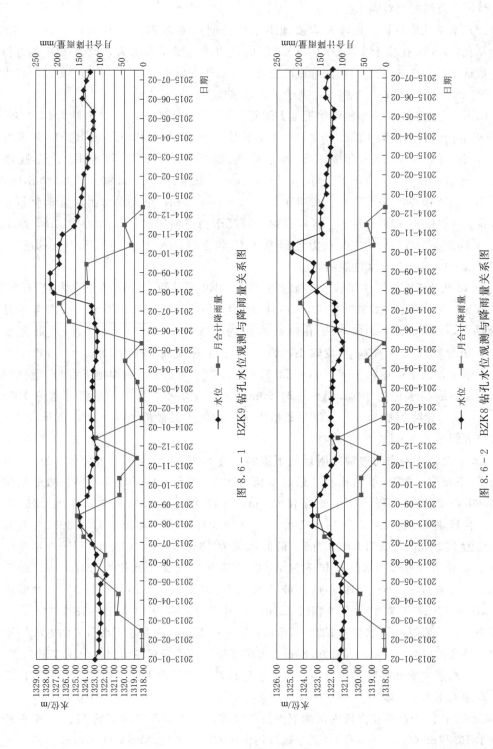

图 8.6 - 1 BZK9 钻孔水位观测与降雨量关系图

图 8.6 - 2 BZK8 钻孔水位观测与降雨量关系图

大致以 BZK9 孔为界，以北的灰岩地下水高于河水，以南的灰岩地下水低于河水，呈"倒虹吸"形式运动，总体上属补给型喀斯特水动力类型，接收大气降水、上游德厚河补给，沿顺河向构造节理向下游径流，也在喀斯特洞（管道）、裂隙、层面中径流，以泉点（S19、S20）或散浸形式向德厚河排泄。

（3）喀斯特发育特征。$C_{1\sim3}$ 石灰岩喀斯特强烈发育，正常蓄水位以下为盘龙河期（Q）喀斯特，发育规模不等的喀斯特沟、喀斯特槽、石牙、小石林、喀斯特洼地、掩埋型落水洞、水平喀斯特洞、宽大喀斯特裂隙、垂直喀斯特管道、地下河管道系统等，地表面喀斯特率为 15％～20％，据现有资料统计，厚层、巨厚层石灰岩钻孔线喀斯特率为 5％～12％，钻孔遇洞率高；规模次之的宽大喀斯特裂隙、喀斯特孔密布，一般无充填或全充填，物质为黏土及岩屑。坝址上游约 2km 发育有打铁寨地下河管道系统（C3 伏流）、岔河口北 250m 德厚河左岸发育有方解石喀斯特管道系统（C5）、坝址区发育住人洞喀斯特管道系统（C22）、坝址下游约 400m 发育上堡朵地下河管道系统（C25 伏流）。勘察期 4 个钻孔中 3 个钻孔见喀斯特洞，遇洞率为 75％；揭示喀斯特洞数量为 8 个，最大高约 4.12m（无充填），洞最低高程 1265.77m（BZK08 孔），钻孔单位进尺遇洞数量 1.72 个/100m。

施工期在 $C_{1\sim3}$ 石灰岩中揭示喀斯特洞（管道）数量为 116 个，洞高度为 0.20～24.10m，多数小于 1m，最大高度 24.10m（上层灌浆廊道 ZSQ389 孔，全充填黏土夹碎块石）；勘察期洞数量仅为施工期 7.76％。充填状态为无充填、半充填、全充填；充填物质为红黏土夹碎块石。1531 个钻孔中有 83 个钻孔遇喀斯特洞，遇洞率 5.42％（明显低于勘察期的 75％）；钻孔单位进尺遇洞数量 0.10 个/100m（明显低于勘察期）。喀斯特洞分布高程为 1250.00～1377.50m，为表层喀斯特带、浅部喀斯特带、深部喀斯特带，其中喀斯特洞最低高程为 1250.00m（下层灌浆廊道 ZXQ61 孔高程为 1250.00～1255.00m，洞高约 5m，深部喀斯特上带），深部喀斯特中带、下带没有揭示喀斯特洞，但局部有喀斯特裂隙发育（例如 CZK02 孔以北段）。

近坝左岸段石灰岩地下水位低，喀斯特强烈发育，以喀斯特洞（管道）、喀斯特裂隙为主要形态，渗径较短，水头高，水库蓄水后，存在向下游德厚河的渗漏，渗漏形式为喀斯特裂隙-管道型，渗漏严重，渗漏量难以计算。

8.6.2 近坝右岸段渗漏研究

近坝右岸段包含坝基及绕坝渗漏、右岸渗漏段，北端起于近坝左岸段的南端，依次为左岸绕坝渗漏段（长 100m）、坝基渗漏段（长 159m）、右岸绕坝渗漏段（长 100m）、右岸渗漏段（长度约 593m），南端止于 $P_2\beta$ 玄武岩；咪哩河河床高程为 1325.00～1340.00m，下游德厚河高程为 1314.60～1320.00m（低于正常蓄水位 57.5～62.9m），长约 0.95km，咪哩河河床高于下游德厚河河床 10～25m。

（1）地层岩性特征。出露地层为石炭系上统（C_3）厚至巨厚层状细晶石灰岩，位于左岸绕坝渗漏、坝基渗漏段；二叠系下统（P_1）厚至巨厚层状细晶、微晶石灰岩，位于右岸绕坝渗漏、右岸渗漏段；南端出露二叠系下统（$P_2\beta$）玄武岩，BZK05 与 BZK28 之间出露辉绿岩脉，玄武岩及辉绿岩透水性弱，可视为相对隔水层。

（2）地质构造特征。岩层基本呈单斜状展布，岩层走向北东，倾向南东，倾角 17°～40°不等，局部位置岩层倾角大于 40°。发育 f_2 断层，斜穿坝区右岸至下游交于德厚河床，小规模断层，断层破碎带宽度一般小于 8m，主要由灰黄色断层角砾岩、碎裂岩、断层泥等组成，走向 N20°E，倾向北西，倾角 50°～80°，张性断层。发育 F_2 断层，走向北东，倾向南东，倾角 50°～80°，断层带宽度超过 10～30m，断层物质为糜棱岩夹断层泥、碎裂岩等。据 BZKY1 钻孔资料，断层带深部（埋深 135～185m）透水率为 0.7～2.3Lu，透水性微弱，属压扭性逆断层。另外，走向北东、北西和近南北向的节理发育。还发育辉绿岩与石灰岩接触带、玄武岩与石灰岩接触带，碳酸盐岩与非碳酸盐岩接触带为喀斯特发育创造了条件。

（3）水文地质特征。

1）辉绿岩与河床之间石灰岩地下水。辉绿岩与河床之间石灰岩有 2 个钻孔（ZK27、BZK05），坝肩处为 ZK27 孔，为 C_3 石灰岩地下水；2010 年钻孔水位最高为 1322.10m（2010 年 9 月），最低水位 1321.20m（2010 年 5 月），年变幅仅 0.9m；2011 年钻孔水位最高为 1322.10m（2011 年 12 月），最低水位为 1321.10m（2011 年 5 月），年变幅仅 1.0m；2012 年钻孔水位最高为 1323.7m（2012 年 8 月），最低水位 1320.90m（2012 年 2 月），年变幅约 2.8m；2013 年钻孔水位最高为 1322.90m（2013 年 12 月），最低水位为 1321.80m（2013 年 2 月），年变幅仅 1.1m；2014 年钻孔水位最高为 1324.6m（2014 年 7 月），最低水位 1322.20m（2014 年 5 月），年变幅仅 2.4m。上述最低水位为 1320.90～1322.20m，水位变幅小，低于德厚河河水位（1322.37m）0.17～1.47m，枯季地下水呈"倒虹吸"形式运动；最高水位为 1322.10～1324.60m，水位变幅小，高于德厚河河水位－0.17～2.23m，地下水补给河水，水力比降最大约 2.65%；地下水位远低于正常蓄水位（1377.50m）；ZK27 孔水位观测见图 8.6－4。

BZK05 孔位于右岸绕坝渗漏南端附近，为 C_3、P_1 灰岩地下水；雨季水位 1322.15m（2014 年 8 月），略低于德厚河河水位；枯季地下水为低于德厚河河水位；因此，BZK05 孔地下水呈"倒虹吸"形式运动。

2）辉绿岩与玄武岩之间石灰岩地下水。辉绿岩与玄武岩之间石灰岩有 2 个钻孔（CZK03、BZKY1），CZK03 孔水位为 P_1 石灰岩地下水，高程为 1313.30m（2014 年 9 月），低于坝址德厚河河水位（1322.37m）约 9.07m，低于坝址下游石灰岩与玄武岩分界线的河水位（1314.60m）约 1.30m，远低于正常蓄水位。BZKY1 孔为 CZK03 孔南部，为 P_1 石灰岩地下水，高程约 1308.00m，低于坝址德厚河河水位约 14.37m，低于坝址下游石灰岩与玄武岩分界线的河水位（1314.60m）约 6.60m，远低于正常蓄水位。咪哩河河水位约 1330.00m，石灰岩地下水接受咪哩河河水补给，呈"倒虹吸"形式运动。

辉绿岩与河床之间石灰岩总体上属补给型喀斯特水动力类型，枯季地下水呈"倒虹吸"形式运动，接受大气降水、上游河水补给，沿顺河向构造节理向下游径流，也在喀斯特洞（管道）、裂隙、层面中径流，以散浸形式向德厚河排泄。辉绿岩与玄武岩之间石灰

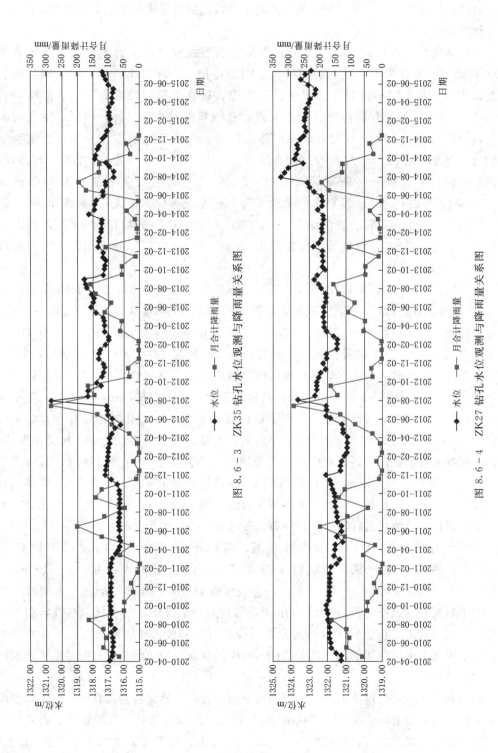

图 8.6 - 3 ZK35 钻孔水位观测与降雨量关系图

图 8.6 - 4 ZK27 钻孔水位观测与降雨量关系图

岩总体上属排泄型喀斯特水动力类型，接受大气降水及咪哩河河水补给，在喀斯特洞及管道、裂隙、层面中径流，呈"倒虹吸"形式运动，以散浸形式向坝址下游德厚河排泄，与坝址德厚河河水无水力联系。

（4）喀斯特发育特征。C_3、P_1 灰岩喀斯特强烈发育，正常蓄水位以下为盘龙河期（Q）喀斯特，发育规模不等的喀斯特沟、喀斯特槽、石牙、小石林、喀斯特洼地、掩埋型落水洞、水平喀斯特洞、宽大喀斯特裂隙、垂直喀斯特管道等，地表面喀斯特率为 13%～20%，据现有资料统计，石灰岩钻孔线喀斯特率为 7%～16%，钻孔遇洞率高；规模次之的宽大喀斯特裂隙、喀斯特孔密布，一般无充填或全充填，物质为黏土及岩屑。坝址上游约 2km 发育有打铁寨地下河管道系统（C3 伏流）、岔河口北 250m 德厚河左岸发育有方解石喀斯特管道系统（C5）、坝址区发育住人洞喀斯特管道系统（C22）、坝址下游约 400m 发育上保朵地下河管道系统（C25 伏流）。勘察期 39 个钻孔中 28 个钻孔见喀斯特洞，遇洞率为 71.79%；揭示喀斯特洞数量为 28 个，最大高约 9.97m（半充填粉砂），洞最低高程为 1218.35m（BZK05 孔），钻孔单位进尺遇洞数量为 0.56 个/100m。

施工期在 C_3、P_1 石灰岩中揭示喀斯特洞（管道）数量为 235 个，洞高度为 0.20～61.00m，多数小于 2m；右岸上层灌浆廊道 YSQ333 与下层灌浆廊道 YXQ336 孔的喀斯特管道相连，全充填黏土夹碎块石，高程为 1319.00～1380.00m，最大高度为 61.00m。左岸坝基发育 C23 垂直喀斯特管道，洞高 39m，高程为 1284.00～1323.00m，半充填，黏土夹孤块石、细砂，为浅部喀斯特带向深部喀斯特上带继承性发展。河床坝基 YXH48 孔发育高 38m 的 4 层相连通喀斯特洞，高程为 1250.00～1288.00m，全充填，黏土夹细砂、碎块石，为深部喀斯特上带。右岸下层灌浆廊道 YXQ330 孔附近发育垂直喀斯特管道，洞高 29m，高程为 1303.00～1332.00m，无充填，为表层喀斯特带、浅部喀斯特带、深部喀斯特上带继承性发展。右岸下层灌浆廊道 YXQ428 孔发育喀斯特洞，洞高约 5m，高程为 1197.50～1202.50m，无充填，为深部喀斯特中带的底界，主要受 F_2 断层及石灰岩与玄武岩接触带的控制。洞数量勘察期仅为施工期 11.91%；充填状态为无充填、半充填、全充填；充填物质为红黏土夹碎块石、砂砾石、粉细砂等。

1233 个钻孔中有 101 个钻孔遇溶洞，遇洞率为 8.19%（明显低于勘察期的 71.79%）；钻孔单位进尺遇洞数量为 0.26 个/100m（低于勘察期的 0.56 个/100m）。喀斯特洞分布高程为 1197.50～1377.50m，为表层喀斯特带、浅部喀斯特带、深部喀斯特带，其中喀斯特洞最低高程为 1197.50m，深部喀斯特下带基本没有揭示喀斯特洞。高大的喀斯特洞、管道多位于辉绿岩与玄武岩之间的石灰岩段，断层带（F_2）及与非碳酸盐岩接触带为地下水向深部循环创造了条件，有深部喀斯特带的洞及管道明显多于表层喀斯特带的特点。

近坝右岸段石灰岩地下水位低，喀斯特强烈发育，以喀斯特洞及管道、喀斯特裂隙为主要形态，渗径较短，水头高，发育 F_2 及 f_2 断层、辉绿岩与石灰岩接触带、玄武岩与石灰岩接触带，水库蓄水后，存在向下游德厚河的渗漏，渗漏形式为喀斯特裂隙-管道型，渗漏严重，渗漏量难以计算。

第9章　德厚水库防渗处理建议

德厚水库蓄水后，因近坝左岸段、近坝右岸段、咪哩河库区段存在渗漏，形式为喀斯特裂隙-管道型，渗漏严重，水库渗漏问题是水库成败的关键工程地质问题，会严重影响水库经济效益、社会效益，因此，必须进行防渗处理。根据水库地层岩性、地质构造、水文地质、喀斯特发育规律及分带、喀斯特发育程度、地下水水位、岩体透水率等因素，提出了合理的防渗处理建议，为防渗处理设计提供依据。

9.1 防渗处理边界及底界

9.1.1 防渗处理范围

（1）稼依河、马过河。德厚河库区左岸—稼依河河间地块、咪哩河库区右岸—马过河河间地块存在砂页岩等相对隔水地层，也存在高于水库正常蓄水位（1377.50m）的地下水分水岭，水库蓄水后，库水不会向稼依河低邻谷、马过河低邻谷产生渗漏。

（2）咪哩河右岸。咪哩河库区右岸 A2 段为非碳酸盐岩，不存在渗漏问题；B2 段地下水分水岭高于正常蓄水位，不存在渗漏问题；C2 段库岸为砂页岩相对隔水层，砂页岩地下水与盘龙河右岸石灰岩、白云岩、泥质灰岩地下水无水力联系，不存在渗漏问题；D2 段存在地下水分水岭，但低于正常蓄水位，渗漏形式为喀斯特裂隙型，渗漏量小，允许一定渗漏存在，建议暂不进行防渗处理，但运行期需要进行监测；E2 段的咪哩河与盘龙河之间河间地块存在地下水分水岭，地下水位多高于正常蓄水位，不存在渗漏问题；F2（咪哩河库区）段地下水位低，喀斯特强烈发育，存在严重的渗漏问题，渗漏形式为喀斯特裂隙-管道型，必须进行防渗处理。

（3）近坝库岸及坝基。近坝左岸、近坝右岸段地下水位低，喀斯特强烈发育，存在严重的渗漏问题，渗漏形式为喀斯特裂隙-管道型，必须进行防渗处理。

因此，德厚水库喀斯特防渗系统由近坝左岸段、近坝右岸段、咪哩河库区段组成，其中近坝左岸段、近坝右岸段构成连续的防渗体系。

9.1.2 防渗处理边界确定原则

德厚水库防渗处理边界确定原则应满足下列条件之一：①进入非碳酸盐岩；②进入隔水的断层带；③进入泥质灰岩（喀斯特弱发育）；④穿过背斜轴部。

9.1.3 防渗处理底界确定原则

（1）喀斯特发育程度划分。根据地下喀斯特形态、洞（管道、地下河）数量、岩体透水率，对正常蓄水位（1377.50m）以下的喀斯特发育程度进行垂直方向的分带，见表 9.1-1，满足表中条件之一，采用就高的原则。

根据上述划分原则，近坝左岸段强喀斯特带下限高程为 1235.00～1265.00m；近坝右岸段强喀斯特带下限高程一般为 1216.00～1300.00m，局部为 1192.00～1216.00m（YSQ404～YSQ460 孔之间）；咪哩河库区段强喀斯特带下限高程一般为 1300.00～1350.00m，其中设计里程 MKG1+584～MKG1+615 段高程为 1265.00～1280.00m，设计里程 MKG1+881～MKG1+917 段高程为 1232.00m。

表 9.1 - 1　　　　　　　　　　　喀斯特发育程度划分表

喀斯特 发育程度	地下喀斯特形态	钻孔单位进尺喀斯特 洞数量/(个/100m)	岩体透水率 /Lu
强喀斯特 带	喀斯特洞、管道、地下河、 宽大喀斯特裂隙（1～20cm）	>0.01	>10
弱喀斯特带	喀斯特裂隙（0.5～10mm），基本无喀斯特洞	0～0.01	1～10
微喀斯特带	无（结构面闭合）	0	<1

（2）防渗处理底界确定原则。防渗底界必须同时满足以下 3 个条件：①补给型喀斯特水动力类型进入地下水位以下不小于 20m，补排交替型或排泄型喀斯特水动力类型进入排泄点以下不小于 10m；②进入强喀斯特带下限以下不小于 10m；③进入相对隔水层顶板以下 5m，近坝左岸段及近坝右岸段以 $q \leqslant 5Lu$ 为相对隔水层顶板，咪哩河库区段以 $q \leqslant 10Lu$ 相对隔水层顶板。

9.2　防渗处理建议

9.2.1　近坝左岸段

近坝左岸段石灰岩喀斯特强烈发育，地下水位低，存在喀斯特裂隙-管道型渗漏，渗漏量计算困难，必须进行防渗处理。

9.2.1.1　防渗处理边界

近坝左岸段北部防渗边界进入 F_1 断裂带内，其中断层泥透水性微弱，可视为相对隔水层，以正常蓄水位线与 F_1 断层带南西方向断层线的交点外延 50m 为端点；南部防渗边界接近坝右岸段北部端点（左岸绕坝渗漏端点）；防渗处理长度为 1047.699m。

9.2.1.2　防渗处理底界

喀斯特洞高程为 1250.00～1377.50m（表层喀斯特带、浅部喀斯特带、深部喀斯特上带），深部喀斯特中带、下带没有揭示喀斯特洞，局部发育喀斯特裂隙（CZK02 孔以北）。强喀斯特下限高程一般为 1240.00m 以上，局部为 1211.00～1240.00m（CZK02 孔以北）。按照表 9.1 - 1 的划分原则，近坝左岸段防渗底界高程一般为 1250.00m，局部为 1201.00～1250.00m（CZK02 孔以北）；防渗处理深度一般为 122.5m，局部为 122.5～176.5m（CZK02 孔以北）；防渗处理底界已进入强喀斯特带下限以下至少 10m、相对隔水层顶板以下 5m，也进入深部喀斯特中带内至少 10m。地下水位高程一般为 1323.00～1329.00m，防渗底界低于地下水位约 70m（局部约 90m）。

9.2.1.3　建议

（1）建议采用帷幕灌浆处理，由于灌浆深度 122.5～176.5m（地表灌浆深度更大），至少设计两层灌浆廊道；建议设计单排孔，孔距约 2m，喀斯特洞发育段增至 2～3 排；建议下层灌浆廊道采用高压灌浆，上层灌浆廊道灌浆压力可适当降低。

（2）建议施工前进行灌浆试验，以确定合理的灌浆孔排距、灌浆材料、施工工艺及施工参数。建议灌浆前首先进行先导孔的勘探工作，包括但不限于取岩芯、电磁波 CT 测试、压水试验、钻孔影像等，先导孔的深度不低于设计灌浆底界以下 20m。

9.2.1.4 施工期帷幕灌浆调整

根据近坝左岸段灌浆廊道施工、帷幕灌浆施工揭露地层岩性、地质构造、喀斯特形态（裂隙、洞、管道、通道）、地下水位、压水试验、电磁波 CT 测试、钻孔影像等资料，施工期对帷幕灌浆的边界、底界进行了复核，局部进行了调整。

1. 灌浆边界

初步设计阶段拟定边界为正常蓄水位线与 F_1 断层带南北方向断层线的交点外延 50m。施工阶段下层灌浆廊道开挖至里程 XP0＋082 处进入文麻断裂带（F_1），XP0＋032～XP0＋082 断裂带物质以角砾岩为主夹碎裂岩，角砾岩的原岩为石灰岩，胶结物为钙质，喀斯特洞、宽大喀斯特裂隙发育，岩体透水率多为 10～27Lu，为中等透水层，不宜作为灌浆边界；XP0＋024～XP0＋032 断裂带物质为断层泥（黏土），透水率多小于 5Lu，为弱透水层，且断层泥的岩相稳定、连续性好，是良好的相对隔水层；XP0＋010～XP0＋024 断裂带物质以角砾岩为主夹碎裂岩，角砾岩的成分为石灰岩，胶结物为钙质，喀斯特洞、宽大喀斯特裂隙发育，岩体透水率多为 10～26Lu，为中等透水层。因此，将边界从 XP0＋050 调整至 XP0＋010 处（上层灌浆廊道出露地表，同时延长进行地表灌浆），利用断层泥作为隔水边界，见图 9.2－1，灌浆处理的设计里程为 XP0＋010.000～XP1＋097.699，灌浆长度为 1087.699m，较初步设计阶段延长了 40m。

2. 灌浆底界

根据揭示的喀斯特发育特征及岩体透水率，帷幕灌浆底界高程为 1201.00～1255.00m，除下层廊道 ZXQ349、ZXQ361、ZXQ373 三个灌浆孔加深 6～16m 外，其他段与初步设计阶段确定的帷幕灌浆底界一致。

3. 补强灌浆

（1）上层灌浆廊道。因为喀斯特洞（裂隙）发育，对两段进行补强灌浆，上层灌浆廊道 SP0＋394～SP0＋492 段、SP1＋004.006～SP1＋101.018 段。

1）上层灌浆廊道 SP0＋394～SP0＋492 段：开挖揭露的上下层廊道的地质条件较差，喀斯特强烈发育，上层廊道全部为Ⅳ、Ⅴ类围岩，下层廊道 54％为Ⅳ、Ⅴ类围岩。该段上、下层廊道靠顶拱均揭露 3 个较大喀斯特洞，灌浆孔内宽大喀斯特裂隙普遍可见，竖向发育，上、下层廊道喀斯特洞位置基本对应，多为无充填或半充填，下层廊道有 2 个喀斯特洞，为季节性流水，可能与上层廊道及地表连通，上层廊道里程 SP0＋445～SP0＋470 段开挖中发生冒顶，形成地表喀斯特塌陷。上层廊道衬砌后固结灌浆及帷幕灌浆施工时，下层廊道多处发现冒浆现象，说明上、下层廊道之间的喀斯特发育，喀斯特洞、宽大喀斯特裂隙连通性好。该段灌浆施工中遇强喀斯特特殊情况处理 31 个孔，主要为竖向喀斯特裂隙及洞，遇洞 27 个，最大高度 24.1m（ZSQ389 孔）。灌前岩体透水率普遍较大，Ⅰ、Ⅱ、Ⅲ序孔灌前透水率大于 10Lu 分别占 89.5％、93.5％、74％。补强灌浆方案为：对 SP0＋394～SP0＋492 段增加一排帷幕灌浆孔，排距 1.2m，孔距 2m，灌浆底界至下层廊道底板。

2）上层廊道 SP1＋004.006～SP1＋101.018 段：根据灌浆孔（ZSQ54～ZSQ101 号

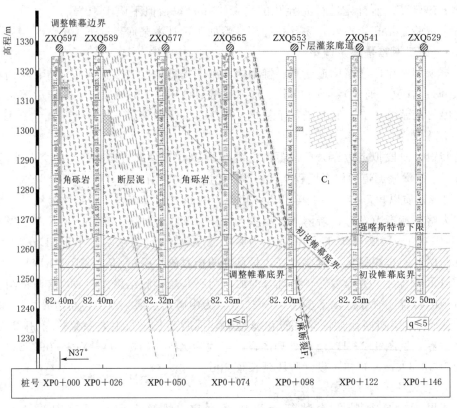

图 9.2-1 近坝左岸北部边界调整示意图

孔）的岩芯、压水试验、灌浆施工及钻孔影像分析，该段喀斯特强烈发育，喀斯特洞及宽大喀斯特裂隙现象普遍，存在较多垂直向发育的喀斯特裂隙，大部分喀斯特洞及喀斯特裂隙为不密实的黏土充填。灌前压水试验透水率普遍较大，经统计 SP1＋012.522～SP1＋106.522 段 47 个孔的灌浆资料（压水试验 503 段），灌前透水率 $q \geqslant 10Lu$ 的孔段占 89.1％，其中Ⅲ序孔灌前透水率 $q \geqslant 10Lu$ 的孔段仍占 77.7％。补强灌浆方案为：对 SP1＋004.006～SP1＋101.018 段增加一排帷幕灌浆孔，排距 1.2m，孔距 2m，灌浆底界至下层廊道底板。

（2）下层灌浆廊道。下层廊道开挖共揭露 32 处喀斯特洞及宽大喀斯特裂隙，多处喀斯特洞（裂隙）为较大的渗水点，从灌浆及钻孔影像资料分析，下层廊道以下一定深度范围内的陡倾角喀斯特裂隙发育；揭露的喀斯特洞多为全充填，充填物质多为黏土夹碎石；补强灌浆方案为：ZXQ58～ZXQ68、ZXQ71～ZXQ82、ZXQ86～ZXQ91、ZXQ100～ZXQ104、ZXQ191～ZXQ194、ZXQ249～ZXQ252、ZXQ375～ZXQ389、ZXQ406～ZXQ410 共 8 段增加一排帷幕孔，排距 1.2m，孔距 2m，灌浆底界高程 1275.00～1290.00m。

9.2.2 近坝右岸段

近坝右岸段灰岩喀斯特强烈发育，地下水位低，辉绿岩与玄武岩之间石灰岩地下水呈

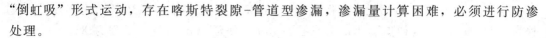

"倒虹吸"形式运动，存在喀斯特裂隙-管道型渗漏，渗漏量计算困难，必须进行防渗处理。

9.2.2.1 防渗处理边界

近坝右岸段北部防渗边界接近坝左岸段南部端点（左岸绕坝渗漏端点）；南部防渗边界进入 $P_2\beta$ 玄武岩内，玄武岩透水性弱，可视为相对隔水层，以正常蓄水位线与 $P_1/P_2\beta$ 分界线的交点外延 50m 为端点；防渗处理长度为 870.002m。

9.2.2.2 防渗处理底界

喀斯特洞分布高程为 1197.50～1377.50m（表层喀斯特带、浅部喀斯特带、深部喀斯特上带及中带），局部为 1270.00～1377.50m（表层喀斯特带、浅部喀斯特带、深部喀斯特上带），深部喀斯特下带基本没有揭示喀斯特洞。高大的喀斯特洞（管道）多位于辉绿岩与玄武岩之间的石灰岩，断层带（F_2）及与非碳酸盐岩接触带为地下水向深部循环创造了条件，深部喀斯特带的洞数量明显多于表层喀斯特带。强喀斯特下限高程一般为 1215.00m，局部略有抬高（河床部位）为 1240.00m，局部更低（下层廊道 YXQ428、YXQ394 孔附近）为 1192.50～1197.50m。按照表 9.1-1 的划分原则，近坝右岸段中的坝基及绕坝渗漏段、辉绿岩与右岸绕渗段之间防渗处理高程一般为 1205.00m，局部略有抬高（河床部位），防渗处理深度一般为 105～172.5m；辉绿岩与玄武岩之间石灰岩段防渗处理高程一般为 1255.00～1270.00m，局部为 1187.50～1220.00m（下层廊道 YXQ428、YXQ394 孔附近），防渗处理深度一般为 106.5～139m（上层廊道计算）。防渗处理底界已进入强喀斯特带下限以下至少 10m、相对隔水层顶板以下 5m，也进入深部喀斯特中带内至少 10m，局部已进入深部喀斯特下带内 10m（下层廊道 YXQ428、YXQ394 孔附近）。地下水位高程一般为 1308.00～1323.00m，防渗底界低于地下水位 105～120m。

9.2.2.3 建议

（1）建议采用帷幕灌浆处理，由于灌浆深度为 105～172.5m（地表灌浆深度更大），至少设计 2 层灌浆廊道；建议坝基及绕坝渗漏段设计为 2 排孔，孔距为 2m，排距为 1.0～1.5m，喀斯特洞发育段增至 3～5 排；建议右岸绕坝渗漏端点至玄武岩之间的石灰岩段设计为单排孔，孔距约 2m，喀斯特洞发育段增至 2～3 排；建议下层灌浆廊道采用高压灌浆，上层灌浆廊道灌浆压力可适当降低。

（2）建议施工前进行灌浆试验，以确定合理的灌浆孔排距、灌浆材料、施工工艺及施工参数。建议灌浆前首先进行先导孔的勘探工作，包括但不限于取岩芯、电磁波 CT 测试、压水试验、钻孔影像等，先导孔的深度不低于设计灌浆底界以下 20m。

9.2.2.4 施工期帷幕灌浆调整

根据近坝右岸段灌浆浆廊道施工、帷幕灌浆施工揭露地层岩性、地质构造、喀斯特形态（裂隙、洞、管道、通道）、地下水位、压水试验、电磁波 CT 测试、钻孔影像等资料，施工期对帷幕灌浆的边界、底界进行了复核，局部进行了调整。

1. 灌浆边界

（1）$P_1/P_2\beta$ 分界线。初步设计阶段拟定边界为正常蓄水位线与 $P_1/P_2\beta$ 分界线的交点外延 50m。施工阶段上层灌浆廊道 $P_1/P_2\beta$ 分界线设计里程为 SP1＋888.6，与初步设计相比提前了 5m，外延 50m 后设计里程为 SP1＋938.6。下层灌浆廊道 $P_1/P_2\beta$ 分界线设计里程为 XP1＋930.6，与初步设计相比外延了 23m，外延 50m 后设计里程为 XP1＋980.6。上、下层廊道沿帷幕轴线方向 $P_1/P_2\beta$ 分界线的倾角计算为 55°，根据下层灌浆廊道先导孔 YXQ360～YXQ384 之间 $P_1/P_2\beta$ 分界线的倾角计算为 35°～45°，其中 YXQ384～YXQ394 孔之间趋于平缓，从地表到地下深部 $P_1/P_2\beta$ 分界线呈波状起伏，总体趋势逐渐变缓，因此，$P_1/P_2\beta$ 分界线与初步设计阶段相比，略有变缓。

（2）补充勘察。下层廊道灌浆孔 YXQ394 实施至设计底界（1264m）时，灌前压水不起压，继续加深钻孔，于 1248～1255m 孔段掉钻约 7m，为隐伏的喀斯特洞；为查明该喀斯特洞向坝址方向的规模，对灌浆孔 YXQ392 和 YXQ387 进行加深勘探，YXQ392 孔于高程 1251.00～1254.00m 掉钻约 3m；YXQ387 孔未发生掉钻，根据钻孔影像资料，1256.00～1257.00m 发育无充填宽大喀斯特裂隙。YXQ394 孔揭露的喀斯特洞回填 3000m³ 左右水泥浆及级配料后填至孔口，说明该洞规模很大，由于 YXQ394 孔为下层廊道的边界孔，外延方向喀斯特洞的空间形态及规模不清，为查明右岸下层廊道外延方向的边界及底界，在地面主要采用了物探与钻探相结合的方法进行补充勘察。

1）物探。本次物探工作目的有 3 方面：①查明 $P_1/P_2\beta$ 分界线的空间分布；②查明 P_1 灰岩喀斯特发育特征；③查明 YXQ394 孔揭露喀斯特洞的空间形态及规模。采用天然源面波（微动）进行勘探，在防渗轴线延长线及垂直方向布置 3 条勘探线：①测线控制范围内 P_1 石灰岩与 $P_2\beta$ 玄武岩接触带表现为波速差异带，1280.00m 高程附近差异带向下倾斜的角度有变缓的趋势。②P_1 石灰岩与 $P_2\beta$ 玄武岩接触带附近的石灰岩存在明显的低波速异常带，异常带顺接触带发育特征显著，在 1200.00m 高程以上直至地表，推测接触带石灰岩的喀斯特发育较为强烈。③平距 190～280m、高程 1260.00m 至地表，波速差异带石灰岩的团状低速异常，解释为喀斯特破碎带，编号为 3—3；平距 400～440m、高程 1200.00～1260.00m，波速差异带石灰岩的团状低速异常，解释为喀斯特破碎带，编号为 3—4；平距 280～300m、高程 1180.00～1250.00m，为条带状、团状低速异常，解释为喀斯特洞，编号为 3—5，即为 YXQ394 孔揭示的喀斯特洞；平距 305～350m、高程 1105.00～1160.00m，为条带状、团状低速异常，分析为深部异常带，低于坝址河床 160～215m，编号为 3-6。

2）钻探。为了验证 3—4 异常带及 $P_1/P_2\beta$ 分界线，在防渗轴线延长线布置 BZKY1 钻孔，孔口地面高程为 1428.00m，孔深 252.11m，对应孔底高程 1175.90m。主要勘探成果：①$P_1/P_2\beta$ 分界线高程约 1277.00m，YXQ394 孔分界线高程 1289.00m，两孔水平距离约 122m，两孔之间分界线较平缓，倾角 8°～10°。②高程 1241.00～1277.00m 段，石灰岩透水率均小于 5Lu。③高程 1198.00～1241.00m 段压水试验不起压，钻进至 1238m 时，孔内水位从 1398.00m 下降至 1342.00m。④钻进至 1236.00m 开始不返水，孔内水位降至 1308.00m，直至终孔，孔内水位无较大变化，低于坝址河水位约 15m，低于坝址下游石灰岩与玄武岩分界处的河水位约 6.6m。⑤高程 1198.00～1241.00m 段岩芯采取率仅为 35％左右，岩体破碎，岩芯表面普遍可见喀斯特裂隙，泥质充填。⑥钻孔影像资料，高程 1217.00～1235.00m 段喀斯特发育，形态以喀斯特裂隙为主，张开宽度为

3~10mm，延伸方向以竖向为主，延伸长大于 7m，泥质充填。

3）对比分析。①平距 340m 单支频散曲线上显示，在高程 1210.00m 附近存在一明显低速带，解释为喀斯特洞，分析与 YXQ394 钻孔的喀斯特洞相连，这类异常体规模较小，在色谱图上显示不明显，而在单支曲线上有一定反映；在灌浆施工过程中，YXQ416 钻孔揭露了喀斯特洞，距离 YXQ394 钻孔 44m，平距为 335m，与平距 340m 单支频散曲线低速带仅相差 5m，在 1210.00m 高程之上约 6.5m 为高度 2.2m 的喀斯特洞，之下约 6.8m 为高度 2m 的喀斯特洞，两洞之间还有 2 个喀斯特洞（高度 0.4~0.5m），对于埋深大于 200m 探测的喀斯特洞平距与灌浆施工揭露喀斯特洞的平距相比仅相差 5m，探测精度之高，极为不易。②3—4 低速异常带，平距 400~440m 及高程 1200.00~1260.00m 属低速异常带，物探分析为喀斯特破碎带；根据 BZKY1 钻孔资料，地下水位为 1308.00m，低于坝址下游玄武岩与灰岩分界处河水位（1314.60m）约 6.6m，地下水接受咪哩河河水（高程 1330.00m）补给，呈"倒虹吸"形式向坝址下游德厚河径流、排泄；高程 1198.00~1241.00m 段岩芯采取率仅为 35% 左右，高程 1217.00~1235.00m 段喀斯特发育，形态以喀斯特裂隙为主，张开宽度 3~10mm，泥质充填，高程 1198.00~1241.00m 段为喀斯特破碎带；BZKY1 钻孔距离 YXQ394 钻孔 121.5m，平距为 412.5m，物探揭示喀斯特破碎带平距为 400~440m，平面位置准确；钻孔揭示喀斯特破碎带高程为 1198.00~1241.00m，物探揭示喀斯特破碎带高程为 1200.00~1260.00m，二者基本一致；探测精度之高，极为不易，也证明了采用天然源面波（微动）探测深部喀斯特取得了很好的效果。③3—6 低速异常带，平距 305~350m 及高程 1105.00~1160.00m 的低速异常，解释为喀斯特破碎带，物探分析以喀斯特裂隙为主，异常带周边石灰岩为弱喀斯特带，因此，库水不会产生渗漏；水库已正常运行 2 年，证明了这一分析判定是合理的、可靠的。喀斯特破碎带埋深 268~323m，证明了采用天然源面波（微动）探测深部喀斯特取得了很好的效果。

综上所述，物探成果、钻探资料、灌浆施工资料基本一致，说明采用天然源面波（微动）探测深部喀斯特是可行的、合适的勘察手段，是国内首次利用天然源面波（微动）探测深部喀斯特的成功案例，探测深度可达 300 余米。

4）渗漏分析及建议。根据物探成果，沿防渗轴线从灌浆廊道端头外延方向存在 3 个喀斯特带，编号为 3—4、3—5、3—6。其中：①3—5 喀斯特带对应 YXQ394 灌浆孔的喀斯特洞，声呐测试约有 50% 无反射现象，洞往延长方向及深部延伸情况不清，仅靠 YXQ394 钻孔处理喀斯特洞的效果不佳。②3—6 异常带分布较深（高程为 1105.00~1160.00m），分析以喀斯特裂隙为主，异常带周边石灰岩为弱喀斯特带，基本不会产生渗漏，建议暂不处理，但运行期应加强监测。③3—4 喀斯特带布置了 BZKY1 钻孔，地下水位为 1308.00m，低于坝址下游玄武岩与石灰岩分界处河水位（1314.60m）约 6.6m；高程 1198.00~1241.00m 段岩芯采取率仅为 35% 左右，高程 1217.00~1235.00m 段喀斯特发育，形态以喀斯特裂隙为主，张开宽度 3~10mm，泥质充填。因此，YSQ394 孔与 BZKY1 之间存在渗漏，渗漏形式为喀斯特裂隙-管道型，渗漏严重，建议进行防渗处理。

（3）灌浆边界。近坝右岸南部灌浆边界根据先导孔资料，下层廊道从 YSQ394 孔沿防渗轴线外延至 YSQ460 孔，设计里程为 XP1＋990.701～XP2＋122.701，外延长度 132m，见图 9.2-3；由于上层廊道与下层廊道之间为玄武岩，因此上层廊道不延长；近坝右岸段灌浆总长度 1025.002m，较初步设计阶段外延了 155m。

2. 灌浆底界

根据揭示的喀斯特发育特征及岩体透水率，辉绿岩以北段的灌浆底界与初步设计阶段基本一致。辉绿岩与玄武之间石灰岩段由于喀斯特洞（裂隙）发育，特别是石灰岩与玄武岩接触带，并发育 F_2 断层，XP1＋805 处左边墙发育喀斯特洞，高程 1305.00～1330.00m，发育不规则，洞口高于廊道底板 1.7m，倾向下游，总体近垂直（陡倾角）发育，洞底部深度 17m，之下变窄可见深度为 3～4m，往上逐渐收窄，无充填，洞壁发育石笋、钟乳石，洞壁干燥，为表层喀斯特、浅部喀斯特带、深部喀斯特上带的继承性发展。该洞回填 1100m³ 混凝土后未填满，后采用大量的废浆回填。YXQ394 孔（XP1＋990.701）揭露的喀斯特洞规模巨大，为深部喀斯特中带，灌浆孔掉钻约 7m，半充填黏土夹碎石，回填了 3000m³ 左右水泥浆及级配料。YXQ428 孔（XP2＋060.701）揭露的喀斯特洞，灌浆孔掉钻约 2m，半充填黏土夹碎石，高程 1197.50～1202.50m，为深部喀斯特中带的下限。辉绿岩与玄武之间石灰岩段地下水位低于坝址下游河水位约 6.6m，地下水呈“倒虹吸”形式运动，渗漏严重，因此，建议对灌浆底界进行调整，高程为 1187.50～1270.00m，具体调整如下：①YXQ288～YXQ384 孔段灌浆底界较初设加深 15～30m，底界高程 1255.00～1270.00m；YXQ385～YXQ394 孔段灌浆底界较初设加深 69m，底界高程 1255.00～1270.00m；见图 9.2-2。②YXQ394～YXQ460 孔段为延长段，灌浆底界为 1188.50～1220.00m，见图 9.2-3。

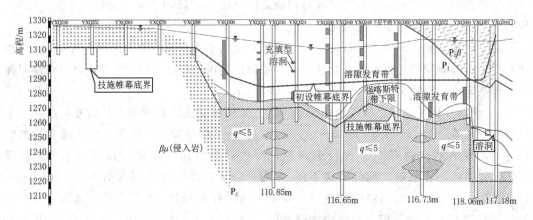

图 9.2-2　YXQ288～YXQ394 孔段灌浆底界调整示意图

3. 补强灌浆

（1）上层灌浆廊道。因为喀斯特洞（裂隙）发育，对 YSQ136～YSQ146、YSQ216～YSQ218、YSQ296～YSQ306 三段进行补强灌浆，增加一排帷幕孔，排距 1.2m，孔距 2m，灌浆底界至下层廊道顶拱以下 1.5m。

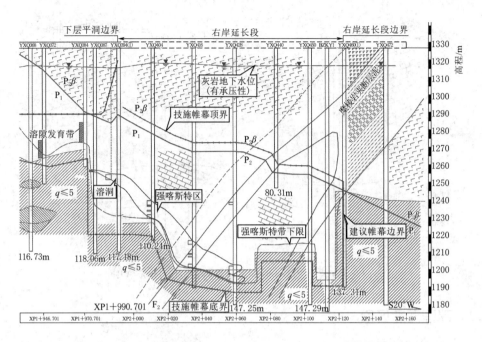

图 9.2-3 近坝右岸段南部边界（YXQ394～YXQ460孔）灌浆底界调整示意图

（2）下层灌浆廊道。因为喀斯特洞（裂隙）发育，对 YXQ296～YXQ306、YXQ332～YXQ340、YXQ385～YXQ404 三段进行补强灌浆，增加一排帷幕孔，排距 1.2m，孔距 2m，灌浆底界至主帷幕底界。

（3）坝基灌浆廊道。坝基开挖及先导孔、灌浆孔揭露的喀斯特洞，一般按照双排帷幕灌浆孔处理后均可满足防渗要求，但左岸坡灌浆廊道底板（XP1＋260.701附近）发育的 C23 隐伏喀斯特洞（地下河），见图 9.2-4，规模较大 ［断面尺寸约 8.5m×6.5m（宽×高），高程 1284.00～1323.00m，深度约 39m］，为浅部喀斯特带、深部喀斯特上带的继承性发展，半充填黏土、细砂及孤块石，为保证防渗帷幕质量及渗透稳定，需对 C23 喀斯特洞进行加固处理。具体方案为：①首先对洞中充填的黏土及细砂层进行清挖，清挖至孤块石黏土层，清挖深度约 20m，对已清理的喀斯特洞空腔回填微膨胀混凝土。②对喀斯特洞段进行补强灌浆处理，共布置 5 排帷幕孔，即廊道上游布置 1 排、廊道内布置 2 排（在原设计帷幕线内插灌浆孔）、廊道下游布置 2 排，各排帷幕轴线均平行于原设计防渗帷幕线布置，新增补强帷幕灌浆（廊道上游 1 排、下游 2 排、廊道内的加密孔 1 排）底界深入洞底板以下 10m（高程 1274.00m）。③坝纵 0－002.000，布置 12 个孔，孔距分别为 1.5m（喀斯特洞段）、2.0m（两端）两种类型，帷幕线长 19.5m，孔深 43.19～62.69m，在地面进行灌浆。④坝纵 0＋002.300、坝纵 0＋003.500，即沿廊道内原防渗帷幕线各加密 5 个帷幕孔（加密后孔距为 1m），孔深 42.25～50.25m，在廊道内灌浆。⑤坝纵 0＋006.000、坝纵 0＋007.500，均位于灌浆廊道下游，排距 1.5m，孔距分别为 1.5m（喀斯特洞段）、2.0m（两端）两种类型，拟每排各布置 10 个孔，帷幕线分别长 16.5m、17.0m，孔深 47.19～64.69m，在地面进行灌浆。

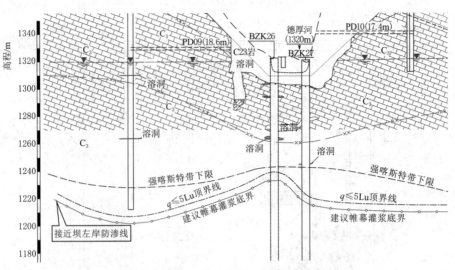

图 9.2 - 4　XP1+260.701 喀斯特洞（C23）示意图

9.2.3　咪哩河库区段

咪哩河库区段中 T_1y 泥质灰岩夹、泥灰岩、灰岩喀斯特弱—中等发育，T_2g^1 白云岩夹泥灰岩喀斯特弱—中等发育，其形态均为喀斯特裂隙；存在地下水分水岭，但低于正常蓄水位。咪哩河库区段中 T_2g^2 石灰岩、T_2g^1 白云质灰岩喀斯特强烈发育，形态多为喀斯特洞（管道）、喀斯特裂隙；地下水为补排交替型喀斯特水动力类型，雨季（8月至次年 1 月，有滞后效应）咪哩河与盘龙之间存在地下水分水岭，地下水分别向盘龙河、咪哩河排泄；枯季（2—7 月，有滞后效应）咪哩河与盘龙河之间不存在地下水分水岭，咪哩河河水补给地下水，沿东西向喀斯特管道、裂隙向东径流，在盘龙河右岸泉水（S1、S2）排泄。因此，水库蓄水后，库水沿咪哩河库区段的石灰岩、白云质灰岩、白云岩、泥质灰岩存在向盘龙河方向的渗漏，形式为喀斯特裂隙-管道型，渗漏严重，漏量计算困难，必须进行防渗处理。

9.2.3.1　防渗处理边界

咪哩河库区段发育跑马塘背斜为复式褶皱，轴部张性结构面发育，沿结构面是喀斯特优势发育方向，且 BZK21 孔地下水位低（2014 年地下水位低于河水位），北部防渗边界以跑马塘背斜轴部向北延伸 50m 为端点；南部防渗边界进入 T_2f 砂泥岩内，砂泥岩透水性微弱，可视为相对隔水层，以正常蓄水位线与 T_2f/T_2g 分界线的交点外延 20m 为端点；防渗处理长度 2713m。

9.2.3.2　防渗处理底界

T_1y 泥质灰岩夹泥灰岩、灰岩，T_2g^1 白云岩夹泥灰岩的喀斯特洞分布高程为 1330.00～1377.50m（表层喀斯特带、浅部喀斯特带），深部喀斯特上带没有揭示喀斯特洞。T_2g^2 石灰岩、T_2g^1 白云质灰岩的喀斯特洞分布高程一般为 1305.00～1377.50m（表层喀斯特带、浅部喀斯特带、深部喀斯特上带），深部喀斯特中带没有揭示喀斯特洞；局部喀斯特洞（管道）分布高程为 1235.00～1377.50m（表层喀斯特带、浅部喀斯特带、深部喀斯特上带和中带），深部喀斯特下带没有揭示喀斯特洞。

T_1y、T_2g^1 泥质灰岩、白云岩、泥灰岩段强喀斯特下限高程约 1320.00m；T_2g^2、T_2g^1 石灰岩、白云质灰岩段强喀斯特带下限高程一般约为 1295.00m，局部为 1232.50～1262.50m（MKG1＋584～MKG1＋615、MKG1＋881～MKG1＋917）。

按照表 9.1－1 的划分原则，咪哩河库区段 T_1y、T_2g^1 泥质灰岩、白云岩、泥灰岩段防渗处理底界高程多为 1315.00～1320.00m，防渗处理深度多为 57.5～62.5m。T_2g^2、T_2g^1 石灰岩、白云质灰岩段防渗处理底界高程一般为 1290.00～1295.00m，防渗处理深度多为 82.5～87.5m；局部防渗处理底界高程为 1225.00～1250.00m（MKG1＋584～MKG1＋615、MKG1＋881～MKG1＋917），防渗处理深度多为 87.5～152.5m。

T_1y、T_2g^1 泥质灰岩、白云岩、泥灰岩段防渗处理底界已进入强喀斯特带下限以下至少 10m、相对隔水层顶板以下 5m，也进入深部喀斯特上带至少 10m；地下水位 1335.00～1365.00m，防渗底界低于地下水位约 20～50m。T_2g^2、T_2g^1 石灰岩、白云质灰岩段防渗处理底界已进入强喀斯特带下限以下至少 10m、相对隔水层顶板以下 5m，也进入深部喀斯特上带至少 10m，局部已进入深部喀斯特中带至少 10m；地下水位高程 1330.00～1365.00m，防渗底界低于地下水位 35.00～75.00m；排泄点高程约 1300.00m，防渗底界低于排泄点 10～15m，局部低于排泄点为 50～75m（MKG1＋584～MKG1＋615、MKG1＋881～MKG1＋917）。

9.2.3.3 建议

(1) 建议采用帷幕灌浆处理，设计为单排孔，孔距约 2m，喀斯特洞发育段增至 2～3 排，建议采用高压灌浆，因上部岩体厚度不大，上部孔段的灌浆压力可适当降低。

(2) 建议施工前进行灌浆试验，以确定合理的灌浆孔排距、灌浆材料、施工工艺及施工参数。建议灌浆前首先进行先导孔的勘探工作，包括但不限于取岩芯、电磁波 CT 测试、压水试验、钻孔影像等，先导孔的深度不低于设计灌浆底界以下 20m。

9.2.3.4 施工期帷幕灌浆调整

根据咪哩河库区段帷幕灌浆施工揭露地层岩性、地质构造、喀斯特形态（裂隙、洞、管道、通道）、地下水位、压水试验、电磁波 CT 测试、钻孔影像等资料，施工期对帷幕灌浆的边界、底界进行了复核，局部进行了调整。

1. 灌浆边界

初步设计阶段拟定北部边界为跑马塘背斜轴部向北延伸 50m；施工阶段根据北端先导孔 KⅠ1 揭露，T_1y 泥质灰岩夹砂页岩段喀斯特发育弱，1355.00m 高程以下岩体透水率小于 10Lu，灌浆边界可靠，与勘察成果一致。初步设计阶段拟定南部边界进入 T_2f 砂泥岩内，以正常蓄水位线与 T_2f/T_2g 分界线的交点外延 20m；施工阶段根据南端先导孔 KⅡ512 揭露，地表为 T_2f 砂岩，正常蓄水位以下为 T_2g^2 石灰岩，仅有少量喀斯特裂隙发育，无其他喀斯特形态，喀斯特弱发育，岩体透水率除第 8 段为 13.15Lu 外，其余孔段小于 10Lu；灌浆边界孔为 KⅡ518，距离 KⅡ512 孔 12m，KⅡ513～KⅡ518 孔段喀斯特弱发育，灌浆边界可靠，与勘察成果一致。咪哩河库区段灌浆设计里程 MKG0＋000～MKG2＋713，总长度 2713m，与初步设计阶段一致。

2. 灌浆底界

（1）库区帷幕灌浆一标（MKG0＋000～MKG1＋524.671）灌浆孔钻进过程中未发现明显掉钻现象，先导孔岩芯编录主要形态以喀斯特裂隙为主，根据钻孔影像资料，喀斯特主要形态为宽大喀斯特裂隙，张开宽度3～16cm，延伸长度1.2～19.9m，多充填夹黏土，倾角较大，泥质灰岩（T_1y）、白云岩（T_2g^1）喀喀斯特发育弱—中等。MGK0＋800～MGK1＋200为白云质灰岩（T_2g^1），ZK15钻孔、可行性研究阶段的Ⅰ-1试验区揭示了喀斯特洞；其中，Ⅰ-1-1XD孔高程1358.98～1371.88m揭示喀斯特洞，洞高约12.90m，全充填，为黏土夹砾石；Ⅰ-1-2XD孔高程1331.36～1337.86m揭示喀斯特洞，洞高约6.50m，全充填，为黏土、砂夹砾石；白云质灰岩（T_2g^1）喀斯特强烈发育。设计里程MGK1＋032发育隐伏喀斯特管道（GD1），岩性为白云质灰岩（T_2g^1），为浅部喀斯特带，高程1345.85～1350.85m，洞高约5m，地下水位高程约1349.50m，低于咪哩河河水位约12.5m。灌前完成62个先导孔及1020段压水试验，其中$q \geq 100$Lu的206段（占20.2%），10Lu$\leq q < 100$Lu的331段（占32.5%），$q < 10$Lu的483段（占47.3%），$q \leq 10$Lu顶板分布高程一般为1310.00～1350.00m，与初步设计阶段基本一致；根据揭示的喀斯特发育特征及岩体透水率，灌浆底界高程为1291.00～1325.00m，与初步设计阶段确定的灌浆底界一致。

（2）库区帷幕灌浆二标（MKG1＋524.671～MKG2＋713.0）。喀斯特洞、管道、宽大喀斯特裂隙发育，MKG1＋584～MKG1＋615、MKG1＋881～MKG1＋917两段尤为明显。

1）MKG1＋584～MKG1＋615段。在可行性研究阶段的灌浆试验中，连续5个灌浆孔在孔深90.0～93.0m处掉钻，掉钻深度为12.97～21.30m；施工阶段，布置3个先导孔（KⅡB11、KⅡB19、KⅡB23）复核灌浆底界，KⅡB19在1290.5～1294.3m段揭露黏土充填型喀斯特洞，KⅡB23在1273.5～1263.4m段揭露黏土充填型喀斯特洞，该段强喀斯特下限高程为1260.00～1270.00m，较初步设计阶段加深了5～10m，为深部喀斯特上带；见图9.2-5。

2）MKG1＋881～MKG1＋917段。施工阶段KⅡ161、KⅡ163、KⅡ167、KⅡ171孔灌浆孔揭露喀斯特洞；KⅡ161孔高程1264.00～1243.00m为充填型喀斯特洞，充填物为青灰色淤泥夹粉细砂，规模巨大；KⅡ163孔高程1281.60～1252.60m为充填型喀斯特洞，充填物为青灰色淤泥夹粉细砂，规模巨大；KⅡ167孔高程1293.00～1277.00m掉钻15.8m、高程1277.00～1269.00m间断性掉钻，为充填型喀斯特洞，充填物为青灰色淤泥夹粉细砂，规模巨大；KⅡ171孔高程1334.50～1328.02m掉钻6.43m、高程1307.65～1303.85m掉钻3.8m、高程1302.95～1298.85m掉钻4.1m，为充填型喀斯特洞，充填物为青灰色淤泥，规模巨大。上述4个孔在压水试验、灌浆期间多次串水、串浆，属于连通型喀斯特洞。针对上述钻孔揭露的地质情况，为进一步确定强喀斯特的下限，在KⅡ160～KⅡ161、KⅡ167～KⅡ168之间分别布置BX1和BX2两个深孔，孔深穿过喀斯特洞至底板以下15m；BX1孔高程1260.00～1235.00m段揭示为宽大喀斯特裂隙，黏土充填，无明显掉钻；BX2孔高程1278.00～1236.00m段揭示为宽大喀斯特裂隙，黏土充填，无明显掉钻。该段强喀斯特下限高程为1234.00～1240.00m，较初步设计阶段加深了53～60m，为深部喀斯特中带，见图9.2-6。

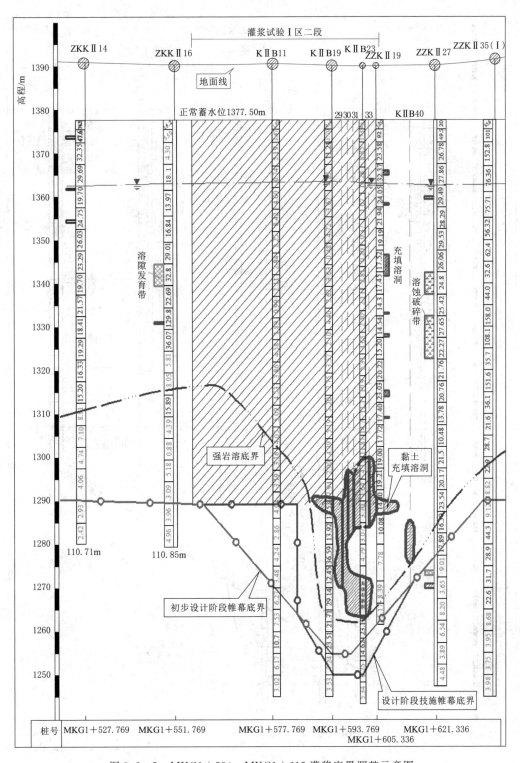

图 9.2-5 MKG1+584～MKG1+615 灌浆底界调整示意图

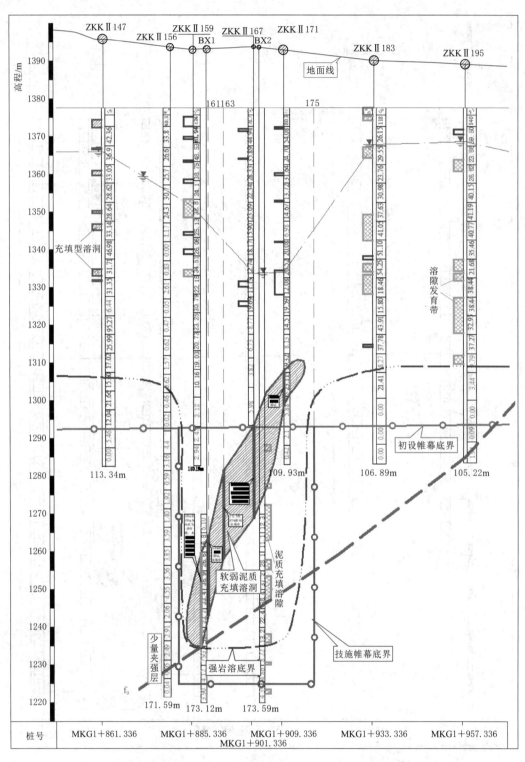

图 9.2-6　MKG1+881～MKG1+917 灌浆底界调整示意图

库区帷幕灌浆二标中的石灰岩（T_2g^2）发育 2 条隐伏喀斯特管道：①隐伏喀斯特管道（GD2），设计里程 MGK1＋901.336～MGK1＋909.336 岩性为石灰岩，该管道发育方向主要受 f_9 断层控制，洞高程为 1328.07～1334.50m，洞高 6.43m，地下水位高程为 1331.50m，低于咪哩河河水位约 33.5m。ZK2 孔附近也发育隐伏喀斯特管道，为 GD2 的分支管道（MGK1＋660.336），岩性为石灰岩，高程为 1353.00～1358.54m，洞高约 5.54m，地下水位高程 1358.00m，低于咪哩河河水位约 7m；②设计里程 MGK2＋346.764 发育隐伏喀斯特管道（GD3），岩性为石灰岩，高程为 1359.40～1360.90m，洞高 1.5m，地下水位高程为 1360.50m，低于咪哩河河水位约 7.5m。GD1、GD2、GD3 三条管道在盘龙河右岸相交，长约 6200m，各自还发育分支管道，在盘龙河边出露 S1、S2 泉水，见图 8.4－25。

3. 补强灌浆

对库区帷幕灌浆二标中 MKG1＋584～MKG1＋615、MKG1＋881～MKG1＋917 两段进行补强灌浆。①MKG1＋584～MKG1＋615 段在主帷幕灌浆孔左侧增加一排灌浆孔，排距 1.0m，孔距 2m，灌浆底界加深至高程 1255.00m，灌浆深度 138m；②MKG1＋881～MKG1＋917 段在主帷幕灌浆轴线两侧各增加 1 排帷幕孔，排距分别为 0.8m、1.0m，孔距 2m，灌浆底界加深至高程 1225.00m，灌浆深度 168.5m。

参 考 文 献

［1］ 袁道先，曹建华，刘再华，等. 岩溶动力学的理论与实践［M］. 北京：科学出版社，2008.

［2］ 韩行瑞. 岩溶水文地质学［M］. 北京：科学出版社，2015.

［3］ 邹成杰，张汝清，光耀华，等. 水利水电岩溶工程地质［M］. 北京：水利电力出版社，1994.

［4］ 沈春勇，余波，郭维祥，等. 水利水电工程岩溶勘察与处理［M］. 北京：中国水利水电出版社，2015.

［5］ 袁道先，刘再华，林玉石，等. 中国岩溶动力学系统［M］. 北京：地质出版社，2002.

［6］ 张之淦. 岩溶发生学［M］. 桂林：广西师范大学出版社，2006.

［7］ 刘再华. 灰岩和白云岩溶解速率控制机理的比较［J］. 地球科学，2006，31（3）：411-416.

［8］ 张倬元，王士天，王兰生，等. 工程地质分析原理［M］. 北京：地质出版社，2009.

［9］ 王士天，王家昌，张倬元. 喀斯特研究中某些基本问题的初步探讨（以川东和黔西为例）［C］//全国喀斯特研究会议论文选集. 北京：科学院出版社，1962.

［10］ 赵永川，张正平. 新构造运动对杞麓湖调蓄水隧洞围岩稳定的影响［J］. 资源环境与工程，2015，29（5）：636-639.

［11］ 赵永川. 牛栏江—滇池补水工程干河泵站引水隧洞施工涌水分析［C］//水工隧洞技术应用与发展. 北京：中国水利水电出版社，2018.

［12］ 光耀华. 广西岩溶地区水电勘察研究工作的主要经验［J］. 水力发电，1999，5：5-8.

［13］ 徐福兴，陈飞. 水库岩溶渗漏问题研究［C］//西部水利水电开发与岩溶水文地质论文选集. 武汉：中国地质大学出版社，2004.

［14］ 陈德基，徐福兴，姚楚光，等. 中国水利百科全书·水利工程勘测分册［M］. 北京：中国水利水电出版社，2004.

［15］ 徐乾清，陈家琦，赵广和，等. 中国大百科全书·水利［M］. 上海：中国大百科全书出版社，1992.

［16］ 王竹溪，朱洪元，王大珩，等. 中国大百科全书·物理［M］. 上海：中国大百科全书出版社，1989.

［17］ 石伯勋，司富安，蔡耀军，等. 水利勘测技术成就与展望［M］. 武汉：武汉理工大学出版社，2018.

［18］ 司富安，蔡耀军，李会中，等. 复杂条件下水利工程勘察与创新［M］. 武汉：中国地质大学出版社，2021.

［19］ 司富安，李会中，等. 水利工程勘测技术传承与创新［M］. 武汉：长江出版社，2022.

［20］ 赵永川. 东川坝塘水库渗漏分析［J］. 人民长江，2005，36（9）：14-17.

［21］ 赵永川. 广南那追水库渗漏分析［J］. 水利水电技术，2007，38（12）：51-53.

［22］ 赵永川. 文山暮底河水库渗漏分析［J］. 河海大学学报·自然科学版，2007，35（z2）：193-196.

［23］ 赵永川. 地下水壅高计算研究［J］. 资源环境与工程，2011，25（5）：51-53.

［24］ 赵永川. 牛栏江-滇池补水工程干河泵站岩溶发育规律研究//水利勘测技术成就与展望［M］. 武汉：武汉理工大学出版社，2018.

［25］ 李建国，沐红元，米健. 砂化白云岩工程地质特性初步研究//水工隧洞技术应用与发展［M］. 北京：中国水利水电出版社，2018.